简明人居环境技术

孙宝樑　编著

中国建筑工业出版社

图书在版编目（CIP）数据

简明人居环境技术/孙宝樑编著．—北京：中国建筑工业出版社，2010.10

ISBN 978-7-112-12335-3

Ⅰ．①简…　Ⅱ．①孙…　Ⅲ．①居住环境-普及读物　Ⅳ．①X21-49

中国版本图书馆 CIP 数据核字（2010）第 149991 号

简明人居环境技术

孙宝樑　编著

*

中国建筑工业出版社出版、发行（北京西郊百万庄）

各地新华书店、建筑书店经销

霸州市顺浩图文科技发展有限公司制版

北京市彩桥印刷有限责任公司

*

开本：850×1168 毫米　1/32　印张：12¼　字数：352 千字

2010 年 11 月第一版　　2010 年 11 月第一次印刷

定价：**26.00** 元

ISBN 978-7-112-12335-3

（19601）

本书是人居环境技术普及读物，具有信息量较大、浅显易懂的特点。作者以适合大众口味的叙述方法，以介绍应用学科的理工科知识为主，还涉及文史哲、艺术、经济、社会学科的内容，提纲挈领地让读者了解有关人居环境方面的知识。

本书从七个方面讲述了人居环境技术，包括：综述；生态环境中的土壤、水和空气；生物环境及应用生态学；气象与气候环境；建筑物理环境技术；中国园林环境与造园技术；环境伦理与可持续发展社会。

本书适合建设设计、规划、管理人员及普通读者阅读，也可供高校相关专业师生参考。

* * *

责任编辑：封　毅
责任设计：张　虹
责任校对：王金珠　陈晶晶

目　录

卷首感言

永恒的太阳时刻向大地辐射着能量，变幻莫测的水在空气中、在山涧、在地表、在地下、在生物体内完成新陈代谢，成为滋润万物的生命之源。它们供给地球以能量，造就了地表适宜的温度、湿度、生存空间，孕育出无数的生命形式，于是，这个星球摆脱了时空的沉寂，开始热闹起来了。唯天地万物父母，唯人万物之灵。在经历了远古洪荒世界和漫长的冰与火的洗礼中，人类的祖先不仅没有灭绝，而且从众多陆地生物中脱颖而出开始直立行走，以超群的智慧利用水、驾驭火作为生命之源，成为有意志、有智慧、有理性与情感的万物之灵，在这个星球表面占据了统治地位。学会了索取自然资源为自己营造舒适精美的小气候环境，作为唯一的高等动物位于生物链的顶端，享受着生命繁衍过程的一切需要，于是，这个种群在不断地扩大着。如今，置身在高度现代化的人工环境中享受生命时，人类在不经意间听到来自大自然的呻吟：资源在枯竭，生态在失衡，环境在恶化，气候变化异常……据联合国政府间气候变化专业委员会（IPCC）于2007年11月公布的全球第四份气候变化评估报告指出：如果全球平均气温上升幅度超过1.5℃，则全球20％～30％的动植物将面临灭绝；如果气温上升幅度超过3.5℃，全球40％～70％的物种将面临灭绝。作为一个生存大环境的自然综合体，由于人类的活动和干扰，其生态承载能力在下降，在近万年的沧桑变化中形成的石化燃料，将要在二百多年的近现代工业文明中消耗殆尽，人类置身于现代化的琼楼玉宇中似乎忘掉了森林、草场湿地对于人类的生态价值，有多少物种的生存空间在受到挤压、种群的延续受到威胁……我们不禁自问：这个现代化还能持续多久？

当我们的生存遇到困境时，我们不禁想到了那个只有人类才能思考的古老命题：我是谁？我从哪里来？我到哪里去？是我们在体验生命的进程中做错了什么而得到了自然的“报复”？在远古那样恶劣的环境中我们的祖先都走过来了，为什么现在受阻？人类毕竟是人类，他们（应该是我们）正在用一种大智慧去思考，从哲学和生态学角度探讨了人类在自然界应有的位置和应该担负的使命。这本小书的特点是汇集百家之言，以浅显易懂的话语告诉你生存环境的奥秘，为你打开一扇小窗，享受着窗外的空气和美景，激发出你亲近自然的天性和审美的情趣，告诉你如何去防范污染的空气和带给你生理的创伤。告诉你用什么方法以最小的代价实现你居室的热舒适度，如何利用和避免窗外的阴晴风雨、昼夜晨昏和春夏秋冬。在营造自己“安乐窝”的同时，也顾及到他人利益和后代利益。本书精选了文、理、工多学科的内容，介绍了当代诸子百家的生存智慧和研究成果，告诉你由天文、地理、自然、社会包括你在内的自然生态圈的奥秘，其中包括以环境伦理为主题的普世的人文精神。自然的造化将人类催生在地球上，是一种缘分将你我他定格在这一时空相遇，共享生命的乐趣。为了世上所有的人，为了后代，也为了你自己，大家都去创造、去享受、去珍惜这难得的生存体验吧。这本小书不仅使你增长一些技术知识，也会使你点亮一盏心灯，或许从中悟出一些什么，让你冲破迷雾、豁然开朗、心态平和、返璞归真，在帮助与被帮助的人生幸运之旅中体验真实生命。人生是福，在于共享生命，岁月如歌，更动听的是交响乐……

从远古走到今天，人类仍然稳居于这个星球的统治地位，享受着大自然给予的恩惠，但也承载着巨大的责任。面对这个古老而遭受人类践踏、索取的大地生态圈，人类从享受现代生活的福祉中惊醒了，人类的智慧促使自身在对自然界的冷静观察和理性分析中反省自己：强烈的物质主义、享乐主义、消费主义、个人主义甚至科学主义使我们赖以生存的自然资源和生存环境难以负重了，欲壑难填将会导致乐极生悲。为了这个人类安身立命的星球，也为了后代子孙，我们是否需要改进一些生存方式呢？我们相信，在近代两个多世纪的文明进程中，人类已经具备了大智慧和综合技术能力，在发展经济中会萌生出生态智慧，在处理人与自然的关系、实现可持续发展诸多因素的权衡中会做出明智的选择、调控、谦让。利用好科学技术这把双刃剑，既获得所需资源，又维护生存环境。环境和资源都不可偏废，我们能够管好这个星球吗？使它在广袤星空中凸现出自己永久的蔚蓝色和青绿色，保持这个自然生命体生生不息，我们积累的生存智慧和道义将成为这条生命航船的永久动力。

人是目的。这是集哲学家和自然科学家于一身的康德的一句名言。他认为人的生命本体应与自然造物的目的相趋同，其最终目的是有文化、有道德的人类群体，这种对于生命的尊重，诠释出生命的自然属性和道德属性。人类社会的全面进步体现在唤醒人类心灵深处的真与善，消除人为的烦恼与痛苦，协力呵护共同的地球家园。让轻松与和谐遍布于人与人、人与自然的交往间，任何生物都有享受生命和延续生命的本性，任何生物种群都是生命和环境达到平衡时的一种自然选择，是天赋之生性、天赋之权利。在自然生态圈当中，人与其他生物互为欣赏、互为环境，目的只有一个，适应自然的选择，保障生命的权利、种群的延续和一种持续的生态文明。

别忘了在深夜关好窗。

第1章 综　述

引子

“当我在距地球400多公里的太空看到生我、养我并收容我的地球时，我热泪盈眶了……”“秋山先生，你刚刚用了‘收容’这个词，真是太好了，的确我们每个人都要对地球母亲怀感恩之情。”秋山丰宽激动地说：“使您理解我当时的心情，我们才是同志！是啊，地球用她那仁慈、博大的胸怀收容了人类，也一视同仁地收容了地球上的一切生命……”。“地球表面什么景色让你终身难忘?”“是大气层，在白天，大气层像一层蓝色的薄纱，晚上则呈灰色。看到大气层，我总是情不自禁地有些伤感——地球上的所有生命全靠它庇护，它是我们大家的守护神，而它却是薄薄的一层，薄得像苹果皮那样。”“……如果媒体将你这段刻骨铭心的宇宙体验传达给亿万人，并变成地球人的一致行动，我们的地球文明便会因此得救——当然，重要的不是思考，而是行动，大家一致的行动。不分国家、民族、政治信仰，不分皮肤颜色，拯救地球文明是最大、最硬、高于一切的道理。”

1.1 环境的生态价值

1.1.1 环境与生物圈

1.1.1.1 环境与生命

上面是我国著名学者、作家赵鑫珊先生赴日本专程采访日本宇航员秋山丰宽时的一段对话。由于这位宇航员以常人难以达到的视角窥视了地球的全貌，用远离地球置身茫茫太空的生命体验感受到了地球对于生命的重要——她像一位久经沧桑、只求付出、不求回报的慈祥母亲，用她的乳汁、血肉去哺育着地球上的一切生灵。作为一个地球人，身处茫茫无际的太空，远眺生他、哺育他的地球——在这个迄今为止仍是唯一有生命存在的星球上安身立命，享受大地母亲的恩赐确实是一种造化。正是这次绝无仅有的太空体验大大激活了人的生命自觉意识，促使他放弃了优越的国际传媒工作，脱离了都市中的种种纷争，躬身践行，在自己家乡的一块土地上自耕自种、自食其力，同时在维护着这一块土地上的自然生态，一个人的绵薄之力呵护着生存的家园，反哺着地球母亲，享受着现代版的“采菊东篱下，悠然见南山”的生命过程，成为日本的“陶渊明”。他所提倡的环境保护意识确实为处于现代社会的人类如何融入自然、善待环境做了一个有益的启示。

可以想象，那位日本宇航员在茫茫无际的太空中确实产生了一种恐惧感和对地球的归属感。深深感到只有地球才能收留和容纳他，除了地球以外都是毫无生命的时空，对于有道德、有意志、有理性的人类不要为了更奢侈的享受而去“砍伐”这块极其有限的生存空间了。

生态学的知识告诉我们，一切生命体的诞生、生长都与周围的物质进行能量交换，新陈代谢、能量和物质循环是维持生命活力的基本形式。如阳光、水、空气和维持生命体征的营养物质进入生命体内，保持生命细胞的活力需要的热量和微量元素，同时也会排出一些体内废弃物。对于每一种生物，不论是植物、动物，还是人类，他们需要的能量和物质、获取能量和物质的方法是不尽相同的，但他们互相需要、互相作用构成一条环形生态链（生态系统）。生态系统依附在地球的岩石圈和水圈之上，再与太阳辐射的光和热一起构成了大地生态圈。正是有了这些构成生命的外部条件——生存环境，催生了生命体内细胞的再生、遗传和变异，物种产生了进化和演替现象。生物由水中爬上陆地，人类首先完成了直立行走，走出森林，学会用火、狩猎、农耕。一种生存智慧和文化，使他们用兽皮裹在身上御寒，挖出了为自己遮风避雨的庇护所，学会了取暖和御寒，石器、陶器、青铜器被陆续造出来，一个上古的文明产生了。人类也在自我完善，不断掌握着生存的智慧，在冰与火的原始洪荒环境中坚强地生存下来了，并在创造和更新一个更适合自身传宗接代的生存小环境。处于生态链顶端的人类又“不辱使命”，在与自然的共生中探索自然奥秘，发明了科学和技术，在五千年人类文明史进程中，人类将原始的庇护所逐渐发展成为具有舒适环境的居住空间，历史的车轮将人类载入了现代文明。那么，这个生存环境主要包括哪些内容，属于人类的现代文明又向何处发展呢?

1.1.1.2　环境的含义

环境一词来源于法语“environner”，有环绕包围之意。可认为环境是生命体的生存条件与影响个体或群体的社会制度和精神享受的文化条件两者的复合体。物质世界和精神世界组成了人类生存环境，前者是由主体以外的生物体和非生物体组成，后者是关于人类社会的制度文明和思想文明。

“环境是指特定某一生物体或生物群体以外的空间和一切事物，这些事物包括直接、间接影响该生物体生存的一些生物和非生物的因素。”(孙振钧:《基础生态学》) 关于“环境”一词的定义是：影响人类生存与发展的外部世界的总和 (陈立民:《环境学原理》)。环境是相对于某项中心事物而存在的。环境与中心事物之间存在着对立统一的相互关系，既互相独立，又互相依存、制约、作用和转化。

就人类作为一个种群而言，能够进化为当今的高级生命形式，首先是依靠自身生存智慧，即用由原始聚落组成的种群集合体所积累的生存智慧去应对各种环境灾难的危害，学会利用自然环境条件去满足和提高自己的生命质量和种群延续。人类从直立行走到打造工具、建造房屋，从渔猎时代演化到农耕时代的进化史证实正是如此。例如利用太阳辐射的光和热得到生命需要的温度和湿度，避免过量日照的遮阳措施，用于隔离室外严寒和酷暑的房屋围护结构材料，适时的自然通风会降低室内环境温度和提高空气洁净度。在现当代随着科技进步，人工空调制冷和采暖则在不同季节创造了室内舒适小气候；人类生命质量和生存环境的改善还体现在食品的丰富和科学搭配；对能源和资源索取方式的进步、效率的提高，交通、通信工具的发展使人类能以较小的代价获取物质、能量和信息；医疗环境和技术的改善使人的生存质量和寿命大幅提高。人与环境的和谐统一，是人类获得发展的最好印证。

这里所说的环境是一个综合性的概念，包括立足和活动的空间，维持人体代谢所需的物质和能量，生命过程所需的物理环境（如空气的温度、湿度、氧气和有害物质的限制含量），采光、日照环境和噪声环境，尤其是森林和湿地的自然生态环境直接影响到生物物种的多样性。生存环境是在自然造物的漫长演化进程中形成的，所以，将自然与环境组合在一起是人类尊重自然的生存理念，协调好资源和环境的作用和价值关系到生存环境的持续性，至关重要。

人类生活在自然环境中，首先具有生物属性。人类和植物、动物、微生物、苔藓植物等一样，在土壤、空气和水组成的生存环境中，靠着地球引力，作为生命体生长、活动于地球表面和空气中，完成着出生落地、生长、繁衍、死亡这样周而复始的生命接替过程。而作为有意志、有思想的人类又生活在一个能够制约和保障每个人思想、行为、道德的社会和政治环境当中，在规范和约束自己的生活方式中体现出特有的人性，这样人又具备了社会属性。人又作为一个道德形象出现在社会舞台上，构成一种社会生态，对自然环境有着强烈的影响力。

关于自然的解释有多种含义：天然而非人为的，不造作、非勉强，无意识、无目的。自然者，道也。也指人的自然本性和自然情感。《辞海》（1999）给出的主要含义有两个：首先是指事物及其所有属性的集合所构成的整个系统，或者是指未受到人类干预按其本来应是的样子所示的事物。何怀宏：《生态伦理》谓“自然”主要指本性，是自然事物的总和。“自然是一种大自在。它没有起源，也没有归宿，它从无来处来，向无去处去。它没有预定目的，一切依境随缘（但是有规律可循，如牛顿万有引力……），任其自流。它以‘非知’为‘知’，无‘知’而无不知。它造物如画仙运笔，任其涂抹，无一废作。它画中有画，层层有画，而且画外有画，画间容画。这种大自在又透出一种真自由。细细品味，这似乎是一种虚空了‘我在’的自由，诸如我知、我欲、我行之目的……全部淡化了。一种淡化了‘我在’的‘大自在’该是什么滋味？想来它应该离自然更近些。”（詹克明：造物与制作 2005.7.25.《文汇报》）可否这样理解，自然就是一个随时间变化的过程和空间，让你正好感受到了，而它在你来到这个世界以前就存在了，在你离开这个世界后它仍然我行我素。简言之，只有适合生存的空间和物质才能成其为环境。

1.1.1.3 人类置身的几种环境

（1）宇宙环境。位于地球大气层以外的环境空间，是自 20 世纪 70 年代以来人类活动进入宇宙空间后产生的新概念。（方如康，2003 年）

（2）全球环境。地球各圈层中生物栖息、繁殖，人类能获取资源并进行改造的空间领域。包括水圈、岩石圈、植物、动物、土壤、空气等物质和空间。

（3）地理环境。围绕人类生存、活动空间周围各种自然现象和物质的总和。如由于太阳辐射、地球运动产生于大气和土壤间的各种物理、化学、生物现象和物质。

（4）文化环境。能集中反映一个国家或地区民族生存发展方式、状况、文化艺术等物质与精神文明（非物质文化）的人文景观，它是人类历史与文化的结晶。

（5）聚落环境。人类为了生存，开发利用自然，有意识创造、建设而成的人群居住和生活的环境。人类文明的进步增加了改造和利用自然的能力，逐步由巢居、穴居、逐水草而居发展为定居，由散居到聚居，从村落到城市。聚落环境依据其空间、功能和社会组织形式不同可分为院落环境、村落环境和城市环境。院落环境空间小，居住人口少，多以家庭和家族为组织形式的居住单元。其环境营造具有个性化和地域化的特点，其中蕴涵着地方气候、物产、精神寄托等内容。村落环境和城市环境分别是农耕社会和工业社会的人类聚落环境。特别是城市环境由于人口的高度聚居和资源、能源的大量消耗，产生的"三废"和噪声对人的生存环境展开了挑战。

（6）原生环境和次生环境。原生环境特指未受人类活动影响的自然环境，如原始森林、极地、沙漠地区。原生自然环境在人类活动的干扰下会渐变为次生环境，次生环境组成结构的物理、化学、生物性质、状态发生改变，由原生态环境演变为一种人工生态环境。人类活动一方面对自然资源的过度开发利用和对原生环境的污染破坏是导致次生环境问题的主因；另一方面则可以造就比原生环境更为优越的人工生态环境，变为宜居的次生环境，后者是今后人类生存环境的发展方向。

（7）特殊环境。人们在正常生产、生活中不易或少数人才遇到的环境，主要有：①外层空间环境；②水下环境；③特殊地理环境（如极地低温、高山缺氧、赤道丛林高温和高湿、沙漠干旱和风沙、地方病高发区等）；④特殊生产环境（如核辐射、磁场、高频噪声）；⑤军事环境；⑥特殊人工环境（人密闭舱、低温舱、高压氧舱等）。

（8）社会环境。人类文明造就的生存和思想艺术文化。包括物质生产体系、生活服务体系、物质文化体系和社会制度体系，具有区别于自然属性的社会属性。

（9）海洋和流域环境。海洋是地球表面面积最大的生态综合体，包括海水、海洋溶解物和悬浮物、海底沉淀物和海洋生物（可分为无机物质和生命系统两部分）。海洋是能量和物质的最大交换和生产空间。海洋环流和大气环流形成地表的气候环境。海洋是生命的摇篮。流域环境则是地表水和地下分水线所包围的集水区域，具有高低不同的地貌特点，是自然区域环境的分类单元之一，如长江流域、黄河流域、两河流域、恒河流域、尼罗河流域。流域环境源自于人类逐水草而聚居，往往会形成一片独立的自然、社会、经济系统。

1.1.2 生态环境与人居环境科学

人类关于生存环境的认识早在2000多年前就有记载。将人类聚居环境进行专题研究并形成系统学科开始于20世纪初叶，将“人居环境科学”进行定义和进行跨学科系统研究是1993年我国著名学者吴良镛先生等首先提出的。

P·格迪斯（Patrick Geddes）是现代城市规划的奠基人之一，他是一名城市规划师，同时也是生物学家和哲学家。“他从生物学研究走向人类生态学，研究人与环境关系，系统研究现代城市成长和变化的动力以及人类居住地与地区的关系，”（吴良镛：《人居环境科学导论》）他在城市设计中提出“区域观念”，重视地域环境的潜力和限度。他从哲学、社会学、生物学等多视角揭示了城市在空间和时间发展中所展示的生物和社会的复杂属性。他把环境看成是多元素的构成物，是在不同地方人类进行精神和物质多种活动的场合，他揭示出地点和就业活动之间的复杂关系以及对于定居点演化的持续影响，成为人本主义规划思想的代表人物。

芒福德（Lewis Mumford，1895～1990）是20世纪一位集历史、艺术、哲学、文学、建筑、城市规划于一身的大家、学者。他主张以人为中心的人文观、区域观和自然观，强调人类聚居环境必须与自然环境相融合，提出符合人的尺度的田园城——这样一种聚落规模。分析了人与社会、人与自然的关系，揭示出人居环境的社会属性和自然属性：“一个孤立的人是难以在社会上达到稳定的，他需要家庭、朋友及同事（这是相互的）去帮助和维持自身的平衡。”（同上）他认为“作为人类聚居的城市或区域不仅是地域的范畴，而且是地理要素、经济要素、人文要素的综合体。”区域是一个自然生态和人文生态的整体，而城镇聚落则是其中的一个组成部分，只有建立一个经济、文化多样化的区域框架才能综合协调城乡发展。

提出“人类聚居学”的学者是希腊的道萨迪亚斯(C. A. Doxiadis，1913～1975)。(同上）他通过对人类居住综合环境的系统研究，认为人类聚落的“城市化”是国家和人类发展的结果，也常常是发展的负担。他认为通过规划学、地理学、建筑学、经济学、社会学等多学科综合研究才会构成人类聚居的良好环境。构建了“人类聚居学”学科体系框架。

我国著名学者吴良镛先生分析和发展了前人的研究，提出了“人类居住区可持续发展”的理念。他研究了西方近现代城市化进程和生态环境状况，总结了我国古代人民节俭不奢侈、择地宜居、善待环境、“时禁”等民俗文化，提出人类聚居环境是“建筑—地景—城市规划”三位一体的综合创造。同时也揭示了秦皇汉武大兴土木、修建宫室，“非壮丽无以重威”，在改朝换代时有“堕城”(焚毁旧城）的恶习，使森林资源和生态环境受到历史性的破坏，给中国人居环境发展留下了深刻的教训。最近也有文献的研究成果表明：“唐长安大明宫、兴庆宫建筑大木作用材量保守估算相当于砍伐了 25.5km^2 的原始森林……事实上，唐代中后期频发的旱灾、涝灾、碨硙（Wei）与灌溉争水，渭河漕运困难等都说明了唐代中期关中生态环境已经遭到严重破坏……”（崔玲：2009 年)。唐长安城旷日持久的皇宫建设，对周围八百里秦川山林的砍伐速度已达到空前的地步，官家大兴土木，民间伐木烧炭用于取暖，严重地破坏了地域生态系统，以致后来的宋都东移也与长安地区气候和水土的恶化有关。吴先生总结了中外历史上有关人居环境的经验和教训，提出了我国 21 世纪城市发展战略：着眼于全球的思考，立足于地区的行动。要站在时代高度上发展人居环境科学。

吴先生对人居环境是这样定义的：“人居环境是与人类生存活动密切相关的地表空间，它是人类在大自然中赖以生存的基地，是人类利用自然、改造自然的主要场所……在空间上，人居环境又可以再分为生态绿地系统和人工建筑系统两部分。”第一部分侧重于人居环境的生态属性，第二部分则为人类居住活动提供了舒适的物理环境和人为环境。明确指出大自然是人居环境的基础，人的生产活动以及具体的人居环境建设活动都离不开更为广阔的自然背景。人居环境是人类与自然之间发生联系和作用的中介，理想的人居环境是人与自然的和谐统一。而人居环境科学就是围绕地区开发、城乡发展及其诸多问题进行研究的学科群，它是连贯一切与人类居住环境的形成与发展有关的包括自然学科、技术学科、与人文学科的新的学科体系。它具有鲜明的实践性和跨学科的综合性。是一门科学、技术并重，理性与情感兼备，围绕人的满意度进行研究的实践学科。生态化与人文化、精神与物质需求是它的核心思想。目的是不断的资源供给以保证人类社会的持续发展。也是一门不断完善的发展性的学科。

他总结出人居环境包括的五大系统是：自然系统、人类系统、社会系统、居住系统和支撑系统。其中人类系统和自然系统是两个基本系统，居住系统、支撑系统是人工创造与建设的结果。包括人类居住基础设施、建筑、交通系统、公共服务设施、通信信息系统和物质环境规划。他将人居环境科学列为多层次结构、跨专业的系统学科。

因此，我们是否可以这样理解诸多因素构成的生态环境：它就像一棵环境之树，将诸多环境因子——沙石、土壤、水分、养料、空气、阳光、动物、植物群落、气候、能源、资源、声、光、热……分布在树的根干枝叶周围，构成地上、地下、空间，这些生物和非生物组成自然物质系统构成的生态环境，维持着微生物、动物、植物以及人类的新陈代谢、繁衍生命的基本生存状态。具有意识、思维、理性的人类，以独特的生存智慧和手段组成了社会，法律层面的社会制度、法律、法规、公约，和公共道德层面的环境伦理和思想文化，构成了人的精神修养和自我约束力，使人类成为理性和公正占支配地位的社会人、生态环境的维护者。

这个由诸多环境因子组成的生态之树，如图 1-1 所示。具有新陈代谢、生机勃勃、年复一年、繁衍生命的能力，因此，这是一棵可以持续生长发展的“常青树”，展示出了大地生态圈的持久活力。

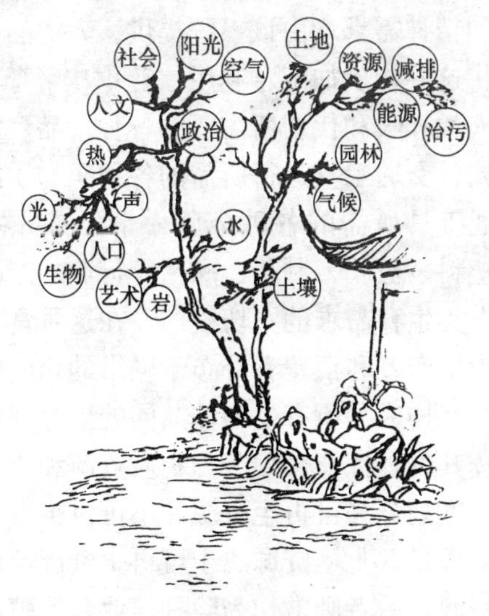

图 1-1 “生态树”示意图

没有人类的自然界是荒蛮的，仅能维系一种“丛林法则”。但是人类生存、延续也时刻离不开自然环境和社会环境。人类的生存进化史也是人对自然和自身博弈和适应的历史，能延续至今就是一种成功，面对生存困境也会从容应对。因此，对人类发展史和环境史的研究就是对生存智慧的总结和发展，这也是人居环境科学的组成部分。

1.2 资源与环境

1.2.1 自然资源的分类

地球—大气环境系统是一个非常复杂、生物体与非生物体多相交融、相互作用的巨大原生态物质系统，它体现出生长活力和物质属性，处于不断变化之中，其构成包括：土壤圈、岩石圈、水圈、大气圈、生物圈。人类在社会文明的进程中所需的一切物质（原材料）和精神需求均由该系统提供。人类的一切生产、生活活动都是在将这些物质加工、利用、转化、繁育，为人类社会所享用。例如人类呼吸和代谢所需要的各种食品、水、空气、阳光，取暖和空调、交通工具运行所需的各种矿物质能源，建造房屋、工厂、交通工具所需的各种金属、非金属材料，各种纺织品、木制品、塑料、橡胶、制药、酿造等行业的产品。地球—大气系统提供了人类生存需求的一切资源。在这张食物网络上，其他生物体也作为生产者和消费者分布于网络的相应位置上，它们既是生命个体，又构成了所有生物体共同的生存环境。

自然资源按其物理性能可划分为物质资源和能量资源，按资源生成的时间尺度划分为可再生资源和不可再生资源。如从社会经济发展需求来衡量，土壤资源属于可再生资源，而土地资源则属于不可再生资源，后者则常作为除种植业和养殖业外的建筑物和构筑物等人工造物的支撑体。自然资源从地球生态圈组成来划分又可分为生物资源和非生物资源。有学者将自然资源的划分以图 1-2 来表示。（赵烨，2006 年）

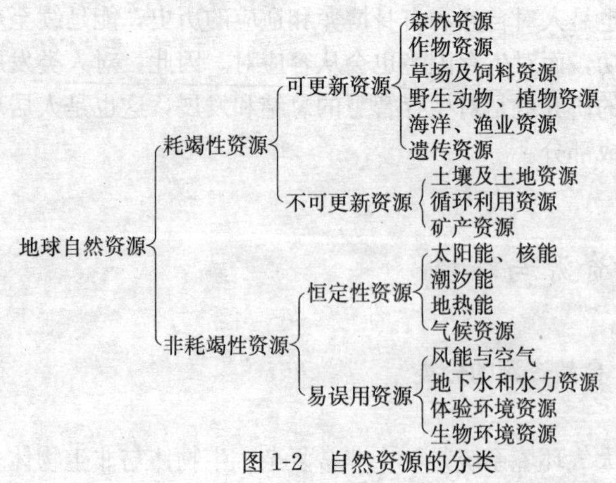

图 1-2　自然资源的分类

1.2.2 自然资源的特性

地球—大气系统中自然资源种类十分丰富，由于物质的量、形成时间长短、所经历的物理变化、化学变化、生物变化的不同，在当今时间段内自然资源的特性可归纳如下：

(1) 物质的稀缺性。自然资源中的矿产资源属于不可更新资源，一些矿物天然储存量极少，如钨、锑、锡、钼等，使开采和人类广泛利用受到限制。铀矿的天然储存量少、品位低，人工浓缩技术水平低，铀及其同位素的利用受到限制，有些矿产资源储量巨大但年需求量也大、开采多年，资源也面临枯竭。提高不可更新资源利用效率，寻求可替代资源是人类必须面临的问题。

(2) 自然资源的系统性。地球—大气系统中时刻在进行物质、能量信息的流动循环过程，在一个区域内各种自然资源之间成为一个相互制约、相互联系和转化的动态系统。人类活动和自然力（雷电、地震、火山喷发等）都会引起资源链结构的变化，甚至引起整个资源系统失去平衡状态，导致生态环境灾难。如森林和湿地的缺失产生地域气候异常，给人类生产、生活带来一系列自然灾害。

(3) 自然资源的时空差异性。一方面，对于能利用太阳辐射能的自然资源，随着时间的延续，太阳辐射能通过植物光合作用转化为生物能。即生物的生长、繁育过程。这种自然资源的生长恢复能力当与人类对其利用的速度相匹配时，则不破坏原有的资源环境。由于被利用的多少，以及某些得天独厚的条件，在某一地域一种或几种资源非常丰富，这就构成自然资源分布的时空差异性。

另一方面，自然资源的空间分布与太阳辐射、大气环流、水分循环、地质构造、海拔高度、地形、地貌等因素有关。如太阳能、地热能、风能资源在某些地区储量很大；矿物资源、稀有矿产、核元素总是分别集中在极少的区域。由于沧海桑田巨变使化石燃料相对集中。

（4）多用性。一种自然资源具有多种用途，例如，水是生命之源，首先是生物体新陈代谢的组成部分，也是获得广泛应用的溶剂；在工业、农业中常用于冷却、升温、水化、沉淀、洗涤、过滤、酿造等的生产环节，参加到许多产品的物理变化、化学反应当中。就宏观而言，地球–大气间水的循环使得大部分地球表面环境温度和湿度常年保持在人类可以承受的范围内；利用水力资源的落差还可以发电；江河湖海的水体还可用于航运：用于农业、水产养殖业，甚至休闲、娱乐、观赏。科学技术的进步促使人类对于水的合理、循环利用，发挥水的经济潜能和社会效益。我国幅员辽阔，水资源分布不均，南水北调工程、长江三峡工程可使南北方的水资源得到调节，在一定程度上满足防洪和电力需求，使北方大部分地区农业、生产、生活用水得到补充，进一步改善生态环境。但是有学者提出上面几项工程的实施会对长江流域水陆生态系统产生负面影响，也应当引起重视，宜采取人工影响措施增加自然生态的恢复能力。森林系统也是典型的自然资源，可为人类提供植物体及其果实和各种动物，可以调节区域气候，维持生物多样性，为动物提供足够的氧气，具有“自然之肺”的美称。

人类文明发展史即是对自然资源利用和改造、顺应自然环境为人类服务的历史，后者的改造、顺应已在全球一些地区凸现效果，在全球每年总有生态宜居城市产生，为人类家园增添着“绿色”。科学进步和人口增长也使人类具备了强大的利用自然资源的能力，有生态学家估算，全球社会经济发展速度使得地球总资源在上世纪末期已经达到地球生态系统最大生产力边缘，那么，新世纪开始的近十年，人类社会对自然资源的索取已经超过了地球生物圈的最大生态负荷，已成为人类生存和发展不可回避的问题。

1.2.3 资源与环境的互补性

自然资源是人类及其他生物生存环境的重要组成部分，大量的资源总是以环境的形式存在着，资源和环境已成为人类生存的两大依靠，两者不可偏废，生物多样性构成了生物之间（动物、植物、微生物）互为生存环境的格局。土地、岩石、空气、水、森林、植被、湿地、日照与气候等能量、物质和空间，首先是作为生命机体存活的环境，又是人类文明延续而必需的获得更高的物质和精神享受的原材料来源地。如化石能源、木材、地下水与地表水、金属和非金属矿藏，这些资源被人类用于建造房屋、制造和使用各种交通工具、城市建设和居住出行，人口的增加、资源的大量消耗支撑着人类的现代化生活方式。在不经意间，享受文明和发展困境接踵而来。在当今世界，由于资源的枯竭和不可逆性、各类污染物的排放，导致生物圈的生存空间缩小、生态环境恶化，享受现代化生活的人类还能持续多久呢？

在这种经济增长和能否持续的不协调博弈中，人类越来越清醒地认识到生态的效益和价值，将环境视为一种消费品，并且将其纳入发展的“投入要素”，把良好的生态环境作为公众认可的社会福利。在经济社会发展过程中，人类用于治理和维护生态环境的投入和产出，常被称为绿色“GDP”。环境已从哲学层面的价值深入到经济学研究的价值之中。即将经济学理论与生态环境效益物化相结合进行研究，成为经济学中的新型分支学科——环境经济学。它是研究地域和全球环境的内在和外延价值，实用价值和体验价值，研究如何科学地开发其经济价值而不损害其生态价值，将产出建立在维系生态平衡的基础之上，使体验经济成为建立在生态效益基础上的“绿色”产业。森林“氧吧”和生态湿地都具备了直接或间接的经济价值。环境质量对于人类生存、延续是无可替代的。森林的多种作用（如水土保持、气温调节、净化空气、保持生物多样性），如果物化衡量其经济价值，则要远超出森林木材产出的使用价值，而经济的增长恰恰导致了作为大环境资源的稀缺，水质性缺水、空气质量等级下降的城镇已不在少数。

经济的增长无疑满足了由于人口增长、需求增长带来的生存压力，同时也刺激了人类的消费主义和享乐主义，这样使人类社会发展过程具有片面性，社会贫富悬殊带来了发展的不平衡，也使环境价值打了折扣，有学者称为这是现代化伴生的“副产品”。他们指出：“现代化并不是像有些人所预料的那样使所有人都获得幸福和发展……在西方，消费社会的到来加速了资源和环境危机。在消费社会中，企业、媒体制造出一波又一波的消费浪潮，引发了许多不合理的消费欲望。消费主义生活方式盛行，消费的无节制膨胀，在唤起人们对金钱贪婪的同时，也造成了资源的巨大浪费和环境恶化。……消费主义已成为造成当今全球性资源环境危机的主要原因。”（陈新夏，2009 年）但是，与之对应的解决办法也是有的，在生活层面减少浪费和控制过度消费，提高人口质量，改变经济增长方式，缓和资源生长速度与资源利用速度的矛盾，提倡社会公平正义，则增长和持续也不是水火不相容的，要有远见，要对稀缺资源的利用方式做出科学谨慎的选择。

缓和经济增长和资源环境压力矛盾的方法也是多方面的，如对于资源的高效利用和循环使用就意味着资源的节约。利用科技的进步，寻求资源和能源的替代品则是另一条途径，如海水热核聚变新能源技术，核能发电技术，太阳能转换技术，潮汐能和风能利用技术，垃圾焚烧发电技术，地面水和地热能利用技术，干空气能量转换技术。改变经济增长方式，也会间接地为自然生态资源留出生长繁衍的时间和空间，以实现恢复和保持环境价值的目的，它是人类生存之本。至今为止还没有发现其他星球具有适合人类生存的环境。人类社会的可持续发展应从环境友好型开始，物质的现代化是不可持续的，只会走向极端，仅仅关怀自己的同类也是片面的，种际公平、生物中心主义的环境伦理观为社会大众所接受可能还有一段距离，但却是解决一系列矛盾的途径，还包括日常生活方式和制度文明，“影响一个民族发展历程的首先是‘经济—政治’结构，也就是说，经济—政治结构的变迁是社会发展的真正动力。”（周海林，2004 年）调整生存战略、保证可持续的生存需求，追求以环境伦理为核心的生态文明，尊重每一个人的生态需求和调整每个人的生活方式，是政府和公民的共同责任，目的是为我们的后代交一份生态保险，否则，在增长的极限之后那“寂静的春天”会不期而至。

1.3 生态环境评价

1.3.1 综述及概念

环境应是具备各种生命体生长的生态环境。生态环境评价，即环境质量评价，已经自成系统为环境评价学，其中包括环境评价的基本理论和方法论、评价标准、程序及技术。还有环境质量现状评价、污染源评价、建设项目环境影响要素的预测评价技术和区域环境影响评价，也包括已有自然区域的生态评价、资源评价等。我国的生态环境评价始于 20 世纪 70 年代，在国际交流方面，开始派团参加国际环境领域的会议，1999 年，当时的国家环保总局颁布了《建设项目环境保护管理条例》，2002 年 10 月 28 日全国人大常委会通过了《中华人民共和国环境影响评价法》，明确了对规划和建设项目可能造成的环境影响进行科学的分析、预测和评估，对不良影响应采取的对策和措施，为协调和解决经济发展和环境质量的矛盾作了制度保证，该法案已于 2003 年 9 月 1 日起实施。下面、首先了解相关概念：

（1）环境质量。“是指在一个具体的环境内，环境的总体或环境的某些要素对人类生存和繁衍以及社会经济发展的适宜程度，是反映人类的具体要求而形成的对环境评定的一种概念”。（张征，2004 年）换言之，环境质量“是指环境系统的内在结构和外部所表现的状态对人类及生物界的生存和繁衍的适应性。”

这种环境质量的外部形态是可以用定性或定量的方法加以描述的。外因的作用和内因的变化决定了环境系统的这种特性，即是环境质量的多维性、客观性、认识的主观性和质量的变异性。

（2）环境价值。价值是主体需要（指人类社会）与客体是否满足需要之间关系的主体性描述。环境价值即是以人类为中心的周围环境具备的生态价值和审美价值，环境价值具有精神和物质两种属性。

（3）环境影响。人类的各种活动对环境的影响。“全部或部分的有组织活动、产品或服务给环境造成任何有害和有益的变化。”或是“环境影响是指一个受体暴露给影响因子变化后，可预期的有利或不利的、化学和生物物理的后果，而且影响的变化通常可以通过剂量—反应关系量化。”（张征，2004 年）

（4）环境质量变异。是指环境系统在人类活动和自然力作用下所引起的环境质量变动及演化过程。

（5）环境评价学。是关于环境质量现状、环境质量变异影响评价的理论、方法及其应用技术的科学。并已形成了一套适合我国自然资源环境的评价体系，成为环境科学的一个重要分支学科。

1.3.2 环境评价的理论基础和评价标准

1.3.2.1 理论基础

（1）生态学理论。基于人类对于周围生存环境的物质、精神、生态层面的广泛需求，环境评价理论首先依据生态学理论（详第 3 章）给出定量或定性的环境质量评价。

（2）系统学理论。系统是一种具有稳定功能的整体，它是由若干相互作用、相互依赖的要素组成。系统学基本原理包括整体性原理、相关性原理、结构性原理、层次性原理、动态性原理、目的性原理、适应性原理。

（3）环境经济学理论。环境经济学一方面探讨环境与经济之间的相互关系，另一方面主张用经济手段管理和维护环境。在社会经济快速发展期，资源快速枯竭导致的环境综合征对人类的影响，使得生态环境质量往往超过作为资源产出的经济价值，而成为一种稀缺商品。环境之于人类的价值在于生态、经济、精神诸方面，比如森林和木材对人类都有价值，前者构成多项生态环境因子，后者是经济社会发展必需的资源，从地域经济和全球发展的视角去协调好发展和持续的关系，是摆在政府和相关部门面前的长期而复杂的任务。环境影响的经济评价和经济管理手段，是将环境质量效益物化，建立一套环境经济补偿机制，更适应经济社会和环境可持续发展需要。

(4) 可持续发展理论。当代人需要发展经济，满足人口增加的需求和更高生活质量的需求，我们已逐渐清晰地认识到，经济的快速增长并不等于社会和自然的可持续发展，当代人要为后代人留出足够的生存环境和可持续生存延续的能力，我国传统文化中曾有“人无百年寿，却怀千岁忧”的生存理念，以宗教的理念预测遥远的未来，成为一种人生道义。当代人类社会应运用科技、智慧、道义来保证和约束当代人的生存质量，以保证后代生存质量的恒久性和持续性。同时，在近万年形成的地球化石能源在几百年的工业文明中将消耗殆尽时，开发新的可再生能源已成为人类的当务之急，是人类智慧和道义的综合体现。

1.3.2.2 环境评价标准

环境基准质量是采用生理学和毒理学分析方法来衡量各种污染物对被污染对象产生有害影响的最大剂量和浓度值，它是通过剂量—反应关系确定的。基准值本身不具备法律效力，但它是制定具备法律效力的环境标准的科学基础。中华人民共和国环境保护标准管理办法中对环境标准的定义是，为了保护人群健康、社会物质财富和维持生态平衡，对大气、水、土壤等环境质量、对污染源的检测方法以及其他所需要制定的标准的总称。即形成了环境标准体系。将环境标准体系进行分类，可划分为：①环境质量标准；②污染物排放标准；③环境基础标准；④环境方法标准；⑤环境标准物质标准；⑥环保仪器设备标准（张征，2004年）。我国环境标准已进入科学化、系统化、法制化轨道。

我国常用环境质量标准有：《环境空气质量标准》（GB 3095—1996）、《地表水环境质量标准》（GB 3838—2002）、《地下水质量标准》（GB/T 14848—1993）、《土壤环境质量标准》（GB 15618—1995）、《城市区域环境噪声标准》（GB 3096—93）、《室内空气质量标准》（GB/T 18883—2002）、《海水水质标准》（GB 3097—1997）、《景观娱乐用水水质标准》（GB 12941—1991）。常用污染物排放标准有：《污水综合排放标准》（GB 8978—1996）、《大气污染物综合排放标准》（GB 16297—1996）、《火电厂大气污染物排放标准》（GB 13223—2003）、《水泥厂大气污染物排放标准》（GB 4915—1996）、《造纸工业水污染排放标准》（GB 3544—2001）、《生活垃圾填埋污染控制标准》（GB 16889—1997）、《生活垃圾焚烧污染控制标准》（GB 18485—2001）、《危险废物贮存污染控制标准》（GB 18597—2001）、《合成洗涤剂工业污染物排放标准》（GB 3548—83）、《制革工业水污染物排放标准》（GB 3549—83）。这些涉及生活和多种生产领域的"三废"排放标准限值，为维护和改善生态环境质量奠定了全面的法律基础。这些标准制定的原则、理念也随着经济发展和生活质量的全面提升进行修订和补充。在经济发展的同时保障人群健康，分为大气中的污染物控制和劳动、工作环境的保护性控制。有关标准要求在工业建设项目可行性研究阶段，使周围环境保护和废弃物排放控制达到有关规定的限值。人类物质生活水平的提高和科学技术的进步，无疑会增加人类对于生存环境的协调能力，包括产业结构调整，开发低碳经济和新能源，生产和使用科技含量高的产品，改变经济增长方式。在生活领域采取简约、自然、低碳排放的生活出行方式，也会提升环境质量。如多用"网路"，少行马路，以公交车代替小轿车出行；采用高能效比、变频的空调设备，空调开启时间适当缩短，代之以风扇降温通风。夏热冬冷地区在过渡季节停止公交车空调，短途乘坐车内温度不是主要问题，特别是冬季乘车，有人体辐射热量车内宜增加几座适合高龄老人的座椅更适合未来老龄化社会的需求和人文关怀。提倡热的阶梯利用，水的循环利用，太阳能的转换利用，大力推广冷光照明器，甚至应严格控制燃放烟花爆竹，（这是一种弊大于利的事物，因为举办庆典、愉悦精神的方法很多），如果每个人都从身边细微处厉行节约，呵护环境，这样对于环境质量的提升将是有效的。

1.3.3 环境评价内容和建设项目环境影响预测

1.3.3.1 环境评价的程序、方法和内容

环境评价首先应进行地域环境背景调查和环境质量现状监测，如地形、地貌环境，土壤和矿产环境，大气质量和气候环境，地下水和地表水环境，生物多样性和生态环境，噪声环境，自然出产和经济社会环境，地域文化环境。收集这些环境要素的背景记录资料，然后对这些环境要素分别选用适合的计算评估方法，将得出的环境质量指标与相应的环境排放或质量指标进行比较，最后作出一段时间内该地域的综合环境现状评价。环境评估的另一主要内容是背景环境质量变异性质的鉴别，包括影响环境质量变异的因素鉴别、变异的方向性和变异程度识别。从而进行环境质量变异模拟预测，为经济社会决策提供依据。比如，对于一些城市的水源地湖泊和水库富营养化调查和评价工作，由于未处理的城市污水和工业废水超量排入水体中，使水中的总氮和总磷的含量增加，呈现出水体藻类和浮游生物快速繁殖，使水中溶解氧含量下降，导致水生生物衰竭或灭绝。变异评价工作先根据水体取样检测各种指标，如总磷、总氮、透明度、BOD、叶绿素 a、浮游植物和动物的生物量和总量，确定出水体（库区）不同等级营养状况各指标的变化范围，最终确定水体富营养化的发

生周期或发展趋势，以采取相对应的治理措施，预测治理周期，保证水源地区水质量。

1.3.3.2 建设项目对环境要素影响预测与评价

建设项目用地多为人类活动集中、高密度工作和生活区域。人口与人类物质需求大幅增长的同时，也会增加各种废弃物的排放，这些建设用地除了园林、湿地、人造林地会对环境影响产生正面的效应外，多数会成为对自然环境有负面影响的污染源。预测建设项目对大气、地表水和地下水的影响时，首先根据不同流体特点建立污染源排放预测模型，较准确判断污染物排入大气或水中混合后随着流体扩散和迁移规律，预测出在一段时间内各主要污染物的持续浓度指标，由于土壤中具有大量微生物和土壤动物，使进入土壤中的有机污染物得到一定量的分解，土壤中存在的胶凝体对重金属等无机物有吸附、蓄积和代换作用，土壤植物通过光合作用吸收和转化了微生物分解物，可谓“化腐朽为神奇”。因此，污染物在土壤中的积累和净化同时进行，生物和化学降解与污染物质在一定程度上处于平衡状态。土壤环境质量预测内容包括土壤盐碱化、酸化、沙化、农药残留和土壤环境容量等内容。

噪声环境是根据声音在空气中和各种声屏障的传播特性，针对噪声源对于环境的影响作出预测和评价。相关环境要素的质量保障方法和内在规律将在后面各章分别叙述。

参 考 文 献

1. 吴良镛. 人居环境科学导论. 北京：中国建筑工业出版社，2001
2. 崔玲. 建筑与环境. 建筑学报，2009（3）
3. 赵烨. 环境地学. 北京：高等教育出版社，2006
4. 方如康. 环境学词典. 北京：科学出版社，2003
5. 张征. 环境评价学. 北京：高等教育出版社，2004

第2章　生态环境中的土壤、水和空气

就目前科学技术发展而言，只有地球表面存在空气、水、岩石、土壤，为人类及其大大小小的动植物群落提供了外部的生存条件，并且组成一个完整的大地生态圈。拥有更多的土壤、土地、空气和水资源就意味着给予生物以更多的生存、活动、繁衍的空间，也构成了人类享受生命、传宗接代的生命家园。这些非生命物质时时处处与生命体融合在一起，提供了一个动态的“万类霜天竞自由”时空环境，维护着大自然各种生命进行能量和物质的传递与转化，完成着每一个生命的过程。

2.1　几个相关的概念

1. 风化

指地壳表面岩石在太阳辐射、大气、水、生物等长期综合作用下发生破碎和化学分解的现象，按作用性质分物理风化、化学风化和生物风化。

2. 土壤

其母质是岩石经过风化作用降解的碎片与水、空气、生物物质有机组合的地表松散物质，是位于地球陆地表面和浅水域底部的具有生命力、生产力、疏松而不均匀的聚集层。是在漫长的地质年代中逐渐形成的自然体，它是地球系统的组成部分和调控（土壤和大气）环境质量的中心要素。它与土地空间、空气和水组成了人类最主要的资源和生态系统。

3. 水

水是自然环境的组成要素，既是一切生命赖以生存和发展的基本条件，又是人类生产和自身生命活动不可缺少的物质资源。纯净的水是氢与氧的化合物，无色、无臭、无味，化学成分为 H_2O。化学活性稳定，水在自然界中多以固态、液态和气态三种状态单独存在，也充斥在土壤、岩石和大气当中，直接参与生命细胞的新陈代谢，水作为一种特殊物质是重要的物质溶剂。

4. 环境科学

探索全球范围内生态环境演化的规律、揭示人类活动（干扰）和自然生态之间的关系以及环境变化对人类生存影响的科学。主要研究区域环境污染特征及综合防治的技术管理措施，研究大地岩石圈、水圈、大气圈之间物质与能量的传递规律。

5. 环境土壤学

研究自然因素和人为条件下土壤环境质量变化、影响及其调控的一门学科。也是现代土壤学和环境学科相互融合的综合学科。

6. 环境质量

指某一环境空间范围内大气、水、土壤等环境要素的优劣程度，这些要素对人类及其他生物的生存、繁衍和社会经济发展适应程度。反映了人类具体要求而形成的环境满意度评定的一种概念。这个空间范围可以是居住社区、城镇、区域大至地球生态圈。

7. 生态系统

指在一定的地域空间内由生物成分和非生物成分组成的一个生态学功能单位，在这个功能单位中生物与其栖息的环境之间不断进行物质循环、能量流动和信息传递，这个系统内部具有食物链，构成相对封闭的领地空间。在自然生态系统基础上经过人工加工改造形成的适合人类生存发展的环境称为复合生态系统。

8. 化学需氧量（chemical oxygen demand，COD）

指用化学氧化剂氧化水中有机污染物时所需含氧量，单位为mg/L。是判定水体被污染程度的指标。COD值越高，表示水中有机污染物越多，污染越严重，其值是用水样与强氧化剂混合加热反应前后氧化剂量的差值计算得出。如产生蓝藻的主要原因是由于水中氮、磷等生物营养物质过多所致。藻类经微生物分解（腐败）时会消耗大量水中溶解氧，使水体恶臭味，鱼类缺氧死亡。

9. 生化需氧量（biochemical oxygen demand，BOD）

指水体中有机物质在有氧存在时，借助微生物分解所耗去的氧量，单位为mg/L。可用来反映水中有机物污染的程度，BOD值越高，表示水中需氧有机物越多。通常检验水样在20℃时5昼夜的生化需氧量，即5日生化需氧量（BOD_5）以判定水中有机物浓度。

10. 生物固氮

指微生物自生或与动植物共生，通过体内固氮酶的作用将大气中的氮还原成氨的过程。水中蓝藻也能自生固氮和共生固氮，固氮作用可以满足植物和土壤中的氮肥需求。

11. 生物降解

指有机物质通过生物代谢作用而得到分解的现象。植物和动物都有吸收和代谢农药等有机物的能力，降解有机物质主要由微生物来完成，生物降解对于环境中大多数有机化合物的分解、净化起了重要作用。非生物降解是化学物质不经过生物作用的自行降解过程。对于非持久性物质，其化学性质不稳定，经过光解、水解、挥发等理化作用在环境中转化为其他物质。

12. 生物污染

可导致人体疾病的各种微生物，如寄生虫、细菌和病毒等引起环境和食品的污染。通过生活污水、医院污水、工业废水、垃圾及粪便排放带至水体、土壤和空气当中，湖泊富营养化、海湾赤潮、藻类过量繁殖也属于生物污染。

2.2 土壤生态系统

2.2.1 土壤环境与土地空间

在人类以及一切生物赖以生存的地球表面分布着一个环球生态圈，支撑着所有生物体生长、发育、活动，繁衍，保持着种群（族）的延续。这个生态圈由地表的水圈、大气圈、岩石圈、土壤圈和生物圈构成一个有机体与无机体充分交融的大地物质环境，构成了人类位于顶端的生物链或称生物网，丰富的生物种群沿着按群落形成的生物链完成着能量传递、物质循环、信息交流等维持生命现象的过程。随着科学技术的进步，人类对于地球表面（疏松）的土壤圈层有了更为深刻和全面的认识。

土壤是由矿物质、有机质、水分、空气等组成，其成土母质是由裸露地表的岩石经过热湿循环、冷热循环、化学侵蚀与生物残体长年风化积累而成，形成速度极为缓慢，厚度为1cm的土壤形成时间约为150～200年。在较理想的农业土壤中，矿物质约占总体积的38%～45%，有机质约占5%～12%，土壤孔隙约占50%，有水分和空气充斥其间。

土壤矿物质是由不同粒径的原生矿物和次生矿物组成，前者主要由石英、长石、辉石、角闪石、黑云母等组成，后者按矿物性质和结构分为简单盐类、次生氧化物矿、次生铝硅酸盐等。简单盐类是原生矿物化学风化后的产物，如方解石、白云石、石膏、泻盐、岩盐、芒硝、水氯镁石等。次生氧化物是硅酸盐矿物化学风化后的产物，如针铁矿、褐铁矿、三水铝石等。次生铝酸盐类由长石等原生硅酸盐矿物风化而成，主要有伊利石、蒙脱石和高岭石三类，次生矿物质一般粒径较小。土壤中矿物质颗粒（土粒）在成土过程中形成不同粒径（从几微米到几厘米不等）的颗粒级配组合，按粒径由大到小排列顺序为石块（>10mm）、石砾、粗砾（10～3mm）、细砾（3～1mm）、沙粒、粗砂粒（1～0.25mm）、细沙粒（0.25～0.05mm）、粉粒、粗粉粒（0.05～0.01mm）、细粉粒（0.01～0.005mm）、黏粒、粗黏粒（0.005～0.001mm）、细黏粒（＜0.001mm）。黏土粒含量多的土壤有吸附水分和养分，有团聚力和保水保肥能力，但是土壤的通气透水性较差。沙粒多为原生矿物，在冲积平原土壤中较常见。粉粒介于黏粒和沙粒之间，在黄土中含量较多。

由于生物、地形、气候等自然因素和耕种、施肥、排灌等人为因素的综合作用下，使土壤成为一种呈动态变化的基本农业生产资料。它具备了生物生存的几个条件："（土地）活动空间，阳光、空气、水、适宜的温度和营养成分。由于土壤、水、阳光、大气之间的相互作用，如土壤与大气之间通过蒸发与冷凝进行热湿交换和物质交换，使生物体产生一系列生物化学和物理运动，土壤则成为地球生态圈层中生物多样性最丰富、能量交换和物质循环最活跃的层面。"（陈怀满：《环境土壤学》）它是植物生长的基质，是动物生长、活动、栖息、繁育的空间，土壤提供了植物体内必需的营养元素和水分，满足了生物新陈代谢的环境条件和营养条件。现代土壤学物质循环的观点认为："土壤是地球系统的组成部分，既是系统的产物，又是系统的支持者，它支持和调节生物圈中的生物过程，提供植物生长必要的条件；影响大气圈的化学组成、水分与热量的平衡；它影响水圈的化学组成，影响降水在陆地和水体的重新分配；它作为地球的皮肤对岩石圈有一定的保护作用，而土地的性质又受到岩石圈的影响。"（同上）

土地所占据的地表空间也常被作为生产力要素之一——成为建筑和市政基础工程用地，也是生产、生活用品的原材料（植物矿产资源）储存库。土地作为一种大自然赋予人类不可多得的资源库，奠定了以人为代表的生物生存繁衍的基地和物种遗传进化的环境条件，也是人类获取财富的劳动手段和劳动对象之一。土地资源作为一个国家所辖领土而成为这个国家的象征（土地规模、人口规模、历史文化等）和基本国力的组成部分。必须指出的是，在以物质文明为代表的现代文明进程中，人类一味看重土地的经济价值，而忽视了土地（土壤）的生态价值，物质日趋丰富，资源日渐短缺，环境灾难和气候异常频仍，形成强烈反差，这种极端现代化的不可持续尽在预料之中。具有主观意志和掌握科学技术的人类应对土地和土壤（环境）有全方位的认识，在利用它的同时珍惜它、呵护它，反哺它，善待土地环境也就是善待人类自己，因为她是一个生命的综合体和生物的家园，是母亲。

2.2.2 土壤生态系统的组成和功能

土壤本身部分是由固体、液体和气体组成位于地表的疏松综合体，是岩石经过太阳辐射、侵蚀风化、有机质渗透等物理化学过程成为有机物和无机物的综合体。其固体部分主要有岩石风化后的矿物质颗粒、动植物残体、分解产物和合成产物、土壤中的微生物。固体土颗粒间的空隙充斥着水分和空气，水在土壤中微生物分解和生物体内代谢中起关键作用，水本身属于非生命物质，但是水存在于任何生命体和非生命体（包括岩石和空气）之中。土壤中有了水的渗透、融合，同时接受太阳辐射的光和热，使得植物能以光合作用积蓄生物能。土壤还可以积蓄和散发能量，土壤为生命体的生长提供了基本空间和温度、湿度、养分等环境条件，成为生态系统的基本要素之一。土壤中的温度、水分、空气含量、酸碱度、有机质、无机元素决定了土壤的物理化学性质，如土壤的吸收性、膨胀收缩性、黏着性、吸附能力等使土壤具有生物活性，土壤中气体具有与大气的物理化学交换功能。土壤中有大含量元素 7 种（氮、磷、钾、硫、钙、镁、铁），微量元素 6 种（锰、锌、铜、钼、硼、氯），它们都是任何植物不可缺少的物质。土壤生物对于土壤形成起了重要作用，疏松土壤颗粒具有通气、蓄水性能，使一些微生物和低等植物在土壤母质上出生、发育，提高了土壤肥力，再加上人为的正面影响，如翻耕、施肥、灌溉，使土壤加速熟化，成为稳产、高产的农业土壤。

土壤生态系统的另一个环境因素是大气圈。它是由围绕地球表面的气体和悬浮物组成。气体的主要成分是氧气（O_2），约占气体体积总量的21%，氮气（N_2）约占78%，其余为少量惰性气体、二氧化碳、甲烷等。大气质量的99%主要充斥在地面以上29km以内的空中，在热力和水分的作用下空气与土壤随时进行物质与能量交换。如同水一样，该层大气成为地球上一切生命活动不可或缺的组成部分，氧气是维持生命细胞活力的重要物质。空气的温度、湿度、冷凝降水以及热力运动（风）则构成了生物生存的气候环境。大气对流层位于地面以上12km高度范围，该层气体在太阳短波辐射加热后直接作用于地面生物，气温随高度下降而增高。地面以上2km范围称为空气，这个范围空气的物理化学特性受地形和生物（人类）影响最大，空气环境污染就发生在这一层，空气温度、湿度、温压流动等天气现象也主要发生在这一层。由于地表海拔高度和水陆表面温度不同，地球自转和公转导致不同地域在日周期和年周期的空气温度、湿度均有差异，形成了水平方向的空气对流——不同强度、方向、频率的风出现。大气环境的成因和作用将在第4章详述，本章则研究地面以上范围空气的物理化学特性以及与地面生物圈、土壤圈保持密切能量、物质传递和交换的规律。

在地球生态系统中，地面生物从大气中摄取某些必需的成分，经过光合作用、呼吸作用、固氮作用，微生物对生物残体的厌气分解作用，又把一些气体（氧气和氮气等）释放到大气中去，使大气组分保持平衡。如大气中含量占0.03%的CO_2和空气中的水蒸气均能吸收地表的长波辐射热，成为温室气体，所以这些气体含量升高会导致地表冰川融化，而含量过低时会使地面温度降低，影响生物特别是农作物生长周期。地表土由于蒸发和蒸腾作用会将很多有害物质传入空气当中。由于空气的水平对流作用，风力将这些物质和地表固体颗粒一起送到较远的地表区域。会形成不同地域之间的空气环境互相影响。

土壤与地表大气之间不断进行固态、液态、气态三项变化和物质交换，构成了土壤大气生态系统，土壤组分和质量直接影响大气环境。土壤吸收大气中的水溶液和气体以后，可以通过植物根系补充植物生长需要的水分，通过土壤中的微生物和离子态物质可以吸纳、净化，使大气中一定量的污染物变为土壤有机质，再与土壤中的水一起作用可以缓冲和稀释污染物浓度。土壤中水分蒸发和地表长波辐射可以带走热量到空气中，空气中悬浮颗粒物绝大部分来源于土壤，一部分由于工业生产和交通工具排放所致。土壤通过植物的光合作用固定大气中的 CO_2，释放出 O_2，通过固氮植物固定大气中的 N_2。土壤也是最大的陆地碳库，在调节温室气体浓度中起重要作用。

2.2.3　地表水圈

水之所以称作水圈，是它以各种形态渗透、覆盖于地球上。地球表面的 71％为海洋覆盖，平均深度达 3795m，属于太平洋的马里亚纳海沟最深处达到 11034m。水在土壤中微生物分解和生物体内代谢中起关键作用，水本身属于非生物物质，但是水存在于任何生命体和非生命体（包括岩石和空气）之中。存在于地球表面及其接近地球表面各种形态的水组成一个地表水圈，它包括海洋、河流、湖泊、沼泽、冰川，土壤中和岩石中的地下水、岩浆水、聚合水，水也存在于生物的体液、细胞内液、生物聚合水化物之中。在地表以上大气圈中也有水汽和水滴存在。水存在于生物体内支撑着生命过程，多数植物含水量均在 80％，水生动物含水量可达 80％～95％，鸟类、兽类含水量在 70％～75％之间，只有足够的水才能使原生质保持溶胶状态，保证新陈代谢正常进行。光合作用、呼吸作用、有机物合成和分解过程均需有水分子参与，生物的一切新陈代谢活动都必须以水为介质进行，如营养运化、体内废物排出、激素传递等生物化学过程。水还可以维持体温稳定，陆生生物的热量调节是通过体内水的蒸发散热来实现。在土壤中多表现为液态水的形式，属于一种地表水，包括化合水、结晶水、吸附水、薄膜水等，各种液态水被植物吸收、利用的程度是不同的，土壤中水分分布除受地表条件影响外，还受埋藏浅的地下水的影响。可以说，水无孔不入地渗透在有生命存在的空间内，是生命诞生的基本条件之一。

水与土壤圈、大气圈、岩石圈、生物圈充分交融组成一个地球生态圈。“在陆地表面及地表土中储存着供陆地生物所需的淡水资源，但是深层地下水、南北极地和高山冰川，包括永久覆盖和不能利用的永久冻土底冰占到总量的99%以上，与人类及其他生物关系密切的湖泊、河流及浅层地下水仅占全部淡水量的0.34%。总量约为104.6×$10^{12}$$m^3$。”

以年降雨量大小不同来区分，我国分为三个等雨量区，由此导致植被分布也成为三个区域，湿润森林区、干旱草原区和荒漠区。水的物理化学性质，如密度、黏滞性、水的浮力、溶解氧、盐分、酸碱度等直接影响水生生物的品质和数量。由于水有较高的比热容，在水量较充沛的地区可以起到调节区域小气候的作用。

在自然界中，绝对纯净（单质）的水是没有的，它总是与一些离子态、胶体、气体状态的单质元素形成混合物存在。如在湖水中有 HCO_3^-、SO_4^{2-}、Cl^-、Ca^{2+}、Mg^{2+}、Na^+ 和 K^+，在地下水中含有 H^+、NH^{4+}、Fe^{2+}、OH^-、NO_3^-、CO_3^{2-} 等离子元素，水中的气体有 N_2、O_2、CO_2、CH_4、H_2S、NH_3 等，此外，还存在有微量元素。

由于江河水具有跨区域流动的特性，会携带各种污染源到下游区域直至大海当中。但是江河水不会像湖水那样使N、P的含量积聚超标而产生浮游生物，污染水质和其他水生生物。湖水富氧化是生态治理和控制的主要目标，大部分湖水的pH值接近7.0（呈弱碱性），水体酸碱度的变化反映了水体的化学变化和生物化学的反应程度，常与人类及其他生物活动产生的影响有关，这种影响有负面的，也有正面的。冰川水多以固态形式存在，只

有少量参与水循环，但也因气候变暖而导致冰川退缩、雪线提升等现象。我国冰川水资源总量约为 $5.6\times10^{10}m^3$，接近黄河入海量。

海水接纳了陆地上排出的各种生产用水、生活用水、地表水和地下水，由于其分布面积广、与大气一起运动、交融，影响着全球的生态系统。特别是近陆地的浅层海域，海水成为液态、固态、气态多相、多组分的电解质存在的溶液状的自然生态体系，海水中的盐分维持着初级生命的最基本物质，是估算海洋生产力的基本参数。由于海水是多组分、电解质共存的水溶液，含有多种化合物和元素，但是其成分主要由盐度和含氯量来衡量。海水的平均盐度在35‰左右，影响海水盐度的主要因素是蒸发与降水、海岸径流、河湖水注入和因气候变化导致结冰和溶化，冬季海水盐度要高于夏季，海水中还含有 O_2、N_2、CO_2、惰性气体和 N、P、Si 等微量元素，为海洋生物提供了繁衍、生长的营养液。

2.2.4 地表岩石圈与土壤圈

地表岩石圈是人类及其他生物生存环境的一个物质圈层。主要由玄武岩、辉长岩、变质岩、沉积岩组成，存在海域厚度 2～11km 范围，存在陆地厚约为 15～80km。在这个硬壳状的地表圈层中，有起伏状的大陆和海盆，包括气体和自由水，各种矿物燃料和矿物资源，可以说，除太阳能和核能以外，人类使用的一次性资源和能量大多来自于岩石圈层，它是地球生命系统的物质基础。但是，随着人口大幅增长和科学技术的进步，人类经济活动主要对准地球岩石圈层，对岩石圈内物质索取和扰动越来越大、越来越深，导致了一系列自然生态失衡、自然资源骤减、灾害频发的局面。岩石圈也会因为地表深处的温度、压力发生变化及地壳运动时产生自然灾害，岩石圈层产生火山喷发和大陆板块挤压引发的地震就是人类经常遇到的天灾，其结果除了给中心发生区生物带来毁灭性灾难以外，也会将各种稀有元素和化合物带至地表和空气当中。

土壤圈位于岩石圈、水圈和大气圈界面的位置，厚度不等，一般在 0～100m 之间，有些地质构造是岩石裸露于地表或突兀于岩石山上，地球表面和浅水域底部的土壤构成了的一种连续体与覆盖层。土壤圈层也被称为地球的“皮肤”，对岩石圈有一定的保护作用。又直接为陆地生物提供生存繁衍空间和生命活动所需物质和能量，成为大地生态圈的稀缺资源。其成因是太阳辐射形成空气流动和湿度、温度的变化，这样长期的地质年代的风化作用，使岩石圈与水圈、空气圈的界面上形成了风化岩，这种无机物构成了土壤的主要成分。土壤的外形是不同粒径、松散的固体颗粒，在充斥其间的气体和液体中包括了生命活动必需的元素和能量，其中有机物主要来自于生物圈，水在其中起到溶解化合物的作用。同时，土壤也参与物质循环的分解还原过程，它具备吸附、分散、综合、降解生物因新陈代谢和工业废弃物而产生的污染物的功能，起到缓冲带和过滤器的作用，这也是土壤圈层中的大量湿地成为“地球之肾”的原因。土壤由于岩石圈表层物理风化、化学风化、生物风化漫长的交替作用而形成。地表土壤圈层在与阳光、水、大气进行源源不断的物质、能量交换当中养育着地表一切生物体，松软的土壤表面则为动物站立、奔跑提供了舒适的活动空间。地表土壤圈与水圈共同吸收太阳（主要为短波）辐射能量，在气温低于土壤温度的夜间，土壤中大部分热量又以长波辐射至空气当中，参与热量和地表水的平衡，调节不同地域的降水和空气流动，土壤、水体与大气之间的这种水平和垂直循环和交融是形成全球气候和地域气候的主要原因。也是形成异地空气污染的原因。我国江淮流域在每年初夏时节出现持续的梅雨期，系由于太平洋暖湿气流与来自高纬度的西伯利亚冷空气在此形成一个交汇区域要持续一个时期所致。

土壤圈层上的生物体同时吸收大气中的 O_2，释放出 CO_2、CH_4、H_2S、N_2O 等物质到空气中，其中 CO_2 又被固碳植物吸收，经过生物化学分解后又将 O_2 释放至空气中，土壤圈中一定数量的固碳植物，如森林和植被会形成巨大的碳汇，同时保持着空气中氧气的固定含量［由于人类活动造成空气中的 CO_2 含量是可观的，如：

用电时的 CO_2 排放量（kg）＝度数×0.785；

开家用轿车时排放量（kg）＝汽油升数×2.7；

乘飞机时的排放量（kg）：

200km 航程以内：公里数×0.275；

200～1000km 航程：55＋0.105×(公里数－200)；

1000km 以上航程：公里数×0.139］。

在与水圈、大气圈长期物质、能量交流及相互作用中，土壤圈层影响着大地生态圈的整体性和地方气候和物种特点的地域差异性，使物种分布不同，派生出丰富多样的食物链和具有生态美学价值的动植物种群供人类享用，用于种植和养殖的土壤为人类提供一种源源不断的物质需求，成为不可再生资源。

土壤圈与大气圈、水圈、生物圈组合成大地生态圈，而土壤圈层的污染和退化严重影响到生物圈的生存环境质量。土壤承受着物理、化学、生物污染，土壤荒漠（沙）化、盐渍化，土壤受风力和水力的侵蚀作用后表土中有机质减少，土壤板结、肥力下降，土壤中微生物减少，因而也会降低土壤对各种形态污染物的吸纳、缓冲、中和、降解等净化环境能力。其中有地震、火山喷发、山体滑坡、气候变化异常等自然原因，而更主要的是人类日益丰富的生产、生活活动所致。如大型露天采矿使原始地形、地貌改变，植被消失，矿坑用采矿后的尾矿填充，成为寸草不生的石山，减少了野生动物栖息空间，程度不同地破坏了原有自然景观和生态平衡。石山表面需要很长的风化过程才能成为滋生万物的土壤表层，所以，在采矿初期就应该将表土资源保存起来，以备开采过后尽快恢复生态。另一个例子是大型水利工程和交通工程，为了发展经济则需占用大量的原生态土地，影响了地下、地表有千丝万缕联系的生态平衡，这对地域气候、生物多样性和食物链、水土保持均有影响。在工程前期对于生态学的可行性研究和环境保护、恢复措施是必需和必要的。

因为土壤与水体、大气、生物时刻进行物质能量交换，所以土壤是生态环境中最初始、最基本的环境污染，成为环境科学研究的主要内容。

2.2.5 土壤与人类健康

作为可耕土部分的土壤培育出人类需要的农作物，满足了人类新陈代谢、营养物质和元素的需求，同时也满足了人的审美和味觉享受。土壤是一种弥足珍贵的资源，是自然与人工作用的综合体。土壤有疏松的颗粒级配和各种营养物质，再有阳光和雨露，会孕育、生长出各种植物和农作物，来这是一切生命活动的基础，保护耕地也就是保护人类自身。草场、森林、沼泽的植被土壤，也是初级生产者主要的生存空间，在这里，大量微生物分解动植物残体，完成物质的再循环过程。植物进行光合作用的固碳过程也在土壤表面完成，土壤环境质量的优劣直接影响长出的植物品质，进而影响人类和其他动物的健康水平。农作物的品质除土壤成分、气候影响因素外，还直接与水和空气质量相联系。所谓“一方水土养一方人”。如晚稻中蛋白质含量与土壤有机质成正比，施用有机肥土壤的农产品比单施化肥时各种氨基酸含量高出许多，种植茶叶的表土中有机质含量高，可提高茶汤香气和滋味，柑橘生长与果实品质要求土壤中含有 Zn、Mo（钼）、Cu 等元素，否则会使果实含酸量高和减少维生素合成。土壤中外源性的重金属 Cr（铬）和 Cd（镉）会使其所含粗淀粉、粗蛋白和氨基酸含量下降，降低了产品的营养价值，而且重金属进入人体内不易排出，会产生长期的毒性。

人体健康和活力大部分来源于饮食维持，土壤的性质、成分和地域气候特点体现出农作物的特点和品质，所谓“淮南为橘，淮北为枳”体现出同一类产品的地域差异。有些土地元素直接通过空气经呼吸道吸入人体，皮肤、黏膜的吸收、饮水均会对人体健康有重要影响，一方水土会导致地方性疾病。有关资料表明：(陈怀满：《环境土壤学》) 灰化土、沼泽土、泥炭土、腐殖土、冰碛（qi）土地区心血管病发病率较高，而在棕色土、棕钙土、黑钙土地带发病率较低。石灰岩母质土壤中 $CaCO_2$ 含量高，对人体健康有利，属于宜用（居）土壤。我国《土壤环境质量标准》(GB 15618—1995）是按照土壤应用功能、保护目标和土壤主要性质，规定了土壤污染物的最高允许浓度指标值及相应的监测方法，该标准适用土壤范围包括农田、蔬菜地、茶园、果园、牧场、林地、自然保护区等地的土壤。土壤环境质量根据应用功能、保护目标划分为三类：Ⅰ类，执行一级土壤环境质量标准。主要适用于国家规定的自然保护区（原有背景重金属含量高的除外)、集中式生活饮用水源地、茶园、牧场和其他保护地区的土壤，土壤质量基本保持自然背景水平。Ⅱ类，执行二级土壤环境质量标准。主要适用于一般农田、蔬菜地、茶园、果园、牧场等土壤，土壤质量基本上对植物和环境不造成危害和污染。Ⅲ类，执行三级土壤环境质量标准。主要适用于林地土壤及污染物容量较大的高背景值土壤和矿产附近等地的农田土壤（蔬菜地除外)。土壤质量基本上对植物和环境不造成危害和污染。第三类土壤是保障农林业生产和植物正常生长的土壤临界值。土壤环境质量标准如表 2-1 所示。

土壤环境质量标准　单位：mg/kg　　表 2-1

级别		一级	二级			三级
土壤 pH		自然背景	＜6.5	6.5～7.5	＞7.5	＞6.5
项目						
镉		≤0.2	≤0.3	≤0.3	≤0.6	≤1.0
汞		≤0.15	≤0.3	≤0.5	≤1.0	≤1.5
砷	水田	≤15	≤30	≤25	≤20	≤30
	旱地	≤15	≤40	≤30	≤25	≤40
铜	农田等	≤35	≤50	≤100	≤100	≤400
	果园	—	≤150	≤200	≤200	≤400

续表

级别	一级	二级			三级
铅	≤35	≤250	≤300	≤350	≤500
铬 水田	≤90	≤250	≤300	≤350	≤400
旱地	≤90	≤150	≤200	≤250	≤300
锌	≤100	≤200	≤250	≤300	≤500
镍	≤40	≤40	≤50	≤60	≤200
六六六	≤0.05	≤0.5			≤1.0
滴滴涕	≤0.05	≤0.5			≤1.0

注：1. 重金属（铬主要是三价）和砷均按元素量计，适用于阳离子交换量＞5cmol（+）/kg的土壤，若≤5cmol（+）/kg，其标准值为表内数值的1/2；
2. 六六六为四种异构体总量，滴滴涕为四种衍生物总量；
3. 水旱轮作地的土壤环境质量标准，砷采用水田值，铬采用旱地值。

人体主要通过摄入污染物含量超标的食物和水而将重金属带入体内，通过皮肤表面吸收的量很少。人体中如果Se（硒）元素含量高时会有毒性，而含量过低（缺乏）又会造成地方病。Pb（铅）、Cd（镉）、Cr（铬）有增加肿瘤死亡率的趋势，适度含量的Se和F（氟）则有减少肿瘤发病的趋势，饮用水中含氟量高会引发神经系统疾病。

2.3 土壤—大气系统卫生标准及污染防治

2.3.1 生活用水管理及水体污染防治

2.3.1.1 综述

对于水的功能在上一节已经做过叙述。淡水作为一种大量使用的资源，存在于地球表面可开采利用部分在快速减少，需要人类一方面开源节流、节制用水，另一方面利用现代科学技术将已经使用过的排水（包括废水、雨水、污水等）进行净化处理后达标排放，同时可实现水的循环利用，这样对于地球表面的河流、湖泊、水库、岩层水等供生活饮用的地表水和地下水源可实施有效保护，避免对水生生物产生不利影响，因为“水质污染已从过去以微生物污染为主要矛盾转变为以化学物质、尤其是以有机污染物为主要矛盾。”（赵庆祥：2007 年）

有工业和生活废水排放至受纳水体的污染方式有点源污染和面源污染两种。点源污染主要为生活污水、工业废水通过排污管道或明渠流入受纳水体，多处集中点源污水口和水体周围农田通过明沟排来污水、雨水（融雪）则构成了受纳天然水体的面源污染。通过地表水流动和空气传播排放至受纳水体的污染物种类杂多，对于需要优先控制的环境污染物质我国公布为 68 种。（赵庆祥：2007 年）水中污染物的共同特点是在受纳水体中消耗溶解分子氧而被氧化，使水中缺氧。这些污染物又分常量有机污染物和微量（单一）有机污染物，两种有机污染物生物降解动力特性也不同，前者主要采用微生物降解（分解）方法，污水处理后的水质考量用生化需氧量（BOD）和化学需氧量（COD）检验去除效果，用以控制受纳水体的耗氧量。对于微量有机污染物（如苯酚）则因为相关微生物在该系统中数量少、活性低、降解速率慢、去除效果较差。微量有机污染物即使低浓度排放也会对生物体产生毒性，他们通过食物链在生物体内富集，不能排出而达到高浓度。为了减少微量有机物流动，则需要开发新型高度净化技术，有效控制废水中的微量有机污染物。

常量有机污染物主要来自动物粪便、残留食物、动植物残体，当其浓度超过水中微生物分解能力时会与水中生物争夺氧气，导致鱼类等生物减少。地面水中主要污染物有：

（1）典型的有机污染物氮和磷。主要来源于人与动物排泄物、洗涤剂、化学肥料、酿造和肉类加工企业排出废水。氮和磷同时也是植物必须的两种营养物质，土壤中有机磷含量高时会对茶叶生长有利。

（2）病原微生物。主要源自患病人群和动物排出细菌、病毒和原生动物，病原微生物在水中含量超过限定标准时会直接毒害水中生物。

(3) 水中悬浮颗粒包括有机物和无机物质。无机物质主要来源于土壤颗粒，钻井、采矿和建筑工业产生的固体颗粒均随地面污水一起排入受纳水体。这些物质往往由于水体流动缓慢而淤积于水体下部。

(4) 盐类。在水体中不易蒸发，含量达到一定浓度时会对水生动植物构成威胁，也会在使用受纳水体灌溉时进入土壤。

(5) 毒性金属和毒性有机物。水体中重金属（Zn、Cr、Ni）主要来源于城市和工矿区地面径流汇集排入，农药和车轮胎磨损物是锌的主要来源。空气中化石燃料悬浮颗粒和易挥发金属进入大气后又经过大气沉降至地面，重金属具有持久性和稳定性，生物不能降解，在水体中沿食物链进入鱼类和人类体内。

(6) 内分泌干扰物。如多氯联苯、农药中阿特拉律等化合物会干预动物和鸟类的繁殖和发育过程，改变动物内分泌系统正常生理功能。

(7) 砷（As)。存在于地下水中，来源于风化岩石和土壤中的颗粒。砷中毒可导致循环系统紊乱、胃肠道病、糖尿病和皮肤病。

此外，热电企业排放热水也会严重影响鱼类等水生生物环境温度，水体温度过高还会增加水中有机污染物耗氧量，高温还会降低氧在水中的溶解度。

本节讨论地面水问题，主要是生活饮用水的质量控制和废水中污染物净化处理方法。

2.3.1.2 地表水质量标准和管理技术

地表水处理净化技术使人类对于生活饮用水源水体采取的净化处理措施，实施对水的质量控制，使水源水体达到生活饮用水质量标准，避免各种传染病菌通过饮用水进入人体内。对饮用水的质量控制主要有四个方面：

① 物理性质。如水的色度、浊度、臭与味和温度。

② 化学性质。包括氯化物、氟化物、钠、硫酸盐、硝酸盐以及多种有机化合物的含量限制在规定标准内。

③ 微生物性质。使饮用水不受病毒、细菌（如大肠杆菌）、原生动物等微生物种群污染。

④ 放射性。控制水中天然存在的放射性物质。

我国先后颁布了《生活饮用水卫生标准》（GB 5749—85）和《地表水环境质量标准》（GB 3838—2002）。生活饮用水卫生标准如表 2-2 所示。

生活饮用水卫生标准 **表 2-2**

项目		标准	
感官性状和一般化学指标	色	色度不超过 15 度，并不得呈现其他异色	
	浑浊度	不超过 3 度，特殊情况不超过 5 度	
	臭和味	不得有异臭、异味	
	肉眼可见物	不得含有	
	pH 值	6.5～8.5	
	总硬度（以碳酸钙计）	450	mg/L
	铁	0.3	mg/L
	锰	0.1	mg/L
	铜	1.0	mg/L
	锌	1.0	mg/L
	挥发酚类（以苯酚计）	0.002	mg/L
	阴离子合成洗涤剂	0.3	mg/L
	硫酸盐	250	mg/L
	氯化物	250	mg/L
	溶解性总固体	10000	mg/L
毒理学指标	氟化物	1.0	mg/L
	氰化物	0.05	mg/L
	砷	0.05	mg/L
	硒	0.01	mg/L
	汞	0.001	mg/L
	镉	0.01	mg/L
	铬（六价）	0.05	mg/L
	铅	0.05	mg/L
	银	0.05	mg/L
	硝酸盐（以氮计）	20	mg/L
	氯仿	60	μg/L
	四氯化碳	3	μg/L
	苯并(a)芘	0.01	μg/L
	滴滴涕	1	μg/L
	六六六	5	μg/L

续表

项目		标准	
细菌学指标	细菌总数	100	个/ml
	总大肠菌群	3	个/L
	游离余氯	在与水接触30min后应不低于0.3mg/L，集中式给水除出厂水应符合上述要求外，管网末梢水不应低于0.05mg/L	
放射性指标	总α放射性	0.1	Bq/L
	总β放射性	1.0	Bq/L

注：上表摘自《生活饮用水卫生标准》(GB 5749—85)

生活饮用水取自陆地淡水资源，包括地表水和地下水。首先应对生活用水质量进行控制和净化措施，从水源地通过管道输入自来水厂后，要经过快混、絮凝、沉淀、过滤、消毒等工艺流程去除水中的色度、浊度、臭与味和细菌，主要为物理处理过程。通过数层过滤则可以去除水中固体微粒，沙石过滤池还能吸附水中一些有机污染物。水库可为城镇人口密集区提供较理想的饮用水资源，其水质较稳定，一般高于天然湖泊与河流。来自深井中的地下水水源则无机盐含量高，不存在细菌和溶解氧，外观质感好，含有铁、锰、硫等物质，但是水质硬度高，需进行软化处理。自来水厂的水经过混合、沉淀、快速沙石过滤、消毒等工艺流程后输入储配水系统，取自地下水资源作为生活用水成本较地表水要高。地下水软化原理是将 CO_2 混合于水中产生 H_2SO_4，与水中固态物质 $CaCO_3$ 和 $MgCO_3$ 反应生成碳酸氢钙和碳酸氢镁，碳酸氢盐在水中有很高的溶解度。

《地表水环境质量标准》(GB 3838—2002) 将中华人民共和国领域内的江河、湖泊、运河、渠道、水库等具有使用功能的地表水域根据污染物质浓度分为三级标准，这些污染物包括 SO_2（二氧化硫）、TSP（总悬浮颗粒物）、PM_{10}（可吸入颗粒）、NO_2（二氧化氮）、CO（一氧化碳）、O_3（臭氧）、Pb（铅）、B [a]P（苯并芘）、F（氟化物），依据其在水中浓度值和取水样周期不同来划分。再根据地表水使用功能和保护目标不同分为5类。Ⅰ类：适用于源头水、国家自然保护区。Ⅱ类：适用于集中式生活饮用水地表水源地一级保护区、珍稀水生生物栖息地、鱼虾类产卵场、仔稚幼鱼的索饵场等。Ⅲ类：适用于生活饮用水地表水源地二级保护区、鱼虾类越冬场、洄游通道、水产养殖区等渔业水域及游泳区。Ⅳ类：适用于一般工业用水区及人体非直接接触的娱乐用水区。Ⅴ类：适用于农业用水区及一般景观要求水域。地表水环境质量分类的基本项目标准限值有需氧量、氨氮、总磷、重金属等共计 24 项，对于集中式生活饮用水地表水源地补充项目标准限值包括硫酸盐、氯化物、硝酸盐、铁、锰共 5 项，特定项目标准限值共计 80 项，基本包含了所有常见污染物质。

为了便于对比研究，这里引入我国地表水质量标准常用的“分级型指数”法。（张征，2004 年）是根据我国地表水水质特点分为 6 级 15 个因子，前面一、二、三级分别与我国现行的地表水质量标准一、二、三级相对应，后面三级分为轻污染、重污染和重污染，如表 2-3 所示。

地面水水质分级　单位：mg/L　　表 2-3

项　目	评价分级					
	地面水环境质量标准			污染水质分级		
	第一级（Ⅰ）	第二级（Ⅱ）	第三级（Ⅲ）	轻污染（Ⅳ）	中污染（Ⅴ）	重污染（Ⅵ）
臭/级	无异臭	臭强度一级	臭强度二级	臭强度三级	臭强度四级	臭强度五级
色度/度	≤10	≤15	≤25	>25	>40	>50
DO(臭气)	饱和率≥90%	≥6	≥4	<4	<3	<1
BOD_5(5 日生物耗氧量)	≤1	≤3	≤5	>5	>15	>30
COD(化学需要量)	≤2	≤4	≤6	>6	>20	>50
挥发酚	≤0.001	≤0.005	≤0.01	>0.01	>0.1	>0.5
氰化物	≤0.01	≤0.05	≤0.1	>0.1	>0.5	>2
Cu(铜)	≤0.005	≤0.01	≤0.03	>0.03	>0.2	>2.0
As(砷)	≤0.01	≤0.04	≤0.08	>0.08	>0.3	>1.0
总汞	≤0.0001	≤0.0005	≤0.001	>0.001	>0.01	>0.05

续表

项　目	评价分级					
	地面水环境质量标准			污染水质分级		
	第一级（Ⅰ）	第二级（Ⅱ）	第三级（Ⅲ）	轻污染（Ⅳ）	中污染（Ⅴ）	重污染（Ⅵ）
Cd(镉)	≤0.001	≤0.005	≤0.01	>0.01	>0.05	>0.1
Cr(铬)(Ⅵ)	≤0.01	≤0.02	≤0.05	>0.05	>0.2	>1.0
Pb(铅)	≤0.01	≤0.05	≤0.1	>0.1	>0.3	>1.0
石油类	≤0.05	≤0.3	≤0.5	>0.5	>5.0	>20
大肠菌群(个/L)	≤500	≤10000	≤50000	>50000	>300000	>500000

注：上表引自张征主编：环境评价学．北京：高等教育出版社，2004年

2.3.1.3　生活污水、工农业废水净化处理技术

为了保护和控制生活饮用水源的水环境质量，对城市生活污水和工农业废水实施水体去污、净化处理成为一个必要的环节，使处理后达标的水再排入地面的湖泊、河流等受纳水体。在探讨水处理技术以前应先了解水中污染物的种类和处理后的水容许排放标准。表2-4为未处理生活污水的组成成分，给出高、中、低三种浓度下的容许含量。我国《污水综合排放标准》（GB 8978—1996）将污染物根据其毒性、对植物危害程度以及处理方式分为两大类。第一类污染物是指能在环境中和通过食物链在动植物体内蓄积、对人类健康产生长远不良影响的污染物。此类污染物容许排放浓度限制严格，并且规定含有此类污染物的所有废水必须在水处理车间出水口取样检测，不容许超标排除。第一类污染物最高容许排放浓度如表2-5所示。

未处理生活污水典型组成　（单位除注明外均为 mg/L）

表 2-4

组　成	低浓度	中等浓度	高浓度
碱度(用 $CaCO_3$ 表示)[a]	50	100	200
BOD_5(用 O_2 表示)	100	200	300
氯化物[a]	30	50	100

续表

组　成	低浓度	中等浓度	高浓度
COD	250	500	1000
悬浮固体(SS)	100	200	350
可沉降固体(ml/L)	5	10	20
总溶解性固体(TDS)	200	500	1000
总凯氏氮(TKN)(以N计)	20	40	80
总有机碳(TOC)(以C计)	75	150	300
总磷(以P计)	5	10	20

a值为废水中的碱度值，还要加上供水中天然存在的碱度值。

注：上表摘自《环境科学与工程原理》（王建龙译，2007）清华大学出版社

第一类污染物最高允许排放浓度　　表 2-5

序号	污染物	最高允许排放浓度	序号	污染物	最高允许排放浓度
1	总汞	0.05mg/L	8	总镍	1.0mg/L
2	烷基汞	不得检出	9	苯并(a)芘	0.00003mg/L
3	总镉	0.1mg/L	10	总铍	0.005mg/L
4	总铬	1.5mg/L	11	总银	0.5mg/L
5	六价铬	0.5mg/L	12	总α放射性	1.0Bq/L
6	总砷	0.5mg/L	13	总β放射性	10Bq/L
7	总铅	1.0mg/L			

注：上表摘自《污水综合排放标准》（GB 8978—1996）

第二类污染物的长远影响小于第一类，它是根据受纳水体的使用功能要求（是否是城市生活用水水源地，是否有经济价值、是否为风景游览区等）和废水排去方向来划分的。国家标准《地面水环境质量标准》（GB 3838—88）将地面水域划分为五类：其中Ⅰ、Ⅱ类水域为特别保护水域，规定现有排污口要按标准控制排放浓度外，不得新建排水口。对于Ⅲ类水域则是城镇集中式生活饮用水源地保护区、经济渔业水域、风景游览区，规定废水排放执行废水Ⅰ级排放标准。标准中的Ⅳ、Ⅴ类水域属于一般保护水域，主要指工业用水、农业用水和港口工业区，水域执行废水Ⅱ级排放标准。低于Ⅴ类的水主要排入城镇下水道进入二级污水处理厂进行生物处理的废水执行Ⅲ级污水排放标准。

对于污水处理的方法和途径是：①使水与固体物质分离——物理处理法；②在水中加入其他物质以改变溶质的性质——化学处理法；③利用水中微生物分解有机污染物的方法——生物化学处理法，也称为水的自净降解能力。降解一词的原意是高分子化合物受到日晒或酸碱侵蚀后引起高分子主链断裂、分子量降低的现象，如纺织纤维降解后强力下降，物理力学性能变差等。水体降解是指水中微生物食用水中有机污染物进行代谢而使水体自净的能力，这个能力是有一定限度的。

1. 物理处理技术

沉淀。污水中杂物和污染物由于比重不同会集中于处理池悬浮于水面和沉淀淤积于水底。先用金属筛、篦、网等将水与固体物质分离，同时将水底残渣和絮凝状淤积物定期清除。如采用向水中均匀充气的气浮法可使水中油脂、细纤维等低密度污染物浮于水面而被集中除去。

过滤法是去除污水中浓度较低的悬浮液和微小颗粒的方法，过滤物质（材料）有细筛网、专门的滤布、滤片、烧结滤管、半透明的塑料膜，置于池底的石英砂、无烟煤、陶瓷片、矿石颗粒、纤维球，还有塑料颗粒、聚苯乙烯泡沫珠等高分子材料。

吸附。按照水中不同粒径污染物的迁移、附着（吸附）、脱落机理，将污染物质与水分离吸附在过滤装置（材料）上。现在使用的超滤工艺可以实现污水中液-液两相分离，可以截留分子水平上的溶质而让溶剂通过，某些粗糙固体表面的分子活动性要大于其内部，具有表面内能，当一些微粒物质碰撞到固体表面时受到该物体表面能的吸引而停留在固体表面或微孔容积内表面，这种现象称为吸附，这种物质称为吸附剂。吸附现象导致被吸附物质在吸附剂上富集，则吸附剂上表面能也随之降低，达到吸附饱和。用于污水处理的吸附剂主要有活性炭、活化煤白土、硅藻土、活性氧化铝、焦炭、树脂吸附剂、炉渣、腐殖酸等，被吸附的多为微量污染物，如去除重金属、溶解性有机物、胶体物、余氯、放射性元素等，吸附工艺同时使水脱色、除去臭味。吸附法也可以作为离子交换分离法、膜分离法的预处理工艺。

活性炭是一种优良的吸附剂，可以吸附、富集水中多种有机污染物，广泛用于自来水出水口净化和废水净化处理过程，使水体穿过集中的碳体达到过滤吸附水中有机污染物的目的。在一定的温度、压力下活性炭还可以脱除有机物得以再生，供循环使用。当活性炭是以烟煤和石油焦炭为原料制成颗粒状和粉末状制品，对苯酚等小分子物质具有较强的吸附能力，以褐煤和木材为原料制成的活性炭对于大分子具有较好的吸附性能，不同原料制成品对活性炭孔径和吸附能力均有影响。成品有不同规格的碳柱活性炭，使需处理水穿透碳柱达到吸附效果，有一种简易实用的微型柱快速穿透处理技术已广泛应用。成品有颗粒状和粉末状，粉末状制品加入混合池中使用，颗粒状制品则装在吸附塔中用于大容量水处理过程。活性炭的物理性能指标有比表面积、内孔体积、颗粒大小和硬度、灰分、装填密度、流速对于压差和膨胀率的关系，吸附容量性能指标采用对苯酚、碘、甲基蓝、丹宁酸四种化合物的吸附能量来衡量。

膜分离技术是利用特殊的薄膜对液体中的某些物质进行选择性透过的方法。膜的孔径可以做成很小，可以阻止溶剂中极微量的溶质渗析过去，该工艺也常用于纯净水的净化过程。常用膜分离方法有电渗析法、反渗透法、纳滤、微滤、超滤等多种不同孔径的过滤工艺。如反渗透法能够去除 0.1～1.5nm 的离子，该工艺借助于超过溶液渗透压的外压力来完成，因此可以阻止盐物质通过。超滤膜技术在正常溶液渗透压力下可截留粒径为 1.5～20nm 的微粒。膜分离技术除用于水处理工程以外，还用于精细化工、医药、生物化学等领域。几种膜分离技术特征及应用范围如表 2-6 所示。

膜分离技术可在常温下进行，具有装置简单、易操作、分离效率高、转换分离过程不发生相变化等特点，适合于对各种热敏化合物（如果汁、饮料等）分离、分级和浓缩工艺（流程）。

几种主要膜分离方法的特点　　　　表 2-6

方法	推动力	传递机理	透过物及其大小	截留物	膜类型
电渗析	电位差	电解质离子选择性透过	溶解性无机物 0.0004～0.1μm	非电解质大分子物	离子交换膜
反渗透	压力差 2～10MPa	溶剂的扩散	水、溶剂 0.0004～0.06μm	溶质、盐(SS、大分子、离子)	非对称膜或复合膜
超滤	压力差 0.1～1.0MPa	筛滤及表面作用	水、盐及低分子有机物 0.005～10μm	胶体大分子难溶有机物	非对称膜
渗析	浓度差	溶质扩散	低分子物质、离子 0.0004～0.15μm	溶剂，分子量>1000	非对称膜、离子交换膜
液膜	化学反应和浓度差	反应促进和扩散	杂质（电解质离子）	溶剂（非电解质）	液膜

注：上表摘自《环境学概论》p165（袁英贤主编，2007），地震出版社

离子交换技术是利用不可溶解的离子化合物（如离子交换树脂）上的可交换离子与水中其他同性离子进行离子交换反应。这些化合物为表面活动性强的阳离子交换树脂和阴离子交换树脂两大类。它们可以分别置换水中阴性离子污染物和阳性离子污染物。离子交换技术主要用于水质软化和去除水中盐的工艺。离子交换技术、吸附技术、膜技术构成物理化学综合水处理技术。

对于废水中不溶性难降解有机污染物除采用微滤和超滤工艺流程外，还可以采用泡沫分离技术，又称为泡沫吸附分离技术。它是以气体为介质、利用各组分的表面活性差进行分离工艺。先向水中鼓气、搅拌水体形成气泡与水溶液混合，使水中活性物质吸附于气泡表面并上浮至水面上形成气泡层，气泡之间有液膜相隔，而且在液膜间滑动，由于存在表面张力，具有吸附能力，使水中不溶性有机污染物富集于表面，当将泡沫收集，并放气后剩下浓缩后的有机污染物。此法多用于废水中金属、染料及生物化学（蛋白质、DNA 和酶）的水处理工艺。对于废水中可溶性难降解有机物的去除除利用活性炭吸附工艺外，还可采用液-液萃取工艺。它是利用物质在两个互不相容的液相中分配特性的差异来进行分离的过程。如一种乳化油微粒形成乳状液膜可以有选择地富集水中污染物质，除去并回收有机污染物。

紫外线是波长在0.2～0.39m范围的电磁波，光催化氧在水中穿透厚度可达50～80mm。紫外线照射可以杀死水中病原菌，但要求所处理水没有浊度和固体遮盖物，杀菌效果较好，成本也高。

2. 化学处理技术

废水化学处理技术是利用化学反应原理分离水中污染物、改变它们的性质使其无害化的方法。化学处理主要对象为可溶性无机物、难以生物降解的有机物、胶体、脂肪等。

（1）化学混凝法。是向水中加入混凝剂破坏那些难降解微粒的化学稳定性（胶体脱稳），使其互相接触而凝聚，然后形成絮状物下沉分离的一种方法。混凝剂分为无机混凝剂、有机混凝剂和高分子混凝剂三大类。其中高分子混凝剂可使水中生成絮状物的体积大、具有一定强度、易沉降、脱水性好，而且不受水中酸碱度和其他盐类影响。

（2）氧化还原法。用化学药剂将废水中污染物进行氧化还原反应，使有毒化合物还原为无毒或低毒化合物。在废水处理中所采用的氧化剂有空气氧、纯氧、氯气、漂白粉、次氯酸钠、三氯化铁、一氧化氯等，常用的还原剂有硫酸亚铁、氯化亚铁、铁屑、锌粉、二氧化硫等。例如处理氰化物是在水中碱性条件下用氯气氧化，将氰化物还原为无毒物质。通过还原反应将六价铬转化为三价铬，用铁粉质换水中汞离子，并且有汞析出可以回收。

（3）化学综合法。利用酸碱综合反应调节废水中的酸碱度，氯气可以有效地杀死游泳池中的病原菌和去除臭味。消毒杀菌和有害物质无毒化是化学处理技术的主要目的之一。

化学处理技术还可以利用电池两极的氧化还原作用原理使废水中难降解有机污染物实现降解。即是物理化学处理技术。此时废水起电解液作用，此法适合酸性、含盐量高、导电性好的处理水。此法是利用水中铁屑和活性炭充当微电池的两极，电解过程使两极分别产生氧化和还原反应，使有机污染物变质、无毒化。该技术用于印染废水、农药废水的预处理工艺过程，对于重金属

(Cr^{6+}、V^{5+}、Zn^{2+})处理效果平均达到90%以上，对于酯化废水中COD去除率达40%。

应用超声波技术处理水中有毒、难降解有机污染物成为超声波协同降解技术。有机物降解的三个主要途径是高温降解、OH^-氧化和超临界氧化。超声波在水中震动会形成空化效应，并产生高温、高压。利用声能促进液体中微小胞核的震荡、生长、压缩、崩溃等过程，声能在绝热环境中释放会形成5000K以上高温和50MPa高压，产生冲击波速度可达100m/s的微射流，为有机污染物降解提供了极端的物理环境。超声波和电化学降解协同作用，会提高电解降解有机物的速度。

微波诱导强化技术可对水中污染物的氧化降解起催化作用。其催化原理是将高强度、段脉冲的微波辐射源聚集到含有某种敏化剂的固体催化床表面，上面的金属点位很快被加热至高温，形成强化的降解环境。此法对于印染废水脱色效果高于单独活性炭的吸附脱色率。微波诱导能促进油水的破乳分离。用微波技术使活性炭再生过程的环境温度仅为177℃即可进行。而活性炭常规热再生法所需温度高达760℃，(赵庆祥，2007年)使活性炭上吸附的苯、甲苯、二甲苯和苯酚很快被分解为CO_2和H_2O。

3. 生物化学处理技术

生物化学处理技术是利用自然环境中的微生物体内生物化学分解(合成)作用来降解废水中的有机污染物和有毒污染物，(如氰化物、硫化物等)使这些污染物转化为稳定、无害物质的水处理技术。生物化学技术按微生物体内生物代谢形式分为好氧法和厌氧法两大类。归纳如图2-1所示。(袁英贤，2007)

由图2-1可以看出，生物化学处理技术主要有活性污泥法、生物过滤法、生物膜法、生物塘和厌氧生物法等，生物处理和化学处理联合使用是其特点。

微生物按生长温度分类有下列几种：

① 嗜冷性微生物生长温度低于20℃；

② 嗜温性微生物适宜生长温度25～40℃；

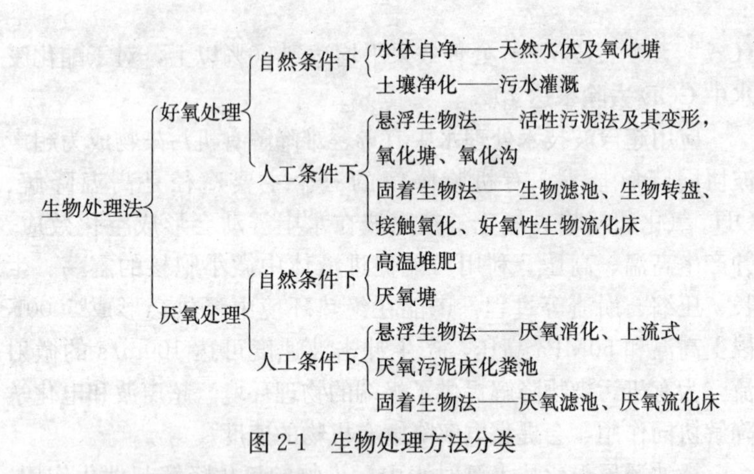

图 2-1　生物处理方法分类

③ 嗜热性微生物适宜生长温度 45～60℃；

④ 当环境温度高于 60℃时，仍然有少量嗜热微生物生长。大肠杆菌可在 20～50℃范围生长繁殖，当环境温度降至 0℃时仍可缓慢生长。

水中重要微生物有细菌、真菌、藻类、原生动物、轮虫与甲壳动物，生长通过在细胞内进行生物化学反应，即分解代谢和合成代谢过程。其中细菌是废水处理池中最常见的单细胞微生物，靠食用有机废弃物获取能量，通常用单位体积细菌总数来衡量水中微生物含量。微生物除了有一定的环境温度要求外，还要保持湿润状态才能繁殖生长。水中需氧有机污染物通过微生物生物化学分解的代谢作用被分解为单质无害物质——二氧化碳和水。如果有机污染物的含量超过微生物的代谢能力，这些有机物则靠消耗水中溶解氧（与鱼类争夺氧）实现腐败分解，恶化水质，水体的自净降解能力是有限的。水中氮磷含量超标会引起水体富营养化，会促进水中蓝藻大量繁殖，腐败的蓝藻又会成为需氧有机污染物，成为鱼类缺氧死亡的主要杀手。

耗氧生物氧化分解的速度快，效率高，当废水浓度较低（BOD_5 ＜500mg/L）时可选用此种方法。当废水浓度较高（BOD_5 ＞1000mg/L）时会消耗水中大量溶解氧，产生污泥多，这时可选用厌氧分解法——在滴滤池中发酵来实现污染物分解，先将有机污染物发酵成为低分子量脂肪酸（挥发酸），再将这些有机酸转化为甲烷、二氧化碳和水，也称为滴滤池法。滴滤池的构造是用石头、条板等粗糙材料制成过滤床，上面附着大量微生物膜，废水自上而下均匀流入池中，使微生物与废水中有机污染物充分混合，数小时后实现污染物分解。因滴滤池无法充入大量空气，微生物本身又需要氧气，所以废水处理量受到限制。

生物化学水处理净化技术分解废水中有机污染物的最终产物，如表 2-7 所示。

污水中废物分解最终产物 **表 2-7**

基　质	代表性最终产物	
	好氧和缺氧分解	厌氧分解
蛋白质与其他含氮有机物	氨基酸 氨⟶亚硝酸盐⟶硝酸盐 酒精⟶CO_2+H_2O 有机酸⟶CO_2+H_2O	氨基酸、氨 硫化氢、甲烷 二氧化碳、酒精 有机物
碳水化合物	酒精⟶CO_2+H_2O 脂肪酸⟶CO_2+H_2O	二氧化碳、 酒精 脂肪酸 甲烷
脂肪类物质	脂肪酸＋甘油 酒精　⟶CO_2+H_2O 低级脂肪酸	脂肪酸＋甘油 二氧化碳 酒精 低级脂肪酸 甲烷

注：上表摘自《环境科学与工程原理》（王建龙译，2007）清华大学出版社

活性污泥法是在水中生物絮凝体上培养着大量好氧微生物，在溶解氧环境下以溶解性有机物为食来获得能量，使低浓度有机废水得到净化。其主要工艺设备是初次沉淀池、提供氧气的曝气池、二次沉淀池、供氧装置和回流设备等。要求在处理水体中有足够的可降解有机物和溶解氧，以维持微生物新陈代谢等生命活动。同时应具备足够的活性污泥回流装置，使水系统具备一定的降解能力。

生物膜法也属于好氧生物处理技术。它是依靠附着于载体表面的微生物来降解水中有机污染物的。这些微生物有着长期稳定的附着物，因此可保证分解水中有机污染物产量稳定，很少有多余污染产生。但因反应装置空间有限，比表面积小，使微生物降解的负荷有限，则其处理污水效率低于活性污泥法。生物膜技术处理设备按生物膜与废水接触方式不同分为填充式和浸渍式两大类。

人工条件下生化处理技术还有厌氧生物处理法。其处理和降解水中有机污染物是在无氧状态下进行，利用某些厌氧菌和兼性菌的代谢作用去分解水中有机污染物。厌氧生化法是一种低造价、可以处理不同浓度城市污水的处理技术，与活性污泥法相比有其优越性：不需要消耗氧气，反而会产生沼气成为可利用能源。厌氧法的动力消耗仅为活性污泥法的 1/10，而且剩余（残留）污泥量少，其浓缩性、脱水性良好，微生物的氮、磷营养需求量较少，还有一定的杀灭细菌和病毒作用。利用人工环境下生物处理技术是特殊工业废水中氨氮在微生物作用下氧化为硝酸盐（硝化），再还原为氮气逸出—生物脱氮工艺，在厌氧池里微生物还能释放磷，在好氧池里再将磷吸收，此两项工艺统称为生物脱氮除磷处理技术。

人工环境下污水处理技术通常是物理处理、物理化学处理、生物化学处理技术并用，组成一个综合处理系统和工艺设备流程，以实现污水全面净化。因为需要处理的水中污染物种类繁多，有可溶可降解、可溶难降解、挥发性、常量和微量有机污染物以及重金属等，针对不同的污染物有不同的处理方法。所以处理城市综合污水时需有两级处理系统，一级水处理为物理处理和物理化学处理，在废水经过隔栅和沉砂池预处理后，进入处级沉淀池去除水面悬浮物和池底絮凝沉淀物，二级水处理则以生物化学处理为主，二级处理的工艺流程简图如图 2-2 所示。

有些专业行业如炼油厂、印染纺织企业、食品化工、精细化工以及医院废水处理针对废水中主要污染物采取相应的处理措施，有关行业标准已作具体规定。

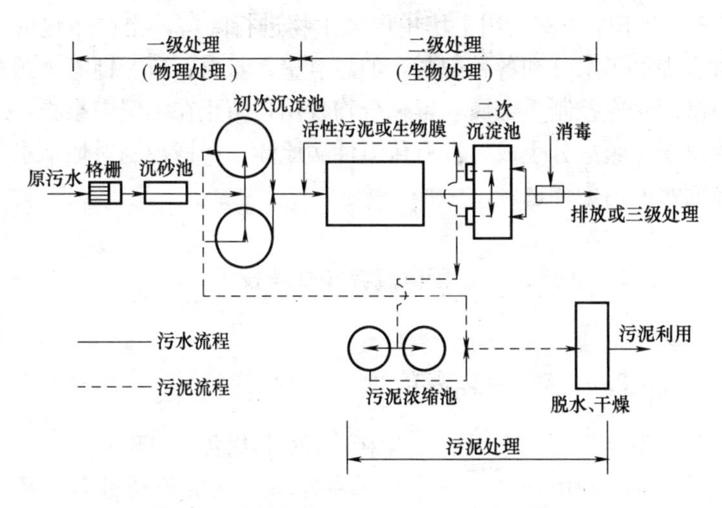

图 2-2　城市废水处理厂两级处理流程简图

由于紫外线、γ射线、激光、X射线等物理因子还可以改变微生物处理技术中微生物的特性，使微生物诱变成为高耐毒性、高降解活性和广谱降解污染物的高质量微生物群，因而提高了生物降解效果。

在自然条件下生物处理技术主要针对水体净化和土壤净化来进行。因为水具有流动性和对大多数物质、化合物的交融性，故常用水处理方法去除农田中的有机污染物，如过滤田和灌溉田是将农田中的有机污染物溶于水中一段时间，主要处理功能体现在生物膜处理技术上，使农田土达到净化。水体净化法则针对相对封闭的养殖鱼塘，去除有机污染物采用活性污泥处理技术，养殖鱼塘净化一般在好氧状态下进行，以藻类生化复氧（光合作用）和水面自然复氧方法提供微生物需要的氧气。对于池塘较深、处理负荷大的池塘水也采用厌气生物转化处理技术。对于阳光能半透射至池底的水塘处理负荷较大时可两种方法兼用，池的上层进行好氧生物转化，而池下部和污泥层则采用人工生物转化技术。同样，农田污水灌溉技术对浸于水中、表层以下 0.3m 厚度土壤采用好氧生物降解技术，氧气为风力作用的大气复氧，对于

0.3m以下土壤则利用土壤中厌氧生物进行降解，土壤净化的同时也提供了水分和各种肥料，如总氧量、氨氮、磷、钾等。污水灌溉用水应控制重金属和毒化合物含量，防止在土壤中累积，避免出现土壤盐分生成，没有传染性病原体，严格控制对地下水和地面水的污染渗透。

2.3.2 生产、生活固体废弃物处理技术

2.3.2.1 关于固体废弃物

人类在生产、生活活动当中要不断利用各种自然资源去实现物质文明。利用智慧和科学技术手段将自然资源经过多个环节（种植养殖、物理加工、化学加工、生物加工等）制成人类所需要的生活资料和生产资料，以满足人类日益增长的物质需求，同时也在每个环节产生出不同性质和构成的固体废弃物，而且已有日益增加的趋势，成为人类生存环境所面临的一大公害。所谓固体废弃物是人类在利用自然资源的生产、生活活动中将丧失或半丧失利用价值的资源及其制成品丢弃于自然环境中不再使用的固体物质的总称。这些废弃物大到各种交通工具，超过使用年限不能再使用的建筑物，小到钢钉、织物、竹物、橡胶、塑料、电子制品，也有生活垃圾、工业垃圾、下脚料，既有无机物质，也有高分子制品和动植物残体等有机废弃污染物，其种类繁多、分散搁置需要集中处理，有些物质具有毒性和放射性，而且堆积占用大量土地资源，对人类生存环境构成直接和潜在的危害，各种固体污染物种类如表2-8所示。

上面这些来自城镇的生活垃圾，来自医院、化工、轻工、造纸、建材等行业排出的固体废弃物已经混合、浓集了许多污染物成分，并且在自然暴露状态下溶于水里，从而进入地面水、土壤和空气当中。有些进入土壤中的工业废弃物及其溶水物质会遏制微生物生长甚至灭绝微生物，影响了土壤微生物分解有机物、促

固体废弃物的分类、来源、主要组成　　表 2-8

分类	来　源	主要组成物
矿业废物	矿山、选冶	废石、尾矿、尾砂、金属、砖瓦灰石、水泥等
工业废物	冶金、交通、机械、金属结构等工业	金属、矿渣、砂石、模型、芯、陶瓷、边角料、涂料、管道、绝热和绝缘材料、胶粘剂、废木、塑料、橡胶、烟尘、各种废旧建材等
	煤炭工业	矿石、木料、金属、煤矸石等
	食品加工业	肉类、谷物、果类、蔬菜、烟草等
	橡胶、皮革、塑料等工业	橡胶、皮革、塑料、布、线、纤维、染料、金属等
	造纸、木材、印刷等工业	刨花、锯末、碎木、化学药剂、金属填料、塑料等
	石油化工	化学药剂、金属、塑料、橡胶、陶瓷、沥青、油毡、石棉、涂料等
	电器、仪器仪表等工业	金属、玻璃、木材、橡胶、塑料、化学药剂、研磨料、陶瓷、绝缘材料等
	纺织、服装业	布头、纤维、橡胶、塑料、金属等
	建筑材料业	金属、水泥、黏土、陶瓷、石膏、石棉、砂石、纸、纤维等
	电力工业	炉渣、粉煤灰、烟尘等
城市垃圾	居民生活	食物垃圾、纸屑、布料、木料、金属、玻璃、塑料、陶瓷、植物残体、燃料、灰渣、碎砖瓦、废器具、粪便、杂品等
	商业、机关	管道及建筑垃圾、废汽车、废电器、废器具、含有易燃、易爆、腐蚀性、放射性的废物、一般生活垃圾
	市政维护、管理部门	碎砖瓦、动植物残体、金属、锅炉灰渣、污泥、脏土
农业废物	农林	稻草、秸秆、蔬菜、水果、果树枝条、糠秕、落叶、废塑料、人畜粪便、农药等
	水产	腐败禽畜、腐烂鱼虾、贝壳、水产加工污水、污泥等
有害废物	核工业、核电站、放射性医疗单位、科研单位	含有放射性的金属、废渣、粉土、污泥、器具、劳保用品、建筑材料等
	其他有关单位	含有易燃性、易爆性、腐蚀性、反应性、有毒性、传染性的固体废物

注：上表摘自《环境学概论》（袁英贤主编，2007）p372，地震出版社

进碳和氮循环的生物分解量，废弃物当中的重金属会通过食物链进入人类和生物体内富集。溶水物质若处理不当会进入生活饮用水水源地，要增加水处理成本。飘浮在大气中的固体悬浮物会随风飘移到很远的地方降落，构成异地污染。有毒有害固体废弃物包括医院污物、药渣、废树脂、重金属污泥、酸性和碱性废弃物、核废料等。对人体直接和间接伤害包括毒性、爆炸性、易燃性、腐蚀性、化学反应性、传染性、放射性，有时会有多种危害同时存在。这些毒性主要来源于废电池、废日光灯管、废电路板、日用化工产品、天然石材等。对于各种放射性废弃物国家均有非常严格的管理和封存措施，而且对其残留放射量进行定期检测。

固体废弃物生产量除了城市化进程加快，经济和人口相应增长导致生产规模不断扩大的人为因素以外，自然和气候原因的产生量也不可忽视，如地震、火山喷发、泥石流、土地荒漠化、空气热运动等自然灾害也产生着固体废弃物，直接破坏了地域的自然生态平衡。另一方面，随着科学技术的进步和人类对于资源利用理念的更新，对于固体废弃物的产生、处理、利用有了全新的认识。固体废弃物正在作为一种特殊商品进行加工、利用后作为另一种商品的原材料使用。在美国每年大约有 35％的固体废弃物稍作处理便可循环利用。固体废弃物来源成本较低，政府管理部门有优惠扶持政策，提高处理质量会有很大的升值空间。

资源利用过程中的减物质化也体现在生产、生活当中。如简化商品包装材料，力求坚固、实用、美观，减少一次性生活用品使之循环利用，生产优质、高强、耐用材料和物品，如钢材、建材、塑料石化产品，提高建筑物、构筑物使用年限。根据室外温度的变化适时调整公共车厢和公共场所的环境温度，家用空调温度不要调得太低，宜采用组织自然通风和电风扇强迫通风等降低室温方式，简化生活内容和方式，选择低碳出行，呵护生态环境。利用通讯和网络进行交易和工作，减少出行次数，节约经费和减缓交通压力。在产品制造过程中利用科学技术和先进工艺来降低能耗和节省原材料。在《中国环境发展报告-2009》中指出：中国正在开始转变“增长方式”和“消费模式”，实现优化结构、提高效益、降低能耗、保护环境……低碳经济全面走向中国。

固体废弃物在处理过程中使其资源化和无害化是保护生态环境的重要措施，即利用先进技术转变固体废弃物成为可再生资源。如高炉矿渣和粉煤灰利用技术，建筑物废弃物即用技术，不去分散地焚烧农副业和工业废弃物，采用集中处理技术使不能利用的最终废弃物达到无害、无毒，体积最小化而占用较少的土地空间，使固体废弃物对人类生存环境负面影响降至最低，因为人口密集区和人类物质需求提高是固体废弃物生产量增加的主要原因。

据2002年《中国环境状况公报》公布，全年全国工业固体废弃物产生量9.5亿t，同比增长0.63亿t，工业固体废弃物利用量5.0亿t，综合利用率为52%，工业有害废弃物产量1000万t以上。

生产、生活当中出现的废电池、废旧电路板、显像管、日光灯管中的残留重金属需进行拆解处理，毒性检测，才能达到无害化，已有相关国家行业标准出台，如《固体废弃物毒性测定方法》、《工业固体废弃物采样、制样技术规范》、《危险废弃物鉴别、危毒性初筛》、《生活垃圾填埋场环境技术标准》，使固体废弃物的处理、管理、利用进入标准化、规范化、法制化轨道。

2.3.2.2 固体废弃物管理、处置和利用技术

固体废弃物分散在人类活动的所有地方，具有物品杂、难收集、产量大、产生速度快的特点，垃圾及固体废弃物管理需多级收集、及时运输、堆放，要耗用大量的人力、物力、财力。管理的第二个阶段是集中后固体废弃物的筛选、资源化分类，进行预处理。第三个阶段是针对不同固体物质进行物理（压实、粉碎、研磨、浓缩、填埋等）、化学（焚烧及氧化还原分解）、生物（微生物分解、生物沼气）等处理过程，使固体废弃物无害化、减量

化处理、资源化利用。

不同固体废弃物具有不同的处理再生方式。如可燃烧垃圾松散状态密度为 115kg/m^3，收集、挤密后密度可达 180～450kg/m^3，经过化学处理（燃烧、压缩）后最终废弃物密度可达 600～750kg/m^3，体积缩小至松散密度时的 1/6～1/7。

1. 压实与破碎工艺

压缩技术是利用机械压力将松散垃圾浓缩、挤压成型、挤出空气的密集工序，无论废弃物最终填埋还是作为资源再利用，这道工序会减少运输费用和土地空间。固体废弃物破碎是依靠机具和温度应力将大块固体废弃物变为要求的粒径的方法，有冲击应力、压缩应力、剪切应力、摩擦应力、温差应力、超声波疲劳应力，为了使可利用废弃物达到要求的细度，可采用研磨方法来实现。用上述物理方法使固体废弃物处理成为可再生资源。如废弃建筑物构件经过拆解、破碎加工后成为新建建筑非结构部位（如回填渣土的人工地基、建筑垫层部分）的构成材料，报废交通工具的金属构件、废塑料、废玻璃、废橡胶、废纸品经过挤压、破碎后再集中运往各专业企业再利用，成为产品的原辅材料。

2. 分选工艺

对大量性固体废弃物综合使用各种筛选工艺将物理性质相似或者有害物含量相近的物品分离出来，以实现固体废弃物的加工、处理和分类利用。为了减少集中筛选的处理成本，在固体废弃物的两级（废品投放点和收购站）收集过程中即可根据按照可利用废弃物分类集中，将废旧物品和城市垃圾分不同渠道汇集定点处理。

筛分是将不同粒径、性质相近的固体废弃物通过不同孔径的筛网使其按粒径归类，粗细物料分别利用和处理。筛分既具有固定筛、振动筛、滚动筛等，也可根据需要多级筛选设备联合使用，筛分出多种粒径的废物颗粒。重力筛分是根据废弃物综合体中物质密度不同而施行的一种筛选方法，在重力状态下将固体颗粒采用扬弃（传统打谷场原理经过扬撒使谷粒和沙粒分离）或重复颠簸的工艺使不同密度颗粒松散分层和水平分区。重力筛选一般在空气中进行，也可以在混合液体中进行，利用固体和液体的比重差异（悬浮或沉淀）来进行分选。筛选工艺有风力分选，惯性分选、摇床分选和淘汰分选等。磁力分选是借助磁选设备的磁场使磁化物质与不磁化物质分离的方法，磁力起重筛选机吊钩是一个可控制的电磁场磁板，可将金属中强磁化物质、非磁化物质和弱磁化物质分离的设备，可分开不同地点堆放等待再处理。涡电流分选是运用电磁感应分离原理将金属废弃物中非磁性导电物质（特种钢、铝、锌等）从磁性导电金属（金、银、铜、铁等）中分离出来的技术。静电分选是将不同物质（丝绸、玻璃、毛皮、橡胶等）带电后产生不同的静电力使不同物质集中于（或远离）一种电荷，实现分选目的。浮选则是在水中进行，加入浮选发泡剂后使液体中固体物质悬浮于液体表面或泡沫上面，使密度小（相对液体密度而言）的颗粒与密度大的颗粒实现分离，两种不同密度的物质其中一种一般是最终废弃物，另一种是可再生资源。

化学分离法则是筛选与收集合并为化学反应过程，如洗片废液中金属银的回收工艺等。

拆解废旧家用电器，使大量分散回收的小型电器设备进行拆解分类，然后按照物理性质和化学性质将废弃物归类再进行二次处理或循环利用，对于医疗废弃物的预处理有集中焚烧或者采用微波或高温消毒方法热解，先消灭污染源再进行后处理。

3. 固体垃圾、废弃物后处理技术

对于可以生物降解的有机固体废弃物可在密闭堆积状态下进行生物处理，同时利用好氧微生物和厌氧微生物进行分解，这种降解熟化过程称为堆肥化处理。好氧堆肥适宜温度控制在50～65℃范围，这样基质在空气氧化状态下分解彻底、周期短。厌氧堆肥则是基质在密闭沼气池中发酵，由厌氧微生物完成有机物分解反应，同时产生沼气供炊事使用。堆肥化处理的废物来自于城市生活垃圾、动植物残体、泔水、炉灰、家畜粪尿、树皮、锯末、谷壳和秸秆等。最后产生出熟化的有机肥料再参入耕作土中增加土壤肥力。

焚烧是固体废弃物（主要为有机化合物）在1400℃以上高温中氧化分解同时熔化不可燃物质的处理工艺，焚烧产生热量可以直接回收利用，如垃圾焚烧发电技术。焚烧可使固体物质氧化分解、体积变小（焚烧剩余物体积仅为原来的20％～30％）、分解毒性、杀灭病菌，为最后填埋处理做准备工作。

热解废弃物是在无氧高温环境下使固体化合物高温分解生成燃气、油、固态碳等燃料的处理技术，对塑料、橡胶、农业废弃物的热解其产油量要高于生活垃圾，但是加温热解不仅需要专用设备，而且热解能耗也比较高。

对于无害化处理后剩余不再利用的固体废弃物有陆地填埋和深海处理两种方法。有些废弃物可作为肥料和土壤改良剂参入耕作土壤表层，利用土壤微生物对这些掺入物进行再次降解，完成物质的循环过程，成为动植物生长所需生命物质。深井灌注处理技术是将最终废弃物液化后注入地下可渗透的岩层中，这种方式尤其用于处理难以转化的有害物质。但应与地下饮用水源保持堵塞和隔离。

最后固体废弃物传统办法是填埋处理。垃圾填埋场选址应远离人口稠密区和饮用水水源地，设于季节性城镇主导风向的下风区域，填埋场垃圾容量视城市人口规模和垃圾生产量估算而定，可根据人口密集程度和城市用地规模设置多个填埋场。每个填埋场容量宜满足10～20年使用期。填埋场基层应设有防渗透（污染）构造层，因为垃圾渗滤液的危害性很大，据有关资料测算我国年产量达1515万t（2003年）。使用材料宜采用沥青、橡胶、塑料膜等人造基层，并设置导流槽及时排出渗滤液，表面覆盖材料应有防止雨雪渗入措施，如铺设一层15cm厚的防渗漏土壤，设置一定间距的排气管道使沼气及时排出去，在管道下部弃物中设置一定粒径的砾石堆汇集沼气，以消除爆炸危险。固体废弃物埋入场地后生物分解有好氧分解和厌氧分解两个阶段。在开始几天内好氧分解产生出CO_2、H_2O、NH_3，以后转入厌氧分解后产生CH_4、CO_2、NH_3、H_2O、H_2S等物质。特别是CH_4（甲烷）浓度达到5%～15%范围，就会发生爆炸，现在废气回收利用技术已用于填埋场气体收集过程，作为一种可再生能源用于热电企业和家庭用能。

近些年发展起来的废弃物处理方法有海洋倾倒和远洋焚烧。前者是将有害重金属含量高和具有放射性的废弃物经水泥固化（或沥青固化）后倾倒至5000m深海底，这样可与大量海洋生物生活水域保持一定垂直距离。后者是利用远洋焚烧船将废弃物运至远离陆地的海区进行焚烧，废弃物经高温氧化后产生H_2O、CO_2、HCl、NO_x排入海中。海洋固体废弃物处理技术相对经济一些，又不占用土地空间，有一定利用前景。但是在有关国际间的标准和协议中规定，控制生物战剂、化学战剂、强放射性废物、重金属、漂浮油脂向海洋中大量倾倒，以保证海洋持久的不会受到污染。

4. 有关固体废弃物处理的标准、法规。

固体废弃物具有产量大、种类繁多、处理成本高的特点，远比污水处理技术复杂。以国家环境保护部（原国家环境保护总局）为主编单位针对固体废弃物的标准体系已经建立，主要分四大类，即固体废弃物的分类标准、监测标准、污染控制标准和综合利用标准。使固体废弃物处理全过程向着科学化、标准化、系列化方向迈进，资源化、减量化和无害化是最终目标。为可持续发展社会提供了法律和制度保证。主要国家和行业标准、规范如下所列：

《国家危险废物名录》、《城市垃圾产生源分类及垃圾排放》、《固体废物毒性测定方法》、《工业固体废弃物采样、制样技术规范》、《危险废物鉴别、微毒性初筛》、《生活垃圾填埋场环境监测技术标准》。属于固体废弃物污染控制标准有《多氯苯废物污染控制标准》、《有色金属固体废物污染控制标准》、《建筑材料用工业废渣放射性限制标准》、《农用粉煤灰中污染物控制标准》、《城镇农用控制标准》、《城镇垃圾填埋污染控制标准》、《城市生活垃圾焚烧污染控制标准》、《危险废物安全填埋污染控制标准》、《一般工业固体废弃物贮存、外置厂污染控制标准》等。《中华人民共和国固体废弃物污染环境防治法》（简称《固废法》）是我国固体废弃物管理方面的国家法律，它于 1995 年 10 月 30 日由第八届全国人大常委会第 16 次会议通过，自 1996 年 4 月 1 日起实施。全文共分 6 章，1、总则。2、固体废弃物污染环境防治的监督管理。3、固体废弃物污染环境的防治。4、危险废物污染环境防治的特别规定。5、法律责任。6、附则。

2008 年，《中华人民共和国水污染防治法》和《循环经济促进法》两部国家法律获得通过，前者明确提出生态补偿法制化、区域限批合法化，加强了对地方政府的制约，赋予环保部门限期治理决定权。后者则围绕实施国家“资源节约型、环境友好型”战略提供了法律保障。促进中国环境法制进程。2008 年有多项法规和举措出台，《节约能源法》于 2007 年开始修订、2008 年 4 月施行，《中华人民共和国水污染防治法》已经全国人大修订、审议通过，自 2008 年 6 月 1 日起施行。2008 年经过多次修订审议、2009 年 5 月实施的《食品安全法》，将节约能源、食品安全这些涉及国计民生的大事上升至国家法律予以保障。此外，《大气污染防治法》、《森林法》、《土地管理法》、《矿产资源法》也相继在制定、修订过程中。

2.3.3 空气环境污染及其治理技术

2.3.3.1 空气污染和大气热运动

大气包覆于地球表面构成大气环境，它是地面生物维持生命活动用氧的来源，而人类同时又生活在建筑物构成的小气候环境当中，一个成年人每天呼吸吞吐空气量约为 10000L，支撑着机体的新陈代谢，空气环境质量直接影响人类健康。空气中少量的分子氮也被土壤微生物摄取实现生物固氮过程。土壤大气系统中由于冷热空气的对流持续进行着能量和物质的传递、循环、交融，伴随着日益加剧的人类活动打破了这种已有的物质、生态的平衡和大气的清洁。开始于近现代的工业文明向大气中排放各种悬浮颗粒和化合物的总量的急剧增加，又使地面大气进入了“煤烟型污染”和“光化学污染”期，这种空气污染的特征是空气中杂质的浓度和种类增加，对生物危害程度加剧，如各种食品污染和人类患慢性病的几率增加等。

地表大气中这些杂质产生的原因系由地球大气系统的自然过程和人类活动共同排放到大气中的各种悬浮颗粒、气态物质所组成。悬浮物颗粒有尘埃、火山灰、烟尘，气态物质主要有 SO_2、NO_x（氮氧化物），还有 CO、CO_2、H_2S、NH_3、CH_4 等，这些空气中的杂质多数对热辐射有吸收和散射作用，它伴随着大气的热运动飘洒于地球的各个角落。自上世纪后半叶以来，由于人类物质生活要求的不断提高，空气污染又进入了一个以“室内空气污染”为标志的第三污染期，各种建筑装饰材料、家具、织物、日用化学制剂产生出“挥发性有机化合物”（VOCs）种类已达 500 种以上，物质生活水平的提高却随之带来了负面的室内空气环境，来自室内和室外的空气污染正在威胁着人类居住环境。

近地大气的热运动导致了大气污染的远距离扩散和传播。一门新兴学科——空气污染气象学也随之诞生，它主要研究污染大气的热力过程及其所产生的结果，在不同温度下气团绝热膨胀、压缩、冷热交换的同时，将受污染大气传播至远方或由其他地方漂移传来的规律和危害面积，用定量和定性分析方法研究大气中浓度较高的污染物随风传播的方向、距离和扩散的机理，还有治理和控制大气污染的技术等。

由于近地大气层的持续热运动特征因此该层大气也称为对流层，它在地球表面分布厚度不等，随纬度和季节而变化，赤道附近区域达 17～18km，南北中纬度地区为 10～12km，两极附近高纬度区为8～9km；夏季较厚，冬季较薄。该层大气由于吸收来自地表的长波辐射热后产生垂直方向的热膨胀对流运动，有高纬度的干冷空气和低纬度的暖湿气流沿地球表面流动、交汇，实现着地表气温的动态平衡，形成了不同强度等级的大气水平向运动——季节风，大气湍流使近地大气无规则热运动的主要形式，具体表现为由热膨胀空气产生无固定方向的空气脉动和摆动，又沿垂直方向大气温度分布不均的热力湍流和地面粗糙度（城镇建筑区域）引起的机械湍流。湍流（风力）作用可使地表气体废弃物（含土壤、水面蒸发物质）、沙尘直接带入大气当中并随风飘移至远距离地域。当今，全球性的空气污染和温室气体效应已祸及工业欠发达的国家和地区。大气污染和室内空气污染有不同的治理、缓解方法。

2.3.3.2 空气污染的种类及其治理技术

1. 大气污染物

大气中的杂质、污染物除了由于地球自身综合作用产生构造应力等自然因素以外，人类各种活动向大气中排放废气成为主要污染源。这些排放至大气中物质之间化合反应还会产生新的污染物质，生成二次污染物。大气中气体污染物的主要成分如表2-9所示。

大气中气体污染物的分类　　表2-9

污染物	一次污染物	二次污染物
含硫化合物	SO_2、H_2S	SO_3、H_2SO_4、硫酸盐
含氮化合物	NO、NH_3	NO_2、HNO_3、硝酸盐
碳氢化合物	C_1—C_5	醛、酮、过氧乙酰硝酸酯
碳的氧化物	CO、CO_2	无
卤素化合物	HF、HCl	无

注：上表转摘文献同表2-6。

硫氧化物（SO_x）包括SO_2、SO_3及其酸和盐类，由电厂、工业生产、火山喷发以及海洋直接排放出SO_2、SO_3、SO_4^{2-}，厌氧生物技术会产生 H_2S，经氧化生成 SO_2。SO_2 是无色具有恶臭刺激性气体，人体鼻腔和呼吸道黏膜直接吸附后受刺激、损伤，并导致呼吸受阻。在大气中 SO_2 通常与其他污染物质混合在一起，如气溶胶微粒和重金属微粒，在催化作用下会产生硫酸雾和苯并芘等有害物质。

大气中由于人为活动产生的氮氧化物多数来自燃烧过程，主要指 NO 和 NO_2。高浓度的 NO 与动物接触会出现中枢神经病变，NO 在高温环境（1600K）下分解为氧和氮。NO_2 气体在浓缩时为棕红色，较低浓度时为黄棕色，它吸附在大气颗粒物上将变成 NO_2^- 和 NO_3^-，溶解在水滴中会形成亚硝酸和硝酸，是"酸雨"的来源之一。

"酸雨"是空气中几种物质综合反应后生成的二次污染物，如大气中的 CO_2 与云气中的水结合后生成碳酸，与湿空气（云层）相遇时呈现酸性，其二是大气中 SO_2、NO_x、VOCs 等经过一系列化学反应转化为酸性有机物，可随雨沉降。纯净雨水 PH 的平均值为 5.6，而落于地面和水中的 PH 较低。空气中的 NO_2 浓度超过 0.005ml/L 持续 15min 会使人咳嗽和呼吸道疼痛，浓度较高时会使肺功能削弱，燃烧中的烟草其 NO_2 平均浓度可达 0.005ml/L。

CO 是一种无色、无味气体，具有可燃性。化学性能稳定，容重略轻于空气，能在空气中燃烧，火焰呈淡蓝色，是碳燃料不完全燃烧（氧化）的产物，俗称煤气。近地大气中 CO 主要来源于化石燃料燃烧（焦化、火电企业等）和汽车尾气排放，室内 CO 主要源于化学燃料燃烧和吸烟，由于空间较小而且密闭，吸烟烟雾的浓度有时与室外汽车流量高峰时浓度相当。CO 属于内窒息（血液、神经）性、剧毒性气体，吸入人体后通过肺泡进入血液系统。CO 与血液中的血红素反应生成碳氧血红蛋白（CoHb），阻止血红蛋白（HB）与氧结合，直接减少机体内氧含量，当其空气中 CO 浓度超过 5ml/L 时，在几分钟内可危及人的生命。

CO_2 是大气组分之一，空气中含量体积比约 0.03%～0.04%，室内含量要高于室外，主要为化石燃料燃烧生成物和人体呼出气体。成人 CO_2 呼出量可达 20～30L/h，同时人体排出其他气体污染物浓度也相应升高，能直接反映室内有害气体总浓度和通风换气效果，是室内空气质量状况的评价指标之一。室内 CO_2 浓度升高会使室内空气龄增加，使人出现缺氧症状，如头痛、耳鸣、血压升高等，在空气中同样浓度时，CO 的危害性要远高于 CO_2。

增加通风换气量和减少污染生成物是降低 CO_2 浓度的两条路径。对于室外汽车尾气（CO_2）排放量快速增加的趋势，则可以采取清洁性混合动力燃料交通工具和植树生物固碳的措施，是目前控制大气中 CO_2 浓度的有效办法，从而减缓大气的“温室效应”。人类在开发化石能源时增添了固化碳元素以粉尘形式向大气中的排放量，大规模开垦沼泽湿地加速了土壤中有机碳向大气中的释放，即开垦自然的规模越大、速度越快，土壤系统的固碳能力越弱。

铅（Pb）是典型重金属，对人体来说是一种累积性有毒物质。除了由食道进入人体以外，也可直接从空气中吸入呼吸道，而且约有 20%～50%被人体吸收，皮肤对于铅的吸收量仅为1%，长期累积摄入体内会导致铅中毒，铅毒在人体内累积成硫化铅黑斑，铅的半衰期为 20～30 年。铅中毒历史可追溯到古罗马时代，在那个时期出土的大墓尸骨中就可以看到这些黑斑。因为古罗马帝国贵族使用的玩具、餐具、厨具、戒指、钱币均用铅制成。如在酿酒时葡萄糖浆在铅锅中加温时不断搅动，使得酒中含铅量达到 240～1000μg/L，再倒入含铅的酒器——锡壶中贮存，会生成醋酸铅，发甜，口感好。又由于当时许多屋面多为铅合金盖板，常年雨水冲刷，又流入铅桶中，使铅不断地从空气、饮料、食品中进入人体，导致当时贵族成员中半数不育，平均寿命仅为 25 岁，有生育能力的也多是畸形、智障儿。

年龄不同的人群，对铅的吸收量差异很大。新生儿对铅的吸收率可达50%，10岁以后铅的吸收率降为10%，成人吸收率只有8%。我国制定的儿童铅中毒的国家标准为：血铅含量＜100μg/L为正常标准；含量在100～199μg/L为高铅含量；含量在200～299μg/L为轻度铅中毒；含量在300～399μg/L为中度铅中毒；含量＞400μg/L为重度铅中毒；含量在900～1000μg/L时为铅中毒性心脑病，表现头昏、抽筋症状；含量＞1200μg/L时会导致人死亡。铅进入人体后还可以改变人的性格，美国的一项针对青少年铅中毒的研究结果发现，不同程度的铅中毒会使青少年性格变得凶猛好斗，认知能力受到损害，出现学习障碍和抑郁症表现，注意力集中时间缩短，语言记忆力下降，抽象思维差，有多动症和逆反心理，思维处于迫害妄想状态。临床表现在双手伸肌无力，消化系统（肝脏）损伤、腹绞痛，肠道造影显示黑斑，身体各部软组织大都含铅。使得造血功能减退，患再生障碍性贫血，损害生殖系统、肾脏直至身体各器官。

现代生活中接触铅的机会也很多。红丹防锈涂料中含有铅白和樟丹，老房子内墙面剥落的油漆皮可能被婴儿误食，画师使用的铬黄、水银红、铅白、油墨黑均有毒性，有时多支笔使用暂时衔在嘴上，不经意间导致误食。铅蓄电瓶、含有劣质釉面的陶瓷（器）、水晶制品中均含有铅，水晶杯的氧化铅含量达20%～30%，杯中溶有铅的酒水被人长期饮用也使体内累积铅含量。红丹痱子粉中含有氧化铅，含铅工艺的松花蛋，印刷纸张中的油墨含铅，几天不用的水龙头附近水管中聚集了铅等重金属，汽车尾气和工业废气，家装材料中的挥发物，劣质颜料都会导致慢性铅中毒，铅的危害性已经超过营养不良成为人类健康的头号杀手。

空气中的悬浮颗粒物粒径分布较宽，有固态，也有呈液态的气溶胶。最小粒径为10^{-3}μm，最大粒径为100μm，接近气体分子直径数量级。其中粒径＞10μm的悬浮颗粒在发生源附近即可沉降，称为降尘。粒径＜10μm的悬浮颗粒称为飘尘，会随风长时间水平移动至远处。飘尘由于粒径小可通过呼吸道进入肺泡中，其中粒径为0.1～10μm的颗粒在肺泡内沉积量最大，沉积在肺部的微粒若被溶解则会进入血液当中，造成血液中毒。铅（Pb）、铬（Cr）、氟（F）的化合物可引起中毒性疾病，羽毛、绒毛则会引起哮喘病。无机物或有机物粉尘会引起慢性支气管炎和结核病，硅石粉累积会引起矽肺病，粉末状碳、铁、铝、香烟尘可沉积于肺泡中引起肺叶病变，煤焦油、放射性矿物粉尘、氧化铁粉尘则会引起肺癌。石棉粉尘融入机体内则是一种强致癌物质。美国关于悬浮颗粒制定了其气体动力学直径$<10\mu m$的PM_{10}标准，定义为可吸入颗粒物。经过近年的研究成果表明，直径$<2.5\mu m$的悬浮颗粒物定义为呼吸性颗粒物$P_{2.5}$（Respire Particulate Matter），它是受污染城市死亡率上升的主要原因之一，我国环保机构已制定$PM_{2.5}$悬浮物国家标准。

空气中液态的气溶胶根据其来源不同分为燃烧型气溶胶、矿物型气溶胶和生物型气溶胶三种。化石燃料燃烧会产生以碳粒为主的烟雾，来自于工业烟气、汽车尾气排放，烹饪和烟草燃烧物中也有一定含量的烟雾。矿物型气溶胶产生于无机矿物材料粉碎及储运过程。生物型气溶胶主要为植物纤维、花粉孢子、动物残留物和细菌、真菌、霉菌。

光化学氧化剂是在大气中在强光辐射下发生的，也会生成二次污染物。它们是通过原子、分子、自由基和离子吸收光子后引起一系列反应而生成，主要氧化剂有臭氧和过氧乙烯基硝酸酯等物质。碳氢化合物与氧原子反应生成自由基，碳氢化合物与氮氧化物和臭氧在充足的阳光下会生成更多的二氧化氮和臭氧。

苯并芘（BaP）是一种具有显著致癌作用的有机化合物，是含碳燃料和有机物（食品）热解过程中的产物，一般以吸附在悬浮颗粒上的工业烟尘分布在大气中、水面和陆地上。尤其是炼焦、化工、染料工业排出的废水中和熏制食品、香烟烟雾中均含有苯并芘，其沸点是495℃。

2. 室内空气污染物

室内空气环境泛指由耐久性材料建造的建筑物，系由建筑围护结构与大气环境隔离、人为制造的建筑小气候环境。与室内空气环境质量有关的指标有室内空气温度、湿度、空气洁净度、空气流速等，这些指标以更接近人体在室内居住、工作、活动等生理上的舒适需求为目标。用于判断和设计室内空气洁净度的指标是室内空气污染物种类及其浓度，只有摸清污染源才能实施治理控制措施。

有关研究结果证实，室内空气污染物种类和污染方式要远大于室外空气污染对人造成的危害。室内空气污染源很多，有来自于室外空气，有来自居室内的人和其他动植物呼吸，人体汗液蒸发、呼吸和体表的各种有机排泄物中微生物分解发出的体臭、汗臭、人体排泄的氨气都是臭气发生源，经常洗澡和换洗衣物的人则臭气散发要小一些（仅是微生物分解量减少，而人体气味发生量是由人体自身代谢量决定）。还有来自建筑材料和装饰材料、织物、日用化学品、家具、家用电器、炊具及炊烟等的异臭气味，主要为化学类污染物有 NO_x、SO_x、CO 和 VOCs（挥发性有机化合物）。悬浮颗粒物有石棉粉尘、PM_{10} 和 $PM_{2.5}$ 等。生物类污染物有细菌、真菌、霉菌、螨虫、孢子、花粉等，统称为生物气溶胶，它们能在适当温度和湿度下快速繁殖。居室中加湿器、空调器积水板、不通风凉晒的生活用品均是生物气溶胶贮存、繁衍的场所。放射性气态物有 ^{222}Rn（氡），一是来自于建筑地基土中的镭经过衰变产生，通过建筑物缝隙、管道缝隙逸入室内，有些植物如烟草也会吸收土壤中的氡，因此可以间接进入人体内黏膜。另一来源是含镭建筑材料中衰变产物，当室内所用花岗岩、水泥等材料中含有镭时，经过衰变以后的氡即可进入室内，氡在室内表面固体上的存量以及扩散至空气中的浓度决定了氡在空气中的辐射能力。室内通风频次也是影响空气中氡含量的重要因素，室内氢含量高时，通风频次增加，可以降低其浓度；相反，室外氡含量较高的空气也会随着通风系统进入室内空气中。氡可以持续衰变为一系列固体辐射物，它能吸附在气溶胶颗粒上被吸入呼吸道、肺中，在衰变过程中不断发射 α 粒子杀伤肺细胞和软组织，会使受杀伤组织发生癌变，氡在机体内潜伏期很长，许多人在毫无知觉中受到伤害。长时间在氡浓度 370Bq/m^2 的室内环境中生活，患癌率高达 3%～12%。居室中的厨房、卫生间是氡含量超标的主要空间，建筑地下部分的围护结构应有防止氡从土壤中渗入的措施，地下室外窗通风和空调系统也是控制空气中氡含量的主要手段。氡对血液循环系统的危害可使白细胞和血小板减少，影响凝血能力和人体免疫力。

室内空气污染物中挥发性有机污染物（VOCs）占的比重较大，是重点掌握的内容，其代表性化合物如表 2-10 所示。

VOCs 按化合物类别分类 **表 2-10**

类　别	典型化合物
脂肪烃	正丁烷、环己烷、1.3-丁二烯
芳香烃	苯、甲苯、二甲苯、萘、苯并[a]芘
卤代烃	氯仿、二氯甲烷、三氯甲烷、对二氯苯
萜烯	苎烯、α－蒎烯
醛	甲醛、乙醛、丙醛、苯甲醛
酮	丙酮、甲基乙酮、4-甲基-2-戊酮
醇	甲醇、乙醇、异丁醇、乙氧基乙醇
酯	乙酸乙酯、乙酸丁酯、邻苯二甲酸酯

注：本表摘自《环境科学与工程》p145（赵庆祥主编）科学出版社　2007 年北京

VOCs 大多是含碳数为 2～12 的各种易挥发有机污染物。在空气中挥发传播是 VOCs 的典型特征，在室温下通常成蒸汽态或液态，在已经测得的约 500 种 VOCs 化合物中，多是人为加工产物，也有天然存在的化合物（如竺烯即存在于柑橘中）。就居住型空间而言，燃烧炉顶、烤炉、常燃火苗、煤气和煤油的加热设备、香烟烟雾、某些家用化学品（除臭剂对二氯苯）等用具使用过程会引起慢性、低浓度 CO 污染。1989 年，世卫组织（WHO）对 VOCs 所下定义是：凡是有机化合物其在标准状态下（293K 和 101.3kPa）的蒸汽压小于 0.13kPa、均属于 VOCs 类化合物。金属有机化合物、有机酸类、氟利昂等不属于 VOCs。世卫组织对室内挥发性有机污染物进行分类，以沸点高低排列，其中：VVOCs 沸点在 5～50℃范围，属高挥发性有机污染物，如甲醛（21）、二氯甲烷（40）；沸点在 240～380℃范围属半挥发性有机物 SVOCs，VOCs 沸点在 50～240℃之间。VOCs 除前面提到的室内污染源以外，各种日常生活用品也是重要污染源，如表 2-11 所示。

VOCs 的生活用品污染源　　表 2-11

生活用品	VOCs 名称
纤维制品	甲醛、三氯甲烷
黏合剂	“三苯”、辛烷、戊烷
化妆品	丙酮、甲醛、三氯乙烯
衣服防蛀剂	萘、甲酚、对二氯苯
衣服干洗剂	三氯甲烷、四氯乙烯
生活用水	三氯甲烷、氯酚
染发剂	对苯二胺
涂改液	二甲苯、二氯甲烷
掩臭剂	萜烯（苎烯、蒎烯）
杀真菌剂	四氯化碳

注：转摘文献同表 2-8。

在现代家居办公相结合的居住模式中，一些电子化的生活用具和办公器材如电脑、手机、电视机、微波炉、消毒柜、负离子发生器、空调器、复印机、激光传真打印机、都是 VOCs 现有的和潜在的污染源。例如：印刷机油墨中含有甲醛、二甲苯，荧光品在高温条件下会产生溴化二苯并呋喃——一种致癌气体，激光打印机释放出的 O_3 与其他化合物反应产生二次污染和室内光化学污染。归纳起来，VOCs 对人体健康的主要危害有：①使人体免疫系统产生各种过敏反应；②使人体正常细胞引发变性，有致癌、致畸、致突变等作用；③危害人体中枢神经系统。（昏迷、倦怠、头痛、恶心等）；④使人体感觉神经系统出现兴奋、神经错乱等症状；⑤使人体心血管系统心律过速或过缓、障碍性贫血等；⑥易引发气喘、气管炎、肺炎等。

气体中，VOCs 污染物中化合物中苯是一种毒性很强的浅黄色气体污染物，沸点较低、易挥发，易燃、易爆、有芳香气味。苯是近代使用燃油照明的燃烧剩余物，也存在于焦炉气和煤焦油中，也可由乙炔合成获得。常温下为无色液体，熔点5.5℃，沸点80.1℃，芳香族碳水化合物，燃烧时有浓烟和明亮火焰，苯蒸气有毒。难溶于水，易溶于有机溶剂，对氧化剂较为安定。易与卤素、硫酸、硝酸、卤代烷、酰氯等发生反应，生成苯的各种衍生物。为合成树脂、合成农药的基本原料。一般作为有机溶剂放入油漆涂料、人造板胶粘剂、空气消毒剂、杀虫剂当中。能刺激皮肤、眼睛、上呼吸道，易出血、易过敏出现湿疹。它通过呼吸道进入人体内经过环氧化过程转化为有毒的酚类和无毒的乙二酸二烯。人体慢性苯中毒表现在造血机能障碍，因而引起血象改变、白细胞和血小板减少、头晕、恶心、呕吐、神经衰弱、盗汗、心律失常等，是再生障碍性贫血、白血病的诱因。也能破坏遗传基因，使DNA基因缺失，能导致胎儿染色体畸形、先天性缺陷。苯还能激活致癌基因，是公认的致癌物。苯的急性中毒症状是头昏，面如醉酒状。低浓度苯存在于油漆、防水涂料、汽车尾气当中，作为木制家具的溶剂型胶粘剂不能尽快挥发出去，长时间存在于地板漆、墙面防潮漆、人造板家具表面及居室的空气中。去除措施中利用活性炭吸附是首选，同时应长时间开窗通风换气，也可以利用盆栽植物通过光合作用吸收苯。

化合物甲醛也称为“蚁醛”，是无色、具有强烈刺激性气味的气体污染物，易溶于水、醇、和醚，通常是水溶液形式存在，浓度为37%的水溶液是福尔马林，有防腐作用。甲醛沸点仅为19℃，主要来源于工业废气、汽车尾气、光化学烟雾等。室内发生源是燃料和烟叶的不完全燃烧、并存在于胶粘剂、脲醛树脂制成的泡沫隔热材料和化妆品、清洁剂、杀虫剂、消毒剂、防腐剂等化工产品中。对于皮革、纺织品有增白、润色、柔软作用，也有作为纯棉衬衣的整理剂，也用于工业塑料和水处理技术当中，某些化纤地毯、塑料地板砖、油漆涂料中均有一定含量。在刚装修完毕的建筑室内甲醛浓度峰值可达 0.85mg/m^3，住宅室内装修后一段时间的浓度值约为 0.2mg/m^3，室内甲醛含量在 0.1mg/m^3 时成人就有异味感和不适感，含量在 0.6mg/m^3 时，会使人咽痛、头痛、气喘和肺水肿，长期在高甲醛浓度空气环境里能使人患咽癌和白血病，甲醛是一类致癌物。在木制家具木地板等装饰材料中，甲醛和尿素合成为胶粘剂，防腐杀虫，提高板材硬度，是细木工板、压缩板、密度板、脲醛树脂复合地板胶粘材料，粘结性能好，可缩短板的制作周期，甲醛存在于家具材料中需要 3～15 年才能逐渐挥发掉。在没有较好替代品的过渡时期，应严格控制在建材、皮具、衣服、箱包、玩具等制品中甲醛含量，即研究低浓度甲醛的人造板材也是一个发展方向。吊兰对于净化空气中甲醛效果较好。其他净化技术有：①用活性炭吸附空气中甲醛，但不易控制饱和时间，若饱和后，又会游离于空气当中形成二次污染，且滤芯的吸附状况也不易把握；②液体吸附法是用大分子团来固定甲醛分子，使其无法逸出去，但应防止废液处理时造成二次污染；③采用等离子放电技术去氧化空气中的甲醛，会要产生臭氧，要防止其污染空气；④光催化氧化技术须在 80℃高温下进行，最终产品是 CO_2，原料为氧气，不消耗电能，现在有关院校正在开展室温下氧化甲醛的研究，所使用的催化剂本身也是氧化剂，使氧化过程快速。这种催化剂采用金属铂（Pt）和 TiO_2 制成的铂钛催化剂，不需要光和能源，在常温下的红外线气体池中转化甲醛，由于 100％的碳平衡使之完全生成 CO_2，催化剂具有活性，在整个反应过程中不消耗。其工艺流程是将助剂附着在蜂窝状陶瓷滤板上，在 20 万空气速度时，空气与催化剂摩擦不会产生噪音，将甲醛浓度由 56.3mg/m^3 反应生成 CO_2，浓度降至 0.1mg/m^3 时，仅用时 13min。此外，住宅居室中盆栽吊兰对净化空气中的甲醛也有较好的效果。

氨（NH_3）是一种无色、有强烈刺激气味、易燃、易爆气体，空气中含量达到 16％以上时会发生爆炸。室内氨主要来自于建材（水泥制品）中的防冻剂当中，染发水中也含有氨。氨对呼吸道黏膜有刺激作用，有烧灼感，可产生嗅觉失常、咽炎、声带水肿、咳嗽、头痛等一系列感官病态。

香烟燃烧生成物成分可达上千种，主要污染物有悬浮颗粒、尼古丁（烟碱）、CO、CO_2、NO_x 和丙烯醛，还有烟焦油、氢氰酸和镉，尼古丁可刺激大脑皮层兴奋，使心血管系统活动加快，机体需氧量增加。长期吸烟产生依赖性会使机体活力下降，记忆减退。氢氰酸能抑制细胞呼吸，引起细胞缺氧，阻止机体新陈代谢。被动吸烟比吸烟者吸入烟气量高很多，尼古丁高2.6～3.3倍，镉吸入量高3～6倍，NO_x（氮氧化物）高出20～100倍。

我国于2003年3月1日开始施行的《室内空气质量标准》，要求室内空气应无毒、无害、无异常臭味，并且对室内空气质量参数做了量化的限制，详见表2-12所示。

室内空气质量标准 **表2-12**

序号	参数类别	参数	单位	标准值	备注
1	物理性	温度	℃	22～28	夏季空调
				16～24	冬季采暖
2		相对湿度	‰	40～80	夏季空调
				30～60	冬季采暖
3		空气流速	m/s	0.3	夏季空调
				0.2	冬季采暖
4		新风量	$m^3/(h\cdot 人)$	300	
5	化学性	二氧化硫(SO_2)	mg/m^3	0,50	1h均值
6		二氧化氮(NO_2)	mg/m^3	0.24	1h均值
7		一氧化碳(CO)	mg/m^3	10	1h均值
8		二氧化碳(CO_2)	%	0.10	日平均值
9		氨(NH_3)	mg/m^3	0.20	1h均值
10		臭氧(O_3)	mg/m^3	0.16	1h均值
11		甲醛(HCHO)	mg/m^3	0.10	1h均值
12		苯(C_6H_6)	mg/m^3	0.11	1h均值
13		甲苯(C_7H_8)	mg/m^3	0.20	1h均值

续表

序号	参数类别	参　数	单位	标准值	备注
14	化学性	二甲苯(C_8H_{10})	mg/m^3	0.20	1h均值
15		苯并[α]芘 B(a)P	mg/m^3	1.0	日平均值
16		可吸入颗粒物(PM_{10})	mg/m^3	0.15	日平均值
17		总挥发性有机化合物(TVOC)	mg/m^3	0.60	8h平均值
18	生物性	菌落总数	CFU/m^3	2500	依据仪器定
19	放射性	氡(^{222}Rn)	Bq/m^3	400	年平均值(行动水平)

上表是适用于各行业和主要污染物的国家标准值，还有一些具体建筑类型或空气中具体污染物的空气质量国家控制标准，要略高于（更严格）上述指标，如《工业企业设计卫生标准》、《旅店业卫生标准》（GB 9663）、《室内空气中可吸入颗粒物卫生标准》（GB 17095—1997）《室内空气中臭氧卫生标准》、《采暖通风与空气调节设计规范》（GBJ 19—87）（2001 版）、《室内空气中细菌总数卫生标准》（GB 17093）、《室内空气氮氧化物卫生标准》（GB 17096）、《室内空气中二氧化硫卫生标准》（GB 17097）、《室内空气中甲醛的卫生标准》（GB 16127）、《公共场所卫生标准》（GB 9963）

2001 年 11 月原建设部颁布的《民用建筑工程室内环境污染控制规范》（GB 50325—2001），针对新建和改扩建的民用建筑工程以及室内装修工程进行环境污染控制，除有特殊净化要求的建筑空间以外，将民用建筑分为两类，分别对五种主要污染物含量进行量化控制。Ⅰ类民用建筑包括住宅、办公楼、医院病房、老年建筑、幼儿园、学校教室，Ⅱ类民用建筑包括普通办公楼、商店、旅店、文化娱乐场所、书店、图书馆、展览馆、体育馆、公共交通候车室、餐厅、理发店等民用建筑，具体量化要求见表 2-13。

3. 室外空气污染净化处理技术

室外大气污染治理应采用标本兼治的理念。治标的途径有工业烟气排放除尘技术、脱硫技术、脱氮技术、脱除氟化物技术，

民用建筑室内污染物浓度限值　　表 2-13

污　染　物	Ⅰ类民用建筑工程	Ⅱ类民用建筑工程
氡(Bq/m^3)	≤200	≤400
游离甲醛(mg/m^3)	≤0.08	≤0.12
苯(mg/m^3)	≤0.09	≤0.09
氨(mg/m^3)	≤0.2	≤0.5
TVOC(mg/m^3)	≤0.5	≤0.6

注：TVOC 为总挥发性有机物英文缩写（Total Volatile Organic Compounds），也有文献用 VOCs 表示。我国有关规范选取了其中最可能出现的九种：甲醛、苯、甲苯、对（间）二甲苯、邻二甲苯、苯乙烯、乙苯、乙酸丁酯、十一烷。

严格控制污染源。治本则采取大气污染防治措施实现工业废气、生活燃气无害化排放。如开发清洁能源和可再生能源利用技术，如风能和太阳能发电技术，推广低碳（或无碳）排放的混合动力交通工具，推广建筑综合节能技术和产品，农牧业要退耕还林、生态固沙技术，控制土地荒漠化。工业尾矿生态恢复综合技术，保护好表土这一稀缺的自然资源，交通水利设施的生态保护措施和应支付的环境保护费用。支持生态型、无烟型企业和产品。规范家用电器集中拆解技术和提高固体废弃物无害化处理质量和数量。控制生物入侵和制定动物长途迁徙携带污染物方案。控制大气污染的另一方向是优化产业结构、调整产业布局，淘汰（基础工业）高耗能的工艺流程，注重企业合理选址。大量型排放企业选址应远离城市人口密集区，而且设在城市主导风的下风向，并与人口密集的主城区之间种植防风隔离带，以截留悬浮颗粒和吸收一些气体污染物。有关部门应加大大气污染监测、治理、评估、管理力度，将环境成本计入社会发展的总成本当中，利用政策和资金扶持相关企业的生产工艺、减排除尘的技术改造，促进企业碳排放交易市场化。政府各职能部门应加大可持续发展能力投资和提高突发自然灾害的应变处理能力。利用各种媒介将大气污染的危害和治理知识传播至社会的每个层面，提高全社会的环境危机意识，告诉他们，我们每个人、每天都在被动的呼吸着各种气体污染物，不论你是否同意，污染就在你的举手投足间随时发生，为了你我他、为了人类的延续，我们每个人都应具备环境自律意识和生存文化。

空气悬浮颗粒物主要源自燃烧矿物燃料的工业锅炉和建材类企业，临时性污染源多是对固体物质进行破碎、筛分和输送过程产生的粉尘，这些生产过程都具有除尘设备和工艺。传统的除尘工艺是利用粒子分离原理将悬浮颗粒物从空气中剥离出来，从而使空气达标排放的一系列过程。工业用除尘器有重力除尘器、惯性除尘器、离心力除尘器、洗涤式除尘器、过滤式除尘器、电除尘器和声波除尘器等。重力除尘器是在排出的烟尘空气混合物通道中设沉降室，将颗粒沉积物集中后收集处理。惯性除尘器则是在气流通道设置上悬式挡板，使颗粒落下与气体分开的工艺。离心力除尘器则是利用旋转气流产生的离心力，使尘粒与气流分开的装置，旋转所产生的离心力可达到尘粒重力的5倍，能分离出更小粒径的粉尘，离心力除尘技术因阻力较大所以气流压力和动力损失也较大。洗涤式除尘装置是利用气流通过液膜、液滴或水雾时与水蒸气的惯性碰撞、黏附而实现凝聚分离的工艺。过滤式除尘装置则是在粉尘通过面上安装有松散多孔滤料填充的框架，将尘粒过滤吸附于滤料中，该工艺可以处理含尘浓度较低的气体，而且滤料经过脱尘后可再生使用。电除尘装置则是含尘气体通过高压电场被电离，尘粒带电而被吸附于电场集尘极上，聚集到一定量后收集处理。静电吸引除尘的特点是彻底除尘，对于微米级尘埃也能有效捕集，当在处理过程中采用适当加湿方法以增加尘粒的导电性能，可提高除尘效率。除尘工艺可根据单位时间处理烟尘的量和不同粒径粉尘的比例配备多级除尘装置，联合使用。每一级可去处不同粒径的尘粒，以保证除尘效果。除尘器要消耗电能，应在保证净化效率的同时优化工艺，以减少能耗和气流压力损失。

CO_2 是人类活动向空气中排放量最大的温室气体，已成为人类生存环境的顽疾，减少排放量和增加生物固碳量（增加碳汇）是两大治理措施。减少排量是在源头杜绝，包括减少高耗能企业和高排放工艺流程，另一措施是对排放口 CO_2 捕集技术，我国在这项技术已达到国际先进水平，火力发电厂将 CO_2 捕集、液化处理后供下游企业作辅助材料使用，利润率可达到 30％以上。交通工具则由纯矿物燃料动力过渡到混合燃料动力，最终替代矿物燃料动力。减少或杜绝各种火灾也是减少以 CO_2 为主的排放气体的措施之一。

去除烟气中 SO_2 的技术称为"烟气脱硫"，以脱硫剂是否在溶液状态脱硫分为湿法脱硫和干法脱硫两类，是一种物理化学处理技术。前者使用的脱硫剂是采用碱性吸收液和含触媒粒子的溶液吸收烟气中的 SO_2，后者是利用固体吸附剂和催化剂在不增加烟气湿度的同时去除烟气中的 SO_2，吸收、吸附和氧化反应是脱除 SO_2 的主要工艺原理。湿法烟气脱硫技术有氨法、钠法、石灰—石膏法、催化氧化法等。湿法是通过溶液中的置换反应生成无害物质和可利用的副产品，干法脱硫技术主要有活性炭法、活性氧化锰吸收法、接触氧化法和还原法等，目的使 SO_2 变为 H_2SO_4（硫酸）富集后再行除去。

从烟气中去除 NO_x 的技术成为"烟气脱氮"或"烟气脱硝"，主要去除物是不溶于水的 NO。催化还原法是以气体 H_2、CO、CH_4 作为还原剂，金属铂作为催化剂，将烟气中的 NO_x 还原为 N_2，并且产生大量的热，反应温度在 400～500℃之间，配有热量置换装置以利用余热。还有使用氨、硫化氢、氯-氨、一氧化碳作为选择性还原剂在一定温度条件下（250～450℃）进行脱硫工艺。吸收法脱氮工艺是利用碱液、熔融盐、硫酸、氢化镁作为吸收剂使 NO_2 变为硝酸盐和亚硝酸盐的化学脱氮过程。

氟化物主要指含有 HF 和 SIF_4 的废气，来源于铝业、钢铁业、黄磷、磷肥、氟塑料生产等化工流程。动物一次摄入过量无机氟化物会导致呕吐、腹泻、呼吸困难，能伤及中枢神经系统。慢性氟中毒是土壤高氟区和工业污染导致发育迟缓、骨质疏松、消瘦、贫血、关节疼痛、深黄色齿斑等一系列地方病和职业病。

治理途径是在自然氟病区改良草场和采取轮牧制，控制含氟农药对于饲料和饮水氟污染。HF（氟化氢）是无色气体，沸点为19.54℃，易溶于水成为氢氟酸，具有强腐蚀性，对玻璃有腐蚀作用，常用于玻璃制品的浮雕、线刻艺术的腐蚀剂。

电解铝车间的地面排烟净化系统是以氢氧化钠（NaOH）水溶液作为吸收剂，再加入偏铝酸钠（$NaAlO_2$）反应后可生成冰晶石——炼铝的组成原料，再富集回收。也可以水作为吸收剂，在吸收氟化物的溶液中加入氧化铝使生成氟铝酸。干法净化氟化物烟气原理是以固态氧化铝为吸附剂，吸附氟化物的氧化铝可作为炼铝原材料。干法净化烟气技术也用于从磷矿中生产磷、磷酸和磷肥的生产过程所产生氟化物的净化治理，干法去除效率可达98%以上。

地表空气中的臭氧层虽然很薄，但它能通过光化学反应有效阻止太阳短波辐射中的紫外线到达地球，没有臭氧层，地表的生物都会被烧焦。日常生活中的制冷剂氟、氯、烃化合物 CFCs（CF_2Cl_2 和 $CFCl_2$）作为一种气体排放物可与大气中的臭氧反应，其中氯原子会消耗臭氧，使臭氧保护层出现空洞，让太阳紫外线到达地面，这样对人类的伤害会与日俱增。控制臭氧空洞的方法之一是禁止生产、排放 CFCs、四氯化碳、甲基三氯甲烷和卤化物，制冷剂取代产品是氟代烃（HFCs）和氟氯烃（HCFCs）化合物，两种化合物于近地大气层中与 OH 自由基反应，实现保护高层臭氧层的目的。

4. 室内空气 VOCs 检测及净化技术

室内空气环境分析检测技术主要针对挥发性有机污染物（VOCs）的分项检测，对其浓度水平做出现场定量测定和试验室分析测定工作。用于现场测定的方法有气相色谱法和分光光度法。其原理是使受检气体在一根色谱柱上完成组分分离，按照色谱柱上读出的单色长度得出单项气体的浓度值。此检测方法由电脑控制全过程，自动化程度高，具备数据分析处理、储存和再读功能，具有能耗低、快速检测分析、方便携带等特点。

人工嗅觉传感器检测技术则综合采用仿生学、分子生物学、脑生理学、电子学等原理将人鼻腔内神经细胞所能辨别的各种气味由嗅敏传感元件代替，将其数据化后储存。该检测方法有强弱判定型和化学物种识别型（电子鼻）两种，将现场检测到的气味与数据库内储存值比对，从而显示出模拟人鼻感受的气体种类和浓度值。用于检测室内气体污染物的设备还有半导体型传感元件、导电聚合物型传感元件、石英振子型传感元件和检气管，均为用于现场检测的人工嗅觉传感器。导电聚合物型传感检测仪是受检气体在传感器接受面上由于化学反应使其导电特性改变值再换算出污染物的种类和浓度。石英振子型传感器则是一种高精度质量计器元件，当用于气体传感元件时，可在其表面涂一层脂质膜，即使是极微量的质量变化也会引起石英振子振动频率的相应变化，因此有“微天平”的别称。检气管检测技术是一种针对性强、检测成本相对较低的现场检测方法，对于非专业人员也可以较快掌握。其原理是不同气体经化学反应后的比显色长度不同，而与标准样本比照，则可判定气体类型。商品检气管在出厂时就标出了抽气速度、进气体积和环境温度等要求，试管中浸渍载体的试剂因被检测气体不同而异。如空气中的苯在检气管中与试剂发生化学反应使玻璃管中填充物由白色变为紫褐色，填充物变色部分长度可换算为空气中苯的浓度，通常将换算后浓度刻在试管上面。用于专项检测的检气管还有甲苯、二甲苯、甲醛、乙醛、氯仿、苯酚、三氯乙烯等。

上述检测设备大多用于专业人员现场检测使用，检测成本相对较高，尚需开发高精度、高选择性、造价和使用成本较低的检测仪器，让居住者自己就可以实施气体检测，及时掌握室内污染气体的种类和浓度，并且及时采用应对措施，这样可以保证室内有害气体对人体的危害降至最低。

室内空气中 VOCs 治理理念是消除污染源，其次是适当增加室内空气的换气次数，减轻污染强度，即采用防治结合的措施。消除室内潜在污染源的措施有：①采用绿色建筑和装饰材料；②室内禁明火炊烟，禁吸烟、不用电炉类灶具；③不养宠物及有害花卉；④经常清扫（洗）居室，控制使用消毒液；⑤采用主动或被动方法隔开室外污染源，如居住地远离室外污染源和地域季节主导风的下风向，提高外门窗的气密性和水密性，避开室外空气污染浓度峰值开窗通风等；⑥严格控制各种日用精细化工用品入室。减轻室内空气污染强度的措施有：①降低室内空气龄，对于非空调房间应增加自然通风置换新鲜空气的次数；②采用消除污染的过滤、吸附技术；③因使用功能不同可采用化学和光化学催化技术，如紫外线灯对于宾馆客房和一些病房的杀菌效果较好；④等离子体技术；⑤盆栽纳污植物和切断污染源。

随着科学技术的进步，多项具有应用前景的大气污染防治技术已进入实用阶段，如气体生物净化技术、低温等离子体气体净化技术、特种光量子气体净化技术等。

生物净化气体污染物技术与废水生物处理技术类似，是利用微生物分解将空气中污染物转化为二氧化碳、水和细胞物质。首先需要将污染空气转化为液相或固体表面（基质）液膜，构成生物传质环境，使微生物在液体或固体表面液膜中进行吸收和降解，微生物群落固定在填料（生物过滤器）上，也可以自由分散在液体（生物洗涤器）中，而生物滴滤器则是将微生物固定在过滤床表面。生物过滤器中滤材填料一般是塑料、树脂、陶瓷、活性炭，也可由泥炭、土壤、树皮制成，这需要固定时间更换滤材，去除吸附材料表面污染物使其再生活性，同时提供微生物的营养物质。生物滴滤器的滤材是采用不含营养物质的惰性材料，但是在喷淋液中添加微生物生长所需营养物质，为微生物创造了适宜的生长、繁殖环境。生物滴滤技术适合处理污染负荷相对较高的非亲水性 VOCs 污染物。气体生物净化的过程是污染物质由气相传向液相，再由液相传向微生物，最后由微生物降解。

低温等离子气体净化技术是利用等离子体在低温环境下内部富含化学活性极高的粒子：电子、离子、自由基和激发态分子，满足了高活化能的化学、物理反应条件用来去除气体污染物。采用脉冲电晕放电和介质阻挡放电（DBD）激发等离子体放电并引起化学反应。低温等离子气体净化技术对电厂烟尘中 SO_2 的去除率可达 81.4%～98.1%，苯酚被降解为 CO、CO_2 和 H_2O，降解率为 90%～99%。

特种光量子气体净化技术是利用光谱中不可见的紫外线波段采用光解方法降解气体中的有机污染物。原理是气体分子对紫外线波段光量子的强烈吸收使气体分子解离，同时气体中的氧气和水分在光量子的作用下变为较高活性的烃自由基和活性氧，它们再与污染物反应生成 CO_2 和 H_2O。因此，紫外波段光量子去除气体污染物是很彻底的，其激发光源产生光量子的平均能量是 1～7eV，因而提高了反应器中去除速度。由于激发光源产生光量子能量范围宽，因而可以处理上千种气体污染物，具有广谱杀菌效果。紫外线灯对于宾馆客房、传染病房的灭菌效果非常明显，在使用时应严格控制辐照量和辐照时间。特种光量子气体净化技术通常用于污水处理厂、公共厕所、垃圾处理厂污染气体的净化处理工艺。二硫化碳（CS_2）是一种麻醉神经性有毒气体，在纤维生产、橡胶硫化、四氯化碳、谷物熏蒸工艺环节是重要辅料，313nm 和 185nm 紫外线光源的汞灯会对 CS_2 彻底产生光解。

2.4 地球—大气环境间的自然灾害

2.4.1 自然环境灾害的种类

地球在太空中的自传和公转，来自太阳和宇宙射线的辐射，地球各层物质的热运动和相对运动，再加上人类在地球表面日益增长的各种活动，加速了土壤—大气间的能量和物质交换，导致了全球及某一区域的气候变化异常，致使地球生态圈产生了各种气象灾害和次生自然灾害，严重地影响了人类的生产、生活和生态系统的延续和发展，有些生态灾难是难以在短期内恢复的，最近有报道称由于冰川融化、海平面上升的原因，太平洋上某小岛屿国家考虑在大陆购买土地，进行举国搬迁，成为地球上将要出现的准生态难民。我们有必要认识各种自然灾害的成因和发生规律，提高预警水平和具备应对、顺应自然灾害的策略和手段，以减轻灾害造成的损失。人类遭受的公共环境灾害主要来自两方面：一种为土壤—大气间的各种污染物、太空射线和土壤中存在的天然放射性元素对人体的慢性伤害（行业职业病属于特定工作对于特定群体的生理伤害）；另一种则是由于某一区域气象、地质灾害及其次生灾害对住民的突发性伤害，本节仅讨论后一种灾害种类及其特征。

自然灾害的定义是：自然环境的某个或多个环境要素发生变化，破坏了自然生态的相对平衡，使人群和生物种群受到威胁和损害的现象（赵烨 2007 年）。根据自然灾害的特征及其在地球大气系统中出现的位置，可将自然灾害划分为 6 大类：

（1）天文灾害。地球所受引力变化，太空物质落至地表，宇宙射线及太阳辐射异常。

（2）地质灾害。地震，火山喷发，岩崩，雪崩，岩土滑坡，泥石流，地面沉降。

（3）气象水文灾害。旱灾，水灾，风灾，沙尘，雪灾，雹灾，寒潮，霜冰，低温，龙卷风。

（4）海洋气象灾害。台风，海啸，风暴潮，海岸侵蚀，赤潮，厄尔尼诺。

（5）土壤生物灾害。森林火灾，农业病虫害，沙漠化，盐化，物种灭绝，地方病，外来生物入侵。

（6）环境灾害。光化学烟雾，酸雨，噪声，气体污染，核素污染。

2.4.2 自然灾害的特性

（1）直接灾害和次生灾害。自然灾害除了对人类生命财产、社会经济构成直接危害以外，还会导致、诱发一系列次生灾害。如地震摧毁了建筑物和居民，由于地动山摇导致山体崩塌、下滑，土石大量堆积于山谷间，使山溪堵塞，如遇到连续阴雨则会迅速形成山谷间的堰塞湖。再由于水位不断升高，致使松散的山石被冲垮，形成巨大山洪，危及下游居民区。由于大量动植物残体滞留地面，势必会有瘟疫流行，造成生态灾难。2008 年 5 月 12 日，我国四川北川等地发生 8.0 级特大地震，由于政府相关部门应对及时，军民协同作战并采用先进的技术手段，实际是个山间堰塞湖没有造成次生危害，重灾区采取多项封闭、隔离、消毒等防疫措施，并没有产生“大灾之后有大疫”的次生灾害，震后及时的心理治疗和干预措施，使幸存者及时从失去亲人的痛苦和惊愕中解脱出来。政府应积机制完备、反应迅速，国家经济实力雄厚，民间及国际社会的各种人道主义援助，使这次世纪初毁灭性灾难造成的损失处于较低水平，并且创造了多项生命奇迹。

（2）灾害的意外性。很多自然灾害的发生，就目前科学发展水平而言是不能预报的。如地震灾害和火山岩浆喷发，自然原因引发的森林和草原火灾，在不知不觉中形成的大气“温室效应”，来自太空异常的宇宙射线，有些海啸发生时也只有很短时间的灾害预报。但是人类对于上述的灾害可以实施防灾战略，如人类聚集区、工业设施、交通水利设施应远离灾害易发区规划建设，避开极端气候区的经济建设和海岸线滩涂的防灾、减灾规划，可对于来势凶猛、猝不及防的禁忌性灾难得到事先的躲避和化解。

（3）灾难的区域性。自然灾害的发生与地域的自然地理、地形、地貌、气候、生态、地壳构造等环境要素密切相关。如处于地质构造断裂带的国家和海域是构造地震和火山喷发的多发区。洪水往往主要发生在主要河流的中下游（低海拔）流域地区，干旱少雨地区年蒸发量大于年降水量是主要原因，多位于蒸发很快的沙漠土质区域，大气臭氧层空洞多发生在极地上空。

（4）自然灾害的周期性和群发性。有统计资料（赵烨 2007 年）表明，火山喷发、构造地震、特大旱灾、洪涝灾害往往是呈周期性重复出现的，重现周期在几十年之上百年之间，有时两种以上自然灾害会同时发生，如地震与洪水伴生，洪涝与蝗虫灾害、瘟疫流行同时出现等。

（5）灾害的复杂性与多因性。自然灾害是由多种原因累积至一定程度时爆发形成的。仍以地震为例。学术界认为除了由于火山喷发引起的地震以外，多数构造地震的成因是大陆漂移说和板块理论，如1933年发生在四川北部茂县的7.5级大地震和2008年同样发生在四川北部北川8.0级特大地震，地震界的解释是大陆太平洋板块挤压青藏高原使该区域地貌出现隆起，形成了川东北龙山地震断裂带，成为构造地震的诱因。火山喷发地震则是由于地球内部的热物理和化学作用产生地表火山岩浆喷发导致的地震。人工建造的水库和大坝也会是小规模构造地震的诱因。地表森林和植被的大量减少，大气中碳排量急剧增加产生的温室效应，使区域气候异常和生态系统难以自然恢复，已引起飓风、尘暴和土壤荒漠化。所以，在研究自然灾害的成因时应综合测定各项影响因素，但是不要忘记人类活动影响是主要诱因。人类在自然界活动范围不断扩大，而且造就了大大小小不完善的人工生态系统，缩小了自然生态空间和生物多样性，致使各种生物群落失去平衡，人类索取资源、大量排泄废弃物的环境行为已经导致了各种环境生态灾难，有些灾难造成的影响是持久且难以恢复的。

2.4.3 主要自然灾害的成因

地质灾害主要为构造地震、火山岩浆喷发和陷落性地震。主要成因为地壳板块的相对运动，地壳内部物质热量积聚使地表产生应力集中现象，当应力达到一定量值时在岩层缝隙薄弱部位出现，实现积聚能量的瞬间释放，造成地面建筑物、构筑物和人类生命财产的损坏。衡量地震释放能量的指标称为震级，一次地震只有一个震级，它是一个能量的单位，用里氏震级M来表示，按每次地震释放能量不同分为M1～M9共9个级别，不同震级所释放能量用TNT当量来对比衡量。一般将地震的影响以水平地震波和垂直地震波的形式传递至地表某一位置来衡量，水平地震波对地表建筑物损害较大。地震烈度用以衡量地震对地表建筑物的破坏程度，在一次地震中，因地上建筑物与震源距离不同、建筑地基持力层地质构造不同则地震对于建筑物的破坏程度也不同；用地上建筑物来衡量，一次地震对震中远近不同的地点具有远近不同的破坏烈度。建筑物抗震设计和地震设防烈度反映了建筑物抵抗水平地震波破坏的能力。地震震源一般位于地面以下，根据地面至震源深度h不同划分为浅源地震（$h=0-70$km）、中源地震（$h=70-300$km）和深源地震（$h>300$km），距离震源越远其地上建筑物、构筑物损毁程度越小。地震灾害目前还不能预测，地震台网只能在某区域地震发生时测出来。对于一次较大地震（$M\geqslant 6.0$）后会发生较小级别的持续余震，这些余震是可以预防、避让的，它仍会导致山体滑坡，伴随大雨和山溪还会产生泥石流等次生灾害。

气象水文灾害主要是指旱灾、洪涝灾害、热带风暴、沙尘暴等较常年气候异常现象。干旱气候与旱灾是不同的概念，前者是指地域常年气候规律，即是某一地域年蒸发量与年降水量的比值$\geqslant 3.5$的常年气候条件。后者是指突破规律的地域降水量减少现象，指某一地区年季月不同周期内同比常年降水量显著偏少而造成的危害。旱灾可发生在干旱地区，也可能发生在低海拔的湿润地区。旱灾可使地表植物枯死，表土裸露，农作物减产甚至颗粒无收，地表及地面水减少会影响生活用水，地表动物及飞禽栖息空间缩小，地表植被需热能力减弱，干扰了地表大气间的热湿循环和冷热循环，可以导致干热空气的运动提高沙尘暴发生机率。旱灾直接影响了自然生态系统和生物多样性。洪涝灾害分为洪灾和涝灾。洪灾是由于长时间连续降雨、积雪快速融化引起高海拔地区地面水量骤增泻入较低水位地区，淹没建筑、农田、居民；阴雨导致山体土质松软，与山洪相伴而来的山体滑坡、崩塌；泥石流还会冲垮道路桥梁。涝灾则是直接危害农作物生长的气象灾害之一，使农作物长期处于饱和水状态，因根系缺氧而影响农作物产量。热带风暴一般是在夏秋季生成于洋面的暖湿气团和气流，形成的强暴风雨由空气热运动快速流向大陆，强热带风暴中心风速可达 17 级，对大陆沿海城镇渔业、农业、建筑造成极大危害。沙尘暴多发生在内陆干旱地区，空气热运动吹起了裸露土壤（或沙土）中的飘尘，随风飘至远距离地区，使土壤荒漠化面积快速扩大，吞没土地和人类生存活动空间，可使农田、草场土壤养分流失，直接影响土壤生产力。中国沙尘暴多发区主要在西北地区和华北大部分地区，属于中亚沙尘暴区的一部分。

自然生物灾害主要指自然原因引起的森林大火、农作物病害、虫害、草害、外来生物入侵和物种灭绝等。森林是一个自然生物群落完整的自然生态系统，但由于雷电引起的森林大火、森林病害和人类乱砍、乱罚导致森林面积减少，森林中出现大片裸地，短期内不会恢复，致使森林生态系统失衡。由于森林面积减少降低了对于水分和热量的吸纳能力，会出现极端气温和地域气候异常。虫害的形成多为气候异常影响了生物的食物链，如在一定范围内土壤出现蝗灾、鼠灾是因为其天敌减少所致。草害则是土壤或水面杂草生长旺盛或有外来植物入侵等无阻拦的生长，使经济作物生长受到威胁，甚至使自然状态的原有植物物种灭绝。一般用物理方法铲除草害，虫害使用农药效果好，但同时会对有用植物造成不同程度的伤害。生物灭虫法是人为的引来害虫的天敌，把虫害总量控制在合理水平，此法不会对有用植物产生危害。

海洋面积大约占地表面积的 72%。由于太阳辐射、水面蒸发和冷凝不断地发生在洋面上的热湿循环，空气热运动产生快速移动至大陆沿岸地区，会产生强热带风暴、海啸等海洋环境灾害；由于大气温室效应导致极地冰山融化，海水升温、海平面升高，也是一种缓慢的甚至是毁灭性自然灾害。海水逐渐淹没沿海城镇，如北欧某滨海国家国土面积的 1/3 地面标高低于海平面，如果海平面的继续上升，太平洋海域一些有人类居住的岛屿若干年后将不复存在。也由于海水升温，沿大陆海域氮、磷等盐类富集，使海洋浮游生物、原生动物、细菌大量繁殖，水体富营养化，形成局部海域表层海水变色，即所谓赤潮。它会破坏海洋生态结构和食物链，消耗海水中的溶解氧，使海洋生物环境质量恶化，局部海域的鱼类也会受到各种有机污染物的影响，使海洋生物减少。污染物质通过人类食用海洋生物进入人体，对人类健康构成潜在威胁。

参考文献

1. 辞海（1999年版）. 上海：上海辞书出版社，2000

2. ［美］L. Davis著，王建龙译. 环境科学与工程原理. 北京：清华大学出版社，2007

3. 袁英贤等. 环境学概论. 北京：地震出版社，2007

4. 赵庆祥. 环境科学与工程. 北京：科学出版社，2007

5. 张征. 环境评价学. 北京：高等教育出版社，2004

6. 杨东平. 中国环境发展报告，2009

7. 王昭俊等. 室内空气环境. 北京：化学工业出版社，2006

8. 赵烨. 环境地学. 北京：高等教育出版社，2007

9. 陈怀满. 环境土壤学. 北京：科学出版社，2005

第 3 章　生物环境及应用生态学

以“非目的”造物的大自然从不规范万物的演进方向，一切随分变化，不加干预，给予最充分的自由……因此才玉成了形态各异、种类齐全、各具专长的生物王国，这些物种可软体，可硬甲，可脊椎，可节肢，可啮齿、可爬行，可游泳，可飞翔，可浮游，可遁地，可寄生，可群居，可集“军团”如蚁，可聚“社会”如蜂……任其食草、食肉、食腐、食渣、吸汁、吸血、吸蜜、吸浆……只有以“非目的”造物方能有如此丰富多彩的“多元化”生命形态：百万品种的昆虫纲，35000 种的甲壳纲，4600 种哺乳动物，9000 种鸟类，6000 种爬虫，20000 种硬骨鱼，35000 种蜗牛……大千世界，谁独有一技之长，谁就能占有一席之地。

——詹克明：造物与制作

3.1　相关概念

1. 生物与生命

生物是自然界中具有生命的物体，包括植物、动物、微生物三大类。生命是由高分子的核酸蛋白体（与非生物体区别）和其他物质所组成的生物体具有的特有现象，这种（生命）现象体现在能利用外界的物质形成自己的身体组成部分和繁殖后代。生物个体都依据生物链进行物质和能量代谢，使自身能够生长发育。生物按照一定的遗传和变异规律进行繁殖，使种族（群）得以繁衍和进化，特别是在环境变化时表现出适应环境的能力。

2. 环境生态学

即是人类生存环境的生态学。所涉及范围甚广，内容有：大气、水、土地、矿藏、森林、草原、野生动物、野生植物、水生生物、名胜古迹、风景游览区、温泉疗养区、自然保护区、生活居住区等。(摘自《中华人民共和国环境保护法》)

3. 生物多样性

地球上所有生物及其所形成的综合体，包括陆地海洋所构成的复合生态系统。它会充分体现地球上所有生命体及其生存环境的丰富性和变异性。这种多样性体现在物种多样性、遗传多样性和生态系统多样性三个方面。

附：联合国颁布的《生物多样性公约》中给出的定义是：生物多样性是指所有来源于活的生命体的变异性，这些来源包括陆地、海洋和其他水生生态系统所构成的生态综合体，这包括物种内、物种之间和生态系统的多样性。生物多样性是人类基本生存需求和发展的基础，是改善生物品质、维持生态系统活力的不可缺少的条件。

4. 种群与群落

种群是在一定时空中同种个体生物保持一定数量的组合。群落是指在相同时空内聚集在同一地段上各物种和种群的集合。前者是生物个体繁衍和适应生存环境所必备的数量组合，后者通过与环境之间的相互作用结合成具有一定结构和生态功能的综合体。

5. 生态位

生物在生态系统的物理空间所占的位置（空间生态位），在群落中各生物间营养关系中所处的位置（营养生态位），在理化环境中温度、湿度、pH 值等因子的变化梯度中所处的位置（多维生态位）。这些都决定于生物生活的场所、生活方式和所受理化及生物条件的限制。

6. 生态价

也称生态值或生态可塑性。即生物对环境条件（温度、湿度、压力、光照、氧气、食物等）可适应的幅度。适应幅度较大的，就是生态价高，生态价高的生物称为广适性生物，生态价低的生物称为狭适性生物。各种生物的生态价不是一成不变的。

7. 生态平衡

一定的动植物群落和生态系统发展过程中，各种对立因素（相互排斥的生物种群和非生物条件）通过相互制约、转化、补偿、交换等作用，达到一个相对稳定平衡阶段。例如：水中各种生物种类的组成和数量比例在自然情况下有季节性的相对的生态平衡，若水体受到污染和其他原因，水质发生变化，污染物积累到一定程度，则会导致水中生物生态平衡的破坏。其人为原因（污染物排放、原油泄漏等）居多，会对渔业、养殖业造成不利影响。

8. 生态危机

生态系统的结构和功能严重破坏，从而威胁人类生存和发展的现象。主要是人类盲目或过度的生产活动所致。如森林减少、草原退化、水土流失、沙漠扩大、水源枯竭、气候异常、生态平衡失调等。一旦形成，则会持续几十年，甚至上百年都难以恢复。

9. 生态系列

不同生态特征的植物群落沿着生态环境梯度变化在空间上顺序排列的现象。例如：随着湖底地势从低到高，湖水逐步由深变浅，湖岸土壤逐步由湿到干，顺序分布着眼子菜等沉水植物群落，荇菜、萍蓬草等浮叶植物群落，芦苇等直立水生植物群落，湿生草本群落，中生木本群落，共同构成以水分梯度变化而改变的生态系列。

10. 生态因子

指环境中对生物的生长、发育、生殖、行为和分布有着直接和间接的影响的环境因素。如温度、湿度、能量（食物）、氧气、二氧化碳、和其他生物等。这种生存环境为各类极不相同生物的生命活动提供了满足各自需要的不同生境类型，形成了生物多样性的大生态环境。这些生态因子可以按其对生物体影响的性质分为：气候因子、土壤因子、地形因子、生物因子、人为因子五大类，各类生态因子之间有相互作用和影响。

11. 景观

是地理学名词。泛指地表具有美好特征的自然景色，具有审美和生态学特征。分自然景观和人文景观，一般指有别于另一类型的特定区域中形态结构相同的生态系统单元。如荒原景观、草原景观。

12. 景观生态学

是研究景观单元的类型组成、空间格局及其生态过程相互作用的综合性学科。重点是对环境生态学和全球生态学之间过渡空间尺度的研究，其核心是空间格局、生态过程及其相互作用。

13. 群落演替

指在一定生态区域内群落随时间而变化，由一种类型转变为另一种类型的生态过程。这是一个内因外因交叉作用长期渐变的过程。

3.2 生物环境组成及生态学

3.2.1 生物环境组成

生态系统的结构是由若干个相互联系和制约互为环境因子的要素构成的，也是生物生存环境的基础。对于地球生态系统来讲，它们的各种生物种类和环境要素也存在许多差异，但都是由生物环境和非生物环境组成，如图 3-1 所示，其中生物之间由生产者、消费者、还原者（分解者）组成，通过食物链进行能量流动、物质和信息的传递。非生命物质指土地以上空间、土壤、阳光、水和空气等。

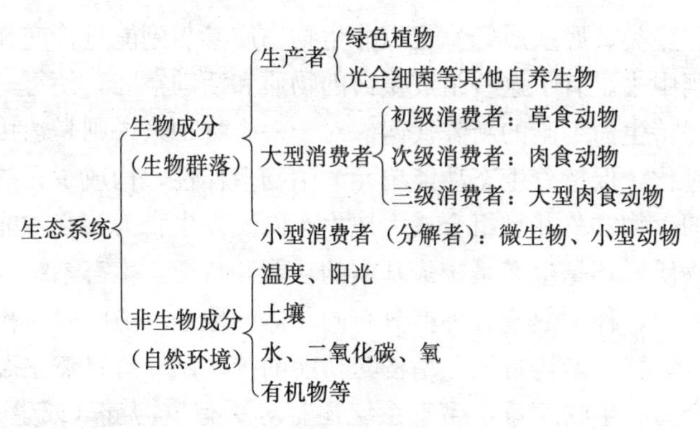

图 3-1　自然生态系统的组成结构

生产者是指绿色植物和能用简单的无机物合成为复杂有机物的自养生物，包括一些光合细菌。在大生态系统中进行初级生产，即是光合作用。太阳主要通过绿色植物将能量输入生态系统，以生物能形式储存，成为消费者和还原者需求的能量源。

消费者是靠自养生物和其他生物为食物而获得生存能量的异养生物，主要为各类动物。有的直接以植物为食，如牛、羊、鱼、昆虫等，被称为初级消费者。依据"弱肉强食"的规律，还有三级消费者和四级消费者，越往后则数量递减。性情凶猛的狮虎被称为"百兽之王"，成为顶级消费者。还有一类寄生生物，多寄生于其他动植物体内和表面，以摄取寄主养分为生，如虱子、线虫和菌类等。

分解者也称为还原者。主要指各种菌类等微生物，也属于异养生物，称为小型消费者。它们在消耗由植物提供能量维持生命的同时，其主要作用是将动植物生命残体分解为无机物质归还到环境中，再被生产者所利用。如各种细菌、真菌、放线菌，原生动物有甲虫、白蚁、蚯蚓等。

水则存在于生物体新陈代谢的每一个阶段，水和营养物质（C、H、O_2、P 等）通过食物网不断地合成和分解，在物质与生物之间反复进行着生物—地球—化学的循环过程。无机物质（如 C、H、O_2、N_2 及矿物盐分）和有机物质（碳水化合物、蛋白质、脂类、腐殖质等）也以非生物物质参与到能量传递和物质循环当中去。有了这些组成生命的物质和活动空间，使每一个生物体保持生命细胞的新陈代谢。对于一个物种来说则是遗传、变异和进化，保持着生态功能单元的生物多样性，构成了无数规模各异的生物群落并且组合成大地生态圈。以生物为核心的能量流动和物质循环是生态系统最基本的功能和特征。生态系统内生物种类组成、种群数量、种群分布同具体的地理环境的联系构成各自的（地域）结构特征，结构与功能的统一制约着自然生态系统的生产力、生物产量，生态系统还有对所有生物链（或生物网）传递生物信息的功能。在这个物质、能量大循环过程中，有分解各类有机物功能的微生物功不可没，他们体型微小、无处不在、数量惊人，为了生物生存的大环境还原着所有支持生命新陈代谢的环境物质。

生态系统，即是无机环境、生物生产者、消费者、分解者天然而有机的组合，它们互为环境、互相依赖共生，维持着一种动态的平衡。我们将维持和影响这种生命环境的因素称为生态因子，现将这些生态因子简述如下：

（1）气候因子。太阳辐射的光和热、各种形态的水和流动的空气，均构成了生存的气候条件和环境。气候呈周期性的变化，制约着生物生长的规（节）律。如一年四时的光照及温度、湿度的变化都反映在空气、土壤和水中。这种周期性的规律表现在多种植物体上是发芽（出土）、繁茂、收获、休眠，表现在动物身上的生理现象是春季展放、夏季上升、秋季收敛运动，冬季则潜藏（冬眠）或者迁徙。生物因气候的年周期和日周期变化表现着物候和节律。这是适者生存的法则之一，也体现着生物的自然属性。

（2）土壤因子。包括土壤结构、土壤理化性质、土壤肥力和土壤生物等。

（3）地形因子。包括地面的起伏状态、坡度、坡向。动物栖息多选择朝阳和冬季背朝主导风向活动。或按照季节更替而进行迁徙，在长途迁徙中觅食、生长、孕育，选择有利地貌、植被和水源，满足气温和食物链的需求和繁殖后代。这也是一种为了生存的自然选择。

（4）生物因子。生物之间的相互关系互为因子，每一物种必须达到一定数量的种群才能生存下去。还表现在食物链的相互依存摄取能量，如捕食、寄生、竞争、互惠共生、繁衍等。

（5）人为因子。人类生产活动范围的增大对自然生态的影响。包括索取资源、改变原生态的植被、地貌和地下水系等干预和破坏活动，影响了气候、水源、生物链，污染了地区生态系统。有些人为因子也对生态系统产生正面影响，如海洋定期休渔，退耕还林、退牧还草，保护濒临灭绝的野生动植物，增加人工城市湿地，固体、液体、气体废弃物的无毒化处理和循环利用，严格控制原生态荒原和森林的保护区等措施在一定程度上减缓了自然环境退化的速度。

各类生态因子之间由于热力的作用进行物质和能量的转化，产生着固态、液态、气态的相变化和生命体与非生命体的质变化，物理作用、化学作用、生物作用同时进行，各种生物体按照自身的规律和环境的作用不断完成着演替和进化的进程。在环境和生物之间反复进行着生物-地球-化学的循环，每个生物个体都是特定生态系统的一分子，同时又依托这个环境完成着生命的全过程。生物群落中种群的有序分布和生物个体的适应性组成了一个健康而有活力的生态环境。

3.2.2 生态系统特征与生物链

生物生产是生态系统的功能之一，而且是构成不同级别生物生产的链条。绿色植物首先接受太阳能转变为化学能，再由动物的生命活动转化为动物能，这个过程前者称为植物性生产和后者称为动物性生产，即所谓初级生产和次级生产。植物性生产是绿色植物通过与太阳辐射的光合作用不断地生产出植物产品，动物性生产则是动物摄取植物及其果实经过新陈代谢而变为生命物质和能量，维持生物体的生长和持续繁衍，也为下一级消费者提供能量和物质。次级生产量一般遵循图 3-2 所示的生产过程：（陈立民：环境学原理）

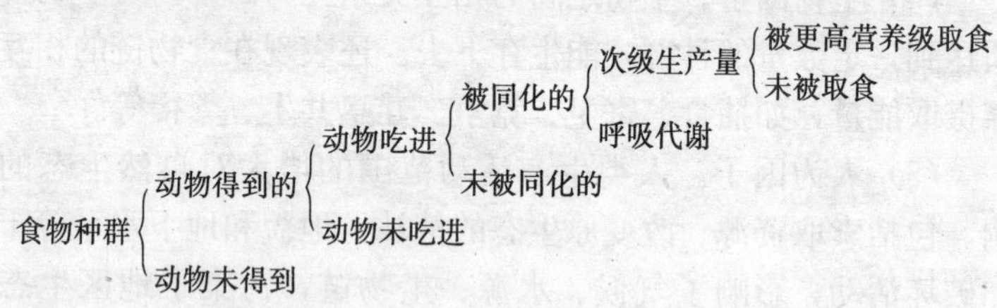

图 3-2 次级生产量的生产过程

初级生产和次级生产彼此联系，进行着能量和物质的传递，而两级生产又是各自独立进行的。初级生产量还有一部分作为人类非食物用途而利用，如利用木材、竹材建房、造纸和制造生产、生活用品，用棉、麻、丝来纺纱、织布等。有一些动物不能达到的植物空间，如高山植物、原始森林等仅能为其他动物提供氧气、调节水分和地域气候，成为人类和其他动物繁衍、生存的环境条件之一。其每年的初级生产量会直接变为腐殖质被微生物所分解，分解物又成为生物个体的营养源。为了保留地球表面的植被区域，采取人为干预方式在短期内不被砍尽用光，促使其具备再生功能。这是在一定的生物群落和生态系统发展过程中，通过对其内部各种对立因素（相互排斥的生物种群和非生物条件）的互相制约、补偿、转化、交换等作用，达到一种相对稳定的平衡阶段，以保持生物多样性和整个生态系统的活力，常用有休渔、为作业水域撒放鱼苗、转换牧场、退耕还林这些人为措施。例如：水中各种生物种类组成和数量比例在自然状态下有季节性的相对的生态平衡，保持了生物链的完整，形成了生态系列。若水体受到污染，或气候变化等原因使海洋水体冷热温度区域重新分布和水质发生变化累积到一定程度时，会直接导致水中生物生态平衡破坏，对渔业、养殖业造成不利影响。

现代生态学的研究成果（戈锋：现代生态学）总结出生态系

统有以下基本特征：

① 是有时空概念的复杂大系统；

② 有明确功能和公益服务性能；

③ 有一定的负荷力；

④ 有自维持、自调控功能；

⑤ 有动态的、生命的特征；

⑥ 有健康、可持续发展特性。

1972年，由联合国教科文组织实施的“人与生物圈计划”，将自然科学与社会科学结合起来研究人类社会（生态）和自然生态系统，使生态学作为生物学的分支学科成为一个综合的地球系统进行研究，包括物理的、化学的、生物的变化、演替过程，与历史学、地理学、社会学、文化学、哲学、伦理学、生态文艺学各领域研究互相融合、印证、补充，揭示出来自人类对自然的正面和负面的影响结果，目标是实现人类社会可持续发展战略。

3.2.3 生态学的分支学科

从生物体占据空间大小分类生态学学科，包括基因、细胞、器官、个体、种群、群落，他们的排序是：分子生态学→生理生态学→行为生态学→种群生态学→群落生态学→生态系统生态学→景观生态学→全球变化生态学＋系统生态学和应用生态学(生物多样性、入侵生态学、恢复生态学、生态系统管理、生态系统服务功能)。

3.3 生物种群与生物群落

3.3.1 生物种群

生物种群是由单体生物在一定数量上的组成，这种保存一定数量的生存机制是这个种群得以繁衍、进化的必要前提，以保证该物种对所生存环境更好的适应性，单一个体是很难生存下去的。个体的生物学特征表现在出生、生长、发育、衰老及死亡的过程，而种群则具有出生率、死亡率、年龄结构、性比、社群关系和数量变化等特征，表现出该物种适应自然的生存活力，这种社群行为体现在个体之间信息互通、行为协调、共同繁衍、保持生存数量和质量。种群在生存空间范围的分布区域依据食物链（包括水）和非常适合的气候条件而定。对于动物来说，有些物种是没有太明确界限的，有些动物则根据一年当中气候寒暑变化在选择适宜气温和食物链变化时进行季节性长途迁徙，长途跋涉可以增长体内新陈代谢能力，并且能在水草丰美的地方补充能量、繁衍后代。很多候鸟、肉食动物、草食动物都在每年一次的奔波活动中生存、繁衍。

一个物种可以包括若干不同种群，种群之间可以分布在不太相同的地理区域，这种长期的隔离会产生生殖隔离，能产生不同的亚种，种群是物种存在的基本单位。生物学分类当中的门、纲、目、科、属等分类单位是研究人员根据生物学这一古老学科的特点而逐步建立和完善的生物学分类体系。这是根据物种特征及其进化过程中的亲缘关系来划分的，唯有个体的种（species）才是真实存在，种群是一个遗传和进化单位，构成了生物群落的基本组成。种群生态学则是研究种群与环境（包括其他种群和非生物空间环境）相互作用关系的学科。自然种群有三个特征：①空间特征：种群具有一定的分布区域和分布类型。②数量特征：每单位面积（空间）大致分布的个体数量密度和变动规律。③遗传特征：种群的基因组成也是处于变动之中的。研究种群生态即是研究某种群在时间和空间上的变动规律，探讨以生物为主体呈网络式多位空间结构这样一个多要素、多变量组成的复杂生态系统。

物种间的相互作用包括竞争排斥原理和竞争物种间的协同进化原理，主要与物种的生态位有关。“一种生物的生态位表明它在生态环境中的地位及其与食物和天敌的关系。”（戈峰：现代生态学）前者认为两个食物链相似的物种难得占有相似的生态位，即生态位相同的两个物种不能共存，但也不能认为物种时时处处都在发生竞争、排斥现象。后者则认为竞争物种间的协同进化是通过生态位的分离达到共存的，相似物种生态位的分离可用食物曲线来反映，一个物种除了最喜欢吃的食物外还有不太喜欢吃的食物，这会形成共存竞争物种间的生态位重叠现象，还有捕食者和猎物、植物和食草动物、寄主及生物间的各种协同进化机制，使得食物链中的生产者和消费者适应能力增强，保持一定的种群数量。

呈动态变化中的种群数量主要受种群密度因素和气候变化因素影响，两种调节因素构成了外源性因子调节学说。而且长期形成一种自我调控机制，使种群数量变动幅度在一定范围内，较长时间维持在几乎同一水平上成为种群平衡。种群也经受各种波动和起落，一般认为捕食和被捕食、疾病和意外死亡为生物性密度制约因素，会发生种群大爆发和一段时间以后出现的大量死亡，完成一次振荡周期。由于非常规气候变化如暴风雨（雪）、低温、高温、地震等会导致生态灾难，成为种群数量的非密度制约因素。种群的由盛转衰、种群灭亡是生物演化（不仅仅是进化）的必然规律，势必会被一个或多个有活力的、适宜的生物种群所替代。

3.3.2 生物群落

生物群落是生态系统的一个基本结构单元，具有一定的营养结构和代谢格局。它是“在一定时间内居于一定生境中不同种群所组成的生物系统；它虽然是由植物、动物、微生物等各种生物有机体组成，但仍是具有一定成分和外貌比较一致的组合体；一个群落的不同种群不是杂乱无章的散布，而是有序、协调的生活在一起。”（孙振钧：基础生态学）其定义可表达为“特定时间和空间内各种生物种群之间以及它们与环境之间通过相互作用而有机结合具有一定结构和功能的复合体。”它强调了时间的变化和空间的不同使得生物从组成到结构都会发生变化，时过境迁在生态系统中是经常存在的现象。生物群落强调了群落内种群之间、种群与环境之间的相互作用、影响和制约。群落是相对于生物个体和种群而言是更高层次的生物系统，展示了生态系统中更为完整、全面的生物特征和规律，如生物多样性及种群数量、食物链、能量、物质及信息的传递过程，生物体与非生物体之间的相互作用影响地域气候和生态环境等。基于以植物为主的生物群落已经形成完整的学科体系——群落生态学。与动物群落生态学合并研究生态系统时，并且运用了捕食、食草、竞争、寄生等生态学原理，可以看到竞争压力对物种多样性的制约和发展的重要，人为的干预（改变群落结构）能够有效的控制种群的数量，使一个种群数量增加和减少对人类更为有利，如控制蝗虫和蚊子的办法是改变水生群落外形和结构等。

生物群落是物种与物种之间、物种与非生物环境之间相互发生着化学的、物理的、生物的变化和演替，这个群落绝不是组成物种的简单相加，而是一个在空间位置、食物链上有序组成的有机整体，这个有机整体具有生物上的动态和物理上的动态特点，又去影响其他群落和地域的生态环境，应首先了解这些群落所具有的生态特征和生物群落演化的规律（孙振军：基础生态学）。

（1）每个生物群落都是由不同的植物、动物和微生物组成，主要体现在种群的大小和数量上。用以区别其他生物群落，是度量群落多样性的基础。

（2）生物群落各物种之间通过适应、竞争互为利用，成为有序列的组合达到共存、协调。如动物以植物或其他动物为食物来源，又要求这个群落能够成为满足栖息、运动、繁殖、避敌的场所。不同生物群落中微生物的种类和数量是不同的。

（3）生物群落会形成内部的一个生态环境，生物群落之间也构成了更大范围的地域环境。如森林群落中的气候环境（如温度、湿度、太阳辐射、风速等）就不同于草原和平原地区的生物群落。每个生物群落中都有若干优势物种，它们具有高度的生态适应性，在很大程度上决定着群落内部的环境条件，影响着其他物种的生存和生长，从而也决定了该群落的外形特征。如落叶松-兴安杜鹃-红花鹿蹄草群丛等。

（4）群落的外貌和结构。不同高度和密度的植物个体决定着群落的外部形态和分类特征。如森林、灌丛、草丛的类型等。群落结构包括形态结构、生态结构和营养结构，如生活类型组成、种的分布格局、成层性、季相、捕食者和被捕食者的关系等。

（5）群落的动态特征。群落中每个物种个体均具有诞生、发展、衰败、灭亡的生命过程，都处于生物体的运动、变化和演替之中，同时也体现出整个群落随时间、季节、年际而发生在不同周期的演替和演化。地域气候、地貌（纬度、海拔高度、地形等）、土壤也在影响着所在区域生物群落演化方向和生命周期。

（6）生物群落的边界特征。生物群落之间有明显的边界和过渡带。如地貌环境梯度的突变处、悬崖、陡坡、陆生环境和水生环境交界处边界较为明显，对于地貌环境梯度变化缓慢的地带，由于虫害、火烧、人为干扰形成的群落边界不明显，即构成过渡带边界，也称为群落交错区。

生物群落在地球表面不同纬度、不同经度、不同海拔高度、不同地形上的分布差异很大，组成了一个生物多样、规模各异的生态环境，为人类提供了丰富的物质需求（包括气体、固体和液体）和审美需求。生物群落沿纬度方向呈带状更替、变化的规律称为纬度地带性，沿着经度方向一沿海、内陆方向呈更替变化的规律称为经度地带性，统称为群落的水平结构。这使生物群落成为地球表面水平方向分化和镶嵌（植物个体在水平方向分布不均匀的现象）与周围环境之中的斑块群落。影响植物群落沿水平方向变化的因素有土壤湿度、盐碱度、质密实度以及人类和动物对于地表的干扰，气候原因、地形、空气和风、火的作用对于群落的影响也是重要的。疏松、养分充足湿度适宜的土壤有利于种子发芽，太阳辐射量和气温条件将植物局限于特定地域生长，朝阳和背阴的坡地，湿地和不宜聚集水分的沙地会长出不同适应性的植物来。

植物的群落结构还表现在空间的垂直化和成层现象。由于日照量、空气湿度、温度、土壤类型等环境因素决定了群落层次的竖向分化，也由于植物的生活类型决定了该物种处于地面以上不同高度或地面以下不同深度。陆生群落的成层结构式不同高度植物和不同生活类型植物在空间上的垂直选择排列。如一个发育完全的森林群落通常可划分为乔木层、灌木层、草本层和地被层四个基本结构层次。动物、昆虫、飞禽、微生物在该群落中分层栖居，因为群落的不同层次可以供不同食物，不同层次的微气候条件也决定着动物群落的不同分布，这种成层结构是在群落之间和内部、种群与环境相互竞争、选择的结果。而群落（或种群）外貌也是这种相互作用的综合反映。如森林、草原、荒漠则是群落的典型外部形态表现。在森林内部，分布有针叶林、针阔叶混交林、常绿或夏绿阔叶林、热带雨林等适合于不同时间和空间的植物外形。植物的生活型（植物的高度、叶片类型体现了对环境的适应性）、优势种在群落中的决定性作用，植物的季相和生命周期（一年生、二年生、多年生、草本、木本、藤本等）是决定植物外貌的主要因素。植物的细叶是为了减少热量和蒸发水分的适应性。不同形态、生理和行为特征的动物如奔跑型、地下穴居型、游泳型也是对环境条件的适应选择结果。如水生生物群落按垂直方向可分为漂浮动物、浮游动物、水生的游泳动物、底栖动物、附底动物和底内动物，构成水生环境和食物网。

生物群落在时间上的分化和配置形成了群落的时间结构。体现了生物群落的动态特征。由于一年的四季更替、一月的朔望转换、一天的昼夜变化，都会引起不同物种的生活规律的相应变化，如个体物种的生长与休眠、群落的进化和演替，称为时间节律和物候。物种和群落在自然生态环境中表现出春季展放运动、种子发芽，夏气上升则表现出生物群落生长运动，秋天则表现出生物体的内敛，冬气潜藏，植物种子饱满，枝干内收营养，表现在年轮的深色部分，冬季水气潜藏，也为下一个春天生根发芽提供了准备。秋冬季的候鸟则由北方草原群落长途迁徙至南方过冬，藏羚则在长途的奔跑中不断觅食加速体内代谢，同时在孕育着下一代，穴居的鼠类则进入草原冬季休眠期，保持生命体征和最低的体内代谢。

生物群落作为一个有生命活动的生态系统，在季节更替和气候的周期变化中也时刻处于群落内部的动态变化特点，成为群落的波动性。如过冷、过热、干旱、飓风等异常气候会导致群落数量特征变化，群落中种群的数量随着气候的变好还具有一定的恢复能力。在更长的时间周期中，植物群落随着时间的进程还由低级到高级、由简单到复杂、一个阶段进化为另一个阶段，最终会由一个群落代替另一个群落的自然演变现象，称为植物群落的演替。这是群落基于内因、外因的作用长期渐变累积的结果，促使生物群落中的优势种和普通种群都在发生质的变化和进化。群落演替是具有一定方向性、按照一定规律随时间变化的有序过程，在物理的、化学的、生物的诸多因素影响下，有些物种成为优势种或产生亚种。这种群落的演替和进化也在改变着群落的物理环境，如温度、湿度、日照量等，直至演变为相对稳定的群落后又经历一个长时间的稳定期和平衡期，有时也表现在群落物种被更优势种所代替而退出、消亡，优胜劣汰，开始更高一级的生态平衡。在每一个演替进化周期中都存在着种群竞争，在相互作用中实现生存选择，体现出物竞天择的生物进化规律。

生物群落的初始形成期首先是另一空间的植物种子通过一定的传播途径（如风力、动物和水体携带等）到达新的落地后开始发芽、生长、繁殖等生命过程，随着该区域物种及其数量的增加，种与种之间的生存竞争则开始，表现在光与热、水、空气、营养、空间诸方面，竞争结果是产生优势种和伴生种，形成种间相互制约的植物群落，保持一定时间跨度的稳定和平衡。在这个过程种群和群落遵循一种内在的自然演化规律，构成不同阶段的外形，成为演替系列。大致可分为水生和旱生群落演替系列。植物群落演替系列表现的不同阶段是：①地衣植物阶段；②苔藓植物阶段；③草本植物阶段；④灌木植物阶段；⑤乔木植物阶段；水生植物演替系列的不同阶段是：①自由漂浮植物阶段；②沉水植物群落阶段；③浮叶根生植物群落阶段；④直立水生阶段（如芦苇、香蒲、泽泻等)。⑤湿生草本植物阶段（沼泽植物)；⑥木本植物阶段（湿生灌木)。

生物群落的演替要经历长期的时间跨度才能完成，物种间的生存竞争与协同进化使生物群落由量变达到质变，中间经历种群波动和自然恢复的过程，又达到一个全新的格局稳定期。

3.4 关于景观生态学

3.4.1 综述

在万紫千红、跑飞行游的大自然生态圈当中，地表-大气系统为其提供了生存空间和物质能量需求，万物在同一季节表现出不同地域空间上的差异，同一地理区域不同群落之间的差异、互补性和互相作用，构成了不同生态系统之间的区别、联系和动态稳定性。这是生物环境对每一个适合生存的物种做出的选择和物种自我完善逐步演化的结果。土壤、气候、水质、食物链位置、生活习性和生长周期均受大自然物竞天择生存法则的约束，表现在不同物种均占有了自己应有的生态位和生存周期。位于食物链顶端的人类也在用自己的智慧和力量去呵护着自然生态系统，从生物个体、种群、群落到生态系统、景观，环境伦理思想、社会经济发展模式、城市发展规模正在影响着多尺度的生态环境。

由于类型不同的生态系统相互毗邻，而且既有联系、又有区别，构成异质性景观。其生态功能和结构支撑着更大地理范围的生物多样性，景观是互不重复、对比性强的地理结构单元。同时具有生态永久性、人文价值和经济价值，体现了时间和空间的特征，景观也是人类活动、生存的基本环境空间。组成景观的基本要素有：森林、草地、灌丛、河流、湖泊、农田、村庄、道路等。景观是具有生态和文化特征的地域空间综合体，它是由不同的生态系统相间隔分布在陆地空间的。自20世纪60年代以来，配合人口、粮食、土地、环境资源保护运动的兴起，国际上开展了以土地资源为主要研究对象的景观生态研究热潮。直至1995年在法国举行的“国际景观生态学大会”将生态空间和景观异质性理论作为景观生态学研究的主要内容之一，探讨景观生态格局在不同尺度、等级下为了研究生态系统在空间和时间上的异质性、互相影响以及演化规律，景观生态学理论框架基本形成。2001年在美国召开第16届国际生态学年会，将景观的格局、过程、尺度与等级间的相互关系及其对自然景观和人为景观的影响作为会议主题，探讨了人类活动下异质性景观的等级关系，从而约束和协调人类与自然环境的关系，将社会科学、自然科学、人文学科相结合运用于景观生态学的研究。同时采用计算机模拟景观、遥感成像技术、GIS（地理信息系统）技术，为不同景观规划和检测提供了先进的技术手段。景观生态学研究进入成长期。关于景观生态学较为完整的定义是：景观生态学是集地理学科的景观学和生物学科中的生态学于一体，研究生物群落在不同时空下的演化规律以及和人类生活互为影响的综合性学科。

在关于城市景观、农业景观、自然景观多角度的研究当中，对于生态环境中空间斑块性的形成、动态及其生态过程的相互作用，格局-过程-尺度的相互关系，景观的等级结构特征以及景观异质性的维持和管理均为景观生态学研究的中心问题。（邬建国：2007）换言之，是将不同地理区域生态系统空间作用的横向研究与生态系统机能相互作用的纵向研究结合成为一个整体（景观），景观生态学是以景观为对象通过物质流、能量流、信息流和物种流在地球表层的迁移与转换，研究景观的空间结构、功能和相互关系，研究景观的动态变化规律、景观优化利用、保护原理和技术等内容。（余新晓：2006）也有欧美学者将景观生态学定义为“研究和改善空间格局与生态而且与社会经济过程相互关系的整合性交叉学科。”其研究范围围绕资源、环境、生态多学科内容，将环境、生态与地理景观、社会综合发展效益进行综合评估，具有综合性和宏观区域特色，也是将自然科学和社会科学融为一体进行交叉研究，为农林、生物、自然保护、政府管理决策提供借鉴和依据。

景观生态学研究范畴概括三个方面：①景观结构：即景观组成单元的类型、多样性及其空间关系。具体表现在景观面积、形状、丰富度、空间分布格局以及代表能量、物质、信息流的食物链。②景观功能：景观结构与生态学过程的相互作用和景观结构单元之间的相互作用。③景观动态：指景观的结构和功能随时间变化及其动态平衡。景观动态包括景观结构单元组成成分、多样性和多层性分布、形式和空间格局的变化，能量、物质、信息流的运行和动态分布。

3.4.2 景观生态学基本原理

景观是在自然、半自然或人工状态下形成的具有面积大小不同和具备生长活力的地域生态系统，在不同的时间维度内按生态组合成为不同生物群落，它的形成是由物理作用、生物作用、社会因素共同作用的结果，体现着地域气候和文化内涵。在经历了漫长的种群竞争、干扰、生长演替等生态学过程后，在一段时间内形成了相对稳定的景观格局，表现出不同生态景观要素组成的异质性，景观同时具备了维持生物生存的生态价值、经济价值和体验价值。

斑块-廊道-基底模型是景观生态学研究的基本形式，也称为景观结构成分。构成景观的基本结构和功能单元的是斑块，它与周围基底（质）在外貌和性质上不同，具有一定内部均质性的地理单元。斑块有四种类型：①自然环境斑块；②干扰斑块，局部干扰如泥石流、雪崩、风暴、病虫害呈周期性出现；③残存斑块4 人工斑块。人类活动产生的斑块和对自然环境干扰中（森林砍伐、大火、农业活动、围猎等）剩下的不完整斑块。景观中的廊道是指外貌、属性与周围景观要素有明显区别、外形呈带状的景观单元，所有不同的景观均由廊道分隔，另一方面不同景观要素又由廊道连在一起，廊道是不同景观之间的过渡空间，形成景观之间的阻隔和过渡机能，也称为带状斑块。如河流廊道通常包括河流边缘、河漫滩、河堤等。其分布区别于周围的植被（基质），河流廊道在物质和能量流动、物种迁移、控制洪水方面有重要作用。景观中的基质是面积最大、连通性好优势度最大的景观类型，也是对景观结构、功能、过程影响最大的景观要素，基底对景观总体动态起支配作用。如果说斑块-廊道-基底模式是景观在某一时间内达到生态格局平衡的外在表现，那么，生态变量的格局、演变过程在时间尺度、组织尺度上的动态变化则体现出景观的动态特征。景观格局是指景观斑块在空间上的配置形式，包括景观单元的类型、数目、空间分布与配置，它是景观异质性的具体表现。斑块在地理空间上可呈现随机性、均匀性、聚集性等不同类型分布。空间异质性是指某种生态学变量在地理空间上分布的不均匀性和复杂性。景观的空间格局、异质性和斑块性体现出生态学变量的外部特征，它们内部之间是相互联系的。空间异质性也体现了自然界生物多样性特征，非生物的环境异质性以及各种生物干扰是形成景观异质性的主要原因。生态学中的干扰是指发生在一定地理位置上对生态系统结构造成直接损伤、非连续性的物理作用和事件。如林地、草地的放牧、火灾、蝗灾、大面积砍伐等，河床剥蚀、河岸坍塌、改变、火山喷发、地震地质灾害等。

景观空间格局、景观生态学过程与不同尺度景观相互作用的关系、处于不同时空景观的应用背景是景观生态学研究内容（邬建国：2007）。具体内容体现在五个方面：①空间异质性或格局的形成、格局的动态及其与生态学过程的相互作用；②格局—过程—尺度的相互关系；③景观的等级结构、功能特征以及尺度推绎问题；④人类活动与景观结构、功能的相互关系；⑤景观异质性的维持与管理。

根据景观生态学研究内容总结出其内在规律称为一般性原理，这些规律是：①景观整体性原理；②景观异质性原理；③景观等级性原理；④景观尺度效应原理；⑤景观格局与生态过程的关系原理；⑥景观动态性原理（邬建国，2007）。余新晓等总结出的景观生态学基本原理有以下七项内容：

（1）景观系统整体性原理。某一有明确边界、外形上可辨识的地理景观实体，它内部具有完整的等级结构，并且具备生态、经济和人文学科价值，该景观具有整体性和连续性，具备一定抗干扰能力，在时间尺度上有动态稳定性。

（2）景观生态学研究的尺度性原理。尺度分析是将小尺度的斑块格局经重新组合而在较大尺度上形成空间格局的过程，从而使斑块形状规则化和景观异质性减小，景观在不同的时空尺度上具有对应性和协调性，研究对象的空间尺度越大，则相关时间尺度越长，组织尺度（层次）越丰富，抗干扰能力越强。

（3）景观生态流域空间再分配原理。景观各空间组分之间存在物质流、能量流、信息流（种群变化等）统称为景观生态流。因生态流而导致景观格局变化，使现在的物质、能量、物种流动和空间位置再分配，这是景观再生产的过程。生态流是通过风力、水力、飞行动物、地面动物和人将景观要素传播至另一景观实体的。

（4）景观结构镶嵌性原理。景观的空间异质性表现在景观的梯度与镶嵌规律。在景观中形成明确边界、使连续的空间实体出现中断和空间突变是景观的镶嵌性特征。斑块—廊道—基质模型则是景观镶嵌性的理论表述。景观镶嵌格局是景观生态流的产物，也是决定景观生态流的性质、方向、速率的主要因素。

（5）景观的文化性原理。景观的属性由景观要素所决定，地域气候和人类活动影响着景观的地域文化属性，反映了特定地域人与自然适应的关系。将人类的认识和价值取向、自然崇拜图腾符号直接体现在人工景观（包括建筑物）的构成上，形成独特而浓重的地域景观文化。

（6）景观演化的人类主导性原理。景观演化的动力机制有自然干扰和人类活动两方面。景观的稳定性取决于景观的抗干扰能力和自身恢复能力。人类活动对于自然的影响有建设和破坏两方面，应用生物控制共生原理进行景观生态建设是景观演化中人类主导性的体现。对自然的正面影响是以景观单元空间结构的调整和重新构建为基本手段，改善受胁迫或受损生态系统的功能，提高景观的基本生产力和稳定性。

（7）景观多重价值原理。景观由不同地理单元镶嵌而成，具有生物生产力和土地资源开发等经济价值，具有生物多样性和环境生态功能的生态学价值，具有视觉美学和体验经济的景观美学价值，景观的通达性、建筑经济性、生态稳定性、环境清洁度、空间拥挤度、景色优美度体现着全方位的生态文明。

在景观尺度与区域尺度上研究景观格局与过程相互制约与控制机制，人类活动方式和强度对景观再生产过程的影响是通过景观规划设计、对景观结构实施科学调控和建设，达到优化景观功能和可持续性的目的。在具体的景观生态规划当中应兼用人工规划和自然演变相结合方式，提高景观的抗干扰能力和再生恢复能力，维持其基本生产力，以实施对景观生态的控制和管理。

3.4.3 景观多样性保护与景观生态规划

某一地域先有漫长的自然演化过程形成了适合生物生长的自然景观生态格局，自然造就了宜居环境。后有人类陆续迁徙而来，人类为了世代繁衍的生存需要势必对自然生态格局产生干扰，这种干扰有正面的，也有负面的。人类为了提高生活质量，大量索取自然资源，使生态功能产生退化，而且有些景观生态功能失去或部分失去自然恢复的能力，有生态学家测算，在 20 世纪末全球生态系统就已经达到了最大生态承载能力。日益增长的人口需要要求更适宜的景观生态功能，则必须采取人工措施帮助景观生态的恢复，有些地方则需要重新规划建设一些生态景观，保护景观的多样性也即是保护了生物多样性。进行区域景观生态规划和建设，增加地域生态宜居性和景观的经济价值，实现生态文明，是满足社会和经济的可持续发展需要。

3.4.3.1　景观多样性保护

我们知道，生物多样性包括遗传多样性、物种多样性和生态系统多样性。它又作为一种资源有直接利用价值、生态环境价值、科学价值和体验价值。而景观多样性则要研究组成景观的斑块在数量、大小、形状、类型、分布的规律，以及斑块间的连接程度、连通性等机构和功能的多样性。景观斑块破碎化是景观多样性受到破坏和干扰的象征，其主要原因是由于人类进入原生态地带进行居住、生产活动，将原来历史上形成的完整生态景观人为地分隔成许多小的斑块，缩小了原有动植物生存活动范围和空间，使一些大生境物种没有理想的栖息繁育基地而成为濒危物种。景观中斑块面积的大小制约着物种繁衍生长的质量和数量，斑块面积越大，则积蓄的能量和养分总量越多，景观系统的生态功能越强。对景观系统和自然栖息地的总体保护措施即是保护生物多样性，保护各种生物栖息、繁衍的养分、物质和空间环境。景观破碎化的生态学定义为：具有一定大小、形状、空间配置关系和能对特定物种运动形成阻力的一群斑块在空间中分配的集合（余新晓 2006 年）。为了弥补景观破碎化给生物多样性带来的负面影响，通常人为地在各斑块间增加一些供生物迁徙、交流的廊道，这些廊道的作用有利于物种在斑块间和在斑块与基地间的流动，提高斑块间物种的迁移率，使小种群免予近亲繁殖遗传退化，也利于树种跨斑块的种子散布。人类采取避免斑块破碎化的另一项保护措施是建立自然保护区，人为规划出保护性斑块，满足各种生物在生命过程中的生存规律。种群间的迁徙会导致异质种群通过廊道，既有联系又相互分离，呈现出较稳定的生存状态。

3.4.3.2 景观生态规划与管理

景观生态规划设计是为了保护人类聚居区生态功能而采取对生态环境预保护理念的技术措施以满足人类对生态环境的需求和提高生物多样性。如采取人为和半自然方式规划景观斑块，保证斑块间有明显的廊道连接，目的是保持生物群落的完整性。在距离城镇适当位置建设自然生态保护区是一项首选措施，提高动植物生境减少人类活动对自然环境的破坏，如不乱砍滥伐、维持湖泊的容量和多年形成的生物群落。这样可以保持清新的空气，提高生态系统对于受污染水体和大气的自然降解能力，增加对于热量和水汽的蓄积能力，调节地域气候使其更适宜人类居住，也为相关研究领域（生态与遗传学、历史地理学、环境工程学、园林艺术与人文景观等学科）和体验经济（观光旅游）提供了具有生态和文化因素的地理空间。从某种意义上说，生态景观规划是使人类居住密度降低，增加人类生存和与大自然接近（而不是干扰）的空间，提高地域和大陆的人类生存质量，前提是维持生物多样性的环境和空间。在生态系统、景观、区域、大陆、全球各层级的生态系统当中，景观水平的生态规划设计是最佳尺度，因为在景观格局中表现出物种的水平流动和物质流、能量流、信息流的流动趋势，对于几十千米以致几百千米的景观尺度，对于区域生物气候条件、地域文化、地域城镇人口活动范围与交往等生态和社会条件都是趋同的。

景观生态规划的内容包括：景观的生态分类、格局与动态分析、景观功能分化。人为地设计和控制景观生态功能及结构演化趋势；其次是景观的生态评价，包括经济社会评价与自然生境评价、景观的利用结构，景观生态规划是人类对景观正面干扰和调控的措施。

景观管理是一个常态化过程。适时监测和调控景观格局演变趋势，在人为的干扰下，提高自然景观破碎化的恢复能力，保持景观持续性优良的生态过程，长久地呈现给人类优良的生态环境和体验景观，在景观规划设计中应遵循下列原则：①自然性原则；②持续性原则；③针对性原则；④异质性原则；⑤多样性原则；⑥经济性原则（重视景观的经济效益和生产力）；⑦社会性原则；⑧综合性原则（多学科、多领域参与）；⑨整体优化原则；⑩景观个性原则。

参 考 文 献

1. 孙振钧．基础生态学．北京：化学工业出版社，2007
2. 邬建国．景观生态学．北京：高等教育出版社，2007
3. 余新晓．景观生态学．北京：高等教育出版社，2006
4. 戈峰．现代生态学．北京：科学出版社，2008

第4章　气象与气候环境

在广袤的星空中，地球也和其他星球一样进行着无休止的绕日运动——自转和公转，每昼夜轮流接受和背离太阳的辐射。在日周期和年周期中，地表周而复始的发生着吸热和放热的过程。但地球和其他星球不同的是它表面具有维系生命现象的水和空气，在太阳的辐射下，水、土壤和空气之间进行着热量和物质的交换，空气和水还是一个保护罩，使地球表面避免了严寒和酷热，大气温度在生物适应的冷热范围内徘徊。于是，万物复苏了，人类率先走向了文明，具有遮风避雨、御寒隔热功能的建筑和服装诞生了，聪明的人类又赋予其审美价值和文化内涵，于是不经意间跨入了现代文明……在自然造化和人类智慧充分对话的今天，了解地表气候的形成机理和演化趋势，反思物质文明带来的环境债务，使人类能够顺应、把握、利用和避免各种气候条件和自然现象，对于人类社会的可持续发展尤为重要。

自然气候环境带给人类心灵的愉悦和生理健康，是人类生存繁衍的基本需求。当来自于太阳的能量将光与热洒向我们的地球家园时，它驱动着变幻莫测、飘忽不定的云气，浸润着肥沃的土地，翻滚在地表的上空，吹开了水面的冰凌，吹黄了深秋的沃野，呈现出四时景色和万千气象，滋润着所有生物的生命过程。自然气候的威力还有冷酷无情的一面，夏季在洋面上大气高压生成的热带气旋在热动力的作用下冲向大陆，摧毁了民房和生灵，暴雨倾盆，山洪裹挟着泥石流奔涌而下，淹没了农田和道路，在我们生存的这个时代，大气的温室效应正在融化着自然造物的旷古奇观——极地冰川，一座座自然造物正逐渐在“泪水”中化为乌有，使得极地动物濒临灭绝、海平面升高，小岛屿国家的生态难民；还有冬季低纬度区异常雨雪的肆虐……这就是我们所处的气候环境。了解气候的成因和异常变化的趋势，有助于我们认识气候和缓解气候变化异常的一系列环境问题，有必要掌握有关天文、地理、气象科学的基本知识，兴利除弊，造福于生产和生活。

4.1 仰观宇宙

4.1.1 天体运动与天文学

广袤星空中的天体是数亿年前宇宙大爆炸的产物，有些燃烧着的星球向星空辐射巨大的能量。当太阳将光能和热能源源不断地辐射至地球表面时，首先经过地球大气圈层。在地球周而复始的绕日公转和自转运动过程中，地球—大气系统由于接受和背离辐射而产生着的热动力促使空气流动，形成地表大气环流。同时出现了生物圈、水圈、土壤圈和大气圈以及它们之间产生的物质能量传输与交换的陆面物理过程，具体表现在一个地区空气温度、湿度、流速等引发的一系列天气现象和周期性变化规律，也表现出不同纬度区域的气候差异性、生物地理分区特征和地域文化。这个过程包括陆面与大气、海面与大气之间的辐射和能量的交换。其二是陆地表面对于上部大气热力（水平和竖向）运动的摩擦作用，其三是陆地表面与大气的显热（温度升降）和潜热（物相变化）交换。大气的物理特征构成的气候环境是生物体基本生存条件之一。

“上下四方曰宇，古往今来曰宙，以喻天地。”（《淮南子．原道训》）唯物主义哲学观认为宇宙是物质世界，是不依赖人的意识的客观存在，而且处于不断的运动和演化之中，表现在时间和空间的四维时空变化之中，不同的时空表现出形态的多样性和物质的统一性。人类自有史以来就从太阳、月亮、太阳系的恒星这些天体开始逐步认识宇宙的。随着近代科学技术的不断发展，人类观测手段和认识方法的提高，逐步提高了认识宇宙的深度和广度，一个个宇宙奥秘被揭开，人类可以了解距离地球十分遥远的恒星上的各种物理状态，并且向这些天体发射了电磁波，以获取太空人的信息。由于航天技术、观测技术、材料科学的进步，使传统意义上的宇宙在缩小，宇宙是无限的吗？“人类已经观察到宇宙的边缘，这是距地球约100多亿光年的类星体。一些天文观测事实和理论研究使人们相信宇宙产生于大爆炸的一瞬间，这就使时间、空间上无限的宇宙观发生了根本的变化。”（赵江南2006年）

天文学作为一门既十分古老又时刻处于尖端、前沿的科学，始终伴随在人类发展长河中。人类的生存环境置于时间和空间的不断变化之中，人体和其他生物体的生命过程始终与客观存在的时空息息相应。“时空是天体演化、生命诞生、生物进化和人类文明的摇篮，是永恒的创造性源泉。”（金学宽：《时空与灵性》）细胞、组织、生物、群落、世界、天地、宇宙是物质运动变化的形态，如果没有时间变量，则一切事物都会僵化、定格、死亡……这就是宇宙的含义，物体是运动的，生命体是在周期性的生长、变化中而存在的，这表现出所有的物质存在具有的时空特性。生命是时间的主观量度，也是生命的魅力所在。

天文学的发展是由古希腊学派的哲学范畴逐步扩展完善，至近代成为一门门类齐全的科学体系。主要有三大分支学科：

（1）天体测量学。研究和测量天体运动和位置，建立时间和空间的基本参考坐标，确定地面点坐标和测量时间。

（2）天体力学。研究天体力学运动、状态以及天体之间的相对位置和引力，测量太阳天体运动时用摄动理论和用数值方法编写天文历书。

（3）天体物理学。应用物理学的技术、理论研究天体结构、形态、化学组成、物理状态、演化规律等，记录天体有规律的运动作记录并预测运动的状况，将不同运动周期转变为人类生活需要的历法和时间，测时、守时、授时由天文观测部门来完成。

为了确定天体之间的相对位置，天文学家首先确定了一个假想的中心点，将天空假想为以该点为中心的无限大的球面体，将全天空按天球的立体角分为88块，即是88个星座，全天空面积为41253平方度，（赵江南 2006年）各星座所占区块大小不同，如最大长蛇座为1300平方度，最小的南十字座为68平方度，因而为研究不同时空的天文现象和规律提供了方便。近代天文学研究也由"地心说"进步到"日心说"，直到依靠大量实际观测，经过计算分析，获得了著名的行星运动三定律：

（1）所有行星都在椭圆轨道上绕太阳旋转，太阳位于椭圆的一个焦点。

（2）连接任何行星到太阳的矢径在等时间内扫过的面积是相等的。

（3）行星绕太阳公转周期的平方与它到太阳的平均距离的立方成正比。

牛顿万有引力定律的发现，射电望远镜、光谱学、照相技术、遥感通讯卫星及其成像技术在天文学领域的陆续应用，使天文学在不断发现问题、不断解释宇宙奥秘的过程中步入现当代。地表大气环境、气候、历法与天文学密不可分，还直接影响农业与生物地理、军事、交通、航天等领域，可以说，天文学的成果和作用已经渗透到人类生产生活的各方面。

4.1.2 时间和空间的度量

地球表面寒暑易节的变化源自于太阳对于地面辐射高度和强弱的变化，以及地面点迎日和背日昼夜交替的时间长短呈现出年周期的变化规律，时间是物质运动的量度之一，也是物质的基本属性，天体随时间的推移和空间的相对变化而存在，这里先认识一下地坪坐标系。

图4-1是为了描述天体运动假想的天球，天球是以观测者O为球心，以尽可能大的半径画的天球。因地球自转而被人们

感觉到天体运动称为周日视运动。天球上所有天体绕天轴 PP' 自东向西（自左至右）旋转。类似于地球的经纬线，在天球上也将其人为的划分为 88 个区域，每个区域都命名为一个星座，如狮子座、金牛座、双鱼座等。小熊座内有一颗星最接近 P 点，基本上不做绕轴旋转，称为北极星。观测点重力作用在一个确定方向，即指向地心，这个方向直线与天球交点称为天顶，用“Z”表示，过观测点做一个与 OZ 垂直的平面，截天球成为一个大圆，称为真地平圈，其所在平面称为真地平。地球表面生物活动所在地平称为视地平，它是根据站立地表不同位置而异，而真地平只有一个。

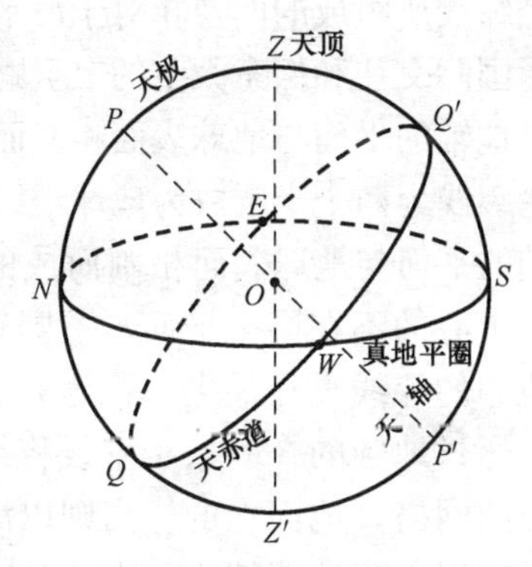

图 4-1　天球示意图

天极 P 与天顶 Z 所决定大圆称为天子午圈，它与真子午线有两个交点，分别是地理北点 N 地理南点 S，过观测点做一个与 OP 垂直的平面，该平面与天球所截大圆称为天赤道，天赤道与真地平的两个交点为地理东点 E 和地理西点 W。

在天极南方，当天体位于天子午圈时为上中天；在天极北方，当天体位于天子午圈时为下中天。当天轴与天体自转轴重合时，即当地球赤道平面与天球赤道平面重合时，那么天轴 PP' 与真地平夹角会保持一个恒定值，就是观测点的地球地理纬度，若站在北极点观测天球中的天体，没有面向（出现）与隐没（背离）之说，只有围绕观测点旋转，旋转一圈为一个周日视。当位于地球赤道表面观察时，则看到天球是垂直于（视）地面上升和降落，出现与隐没时间各为 12h，一个周日视为 24h，对应着(一昼夜周期）即地球自转一周为 360°的时角。

地球表面空间位置是以假想的包覆于地球表面、互相垂直的经纬线所组成的网及相对于海平面的海拔高度所确定，成为地球上国际交往和探索太空的宝贵财富。关于经度圈的定义是一切通过地轴的平面与地球表面相交而成的圆周。而地轴分割经线圈外轮廓线为两个半圆成为地球经线，也称为磁子午线。凡垂直于地轴的平面与地球表面相割而成的圆周称为纬线圈，它是以地轴为中心的不在同一平面、不同直径的同心圆，彼此平行。通过地心的纬线直径最大，称为赤道，它是南北半球的分界线。它与通过地轴的 360 条子午线将地球表面分割成具有数字定位作用的网格，地面点的标高则以海平面作为基准平面来确定其绝对高程，为计算精确和方便计，各科技大国也建成了位于内陆的国家级水准点。随着数字地球成果的完成，全球卫星定位成像和地理信息系统的投入使用，地球上每一点的信息在人类的适时掌控之中，这是全人类进入信息化社会的伟大标志之一。

4.1.3 气候、节令和时间

节令也称为节气，是一个比昼夜周期更长而在年周期以内的时间量度，它反映了同一地区在不同时间段所具有寒暑、日照、气温等气候差异，这是由地球绕日公转的年周期来决定的。我们在地球上观测太阳东升西落是地表各点作周日视运动。地球同时作自东向西绕日公转，公转一周时间为一年，地球围绕太阳的运动成为周年运动。太阳在做一个自西向东（对观察者而言）的圆周运动，这时太阳在天球上运动的轨道称为黄道，黄道所在平面称为黄道面，黄道面与地球赤道夹角为 23°27′，称为黄赤交角，也称为黄道倾角。黄道与赤道的两个交点称为春分点与秋分点。对于处于北半球（地球）的观测点而言，春分以后，太阳位于赤道上方，太阳自东偏北方向升起，自西偏北方向落下。随着天数的推移，太阳与视地平夹角越来越大，直到转至 1/4 圆周达到夏至节气时，此时白天最长，位于北极的观测点达到极昼；在从春分到秋分半周年运动中，始终能够看到太阳，只是每日看到太阳高度角不同而已。太阳在从本年秋分到次年春分的半周运动中，位于北极的观测点将看不到太阳的升落，处于长夜状态；但太阳仍在等长时间内运行到对应的空间位置，对于地面上观测点来说，只是每天太阳出现，隐没的时间和高度不同，并且表现出相对应的气候特点，按节令次序呈规律性变化，即是节气的由来，表现出时间和气候的对应规律。

时间是物质或物质空间的第四维表现形式，所谓同一事物具有不同的时空特点，时过境迁也有不同时空的物质含义。时间不以是否有天球及其运动而存在，而天球内太阳呈规律性的运动则成为一种衡量时间的方法。时间虽然无始也无终，但是在有人类活动的特定时空段内，人类根据星球的运动周期用来衡量时间段和某一时刻。最初用来对照制定生命过程和现象，如人的平均寿命是多少岁，即是生命过程经过多少个年周期。由于地球公转、月球公转和地球自转的周期性变化，并且呈现出可观测性和稳定性，因此，对照各不同周期产生出年、月、日、时、分、秒等时间计量单位。

需要指出的是天球“视转”一周的天球运动即是地球自转运动的视觉表现，用以定义为一个恒星日，即作周日视运动的恒星两次经过天子午线的时间间隔就是一个恒星日，一个恒星日等于24个恒星时，（一个恒星时相当于视转15°圆周的时角间隔）我们通常用太阳的恒星日——真太阳日和平太阳日来计时。因地球在黄道面上的运行轨道有近日点（冬至）和远日点（夏至），因此，太阳在黄道面上做对地相对运动有快有慢，冬至和夏至太阳日相差最大，在一年周期当中每天真太阳日长短发生微小变化，因而引入平太阳日——平均太阳日概念。假设太阳在天赤道平面上以真太阳沿黄道运动的平均速度作等速运动，即是日常生产生活（特殊行业除外）所用的计时方法，平太阳日比恒星日在一昼夜周期内短了3分56秒，因此，在公历历法中则以每4年增加一天，用（闰月）来调整累计误差，则可以满足绝大多数生产、生活需要。

4.2 地球大气圈

4.2.1 综述及概念

位于地球表面上空的大气圈层厚度达到80～85km，覆盖于地球表面。它的外层受到太阳及宇宙射线的辐射，接受着光（可见光和不可见光）和能量。大气下垫面与地表部分（包括土壤、植被、建筑物、构筑物、山脉、河流、海洋等）在时刻进行着能量和物质的交换。冰川的融化，水汽的蒸发和冷凝，由大气热运动产生的对流和气旋，将氧气、水分和适宜的气温带给地表的动植物种群，使生物体摄取能量而生长繁衍，同时也带给生物圈各种气候灾难，如强热带风暴、酸雨、强暴雨、冰冻和连续降水导致山体滑坡、泥石流等地质灾害。干旱和气候变化异常使生物多样性减少。人类在沐浴微风吹拂、气温舒适的昼夜之中时感到惬意，也经常感受到气温剧烈变化而产生的生理和心理压力。认识大气圈接受的辐射能，水分、物质交换基本规律，昼夜寒暑的变化由来，地域气候环境的形成机理，进而帮助人类认识和利用太阳辐射、风力，地热、潮汐、水位能等清洁能源，有针对性的避免和治理大气环境污染，以达到维护和保持人类生存环境的目的。先介绍有关概念。

(1) 气候：指某一地区或整个地球表面的大气在周期变化内的特征。包括平均状况和极端状况。由太阳辐射、大气环流、地面性质等因素相互作用所决定。气候也是中国古代历法中的时节，通常5日为1候，3候为一个节气，六个节气为一个季节，一年周期当中有24节气和72候，这精确地反映了地表和大气的气候现象和温度的变化，在不同地区是有先后差别的。

(2) 气象：大气中冷、热、干、湿、风、云、雨、雪、霜、雾、雷电、光象等物理状态和物理化学现象的总称。气象灾害是由于上述天气现象所导致对人类生产生活有危害的物理现象。如泥石流、洪涝、海啸、飓风、宇宙射线、雷击、极端气温（厄尔尼诺和拉尼娜现象）和酸雨等。

（3）物候：动植物和非生物受外部环境气候的影响而出现的随季节（自然时间）变化的生理和物理现象。如植物的萌芽、开花、结实，动物的蛰眠、始鸣、繁育、迁徙，非生物现象如始霜、始雪、解冻等。逐渐形成了研究生物的生命活动现象与季节变化关系的学科——物候学，也称为生物气候学。反映了生命体之所以能繁衍延续而先适应气候环境的一系列规律。

（4）天文学：研究天体的位置、分布、运动、形态、结构、化学组成、物理性质及其起源和演化的学科。包括天体测量学、天体力学、天体物理学等。同其他学科相互渗透又产生分支学科如空间天文学、天体地质学等。

（5）天球：为便于研究天体的位置和运动而引进的一个假想球体。各天体与观测者的距离同观测者随地球在空间移动距离相比要大得多，故看上去它们似乎都分布在一个与观测者为中心、无限长为半径的大圆球的球面上，启示人们看到的是天体在圆球面上的投影位置。

4.2.2 气象科学与地理科学

适宜的气候环境孕育出人类及其他生命体。人类在漫长的繁衍进化过程中，由于自身生存对于农学、医学、占卜、宗教和军事需要，对气候现象随着季节、年周期以及更长周期的变化规律进行观察、总结、归纳，提高了适应、避免和利用各种气候现象的能力，逐步揭示并完善了气候环境产生、变化、发展的内在规律。气象学是借助于长期对于气候状况进行实地观测而建立起来的一门应用型学科。随着人类对大气和自然界的认识方法和手段的不断进步，人类对于中长期天气预报准确性和对于异常气候现象的应对能力也在大幅提高，气象科学已由最初的气候学、物候学、天气学发展成为具有众多分支学科的大气科学体系。气象科学包括太阳辐射、大气温度、湿度、气压，露点等物理指标和在冬夏季、昼与夜表现出来的诸多天气现象，如风、云、雨、雪、霜、冰雹、闪电、雷鸣、雾、霾等现象的变化规律，构成了自然环境中的地球大气系统。

在我国有着悠久的气候观测和预报的历史。春秋末期的计然，是世界上最早制作长期天气预报之人。《诗经》中则将天气特征与变化直接与物候联系起来，形成物候历。直至秦汉时代，我国古代气象体系臻于完善，建立了颇具规模的观象台，张衡等人发明了用于气象观测的水运浑天仪，候风地动仪，相风铜鸟等观测仪器。南宋金华地区的吕祖谦就开始了不同季节气候条件下的物候观测工作，记录了腊梅、桃、李、梅、杏、紫荆、海棠、兰、竹、豆等24种植物开花结果的物候现象，测定春莺初到、秋虫始鸣的时间，成为世界上最早凭实际观测而得到的物候记录。到了明代，地理学家、旅行家徐宏祖（徐霞客），旅行足迹北至燕晋，南到江南各省及两广云贵等地，记录了地理、水文、地质、生物等各种自然现象，包括了气象和物候的内容：其地杏花始残，桃犹初放，盖愈北而愈寒也（《徐霞客游记·滇游日记》）。

在传统医学领域，医家根据医疗气象而辨证施治，以阴阳五行（金、木、土、水、火及其相互联系）学说作为哲学基础。认为“百病之始生也，皆生于风雨寒暑，清湿喜怒。”（《灵枢·内经》）《内经》中关于人体与四时与万物的关系是如此论述的：“夫阴阳四时者，万物之根本也”。“生之本，本于阴阳”。“阴阳者，天地之道也，万物之纲纪，变化之父母，生杀之本始”（《素问·内经》）。将人体病症与气候冷暖湿燥（外因）密切结合从而标本兼治，对症下药，用药理作用恢复和调节人体内的阴阳平衡。古人已经逐步认识到，天地之间是由气组成的，降温、冷凝、结晶（水的相变化）是阴气所至，呈收敛状态；蒸发是升温，是阳气所至，呈发散展放状。月有四时，是风雨寒暑的月周期变化；日有四时，是气象要素的日变化。《内经》中有“早旦为春，日中为夏，日暮为秋，夜半为冬”说法。

在军事领域杰出军事家孙武要求兵家通晓气象天文，不仅在战略部署方面，在具体战役上也重视气象条件，而实施火攻，“火发上风，天攻下风，昼风久，夜风止……”（《孙子·火攻》）

《太初历》完成于汉太祖元年（公元前104年），是一部有完整文字记载而留下来的历法。该历法中将月份、节气和实际气候配合得更准确，完整。司马迁本人也参加了《太初历》编制工作。

唐代僧人玄奘游历西域多年，写成《大唐西域记》，对新疆、印度及南亚地区气候、地理、物产皆有不少记录和感受。明代郑和下西洋也对南亚、东非等太平洋沿岸地域气候、海风有过记录。

宋代理学家对于天与地、四时的气与理的关系有更为详尽的描述。周敦颐则认为道是先于天地而存在，“道生气，理在气先”。张载的弟子范育为其师著作《正蒙》作序时写到：“张夫子之为此书也，有六经之所未载，圣人之所未言，盖道一而已。天之所以运，地之所以载，日月之所以明，鬼神之所以幽，风云之所以变，江河之所以流，物理以变，人伦以正。”他们将该书提升至如此高度来欣赏，可以看出其中关于自然地理、气候与存在于天地间的人的相互关系。书中将天道气理（自然规律和法则）论述如下：

“天地之气，虽聚散攻取百涂，然其为理也，顺而不忘。”

“气之为物，散入无形，适得吾体；聚为有象，不失吾常。”

“太虚不能无气，气不能不聚而为万物，万物不能不散而为太虚……”。

“日月相推而明生，寒暑相推而岁成”。（《正蒙·太和篇第一》）

张载的整个宇宙观强调了气的物质性，以气的聚与散，有形与无形的轮回变化充斥于宇宙间，在《正蒙》中具体解释天气的文字有：“阴性凝聚，阳性发散，阴聚之，阳必散之，其势均。

散阳为阴累，则相持为雨而降；阴为阳得，则飘扬为云而升。故云雾斑布太虚者，阴为风驱敛，聚而为散者也。凡阴气凝聚；阳在内者不得出，则奋击而为雷霆；阳在外者不得入，则周旋不舍而为风。其聚有远近虚实，故风雷有大小暴缓，和而散，则为霜雪雨露；不和而散则为戾气殪霾。（阴）受交于阳，则风雨调，寒暑正”。

“天象者，阳中之阴；风霆者，阴中之阳”。（《正蒙两参篇第二》）

上文解释大气现象时，将阴与阳解释为冷与暖、湿与燥，寒冷的阴气与温热的阳气相聚而成为有形的雾露云雨（冰霜），两气分离则散发为无形的气（蒸发）。冷与暖必然依附于水汽和空气里的其他气体之中，两者聚散的结果导致湿与燥。比较科学的解释了天气现象与变化的原因：当水汽（阴气）凝聚时，其温度高时会产生雷阵雨释放能量，当外部温度高于湿气团温度时，则有热运动而成为风。

宋代的沈括可称为通晓天文、气象、地理、物候的大家。其巨著《梦溪笔谈》中有多处详尽地介绍了自然气候现象，并提出地质变化对于气候变迁的影响。沧海桑田地理变化及河流冲刷剥蚀作用影响了地形地貌，因而反映了中长期气候的变化趋势。

在漫长的农耕时代里，先哲和劳动者对于气候、物候、地理等自然及生物现象进行了大量观测与总结，丰富了中国气象科学的知识宝库，很多项成果在当时都是领先世界水平的。随着近现代科学技术的发展，特别是航天、航空、交通运输、军事等领域对于气象预报的需要，特别是计算机处理技术的进步，极大地促进了气象科学的发展。气象卫星遥感成像技术，传输与测控技术，提高了气象数据处理分析速度和容量，提高了短期气象预报准确率。而且使预报内容、种类更加细化，根据需要还可以提供全球及区域中长期天气预报。对于可能遇到的灾害天气和气候变化异常现象提供一系列应对和化解办法。气象预报更加贴近人类生活的方方面面，从而提高了人类生活质量。由于国际技术合作，使人类对“大气中大尺度动力过程”，“全球气候和中尺度气象模拟领域”研究成为可能。诞生出《雷达气象学》、《应用气候学》、《统计气候学》等专著。我国在20世纪70年代以来先后出版了《中国气候与农业》、《中国气候》丛书（10卷本），《中国气象史》等专著，从不同角度总结和丰富了从远古至当代的气象科学成果。为人类利用自然（太阳能、风能、光能、地热能、潮汐能等）和防避、化解天气灾害做出了巨大的贡献。

4.2.3 大气的物质组成

大气圈是地球生态圈最活跃的圈层之一。大气由多种气体混合而成，主要成分是干洁空气、水汽和气溶胶。干洁空气平均分子量为28.966，标准状态下密度为1.293kg/m^3。在近地表面的各种干洁气体成分中，有氮气（N_2）、氧气（O_2）和氩气（Ar）等惰性气体和CO_2，其中氮的容积百分率为78.084%，氧为20.948%，氩为0.943%，二氧化碳为0.033%，还有随地点而发生变化、移动的水汽，随空气及地表温度、地形（海拔高度及坡向）不同而发生固、液、气的三相变化，形成了周期性变化的地域自然气候特征和过程。还有含量较少的臭氧（O_3），氮氧化物（NO_X）和硫化物等气体也影响人类及动植物的生态环境安全。

氧气是维持生命体生长、繁衍的重要物质。人体组织细胞通过不断提供的氧气而具备活力，保证生命体各器官的能量代谢、物质运化，生产、生活（体表散热）等一系列生命活动。氧气主要来源于植物的光合作用，在太阳光辐射条件下，植物叶面吸收大气中的CO_2，将其分解还原为O_2又释放于空气中，将碳（C）固定于生物体内，完成着氧化的逆反应，这种循环使地表大气的成分始终处于一个稳定的含量。在大气层外表面也有少量的O_2，这是太阳辐射中的紫外线直接辐射水汽而分解成为游离的O_2和H_2。而臭氧则是太阳辐射分离出O^-（氧离子）与O_2（氧分子）

又结合而成 O_3，臭氧层主要分布在距地面 20～25km 高度范围大气当中。仅占该层大气体积的十万分之一以下，可以吸收大部分太阳辐射紫外线，是地球生态圈的保护伞之一。臭氧还作为一种强氧化剂应用于空气净化和漂白剂。

大气中的 CO_2 最初来自于人类及其他动物呼吸、排放、腐烂的动物尸体和腐败水体的耗氧所生。而更主要是源于经济社会发展和人类物质需求提高所至，即是燃烧矿物燃料，如煤、石油和天然气和交通工具燃油的主要排放物是 CO_2，很多工业生产项目和动力机械每天在产生巨大的 CO_2。陆地表面的森林和植被通过光合作用吸收分解 CO_2 后产生碳水化合物构成植物有机体，同时释放出 O_2。植被的数量和分布面积能够有效地减少空气中的 CO_2 含量。此外，海洋也能吸收 CO_2，特别是高纬度区域酸度小的洋面上吸收 CO_2 能力很强，海洋是一个巨大的 CO_2 储存库。CO_2 和水汽之所以被称为大气中的“温室”气体，是它能够吸收地球表面发出的长波辐射能，使空气温度升高，产生“温室效应”。当地表空气的平均温度同比升高 0.5℃时，则称为“厄尔尼诺”气候现象，当地表空气的平均温度同比降低 0.5℃时，则成为“拉尼娜”气候现象。由于地表平流层空气的流动，这种效应是导致冰川融化，海平面升高，会影响大气环流方向和强度，使全球气候变化异常。

地表大气中硫的含量不高，均以 SO_2 和 H_2S 等化合物形式存在。由于这些硫化合物的不稳定性，易溶于空气中的水滴和水汽进一步氧化生成亚硫酸，使空气中 pH 值（酸碱度）降低，因而导致降水呈酸性，当空气中 pH 值降至一定数值时，会形成酸雨而落至地面，会严重影响工农业生产和日常生活。大气中的硫化物（SO_2 和 H_2S）和氮氧化物（N_2O_2、NO、NO_2）的来源除了火山喷发气体和海水中的含量外，另一部分则来源于工业燃料、固体废弃物和交通动力工具排放所至。这些都是形成酸雨的重要物质。

大气中的水汽主要来源于地表水及陆地表面土壤、植被的蒸发水分。海洋表面由于温度升降产生蒸发这些水汽遇冷形成降水。由于大气平流层的热力运动，将一部分海水蒸发水汽带至陆地上空冷凝后形成降雨，太平洋洋面上形成的季节性热带气旋经常向西偏北方向移动至我国东南沿海地区，给这一地区带来台风和强暴雨。

当降雨至陆地表面以后，少部分作为生物体（动植物）新陈代谢用水，大部分经地表河流和地下径流又流入海洋，又开始水汽在陆地与海洋之间新的循环。

由于太阳对于大气的辐射，地面水蒸发和地面向大气长波（主要为红外射线）辐射热能，导致大气平流层水汽的对流和云集，因此产生了不同地域、不同时间瞬息万变的云、雨、霜、雪、雹、雷、电等天气现象和温度、湿度、风等物理特征。对于不同纬度、不同海拔高度、地貌以及是否临近水面的陆地，会有不同降雨量和降水形式。一般规律而言，大气含水量随地理纬度增加而减少，大气中的含水量在不同时间和空间内差异是非常大的。

4.2.4 大气的分层构造

大气的组成成分与大气在地表以上的垂直分层构造有关。主要研究方法有温度结构分层和成分结构分层。

1. 温度结构分层。在地表以上 85km 高度的空间内，大气沿地表高度的温度分层是对流层，该层在赤道附近厚度为地面以上 15～20km，在极地和温带分布厚度为地面以上 8～12km。对流层在水平和垂直方向上气流热运动和混合作用强烈，空气温度和湿度随纬度、海拔高度和季节变化，各种气象要素水平分布不均匀，气温随高度呈递减变化，总趋势是每升高 100m 时，平均气温降低 0.65℃。对流层除吸收太阳短波辐射外，主要吸收来自地表的长波辐射，同时由于地面水汽蒸发（热对流）作用，对流层空气被地面加热后产生水平运动和垂直运动，并且集中了大气质量的 3/4 和大量水汽。因此，由于空气的热力学运动而发生在某一地区上空空气压力、体积和温度的不断变化，产生了丰富的天气现象和热物理过程。

一般距地面高度100m以下称为近地面层大气层，在此高度内空气对流强烈，而且风向、风力不随高度发生变化，直接导致下垫面（地面固液体混合物）的蒸发、降水和风力作用，近地大气层随时与下垫面进行物质和能量交换，直接影响地球表面生物体的生长、包括人类的生产、生活，它是生物生长繁衍的主要环境空间，短期天气预报就是主要报道这一高度的天气变化情况。在这个所谓天地交融的空间范围里，为所有生物创造了海阔天空、营养丰富、温度适宜的生存空间。成为所有生命现象所必需的物质能量来源。构成了物种丰富、万紫千红的自然生态世界。人类在这一空间创造了无数的奇迹，使人类社会走向空前的文明。

位于地面以上20～50km高度空间（极地区域为12km），即是对流层外侧空间，称为大气平流层。位于该层内部的臭氧层吸收太阳辐射（紫外线）能力强，使气体分子动能增加，温度提高，臭氧被分解为原子氧和分子氧，又与其他物质发生氧化作用而放出热量，这样，使大气温度在50km高度范围升高3℃，与下面的对流层相比，形成逆温现象。因此，平流层大气的热运动较弱，呈现出稳定的成层构造。

在位于地表以上大约50～85km高度空间，即平流层以外的范围称为中层。该层的大气吸收太阳辐射较少，而温度又随高度上升而降低，中层外侧的温度下降至180K（－93℃）。位于中层以外的大气层称为热层，温度随高度而增加。太阳辐射光谱中波长小于0.17μm的紫外线，几乎完全被分子氧和原子氧吸收，气体增温幅度大。在距地100km以上的大气层内，主要以热传导方式传热，使热层内气温由几百摄氏度增加至930℃（1000K）以上。

2. 大气由成分结构分层。主要分为匀质层和非匀质层。匀质层包括对流层、平流层和中层在内，由于大气热运动使大气混合均匀，大气中成分除臭氧（O_3）外，其余物质成分在水平和垂直方向均保持不变。干空气的平均摩尔质量为28.964。位于匀质层外侧的非匀质层，大气所含物质成分比例随高度变化，平均摩尔质量随高度减少。

环盖地球大气圈的气压随距地高度呈递减趋势，在海平面处达到最大值，即 $P_0=1013.25\text{kPa}$，在距地面高度 10km 处，$P_{10km}=256\text{kPa}$，在距地面 30km 高度处，$P_{30km}=11.97\text{kPa}$。贴近海平面的大气密度为 1.225kg/m^3，大气温度 $T_0=288.15\text{K}$（约为 15.5℃）。可以推算出大气质量的 98.81%集中在距地 30km 以下空间范围，这些空气呵护着地表的生态安全，提供并保证 O_2 和 N_2 的稳定含量，为人类生产、生活和其他生物的生长、繁衍提供充足的物质和能量来源。

4.3 能量辐射及地球四季五带——气候的形成

4.3.1 太阳—地球系统中的能量辐射

4.3.1.1 辐射能

凡温度在绝对温度 0K（－273℃）以上的物体具有的基本物理属性，它是以波动形式（机械波或电磁波）和微观粒子（如质子等）运动方式从一个物体向空间媒质某一方向传播光和能量，即所谓辐射的波动说和粒子说。这个空间媒质可以是空气、水，也可以是真空。这种波动和粒子运动是在物体之间相互发生的，而且传播速度快（$3\times10^5\text{km/s}$），这种波动时刻进行辐射能量，微观粒子的运动本身构成核辐射能，人工的微观粒子高能加速器即可以产生能量密度更高的核辐射能。这种波动和微观粒子运动表现在可见光和不可见的粒子射线的物理属性上，它们有不同的波动频率和波长。

太阳、大气、地球系统均是以电磁波形式传递能量的，并且在地球表面固体、气体间进行能量传输和转换过程，为地球岩石圈、大气圈、水圈和生物圈之间物质和能量交换提供热力和动力。表现在大气流动、水的相变、云、雾、雨、雪等天气现象的形成，也在支持着所有生命体内的新陈代谢和一切生命活动。

这种由于太阳辐射的电磁波包括不同的发射频率、波长和波速，如同光在三棱镜中的折射光谱一样，组成一条连续的辐射频（带）谱，它们之间的物理关系表达式为：

$$f=c/\lambda \tag{4-1}$$

$$v=1/\lambda=f/c \tag{4-2}$$

式中 f 为发射频率，单位 Hz（赫兹），λ 为波长，单位为 μm，c 为波速，单位为 km/s，波速为 v。

现代物理已经测得电磁辐射全频谱中不同辐射的波长、频率以及它们各自不同的物理属性，从波长最短的射线（$\lambda<10^{-6}$）到波长最长的无线电波（$\lambda>10^{6}$），分为可见光和不可见射线两部分。可见光可以折射为有色光谱，光伴随能量一起辐射。可见光部分不同波长段，其辐射能量亦不同，在可见光短波以外的不可见射线称为紫外线，在长波段以外的不可见射线称为红外线和远红外线，实验证实，可见光频谱不同波长所对应颜色如表 4-1 所示：

可见光波长所对应的颜色 **表 4-1**

颜色	紫	蓝	浅蓝	绿	黄绿	黄	橙	红
波长 μm	0.390～0.455	0.455～0.485	0.485～0.505	0.505～0.550	0.550～0.575	0.575～0.585	0.585～0.620	0.620～0.760
标准波长	0.430	0.470	0.495	0.530	0.560	0.580	0.600	0.640

注：本表摘自《环境物理学》（P584-1）刘树华编著，化工出版社 2004 年 北京。

太阳、大气、地球系统中辐射的波长范围在 0.1～120μm 之间，也就是在紫外线、可见光、红外线波段范围。从上式可以看出，波长越短，则辐射频率越高。红外线则属于低频率的长波辐射，在背离日照的晚上，地表向大气中辐射的波长则是以长波形式辐射；太阳向地球表面及大气中则是以全频谱波段辐射；能量比重较大的则是中短波区域，大部分以光和热的形式到达地面。

其中各种波长段对于地球的辐射量随太阳高度角而变化，太阳高度角增高，紫外线和可见光所占比例较大，红外线辐射量则所占比例减少；当太阳高度角变小时，即北半球的秋季到来时，地表得热减少，夜间向天空的长波辐射减少，蒸发量和降水量比夏季减少，中低纬度地区由雨季进入旱季。天高云淡气爽，太阳红外线辐射量增加，白天人体在日光辐射下仍然得热较多，即所谓“秋老虎”的干热季节，气压小，不感觉闷热，昼夜温差大是这一时期的气候特点。

太阳辐射通过地球大气层时，被吸收、反射和散射一部分，剩余部分则辐射至地球表面，地表得热的60%～70%来自于太阳的直接辐射，其余得热源自空气散射和空气综合温度。地球辐射得热是以到达地表辐射量的垂直分量计算的。不同纬度地区在同一时间段的日照高度角不同，实际得热也不同，形成了高低纬度地区渐变的气候差异。同一地区在不同季节的日照高度角不同，形成了同一地区随时间渐变的气候差异，中纬度地区四季分明，低纬度地区则只有旱季、雨季之分。即使同一纬度、不同经度地区地表气温也有所不同，随海拔高度、地形、地貌、水面大小不同而异。一个地区的气温变化幅度用气温年较差和气温日较差来衡量。某地区空气温度年较差是指一年当中最冷月和最热月的月平均温度差，日较差是指某地区在一日之内最高气温和最低气温之差。由于地表纬度升高而使日照高度降低，使气温年较差逐渐增大，日较差逐渐减小。如北极圈内冬季几乎处于长夜期，夏季则处于极昼季节，气温日变化幅度很小，但是绝对值偏高，冬夏季温差则很大。而位于低纬度地区昼夜分明，在北半球，太阳高度由北至南逐渐偏高，昼与夜之间得热和失热值均较大，纬度降低，气温日较差增大，而冬夏季日照高度角的变化不大，特别在南北回归线之间变化更小，得热量变化幅度小导致气温变化不大，只是夏季多雨、冬季少雨而已。低纬度气温日较差平均12℃，中纬度地区日较差6～9℃，高纬度地区日较差2～4℃。（刘念雄：2005年）滨海地区气温日较差和年较差均低于内陆地区，低海拔地区低于高海拔地区。在北半球地区，夏季水平面（地面和屋面）得热较多，冬季南立面得热较多，同时水平面的辐射得热减少，由精确计算得出，（刘念雄：2005 年）太阳辐射至地球表面平均辐射能为 1367W/m^2，成为太阳常数，即表示与太阳光线相垂直的表面上单位面积、单位时间所接受的太阳辐射能。

由于地球自转和绕日公转，在周而复始的年周期和日周期变化过程中，地球大气系统在接受和背离太阳辐射时产生热动力促使空气流动，产生着物质传输与交换的陆面物理过程，具体表现在一个地区空气温度、湿度、空气流速和流向引发的一系列大气现象和周期性变化规律。这个陆面物理过程包括：①陆面与大气、海面与大气之间辐射和能量交换；②陆地表面对于上部大气（水平和竖向）热力运动的摩擦作用；③陆地表面与大气显热（温度升降）和潜热（相变化）交换。不同时空的大气热运动和水汽交换构成地球表面气象万千和不同周期的变化规律。

4.3.1.2 几个相关概念

（1）辐射通量：单位时间通过某一面积的辐射能，用 $\phi=dQ/dt$ 表示，单位为 J/S 或 W。

（2）辐射通量密度：单位时间通过单位面积的辐射能，用 F 表示，单位为 W/m^2。

自放射面射出的辐射通量密度称为辐射出射率，这与光学中的面发光度所对应，到达接受面的辐射通量密度称为辐照度，与光学中的受光面照度相对应。已知辐射通量密度后，可以计算出辐射方向某一空间面积 A（A 可以是平面、倾斜面或曲面）上的辐射通量 ϕ，有下式：

$$d\phi=FdA \quad 或 \quad \phi=\int_A FdA \tag{4-3}$$

如果该面积 A 上各处的 F 值均匀相等，则有下式；

$$\phi=FA \quad 或 \quad F=\phi/A \tag{4-4}$$

（3）辐射亮度：辐射面通过单位面积、在某一方向上单位立体角中放出的辐射通量，用下式表示：

$$L = d(d\phi)/(dA\cos\theta d\omega) \quad (4\text{-}5)$$

式中辐射亮度 L 单位为 W/(m. sr)，dA 为发射面的面积元，θ 表示空间某方向与 dA 法线间夹角，$dA\cos\theta$ 为 dA 在 θ 角方向上投影面积，$d\omega$ 为视线 θ 方向上微元量接受面积 $dA(=dA\cos\theta)$ 所张的立体角。立体角单位为球面度 sr。当辐射特征各方向同性时，比如太阳表面，辐射亮度 L 大小不随 θ 角而变化，式（4-5）可改写为：

$$d(d\phi) = L dA\cos\theta d\omega \quad (4\text{-}6)$$

我们看太阳球面上的不同部位，视作面积相同而辐射能也相同，使我们可以认为太阳辐射如同一个各点均匀的平面发射体，该结论已被实验所验证。

（4）辐射光谱：太阳辐射随波长不同呈连续性变化而人为地画出一条频谱曲线，或根据三棱镜不同频率的折射颜色制出一条形象、准确的波长（频率）色带图（可见光部分）。

实验证明，对于不同波长段的辐射，其辐射能量也不同。在可见光范围内辐射能最强，总辐射能是不同波长辐射能之和，也可以认为总辐射能是按照不同波长分配在各频段里的。F_λ 表示不同波长辐射能的积分，F_λ 随不同 λ 变化曲线称为辐射光谱曲线，某一波段从 $\lambda_1 \sim \lambda_2$ 变化，则辐射能如下式：

$$F = \int_{\lambda 1}^{\lambda 2} F_\lambda d\lambda \quad (4\text{-}7)$$

求总辐射能采用下式：

$$F = \int F_\lambda d\lambda \quad (4\text{-}8)$$

F_λ 是单位波长段的辐射出射度，F 是积分辐射出射度，是所有波长辐射能总和。

（5）吸收、反射和透射：凡接受辐射的物体可将辐射能分为三部分：①被物体吸收转变为物体内能（如热能和生物能）；②将能量反射回去；③穿透物体再辐射出去。设入射辐射通量密度为 E_0，吸收部分为 E_A，反射能量部分为 E_R，透射能量部分为 E_τ，则有下式：

$$E_0 = E_A + E_R + E_\tau \qquad (4\text{-}9)$$

辐射吸收率定义为吸收辐射通量密度与总辐射通量密度的比值，即 $A = E_A / E_0$，以此类推，反射率 $R = E_R / E_0$，透射率 $\tau = E_\tau / E_0$。由式（4-9）可得：

$$A + R + \tau = 1 \qquad (4\text{-}10)$$

当物体不透明时，$\tau = 0$，则有 $A + R = 1$。

式（4-9）不仅适用全频谱辐射能量计算，同样适用于单色辐射通量密度 F_λ 和单色辐射亮度 L_λ。

物体对于全频谱射线的吸收率随波长不同而变化，对于不同材料、不同表面特征和形状的物体可能对某一波长段辐射的吸收率高，而对于其他波长辐射则吸收率低，称为选择性吸收。人体视觉神经感受到自然界物体的不同颜色，如红色物体，即是该物体对红色波长辐射全反射所至。

（6）黑体和灰体：如果某一物体对于全频谱辐射均能全部吸收，即 $E_A = E_0$，或 $A_\lambda = 1$，则该物体称为绝对黑体。如果只对某一波长辐射全部吸收，即 $A_\lambda = 1$，则该物体称为对某一波长辐射全部吸收的黑体。地球表面的自然界中绝对黑体是没有的，只能在实验室里得到验证。太阳仅作为一个准绝对黑体，它对各波长辐射的吸收率 $E_0 \approx 1$。洁白雪面对于红外线辐射几乎全部吸收，接近黑体。比较典型的透射体是大气，几十千米厚度的大气包住地球表面，臭氧层吸收和反射一部分紫外线，大气层吸收少量辐射，其余太阳辐射全部透射至地球表面。

4.3.2 太阳辐射、地球得热与气候环境

4.3.2.1 地表四季五带—时空与气候

1. 太阳辐射与地球受光得热

在太阳系所在的宇宙空间范围内，太阳是唯一一个巨大的发热火球，表面不断发生氢核聚变反应，向各个方向辐射巨大的能

量。在地球自转和绕日公转的时空转换过程中，地球上任何一点在一年之中要经历四季气候变化，在一日周期之内要经历昼与夜（迎日与背日）、明暗与冷热变化的环境。自然界的物候节律与生物钟各自反映了生物体在一年周期和一日周期内生物体因环境作用而具有有节奏生命活动的内在规律。先了解关于太阳地球的基本参数。

据天文学家计算，日地之间平均距离 $R=1.496\times10^{8}$ km，太阳质量为 $M=1.989\times10^{30}$ kg，太阳平均密度为 1.41g/cm^3，核心部分 160g/cm^3，地球平均密度 5.52g/cm^3，太阳重力加速度 $g_s=27.4\text{m/s}^2$，相当于地球表面重力加速度（$g_e=9.8665\text{m/s}^2$）的 2.78 倍。从地球表面测得地球视半径（在日地距离长度内所夹太阳轮廓线弦长视角的一半）为 16′，太阳外轮廓半径是地球平均半径（R=6371km）的 109 倍。太阳辐射到达地球的平均时间为 8 分 19 秒。所以，太阳源源不断地将光和热以约 3.0×10^{5} km/s 速度辐射至地球和太阳系的其他星球上。

从太阳辐射光谱中可以测量到对地球辐射的可见光波段在 0.46～0.76μm 之间，其辐射能量占总辐射能的 44%，紫外线波长段占总能量的 8%，红外线波长段占总能量 48%。红外线（包括远红外线）也称为热线，属于低频率长波辐射。紫外线辐射波长短，能被空气中臭氧和水汽吸收一部分。地球表面的光环境和热环境来源于可见光和不可见射线、太阳辐射入射角度和入射时间。当太阳垂直照射地面位置时，透过大气厚度路径最短，被大气吸收辐射较少，地面受到垂直辐射比倾斜辐射同一地面时得热量要大，达到最大值。当晴空辐射时比有云遮挡时辐射得热量要大。地表大气中温度、湿度变化以及空气的热运动是形成地球表面气候环境周期性（时间）变化和地区（空间）气候差异的基本条件。就天文气候而言，地球赤道区域带是地球表面最炎热的气候带，位于地球表面的南北两极区域则是地球表面最寒冷的气候带。界于寒带和热带之间的温带区域其气候变化年温差和日温差值较小，更适合大多数生物的生长和繁衍，恶劣气候和异常气候现象出现次数较少。

地球自转是形成地面气候日周期变化的原因，地球绕日公转是形成地球气候年周期变化的原因。地球公转时所形成平面（黄道面）与地球极轴（南北极轴连线）始终保持一个固定的夹角——66°34′。这样，形成在同一时间太阳对地表面不同位置的入射角度不同，同一位置在年周期内入射角度也在发生周期性变化，如图 4-2 所示。相应的，地表大气层上边界接受太阳辐射能也随日周期（24h）和年周期（8760h）发生变化。因此，大气对地球的散射辐射也在呈现周期性波动变化。

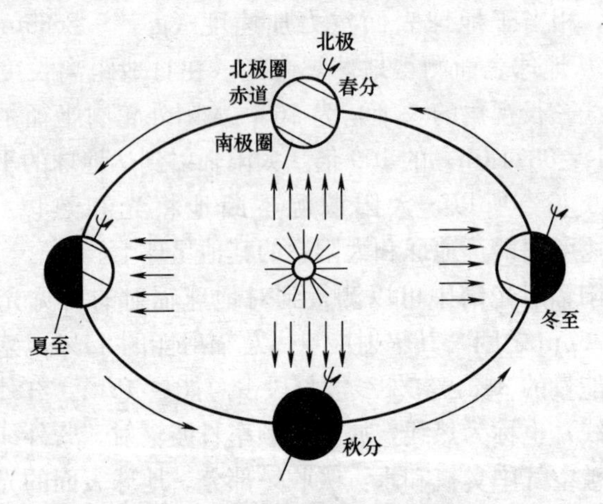

图 4-2　地球绕日公转简图

（摘自马建华：现代自然地理学）

2. 地球接受日照的量化计算

用于衡量太阳入射角度的物理量是太阳高度角，也称为太阳高度。它是指太阳辐射方向与地平面之间的夹角，是计算太阳辐射的指标之一。地球表面上一个点只有一个地平面，它是一平面与通过地表该点相切的切平面。某地入射高度角最大值是指某地正午时（地方太阳时）太阳辐射高度。它使得太阳辐射随季节（年周期）和白天迎日面（日周期）时角不同而呈现高低变化。太阳入射方位角则是地平面上某点太阳入射方向（这个方向在每天日出到日落之间随时变化）与该点太阳高度最大时（该点太阳时）在该点地平面上投影的夹角，赤道上各点最大方位角是90°，太阳直射赤道时的方位角在$-\pi/2\sim+\pi/2$之间变化，以太阳辐射线上升至某点地平面为界。地面某一观测点O，在日出和日落时的太阳高度角为零，而这时的方位角为绝对值最大值，如图5-4表示，在春分日和秋分日时太阳方位角在$-\pi/2\sim\pi/2$之间变化，昼夜时间相等。随着观测点纬度的不同，太阳方位角也有在第三和第四象限的时候，时间在北半球的春分以后和秋分以前，它是以太阳辐射线上升（或下降）至观测点地面的平行光线为界。在一年周期当中，北半球在冬至日太阳高度角最低，夏至日正午太阳高度角最大，在北回归线上呈垂直辐射状态。而在南北极圈以内则会出现最大方位角为零（长夜无白昼）的日子，越靠近极点，则入射方位角为零的日子越多，即太阳方位角仅存在于接受日照辐射地球表面的时段。日出、日落时的方位角则是太阳高度角$h=0$时的数值。它是一日当中方位角最大值。时角是指太阳入射地表某位置时的时圈（赤经圈）与地球子午圈在天极方向的夹角，夹角顶点为极点。时圈在不停地围绕极轴转动，则时角随地球自转作24h周期变动，即时角不以地表某点是否接受日照而时刻存在，它是一个衡量地表某点每昼夜时间与相对应空间位置的物理量，是地表某一点由于地球自转同时表现出时间和空间的量度。由太阳辐射高度、某时角的入射方位角可以算出该点的辐射得热量。

太阳赤纬角是太阳到地球辐射中心线（太阳地球中心连线）与赤道所在的纬圈平面的夹角，用“δ”表示。它反映了太阳辐射在一年周期内垂直辐射某区域（位于南北回归线之间）的变化规律。原因是地球极轴在围绕太阳公转平面（黄道面）保持恒定角度66°30′所致。赤纬角在一年周期内由直射北回归线（北纬22°30′，时间为夏至日，每年6月21日或22日）到直射赤道（$\delta=0$时节为秋分，每年9月22日或23日），再逐日过渡到直射南回归线，（南纬22°30′，时间为冬至日，每年12月21日或22日）经历半年周期，赤纬角δ由$+22°30'\sim-22°30'$变化，再经历半年周期，赤纬角δ由−22°30′～+22°30′变化，其间经过δ=0时直射赤道，（时节为春分，每年3月22日或23日）再逐日过渡到直射北回归线，完成了一年变化周期，也是地球绕日公转周期。在位于南北回归线之间的太阳直射区范围内，地表气温年变化幅度（年较差）小，冬夏概念较淡化，只有雨季和旱季之分，该地域在天文学上称为热带。

在半年周期内，太阳入射高度由北回归线22°26′（考虑视半径影响）向北直射位置到跨过北极轴（北极圈北纬66°34′）的照射（该点在夏至日午夜时，太阳光线与地平面平行日出日落在同一位置），与此同时，南半球接受日照范围至南纬66°34′（即在南极圈内正午时该纬度地表点仅接受平行光线）为止，同时是北极圈的极昼和南极圈的长夜。再经过半年周期，太阳高度角在南极圈由极夜（正午时只有平行光线）到极昼（午夜时有平行光线）变化，即是在太阳分别直射南北回归线时，在南北极圈位置同时各有一点与地面平行的太阳辐射光线，太阳高度角在90°～0°之间变化，分布在北半球各个不同的点上。位于北回归线和北极圈之间的广大区域，四季气温变化明显，季相分明，天文学上称为温带。年气温较差与人体及其他多数生物能适应温度范围更为接近（不太冷也不太热），具备了生物多样性的气候条件。在天文学和气象学上定义该区域为北温带和南温带。位于南北两极极圈以内的地域范围则称为南北寒带。温带、寒带、热带一起则构成天文学上的地球五带。

天文学和气象学定义某地域长年气候规律是有差异的。天文学主要根据所在纬度辐射得热量、地面再辐射量和太阳照射时间来确定地球表面四季五带。气象学则要同时考虑地域的地形、地貌、海拔高度、光气候及云量、地表及地下水等制约因素，在同一纬度不同地域的气候特征差别很大。如我国新疆的吐鲁番地区，纬度较高，大部分地面为低于海平面150m的盆地，空气干燥无风，在夏季该地区气温会高出周边高海拔地区城镇，有时甚至达到43℃。

位于北温带区域，太阳高度角沿纬线跨越 $44°8'$（$22°26'$～$66°34'$之间），大气温度呈梯度变化，沿纬度（高度角减小）升高而降低，同一时间沿不同纬度表现出不同的气候特征。换言之，不同纬度进入同一节气的时间也有前后差异。通常气象学上规定 5 日为 1 候，当北温带某地 1 候日平均气温升至 10℃以上时，表示气象学上春天的到来，也指南温带区域 1 候日平均气温降至 22℃以下时，表明南温带气象学上的秋天到来；当北温带某地 1 候日平均气温升至 22℃以上时，表明该地区已进入夏季，也指南温带某地 1 候日平均气温降至 10℃以下时，表明已经进入冬季。纬度（日照角度导致得热）不同，进入同一季节的时间也有先后。就太阳辐射而言，纬度高的地区比纬度低的地区进入夏季时间要晚，而且离开夏季进入秋季时间要早，南北温带中以 1 候日平均气温固定值作为四季更迭的界限，基本反映了物候随气温变化的规律。影响气候规律性变化因素还有大气湿度（云汽量），大气层下垫面特征、形状，例如地面海拔高度，一般情况距海平面每升高 100m，气温平均下降 0.65℃。地面是冰川、平原、海洋，还是建筑物、构筑物密集的城镇，都会形成温度、湿度、风速、风向等物理量各地在同一季节不同的气候特征。这也形成了以地方气候特征为依据的地方农产品和地域生活文化。建筑的地域性也集中体现了地方传统文化。

由天文学计算得到太阳高度角 h、太阳方位角 A_s 与测点所在纬度 ϕ，太阳赤纬角 δ 和观测时刻太阳时角 t 的关系式如式 4-11、式 4-12 所示：

$$\sin h=\sin\phi\sin\delta+\cos\phi\cos\delta\cos t \tag{4-11}$$

$$\cos A_s=(\sin h\sin\phi \quad \sin\delta)/(\cos h\cos\phi) \tag{4-12}$$

$$\cos Z=\sin\phi\sin\delta+\cos\phi\cos\delta\cos t \tag{4-13}$$

式中 Z 为天顶角，它与太阳高度角 h 互为余角。A_s 为太阳方位角。t 为观测时刻的太阳时角，也称为地方太阳时，观测点所在经线圈与太阳辐射线平行（重合）时，即是当地正午时刻，这时该测点太阳时角为 12 时，周期为 24h，地球自转一圈为 2π，太阳时角 t 规定在$-\pi \sim \pi$之间变化，A_s为太阳方位角。

3. 地球晨昏线与日出日落

人类所在的地球面对太阳辐射时，我们通常设定太阳就像一面直径比地球大许多的圆盘，随时向地球均匀平行地辐射能量（光和热）。这样地球外轮廓周边与太阳辐射平行光线的无数切点可以连接成一个环形线（与赤道圈和经线圈类似），这个随时在绕地心转动的环形线被形象地称为地球晨昏分界线，简称晨昏线。晨昏线随地球公转和自转迎日面的位置不同，在一年内呈周期性变动着位置，就像围绕地球表面有规律转动的一个光环，如图 4-2 中，夏至日和冬至日时迎日面和背日面的分界线，只有在春分和秋分日时才与地球经线圈重合。这两日正值太阳直射地球赤道，这两日晨昏线分别在 24h 周期内与各条经线重合。在北极的夏至日（极昼）和南极的冬至日（长夜）时，晨昏线与北极圈内切而与南极圈外切；在北极的冬至日和南极的夏至日时，则晨昏线正好于南极圈内切而与北极圈外切。

不同季节地球上不同的城镇由于生产生活需要，要求计算出某纬度不同季节甚至每天的日出日落时刻，这时正是太阳高度角 h=0 时太阳辐射平行照射测点地面时刻，同时也是测点在一昼夜中太阳辐射方位角最大值的时刻，在一年周期中，春分和秋分两日方位角最大，北半球春分以后，每天迎日面日出时角与日落时角的夹角要大于 180°，夏至日达到最大值，以后，太阳出没时角夹角变小，直到秋分又达到 180°，昼夜平分，然后向昼短夜长（秋分开始）方向变化到冬至日时角夹角最小。某观测点日出日落时所在位置是在地球晨昏线上。

用于计算地表某点昼与夜开始时间（即是日出和日落时刻）除了需要日照高度角和所在纬度外，还需要引入一个参数——地球观测太阳平均视半径的值是 16′，再根据日地距离推算出太阳的线半径值（长度量）。由于太阳的视半径因素，可知太阳光线在观测地露出上边缘时刻（一线曙光）即为日出时间，而日落时刻则为日光全部没于（观测地）地平线以下，即增加了 32′的迎日时间角。又由于太阳辐射光线在平行于观测点地面（日出和日落）时所穿过空气层厚度比正午时要大，因此，考虑空气对光线的折射作用，精确计算得出观测点地平线附近天体比实际高出约34′的视角，即是在清晨和傍晚时看到在地平面上边的太阳比正午时（地方太阳时）看到的要大的原因。在2000多年前两童争辩是正午离太阳近还是晨昏时离太阳近各据理由，就连孔子也不能给出正确答案。现代科学证实；虽然正午地面距太阳比晨昏时距太阳要近4000英里，但比起日地平均距离来说甚小，之所以正午太阳位于天顶时感觉最热，主要原因是一天之中日照高度最大时辐射地面得热量最大，而且穿透空气厚度最薄，大气吸收热量最少，此时得热达到最大值。至于日出和日落视觉太阳视半径偏大，是由于太阳辐射穿过空气厚度较正午时厚许多，是由于空气对光线折射形成视半径之差所至。因此，计算不同纬度日出和日落时间（地方太阳时），经过修正后的时刻如表4-2所示：

不同纬度冬至日、夏至日日出日落时刻　　表 4-2

纬度	夏至日		冬至日	
	日出时刻	日落时刻	日出时刻	日落时刻
60°N	2：35	21：27	9：02	14：54
50°N	3：50	20：12	7：56	16：00
40°N	4：31	19：32	7：18	16：38
30°N	4：59	19：04	6：51	17：04
20°N	5：21	18：41	6：30	17：26
10°N	5：40	18：22	6：12	17：44
0	5：57	18：05	5：54	18：02
10°S	6：15	17：47	5：37	18：19
20°S	6：34	17：29	5：18	18：38
30°S	6：55	17：08	4：56	19：01
40°S	7：21	16;41	4：28	19：29
50°S	7：59	16：03	3：47	20：09
60°S	9：05	14：57	2：32	21：24

注：本表引自刘树华编著《环境物理学》P79　化工出版社

在夏至日北极圈超过极轴外侧日出时刻是0时0分，日落时刻是24时0分，即是极昼；而正好是南极圈冬至日，日出时刻是12时0分，日落时刻也是12时0分，即是长夜。在南极圈的极昼（或长夜）正好与北极圈相反。

在夏至日，太阳直射北回归线（北纬23°26′），日出时刻北半球早于上午6时。南半球南回归线（南纬23°26′）日出时刻则迟于上午6时；日落时刻北回归线上则迟于下午6时，南回归线则早于下午6时。这是太阳对北半球辐射量最大（不包括云汽及大气下垫面影响因素）的一天，也是南半球接受太阳辐射量最小的一天。这天的太阳时角 $t=0$ 时，即正午时刻，北极圈内切于晨昏线，将北极圈包在迎日面里形成极昼了。

从春分到夏至再到秋分，太阳辐射由赤道逐日移向北回归线后再返回赤道，北半球由昼夜等长开始向昼长夜短过度，日出时刻逐日提早，日落时刻逐日推迟，在夏至日时白昼时间在不同纬度均达到最长。从秋分到冬至再到春分，太阳垂直照射由赤道逐日移向南回归线再返回赤道，则南半球日出时刻逐日提早，日落时刻逐日推迟，在北半球的冬至日正值南半球的夏至日后，再回到昼夜平分的春分。表4-2计算出纬度间隔10°时各纬度线上的日出日落时间，反映了这种时空转换、寒暑易节的地表大气呈周期性变化规律。这样周而复始的轮回变化支撑和制约着自然界生物体的生命过程。

从天文学角度分析，地球表面接受太阳辐射，由于黄道面与地球极轴的夹角，在年周期的变化中纬度不同，获得日照的强度与时间也不同。由南北回归线和南北极圈将地表分为五个气候带：南北回归线之间地域称为热带，常年承受着太阳垂直辐射。南回归线与南极圈之间、北回归线与北极圈之间构成南北两个温带，此大片区域无极端气温出现，年平均气温更适合生物的生存和繁衍。南北极圈内则是地球表面得热最少的区域，常年处于寒冬季节，大量的水以冰川的形式储存于两极区域。

4.3.2.2　物候与节律

生物适应气候条件才能有其生命过程，我国从北到南，地形西北高东南低，平均气温从低到高递减变化。在漫长的农业文明时期，总结出一年当中气温呈周期变化的24个节气，准确地反映了北温带大部分地区自然界的物候规律。但是，基于地理纬度、海拔高度、地形、地貌和水环境的差异，位于同一地区的天文学的季节和气象学的季节不会同时出现，会出现一定的时间差和气温差，因此，农时和植物品种也有较大差异。

人类及其他生物体之所以能在地球上孕育、生长、繁衍，保持种族和种群延续的生命现象，是地球表面及其以上大气层，太阳辐射光和热提供了生存空间、维系生命状态的物质、能量，构成了基本的生存环境．对于单体的生命之所以表现出一个生命现象，总是要经历一个从无到有、从小到大、从盛到衰以至消亡这样一个过程和自然规律，所有生命现象和活动始终处于活跃与收敛的有规律、有节奏的运动变化之中。

生物体这种起伏变化既表现在一昼夜周期内，也表现在一年周期变化当中。生物体一昼夜的因时变化（冷暖、明暗、干湿）称为生物钟．在一年周期当中受不同季节的制约和支撑生命体活动的规律称为物候与节律。月有四时，体现风雨寒暑的月周期变化。日有四时，是气象要素的日变化。《内经》中有“平旦为春，日中为夏，日暮为秋，夜半为冬”的说法。因此，不同生物构成了生物信息活动的不同周期。人类在长期的生产生活当中观测总结出来生物体由于气候和外界环境影响（能量新陈代谢和身体活动）和随季节和时间变化的现象，逐步建立了“物候学”或“生物气候学”，生命活动与除本体以外的自然环境密切相关。

我国传统哲学是以“天、地、人”为主线的“天人合一”观，其中也包含了朴素的科学思想。“人生于地，命悬于天”；天乃万物父母，人乃万物之灵”；“天地合气，命之曰人”；“人之应四时者，天地为之父母。”（《内经》）我国传统文化中将天地作为地上四时气候、化育万物环境的代名词，结合（大气与土壤在太阳辐射中上下交融）是化育万物的本原。揭示了只有顺应天时、体察物候，估量地气、地利和农时，才能把握住生命活动的内涵和外延的规律。

在我国传统的历法中，是以月球绕地球运行的周期（28～29天）为依据，观测和总结自然界物候规律的。7日节律是一月节律的1/4，上弦月为农历初七，满月为农历十四或十五，下弦月为农历二十三。动物繁育周期鸡孵卵21天，兔怀孕28天，猫怀孕63天，虎怀孕105天，人怀孕280天。确定农时与气温（土壤表面温度）相应关系时，以5日为1候，3候为1个节气，一月为两个节气，6个节气则形成一个季节，一年则为72候，控制着一年四时节气变化。因北温带所处纬度不同，则在同一节气时气温不同。著名气象与地理学家竺可桢教授认为应将全国划分为八大气候区，他认为温度带的划分主要依据温度及温度和植物生长的关系。1958年，他在《中国的亚热带》一文中指出："亚热带的气候可以这样规定，即冬日微寒，足使喜温的热带植物不能良好生长，每年冬季虽有冰雪，但无霜期在八个月以上，作物一年可有两造收获。"现代气象学上将1候日平均温度定在22℃和10℃作为实际季节气候更迭的季节分界气温数值，这样按物候安排农事比根据24节气更为合适，可不误农时，以最小的投入获得较大的产出。在一日周期中又将迎日时光称为昼，背日时光称为夜.

在一年四季24个节气的气候支撑和制约下，万物则开始了以时节为周期的生命过程。这种现象表现在春季展放，万物复苏、始鸣、萌芽、孕育；夏气上升；植物拔节长叶；秋气收敛，使植物种子饱满，枝干内收营养；冬气潜藏，枝条落叶，多年生植物宿根，减少水分蒸发和热量损失，为下一个春季到来时生根、发芽蓄积了能量。多数动物的冬眠习性使体内新陈代谢几乎处于停滞状态，心律减慢，体内蓄积的热量（脂肪等）仅够维持体表热循环。使生物体在一年周期的生理处于收缩与张弛的有节奏的变化过程。有些飞禽与地上动物还有随季节变化而长途迁徙的习性，寻求更适宜气温和水草丰美的地域去过冬，或者去度过凉爽的夏季。长途迁徙本身也使动物加速体内新陈代谢，在运动中生长、孕育下一代。

由于气候的寒暑易节，伴随着生物生理上张弛和收敛的周期性变化，表现在植物枝干横截面上质地疏密相间的年轮，龟甲上的纹理，马牙齿数目的增加，动物（飞禽）皮毛颜色的变化，用大多数鱼鳞上的生长环来界定鱼的生存年龄，都会准确地反映出生物体所经历寒暑年周期的变化。在一年的周期变化中造就了大自然中植物萌芽、开花、结实、落叶、宿根，动物始鸣、繁育、迁徙、蛰眠，非生物物质始霜、始雪、初冻、始融、蒸发、降水等因气候变化而呈现出的自然生态，或万紫千红，或鸟语鹿鸣，或山色苍翠，或流水淙淙，或云淡叶红，或银装素裹，处于不同生态位的物种在不同时空展示生命的存在。

生物在一昼夜周期中也会表现出不同时刻的生理反应和生命活动，一昼夜明暗、冷暖、干湿变化来调节生物体内生命活动过程的节奏，表现出一收一放，一露一隐，一动一静这种体现生命活力有节奏的内在机理。换言之，只有生物体结构构成包括植物宽叶、窄叶、针叶，是木本还是草本，动物体型、外部皮毛，运动量及活动范围，习性及食物结构等，能适应这个气候环境时才能达到适者生存。一昼夜之中的生理需求如同一座定点报时的钟，何时摄取能量，何时蓄积和转化能量，何时消耗能量（运动、工作、出行等），这种应时变化的内在机理被形象地称为生物钟，指导、制约着生命体一日之中的生命过程。人类作为有思想、有意志、有智慧也有体力的生命体，在享受这一自然规律约束的同时，也在体验着因四时而异的风光气象或是日月星光、晨昏交替，或是风霜雨雪、冷暖炎凉，这种自然现象作为一种视觉审美的客体给人一种精神愉悦和享受，文人们则将自然景观作为吟诗做赋的精神寄托和身心的归宿。物候表现在非生命体随季节、地域不同而展示出一种自然现象，如霜、雨、雪、季风、雷电、云气等，例如江南、华南、及西南地区在每6、7年月份出现的连阴雨，在江南被称为“梅雨”，出现在这一地区杨梅成熟的季节。由于北方高纬度所具有的冷空气与低纬度地区的暖湿气流在这一地区交汇所至，位于江南地区的梅雨季与桂林地区连阴雨相比，这个雨季要早近一个月。气温的寒温变化还可以从高山顶上的雪线高低变化来判断，南北气候转暖时间还可以从内陆河流解冻时间来判断。所有这些物候制约着不同地区居民的生活习惯，如东北大兴安岭地区原住民仍然有“猫冬”的习惯，内蒙古草原上牧民的活动毡房——蒙古包，也会在冬季将畜群迁至背山朝阳的地区过冬。非生命体表现出气温、风速、水的相变等变化现象，为人类及其他生物体适应和避免不同气候环境提供了简便有效的启示。物候的涵盖面非常广泛，涉及整个大地生态圈，地球大气系统在太阳辐射下表现出周期性变化（运动）规律，体现着宇宙和生命的存在。

4.3.2.3 气象要素与气候

地表大气受到太阳辐射产生空气的热动力运动，使地表产生风和降水，由于空气系统的吸热、放热、蒸发、冷凝，导致水在不同地域、不同季节呈现固、液、气体三相变化，空气的热运动构成了不同地区、不同季节、大小和方向不同的季风，因而产生了一系列天气现象和气候物理指标。主要气象要素有：气压、温度、湿度、风向、风力、云量、能见度、降水量、辐射强度等，造就了大气地面物质和能量传递交换现象，气象学与物候学、地理学构成了综合气象科学。

1. 气压。即是大气的压强，是由于空气的分子运动（内能）和地球重力场综合作用所致。可由公式（4-14）表示：

$$P=F/A \tag{4-14}$$

若M为面积A上的大气质量，g为重力加速度，则面积A上大气柱的重量如（4-15）所示：

$$F=Mg \tag{4-15}$$

静止的大气中，面积 A 上的大气压强就是该面上单位面积所受的重力：

$$P=Mg/A \tag{4-14'}$$

气压根据气温变化也会产生周期性和非周期性的局部变化。如气压最低值发生在 16：00，空气密度降低，滞后于地面最高温度 2～3h；气压最高值出现在 9：00～10：00，气温滞后于地面最低温度 2～3h，系由于空气的增温和降温所致。陆地上年高气压出现在冬季，低气压出现在夏季，而在海面上正好相反，低气压出现在冬季。

2. 气温。表示空气冷热程度的物理量。从分子物理学角度观察，它直接反映了物体的内能，是分子动能平均大小的体现。当空气获得热量时，其分子运动平均速度增加，表现出气温升高，反之，当空气失去热量时，其分子运动平均速度减小，气温随之降低。气温及其变化范围是衡量气候环境最重要的物理量。地表由于太阳辐射得热随纬度而异，又由于向空中长波辐射能量，会产生热量收支差别。对于北半球来说，低纬度地表会有多余热量积聚，位于北纬 35°～40°地面空气系统双向辐射收支平衡，而在北纬 40°以上高纬度地区逐渐出现得热少而向天空辐射多。因此，地表大气系统亏损热量随纬度增加而增加。

气象学的研究表明：大气中热量传递过程对于局地气温变化有 5 个影响因素：①空气的平流运动；②空气的垂直运动；③辐射热交换；④空气中紊流热交换；⑤水的三相变化导致潜热交流。

3. 空气湿度。是表示大气中水汽含量多少的物理量。大气湿度状况决定云、雾、降水等气象要素。表征湿度的主要物理量有：水气压、绝对湿度、混合比、相对湿度和露点（温度）。

大气中所含水汽的分压力称分水气压，在一定温度下、一定体积空气中所含水汽分子数量是有限的。当空气由于与地面对流交换作用会达到饱和水气压，当超过饱和水气压值时，水汽即会发生冷凝，产生在特定气温下的微水滴和冰晶，当达到一定量时即会产生降雨和降雪，降水有时会伴随空气流动一起发生。饱和水气压是大气温度的函数，并且随着距地面高度增加而减少，夏季水气压高于冬季。

在一团湿空气里，水汽质量与该团空气中干空气质量的比值称为混合比，空气绝对湿度是指单位体积空气中实际水汽含量。空气相对湿度是指一定体积空气实际含水量与同温下空气中可能含的最大水汽量之比。用百分比表示。天气预报一般采用相对湿度。

当空气中水汽含量不变且气压一定时，如气温不断降低，空气中的水汽将逐渐接近饱和，气温降至达到饱和空气时的温度，成为露点（温度）。露点也常用于建筑内部空气环境及建筑围护结构热工设计控制墙壁结露的指标。

4. 雾与霾：雾是近地气层中视程障碍的现象，由于大量悬浮的小水滴或冰晶造成水平能见距离小于 1000m 的天气现象，能见度在 1000m 左右的轻雾也称作霭。而霾是大气呈混浊状态的一种天气现象，系由悬浮细微烟尘或盐粒所致。在以天空为背景时呈微黄色或橘红色，以物体为背景时呈浅蓝色。空气中的气溶胶也是一种雾或烟，多为人类生产活动的气体排放物所造成。

5. 风。空气由于热动力作用，其中一种表现是对地面（一般指地面以上 100m 范围空气）做水平方向流动即构成为风，它是由空气等压线的压差所致。空气压差越大（等压线越密集），气压梯度力越大，则风力越大，向低气压方向流动直至达到暂时的平衡为止。风力的量度直接体现在人类对风的感受程度，一般用地面树木和海面船只的摆动幅度来对比风级的大小。详见表 4-3 所示。由于空气的水平流动会形成地表热量对流（蒸发），使地表降温，带走水分和热量至大气中，风是形成一系列天气现象的原因之一。风按其形成机理分为大气环流和地方风两大类。在同一时期内地球表面不同纬度接受辐射会有热量收支不平衡，有积累，也有亏损，势必会引起赤道与两极间温差和气压差，导致空气热运动而产生各气候带之间的大气环流，形成所谓季风。

蒲福风力等级表 **表 4-3**

风力风级	名称	海面浪高	近海岸渔船象征	陆地地物象征	相当于平地10m高处风速		
					范围	中数	km/h
0	无风	—	海面平静	静，烟直上	0.0～0.2	0.1	<1
1	软风	0.1	微波如鱼鳞状，没有浪花，寻常渔船略觉摇动，能使舵行驶	烟能表示风向，但风向标不转动	0.3～1.5	0.9	1～5
2	清风	0.2	渔船张帆时，每小时可随风移行2～3km	人感觉有风，树叶有微响，风向标能转动	1.6～3.3	2.5	6～11
3	微风	0.6	小波加大，波峰破碎，远船渐觉簸动，每小时可随风移行3～4海里	树叶及微枝摇动不息，旌旗展开	3.4～5.4	4.4	12～19
4	和风	1.0	小浪波长变长，白浪成群出现，渔船满帆时，可使船身倾于一方	能吹起地面灰尘和纸张，树的小枝摇动	5.5～7.9	6.7	20～28
5	轻劲风	2.0	中浪，具有较显著的长波形状，渔船缩帆	有叶的小枝摇摆，内陆的水面有小波	8.0～10.7	9.4	29～38
6	强风	3.0	轻度大浪形成，浪尖有白沫峰，渔船加倍缩帆，捕鱼需注意风险	大树枝摇动，电线呼呼有声，举伞困难	10.8～13.8	12.3	39～49
7	疾风	4.0	轻度大浪，碎浪白沫沿风向成带状，渔船停息港中，在海者下锚	全树摇动，大树枝弯下来，迎风步行感觉不便	13.9～17.1	15.5	50～61

续表

风力风级	名称	海面浪高	近海岸渔船象征	陆地地物象征	相当于平地 10m 高处风速		
					范围	中数	km/h
8	大风	5.5	有中度大浪，波长较长，波峰白沫成条状，近海的渔船停留不出	可折毁树枝，人迎风步行感觉阻力甚大	17.2～20.7	19.0	62～74
9	烈风	7.0	狂浪，沿风向白沫成浓密的条带状，影响能见度，汽船航行困难	烟囱顶部及平屋面受到损坏，建筑物有小损害	20.8～24.4	22.6	75～88
10	狂风	9.0	狂涛，波面长而翻卷，白沫成片出现，汽船航行颇危险	陆上少见，见时可使树木拔起或将建筑物吹坏	24.5～28.4	26.5	89～102
11	暴风	11.5	异常狂涛，海面被沿风向吹出的白沫所掩盖，能见度受影响	陆上很少见，有则必有重大损毁	28.5～32.6	30.6	103～117
12	飓风	14.0	海浪和飞沫使海面完全变白，	陆上绝少，其损毁力极大	32.7～36.9	34.8	118～133
13					37.0～41.4	39.2	134～149
14					41.5～46.1	43.8	150～166
15					46.2～50.9	48.6	167～183
16					51.0～56.0	53.5	184～201
17					56.1～61.2	58.7	202～220

注：此表摘自 1）《辞海》（1999 年版）上海辞书出版社，2000 年 上海。2）萧廷奎译述，气候学 江苏科学技术出版社 1987 年 南京。（其中内容略有删减。）

由于局部不同地形、地貌（山区、坡地、平原、陆地、水面）、地表不同性质（城镇、乡村、旷野等）会有冷热空气不均匀而产生局部地域对流，是地方风形成的原因，主要有水陆风、山谷风、林原风等。

用于衡量风的物理量是风力（风速），风向，地方风气候的风向用16个方位表示，如北风则来自于北向，西西南风则用字母“WSW”表示，风向相临方位差为22.5°，构成一个圆周。每个主要城镇的风气候规律用当地的风频率玫瑰图表示，该图同时可以表示出在一年周期内不同季节的风（主导风向）向和出现频率，比较形象地反映了具体地域常年风气候变化规律。某一地域的风频率玫瑰图是城市设计和建筑总平面规划设计当中的重要依据之一。

用于衡量风力有风速和风压两个物理量，分别用V、P表示，由流体力学公式得出下面关系式：

$$P=0.125V^2 \tag{4-16}$$

由风压和风速的关系可以将航海中总结的风级（蒲福式风级）换算成风速，用F表示风级数，得出下式：

$$V=1.87\sqrt{F^3} \tag{4-17}$$

4.4 我国建筑气候区划和建筑节能气候分区

4.4.1 概述

地球自身的绕极轴转动和绕日公转，使地球表面不同区域接受太阳辐射能也不同，各不同地域呈现出地表—大气间温度呈周期性变化的规律，即形成了地域气候。使地表气温的相似性沿纬度方向呈带状分布。德国的柯本根据月平均温度20℃与10℃的持续月数将全球化分为5条环带状气候区——热带、副热带、温带、寒带和极地带。这是基于天文学意义上的气候划分方法。从地理学层面来分析，在每个气候带中又分为若干气候型，它是根据同一气候带中的海拔高度、土壤水分平衡、自然植物分布、地表水分布以及自然地形、地貌等大气下垫面的类型来划分的，通常分为潮湿型、干燥型、湿润型、极地型和山地型气候区，地球表面在同一时间段内不同地域的冷热空气由于热压作用形成的环流—风、降水、蒸发等，使地表的热与湿处于动态的平衡之中，植物物种的不同分布是显示不同气候类型的重要标志。柯本气候分类法是以地表—大气间温度和降水量为主要依据，在长年观察、收集、整理天文、地理、气象资料的基础上对地域气候进行分类，如表4-4所示。

全球气候环境差异很大，并不是所有地域都适合人类居住，首先应了解不同气候区的气候环境特征和分类方式。它是根据不同地域（大陆、海域、冰川、海拔高度、所在纬度）、不同季节的空气温度、湿度、太阳能年辐射量将全球地域气候进行分类，成为研究建筑、农副产业、自然生态分布状况的最常用分类法。居住在不同地域的人类为了适应地方气候，满足自身生存和繁衍所需要的舒适温度和湿度，建筑则成为人类生存文明的重要标志之一。因而也派生出建筑气候分区，不同气候分区的建筑结构和构造的应对（顺应）策略是不同的。原始人类最初的掩蔽所形式也依地域气候环境而异，如大部分低纬度区的“巢居”和中高纬度区的“穴居”，即是两种典型的居住建筑原始形式。太阳辐射和不同形式的热湿交换、对流，形成了地方特有的风速、风向、降水、地表大气温度及其按时间周期的分布规律。

我国陆地面积广大，而且地形、地貌较复杂，起伏变化较大，西部高原的海拔高度多数超过4000m，东南部陆地濒临太平洋，有18000多公里的海岸线，西南边陲也受到印度洋季风的影响，所属海域辽阔。最北端陆地接近北纬54°，南部领海已接近赤道，南北跨越几个气候带，大陆部分主要分布在北温带大部地区，南面一部分已进入亚热带季风气候区，在一年周期内四季变化分明，主要气候特征以大陆性气候为主，也具有山地型、湿润

柯本气候分类法 **表 4-4**

气候区	气候特征	气候型	气候特征
A 赤道潮湿性气候区	全年炎热 最冷月平均气温≥18℃	热带雨林气候 Af	全年多雨，最干月降水量≥60mm
		热带季风气候 Am	雨季特别多雨，最干月降水量<60mm
		热带草原气候 Aw	有干湿季之分，最干月降水量<60mm
B 干燥性气候区	全年降水稀少 根据降水的季节分配，分冬雨区、夏雨区、年雨区	沙漠气候 Bwh，Bwk	干旱，降水量<250mm
		稀树草原气候 Bsh，Bsk	半干旱 250mm<降水量<750mm
C 湿润性温和型气候区	最热月平均温度>10℃ 0℃<最冷月平均温度<18℃	地中海气候 Csa，Csb	夏季干旱 最干月降水量<40mm，不足冬季最多月的 1/3
		亚热带湿润性气候 Cfa，Cwa	
		海洋性西海岸气候 Cfb，Cfc	
D 湿润性冷温型气候区	最热月平均气温>10℃ 最冷月平均气温<0℃	湿润性大陆性气候 Dfa，Dfb，Dwa，Dwb	
		针叶林气候 Dfc，Dfd，Dwc，Dwd	
E 极地气候区	全年寒冷 最热月平均温度<10℃	苔原气候 ET	0℃<最热月平均温度<10℃ 生长有苔藓、地衣类植物
		冰原气候 EF	最热月平均气温<0℃，终年覆盖冰雪
H 山地气候区		山地气候 H	海拔在 2500m 以上

注：上表摘自《建筑热环境》（P43）刘念雄等编著，清华大学出版社，2005 年，北京

型等多样性。从南至北适合各种农作物生长。全境地形为西部高、东部和东南部低，呈三级阶梯形地貌。西部青藏高原平均海拔在 4000m 以上，山地高原占国土总面积的 59%。中部、北部为云贵高原、黄土高原、内蒙古高原和四川盆地，塔里木盆地、准格尔盆地海拔高度在 1000～2000m 之间。东北平原、华北平原、长江中下游平原和江南丘陵地区海拔高度在 500m 以下。内陆河流分布较密集，多为自西向东流入太平洋。水力、地热及矿产资源丰富，全境日照资源充足，有些地区如新疆、河北及江苏部分地区每年有较长时间的风电资源。陆地处于欧亚大陆东南部，境内西北部属于干燥的大陆性气候。

由于大陆和海洋热力特性差异，在冬季中亚内陆区存在有高气压区，在海拔较低的东南沿海区域则有一个相对低气压区，为了维持中低纬度及大陆沿海的热应力平衡，使得大部分地区偏北和西北风成为冬季季风，空气干燥。在夏季，由于印度洋和西太平洋面上形成的热带和副热带高压，将湿润的热风吹向大陆，南风和东南风是夏季季风。有时风压大，形成热带气旋携带雨水吹向大陆，形成每年八、九月间大陆沿海地区特有的强热带风暴，大陆降水多发生在偏南风盛行的 5～9 月。中国大陆冬夏季季风风向几乎成相反方向转换，空气湿度也随季节发生明显的变化，中纬度内陆地区吸收太阳辐射能小于海洋，放热又比海洋快，因此，大陆气温年较差较大，比同纬度地区夏季更热，冬季更冷。另一特点是冬季降水量很少，夏季降水量多（沙漠除外），形成夏热冬冷、冬干夏雨的气候特点。

某地区空气温度年较差是指一年当中最冷月平均气温和最热月平均气温差。日较差是指一日之内最高气温和最低气温之差。由于太阳辐射高度随着地区纬度的升高而减小，使得气温年较差随着纬度的升高而增大，日较差逐渐减小。如北极圈内冬季是长夜季节，夏季多处于极昼季节，温度日变化很小，但是冬夏季的温差则很大。而位于中低纬度地区昼夜分明，一昼夜间得热和放热值均较大；冬夏季日照高度的变化，而对于同一地区得热值和放热值变化影响不大。如在南北回归线之间的地区一年之中只有旱季和雨季之分，气温年较差小。就太阳高度变化和地表得热、放热值对陆地的影响而言，地域气温日较差随纬度升高而降低，由低纬度区的12℃逐步递减为高纬度区的2～4℃，其原因是由太阳入射地面的垂直分量（地面吸热量）和云量所决定。

4.4.2 我国建筑气候区划

建筑物作为适应气候条件具有文化属性的物质产品，满足了不同地域气候条件下居民居住舒适度和文化（家居生活习惯、农事、物产等）需求，直接体现着人类对气候及其周期性变化的适应能力。古代先民的住宅即是根据当地气候条件、物产来就地取材建造住房，均采取一些被动地适应地域气候环境的方法，如住宅的通风、遮阳、蓄热、隔热等措施构建室内小气候满足人的热舒适需求，大多房屋结构体系简单、造价低廉，使用周期较短。现代建筑则采取高强度材料和复杂完善的结构体系，特别是建筑围护结构热工性能优越，人工室内小气候环境（采暖和空调）可有效避免室外气候条件的负面影响，提高居室热环境性能，不同地域的气候差异能够在居住建筑规划设计当中体现出来。应首先掌握地域气候状况及变化规律，才能利用有利气候条件，如利用当地的太阳能、地热能、风能等可再生能源补充一次性能源，避免恶劣气候条件的负面影响，从而达到以低成本满足居室热舒适度的目的。

对于建筑规划设计有直接影响的地方气候因素有：冬季和夏季的室外设计温度值，相对湿度，空调度日数和采暖度日数，季风的风力、风向和出现频率，年降雨量、蒸发量和最大降雨强度，雷电强度，光气候和太阳平均年辐射量，异常气象现象出现频次和空气质量达标值的天数，如强台风、强冷空气、紫外线、大风、大雾及其引发的自然灾害。城镇所在经度、纬度和海拔高度、地貌、物产和植被也制约着地方气候。

我国国家标准《建筑气候区划标准》(GB 50178—93)中对地域气候状况作了较为详细的(量化)描述，全国分七大热工分区：Ⅰ、严寒地区。Ⅱ、寒冷地区。Ⅲ、夏热冬冷地区。Ⅳ、夏热冬暖地区。Ⅴ、温和地区。Ⅵ、严寒地区的ⅥA区、ⅥB区和寒冷地区的ⅥC区。Ⅶ、严寒地区的ⅦA区、ⅦB区、ⅦC区和寒冷地区的ⅦD区。在该标准附录中的中国建筑气候区划图作了明确的划分。

中国建筑气候区划是以划分气候区一年当中最冷月和最热月平均温度为主要气候指标进行划分的。《民用建筑热工设计规范》(GB 50176—93)则依据建筑气候区划标准在气候分区基础上设定主要指标和辅助指标进行建筑围护结构热工设计，为了便于对比研究，将不同气候分区对建筑基本要求列表转摘如表4-5和表4-6所示。

以上两表采取定量气温指标和定性分析相结合分类叙述，对不同气候区常年气候条件进行了概括，指导建筑热工设计中面对不同地区的不同气象、气候条件所采取的应对措施。如冬夏季室外设计温度、降水量及相对湿度、冬夏季主导风向及风力，涉及建筑物基础形式及埋深、建筑围护结构隔热保温性能所需材料和厚度等，为不同地域建筑物、构筑物、交通及通讯设计提供了气候依据。《民用建筑热工设计规范》还给出一个地区不同朝向(东西南北和水平面)的年太阳辐射总量，为特定地区利用和避免太阳辐射热提供了依据。地方太阳时则为具体城镇的自然采光时间提供了依据。最大降雪厚度则为不同城镇建筑结构设计提供了雪荷载值，建筑屋面防水设计则需要当地年最大降雨量和降雨强度。还有雷电、雾、霾、紫外线等气象条件是建筑物防雷设计的依据，这些特殊气象的短期预报也保证了人们户外活动的安全。

4.4.3 我国建筑节能气候分区

近20年来，我国由北向南在不同气候区开始实施的建筑节

不同气候分区对建筑的基本要求 **表 4-5**

分区名称		热工分区名称	气候主要指标	建筑基本要求
Ⅰ	ⅠA ⅠB ⅠC ⅠD	严寒地区	1月平均气温≤−10℃ 7月份平均气温≤25℃ 7月份平均相对湿度≥50%	1. 建筑物必须满足冬季保温、防寒、防冻等要求 2. ⅠA、ⅠB区应防止冻土、积雪对建筑物的危害 3. ⅠB、ⅠC、ⅠD区的西部，建筑物应防冰雹、防风沙
Ⅱ	ⅡA ⅡB	寒冷地区	1月平均气温−10~0℃ 7月平均气温18~28℃	1. 建筑物应满足冬季保温、防寒、防冻等要求，夏季部分地区应兼顾防热 2. ⅡA区建筑物应防热、防潮、防暴风雨，沿海地带应防盐雾侵蚀
Ⅲ	ⅢA ⅢB ⅢC	夏热冬冷地区	1月平均气温0~10℃ 7月平均气温25~30℃	1. 建筑物必须满足夏季防热、遮阳、通风降温要求，冬季应兼顾防寒 2. 建筑物应防雨、防潮、防洪、防雷电 3. ⅢA区应防台风、暴雨袭击及盐雾侵蚀
Ⅳ	ⅣA ⅣB	夏热冬暖地区	1月平均气温>10℃ 7月平均气温25~29℃	1. 建筑物必须满足夏季防热、遮阳、通风、防雨要求 2. 建筑物应防暴雨、防潮、防洪、防雷电 3. ⅣA区应防台风、暴雨袭击及盐雾侵蚀
Ⅴ	ⅤA ⅤB	温和地区	7月平均气温18~25℃ 1月平均气温0~13℃	1. 建筑物应满足防雨和通风要求 2. ⅤA区建筑物应注意防寒，ⅤB区应特别注意防雷电
Ⅵ	ⅥA ⅥB ⅥC	严寒地区 寒冷地区	7月平均气温<18℃ 1月平均气温0~−22℃	1. 热工应符合严寒和寒冷地区相关要求 2. ⅥA、ⅥB区应防冻土对建筑物地基及地下管道的影响，并应特别注意防风沙 3. ⅥC区的东部，建筑物应防雷电

续表

分区名称		热工分区名称	气候主要指标	建筑基本要求
Ⅶ	ⅦA ⅦB ⅦC	严寒地区	7月平均气温≥18℃ 1月平均气温−5～−20℃ 7月平均相对湿度<50%	1. 热工应符合严寒和寒冷地区相关要求 2. 除ⅦD区外，应防冻土对建筑物地基及地下管道的危害 3. ⅦB区建筑物应特别注意积雪的危害 4. ⅦC区建筑物应特别注意防风沙，夏季兼顾防热 5. ⅦD区建筑物应注意夏季防热，吐鲁番盆地应特别注意隔热、降温
	ⅦD	寒冷地区		

注：上表摘自《民用建筑设计通则》(GB 50353—2005) p7。

建筑热工设计分区及设计要求 **表 4-6**

分区名称	分区指标		设计要求
	主要指标	辅助指标	
严寒地区	最冷月平均温度≤−10℃	日平均温度≤5℃的天数≥145d	必须充分满足冬季保温要求，一般可不考虑夏季防热
寒冷地区	最冷月平均温度0～−10℃	日平均温度≤5℃的天数90～145d	应满足冬季保温要求，部分地区兼顾夏季防热
夏热冬冷地区	最冷月平均温度0～10℃，最热月平均温度25～30℃	日平均温度≤5℃的天数0～90d，日平均温度≥25℃的天数40～110d	必须满足夏季防热要求，适当兼顾冬季保温
夏热冬暖地区	最冷月平均温度>10℃，最热月平均温度25～29℃	日平均温度≥25℃的天数100～200d	必须充分满足夏季防热要求，一般可不考虑冬季保温
温和地区	最冷月平均温度0～13℃，最热月平均温度18～25℃	日平均温度≤5℃的天数0～90d	部分地区应考虑冬季保温，一般可不考虑夏季防热

注：上表选自《民用建筑热工设计规范》(GB 50176—93)。

能国家战略，目的是在科学技术水平和物质财富达到一定高度的背景下，如何利用较少的资源和可再生能源去满足当代人对建筑舒适度的需求，又保证我们的后代也具有满足他们舒适生活的资源和环境需求，走出一条建筑规划与设计、施工和使用的可持续发展之路，探索提高建筑寿命和减物质化的设计理念，向科学技术要效益。如何利用自然气候的有利条件（如太阳能、风能、地热能、地表水体能），同时避免恶劣气候的不利影响，在适应地域气候的建筑设计当中挖掘潜力，开源节流，减缓建筑用能的消耗速度，如建筑平剖面设计时组织室内自然通风、日照与遮阳、隔热与保温、围护结构的蓄热与散热，将室外气候冬与夏季、昼与夜的波动范围调整至人体舒适需求的幅度内（18℃～26℃）。继《民用建筑热工设计规范》（GB50176—93）和《旅游旅馆建筑热工与空气调节节能设计标准》（GB 50189—93）以后，我国又相继出台了针对不同气候区、不同建筑类型的国家行业标准，旨在从技术层面上降低建筑能耗和提高能源使用效率。与建筑节能设计密切相关的建筑节能气候分区比《建筑气候区划标准》更为细化、量化。在每个气候区规定主要气候指标和辅助指标，每个气候区的主要指标中又分为冬夏两季的空气温度和相对湿度指标。近年有学者（付祥钊：2008 年）提出更为细化的建筑节能气候分区方式出台，将建筑节能气候分区的主要指标由 1 级指标代替，辅助指标由 2 级指标代替，将日照辐射量和相对湿度指标列入，共划分了 9 个建筑节能气候（类型）分区，使气候分区面积缩小，同一区内气候指标更接近，更有利于同一气候区内建筑节能材料与构造措施的统一，也使建筑热工设计室外主要设计参数更为细化，根据不同详细分区提出不同应对策略，建筑节能气候分区如表 4-7 所示。

表中一级指标包括两项：冬季采暖度日数是冬季采暖设计采用室内基准温度 18℃与当地采暖期室外日平均设计温度之差乘以当地采暖期天数的值，用 HDD18 表示；空调度日数是夏季空调设计采用室内基准温度 26℃与当地夏季空调室外日平均设计

建筑节能气候分区 **表 4-7**

序号	气候分区	1级指标(℃·d)		2 级 指 标
		冬季采暖度日数 HDD18	夏季空调度日数 CDD26	
1	严寒无夏	≥3800	<50	内蒙古、新疆、青藏高原，最冷月<-10℃
2	冬寒夏凉	2000～3800	<50	严寒无夏地区中，最冷月平均温度>-10℃，而且最冷三个月日照辐射量≥1000MJ/m²，划入该区。
3	冬寒夏热	2000～3800	≥50	最热三个月相对湿度≤50%
4	冬寒夏燥	≥2000	≥50	
5	冬冷夏凉	1000～2000	<50	
6	夏热冬冷	1000～2000	≥50	
7	夏热冬暖	0～1000	≥100	
8	冬暖夏凉	0～1000	<100	
9	冬冷夏温	1000～2000	≤50	

注：本表转摘见参考文献。表中第 9 项与第 5 项指标空调度日数接近，笔者建议用冬冷夏温，温的定性解释可以在凉与暖之间，气候特征为增加太阳辐射得热，同时该气候区有些二级区云天的天数较多，常年相对湿度要大一些，大气热运动稍弱。

温度之差乘以当地夏季空调期天数的值，用 CDD26 表示。两项指标定量地反映了同一地区在冬季采暖期和空调期建筑人工气候所需总能量值。它是建筑采暖和空调设计负荷的基础参数。

刘大龙等对建筑气候环境分区借鉴了中国生物地理分区采用的离差平方聚类分析方法。对于标准化后的 153 组城市气候因子进行聚类分析，得到每个城市气候的聚类划分，并且利用相关分析函数的连续性和突变性得出最终建筑气候分区的边界区域和分区数目。在分析建筑气候分区时他们引入了晴空指数的概念，较准确地反映出太阳对于某一地域水平面的年辐射量，其定义是入射到某地水平面上的太阳总辐射量与天文辐射量之比，即晴空指数 $K_t=G/G_0$。天文辐射进大气层和云团后会被气体分子、水分子、气溶胶等吸收、反射后使其透射量减弱，因而地面得热量相应减少。当有了晴空指数、空气相对湿度以及冬夏季室外设计温度推算出的采暖度日数和空调度日数，可以更翔实的判定某一地域的气候特征。他们将全国分为六个气候区，如表 4-8 所示。

建筑节能气候分区指标平均值　　　　表 4-8

分区名称	晴空指数 K_t	相对湿度 %	采暖度日数 ℃·d	空调度日数 ℃·d	备　注
酷寒区	0.555	58	5913	0	内蒙古北部、黑龙江、吉林、辽宁北部，该区域冬季漫长，气候非常寒冷，只有冬季采暖，晴空指数高，具有利用太阳能的条件
干寒区	0.578	45	3690	12	山东、河北、山西中南部、陕西、甘肃南部、四川北部，冬季较长，气候寒冷。建筑以采暖为主。西藏及内蒙古西部地区晴空指数高，空气污染小，适用被动式太阳能供暖系统
寒冷区	0.485	61	3597	5	
温暖区	0.484	73	920	0	云南省大部。气候温和，年均温度变化幅度小，冬季不需采暖，空气湿度大，建筑能耗主要用于除湿
湿晦区	0.368	75	1878	39	长江流域地区，冬季湿冷，夏季湿热，气温年变化幅度较大，建筑应同时考虑采暖、空调和除湿能耗，属晴空指数最低区域
湿热区	0.377	78	727	165	珠江三角洲大部地区，气温年变化幅度小但平均值偏高，夏季漫长，降水多，空气湿度偏高，晴空指数较低，降温除湿为主要建筑能耗

注：上表摘自《建筑气候区域性研究》（刘大龙）《暖通空调》2009-5 有改动

付祥钊先生和他的研究团队近年来一直致力于建筑节能气候分区的研究。在对不同气候区进行了更为细致的定量和定性的研究以后，又对同一气候区——夏热冬冷地区各主要城市进行了不同季节的城市和建筑气候的深入研究，将被动式和主动式的生物气候设计方法结合运用，而且取得了阶段性成果。

在以长江流域大部分城镇为主要分布的夏热冬冷地区，冬季需要采暖，夏季需要空调，空气湿度较大，但是在过渡季节仅需要通风和除湿即可，而不是像此前的全年能耗计算方法按 8760h 逐时累计计算后相加值。因为城市气候季节或是所在城市的建筑气候季节在一年周期中会有两段过渡季节，此期间气温在人体舒适需求范围内，仅需要通风换气即可满足室内空气洁净度要求。他们运用人体对于空气温度和湿度感受的心理学和生理学研究成果，将一年当中降雨量和蒸发量较大的炎热夏季的前后两段时间，采用对空气仅除湿不调温的手段也能将室外气候调整至人体舒适范围。如室内空气温度在 26～29℃之间时，将空气湿度人为地控制在 45％～65％之间，人体仍在舒适感受范围，这样减少了需首先蒸发皮肤附近的空气湿量再蒸发自身汗液而产生的闷热感，这两段气候过渡季节称为通风期和除湿期。则将一年中建筑节能气候季节分别定义为供暖期、通风期、除湿期和供冷期，按照一年周期中自然气候变化规律分为六个时段，在满足人体舒适感受范围前提下，各时段的应对策略是不同的，使得一年的总能耗在降低。

在研究成果中分别选择了长江流域（建筑热工规范所指的夏热冬冷地区）三个典型城市重庆、上海、武汉为例，（张惠玲，2009 年）本文仅摘录了上海地区建筑节能气候分期的成果，由于建筑围护结构具有热稳定性和屏障作用，他们将建筑节能季节划分为城市模型和建筑模型，前者基于城市所在纬度以及地形、地貌、地面水、人类聚居活动产生热岛效应的微气候条件确定城市节能季节，后者基于不同围护结构建筑的热惰性来确定室内小气候的建筑节能季节划分，（事实上，在传统建筑选址规划与单体设计当中已将通风除湿作为调节室内小气候的手段）现将两种建筑节能季节划分时间列于表 4-9 中。

地域气候、城市气候、建筑气候是相互关联又呈现递进变化的，建筑小气候的舒适性反映了居住品质的提高，将主动式人工气候手段与被动式自然方法结合运用会产生经济效益和社会效益，将一次性能源消耗降至较低水平，比起全年逐日、逐时累计能耗计算的设计理念是一个明显的进步。

上海地区一年中建筑节能季节气候划分表　　表 4-9

季节模型	通风期		除湿期		供冷期	供暖期
城市节能季节	3.22～6.4	9.23～11.26	6.5～6.24	8.24～9.22	6.25～8.23	11.27～次年 3.21
建筑节能季节	2.20～6.4	9.18～12.21	6.5～7.14	8.29～9.17	7.15～8.28	12.22～次年 2.19

注：上表摘自张惠玲：长江流域住宅建筑节能季节划分及能耗影响。《暖通空调》2009-8

近年来，全球变暖，气温升高，气候异常现象频现。气象台站将 35℃的实测气温作为一个高温区的分界，有些城市还报出市中心区水泥路面的最高温度。建议宜对某些城镇出现的 35℃以上气温再进行细化统计研究，对高温出现的时段按小时进行统计，可精确至 0.2℃，引入夏秋季“高温度时数”的概念，即实测一天当中高于 35℃气温与 35℃之差乘以持续的小时数，按出现的天数叠加，同时报出空气相对湿度。这样可以对高温持续的时间和升高的幅度作一精确的描述，预测对于不同人体代谢率状态的影响，这样既可作为室外工作岗位采取降温措施的参考，也为建筑空调专业增加一项参考数值，还为城市设计提供一些可能出现极端高温时段的应对策略，如绿地、水面规划面积、控制居住区容积率、减少光污染、减少碳排放的措施，以便组织夏季城市空气对流，缓解城市“热岛效应”。同时，也可用于同一地域、不同城镇的高气温特点进行比较。

参 考 文 献

1. 温克刚. 中国气象史. 北京：中国气象出版社 2007

2. 竺可桢. 竺可桢文集. 北京：科学出版社，1979

3. 刘树华. 环境物理学. 北京：化学工业出版社，2006

4. 赵烨. 环境地学. 北京：高等教育出版社，2007

5. 萧廷奎译述. 气候学. 南京：江苏科学技术出版社，1987
6. 刘念雄. 建筑热环境. 北京：清华大学出版社，2005 年
7. 赵江南. 宇宙新概念. 武汉：武汉大学出版社，2006
8. 付祥钊. 关于中国建筑节能气候分区的探讨. 暖通空调，2008 (2)
9. 刘大龙. 建筑气候区域性研究. 暖通空调，2009 (5)
10. 张惠玲，付祥钊. 长江流域住宅建筑节能季节划分及能耗影响. 暖通空调，2009 (8)
11. 马建华. 现代自然地理学. 北京：北京师范大学出版社，2002

第5章　建筑物理环境技术

改革开放以来，我国建筑界在引进西方建筑理论思潮时，未注意信息的平衡，未注意同时介绍发达国家重视建筑技术科学的一面，过于强调建筑的形式功能而忽视了建筑的内在性能，在学术上表现为偏艺术轻技术……科技对建筑业的贡献率低于科技对农业的贡献率。这使得在城市化急速发展、建设大潮迅速展开时，我国的建筑技术科学却未能相应发展，提供科学技术的大力支持。这是造成目前我国大量建筑物功能质量差、科学含量低、能源和资源浪费严重、寿命短的重要原因……

——吴硕贤等中国科学院院士

5.1　综述

在科学技术进步推动社会经济发展的大背景下，生存环境的保持与退化正在形成一种博弈，人类的智慧在逐渐揭露着自然奥秘，自然造物与科学技术在进行着对话，对于眼前利益与长远利益的抉择已成为全人类必须面对的问题。由于生产和生活产生的“三废”污染已经在加紧治理，而与声、光、热密切相关的建筑物理环境的优劣正在影响到人类居住生活质量。我们在需要热量的同时还要避免热污染——大气温室效应和过度的辐射正在影响着我们的工作效率和农业产品；我们在需要自然光照度的同时还要避免光污染——强烈的眩光和繁华街景间的来自不同方位的建筑镜面，给我们带来了视觉的疲劳和事故隐患；我们需要悦耳的音乐和歌声，但不希望听到来自交通工具和建筑工地的噪声污染。了解这些污染的发生规律和传播方式，并采取相应的防控措施，以可再生资源和科学的生活方式实现令人满意的建筑物理环境。

建筑物理环境包括建筑热湿环境、建筑光环境和建筑声环境。

5.2 建筑热环境

5.2.1 综述

全球气候环境、地域气候环境和建筑小气候环境构成了三种不同空间范围的空气环境，还有人类穿着的各种衣服和包括皮肤在内的两道防护面层将具有恒温要求的人体保持在生物学的活力之中。人体在新陈代谢和户内外的活动、生长、繁衍的过程中，需要水分、能量和多种维持生命的微量元素，需要适宜的空气温度、湿度和洁净度来维持人体的热湿平衡和需氧量。人体周围的空气温度、湿度和洁净度是衡量空气环境质量的重要指标，因为人类超过三分之二的生命历程是在室内度过的。在了解了人类对室内热湿环境的生理和心理需求之后，面对能源日益紧缺的今天，为了维持人体对于舒适温度的需求，人类不是采取为自己的居住环境单一的供热和供冷满足舒适需求的环境温度，而是利用几道防护对不同季节的环境温度实施不同的调节策略，同时满足居住者生活在一个较佳的热湿环境之中，目的是减缓一次性能源消耗的增长速度，提高可再生能源利用的比例。在后现代社会的发展进程中，要维持日益增长的人口享受较佳的热环境舒适度，向科学技术要效益是一项明智的选择。传热学、人体生理学、绿色建筑环境技术等学科和技术起到了不可替代的作用，这是一种低成本的防护自身、调节和顺应气候环境的综合能力。

5.2.2 建筑热湿传递的基本原理和围护结构节能设计

5.2.2.1 热的传播方式

导热是物质的基本属性之一。相互之间保持一定空间距离的两个（或以上）物体，其表面温度在绝对温度零度（－273℃）以上时均可发射电磁波，因其表面温度不同，所发射电磁波的主力波段亦有所不同，以中短波长为主辐射的物体表面温度要高于以中长波段辐射为主的物体表面温度。由于物体辐射热与物体表面热力学温度的四次方成正比，因此，物体之间温差越大，由高温物体向低温物体转移热量越多。太阳表面温度极高，是以短波段波长向星空和星球辐射热能的。物体之间的辐射热是相互传递的，表面温度高的物体热流密度越大，传热越快，直至达到无温差的热量平衡为止。热是一种在物质微观领域联系到分子、原子、自由电子等的移动、转动和振动的能量，物质的导热机理与组成物质的微观粒子的运动有密切关系。气体中导热是气体中分子作不规则热运动时相互作用和碰撞的结果。（章熙民，2003年）在介电体中，导热是通过原子、分子在其平衡位置附近的振动来实现的。在金属中，导热则是通过自由电子的相互作用和碰撞来实现的。因此，各种物质分子和原子之间的动能构成了物质的内能——热能。物质的微观构造不同其内能也不同，因而形成了不同物质之间的温差和蓄热性能。物体之间的传热方式有传导、热对流、热辐射。在太阳辐射的大自然环境中，空气中的传热和传湿是同时进行的，随时与植物、动物、建筑物、土壤、地面水进行着能量和物质的传递和交换，热传导、热对流、热辐射是传热的基本形式。

1. 导热

又称为热传导。是指物体各部分热相对位移或不同物体直接接触时依靠分子、原子等微观粒子的热运动而进行的热量传递现象。在地球引力场作用下，单纯的导热只发生在固体当中，而液体和气体的导热过程往往伴随着热对流现象产生。导热材料的密实与否（材料内部是否有微小封闭气孔是隔热材料的特性）决定着导热速度的快慢和固体能容纳热量的大小，不同材料的导热系数（λ）和蓄热系数（S）是衡量材料导热和热惰性的两个指标。以材料厚度远小于其他两个方向尺度的平壁传热为例，由传热学理论可知，一定厚度的平壁导热量与两侧表面已经存在的温差成正比，与壁厚成反比，与材料本身的导热性能有关，通过平壁的导热量 Φ 的计算公式如下式：

$$\Phi=(\lambda/\delta)\Delta tA\ (\mathrm{W}) \tag{5-1a}$$

或写为热流密度 q 表达式：

$$q=\lambda/\delta\Delta t\ (\mathrm{W/m^2}) \tag{5-1b}$$

式中 A 为平壁面积，单位为 m^2；δ 为壁厚，单位为 m；Δt 为平壁两侧表面温差，$\Delta t=t_{w1}-t_{w2}$，单位为℃。λ 为材料导热系数，其物理意义为在稳态传热条件下单位厚度物体具有单位温差时，它在单位面积上单位时间内的导热量，单位为 W/(m·k)，是衡量材料导热特性的指标。

与电学上的欧姆定律类似，平壁两侧的温度差与材料的热阻的比值称为热流密度 q，它由材料本身的微观构造特性所决定。可得下式：

$$q=\Delta t/R_t \tag{5-1c}$$

式中热阻 R_t 由实验及推导均可证实，它与材料厚度成正比，与材料的导热系数成反比，即：

$$R=\delta/\lambda\ [(\mathrm{m^2\cdot K})/\mathrm{W}] \tag{5-2}$$

热阻的倒数即是衡量一定厚度材料导热特性的指标—传热系数 K。即：

$$K=1/R\ [\mathrm{W/(m^2\cdot K)}] \tag{5-3}$$

材料的蓄热系数是衡量材料热容量的指标，其物理意义是：在周期热的作用下，平壁表面温度波幅为1℃时，流入材料表面的最大热流密度。它体现了材料对于周期热辐射的（延时和衰减）反应程度。材料表面蓄热系数 Y 是平壁在周期热作用下单层材料的蓄热系数，与材料蓄热系数的物理意义相同，只是在多层围护结构材料受到周期性传热作用时不仅与各层材料的热物理参数有关，而且与相邻材料的接触面（边界）有关，如接触面为空气时表面换热系数和温度波动与接触其他围护结构材料不同，但两者的定义式都可以表示为平壁迎（辐射）波面上表面热流波动振幅 A_q 与该表面温度波动振幅 A_w 之比，即有下式：

$$S=A_q/A_w=\sqrt{2\pi\lambda C\gamma/Z} \tag{5-4}$$

式中 λ 为导热系数，单位 W/(m² · K)，C 为比热容，单位 Wh/(kg · K)，γ 为干容重，单位 kg/m³，Z 为温度波动周期 (24h)，S 是周期热作用反应敏感程度的特性指标，它不仅与材料本身的热物理参数有关，还与外界热作用的波动周期相关。同样在周期性传热作用下，S 值越大，材料表面温度波动越小，蓄热量越大。一般材料手册给出 S_{24} 为 24h 周期蓄热系数，对于同样热工材料的表面温度时，蓄热系数大的材料表面换热量较大，如松木 $S_{24}=3.6$W/(m² · K)，混凝土的 $S_{24}=11.2$W/(m² · K)，作为地面装饰材料表面温度在 25～28℃时，（人体脚部皮肤舒适温度下限）人脚感觉在松木上走比在混凝土上走要暖和些，这说明松木的蓄热系数比混凝土要小，从脚部皮肤吸收热量少而产生的主观感觉。材料蓄热系数与材料热阻的乘积构成一个新的物理量——材料热惰性 D，即：

$$D=R\cdot S \tag{5-5}$$

热惰性指标 D 反映了物质的热稳定性，特指用于建筑围护结构的材料在一昼夜当中承受室外周期性传热过程中表现出墙体内表面得热峰值时间的延迟和热衰减特性，削弱了过热大气温度对室内环境温度的不良影响，体现出围护结构的热屏蔽作用。《民用建筑热工设计规范》（GB 50176—93）将建筑围护结构根据其热惰性指标 D 值分为四种类型：Ⅰ型：$D>6.0$，Ⅱ型：$D=4.1\sim6.0$，Ⅲ型：$D=1.6\sim4.0$，Ⅳ型：$D<1.5$。围护结构材料由重型（容重和比热容大）到轻型变化，不同的围护结构热

惰性指标作为建筑供热和供冷的重要参数，也为超低能耗建筑奠定了基础条件。

2. 热对流

依靠流体（液体或气体）的运动把热量由一个位置传递到另一个位置，多是发生在建筑供热过程中热量由固体传至液体（如换热器）或者由固体传至气体（如暖气片），再由自然温压作用加热一个封闭空间的流体，也称为不同物质间的换热过程。建筑供热与空调工程当中经常出现的是流体和固体壁直接接触的换热过程，在此过程中热对流与导热同时发生，在流体与固体间导热时直接接触的很薄的面上是一个温度过渡区域，温度值介于固体和流体之间，形成一种对传热的阻力，称为对流换热热阻，其倒数值定义为对流换热表面传热系数，也称为对流换热系数（h），即有：

$$h=1/R_{\mathrm{h}} \tag{5-6}$$

对流换热表面传热系数根据不同热工状况在《传热学》（章熙民，2003 年）一书中有理论解和实验解，它反映了不同相物质间传热（换热）的特性。在不同工况下热阻值有差异，如在室外大气中外墙表面换热阻由于同时有不同风力和风向的气流作用会有所增大，与大气不同接触方式的外墙也影响其表面换热阻等。《民用建筑热工设计规范》（GB 50176—93）直接给出了不同楼板构造、不同位置外墙内外表面的换热系数和换热阻的取值。用 α_{i} 和 α_{e} 分别表示外墙内外表面换热系数，用 R_{i} 和 R_{e} 分别表示外墙内外表面换热阻。

3. 热辐射

热量传递的第三种方式是不依靠传热体与受热体的直接接触，而是发热体发出可见或不可见射线（如太阳辐射一样的电磁辐射）通过一定距离外物体时使其获得热能（如果是在空气间的辐射也同时加热了空气），这种靠辐射热进行的热传递的方法称为辐射换热。任何高于绝对温度 0K（−273℃）的物体都能向外辐射热能，同时也能接收来自其他空间位置辐射过来的热能。不论温度高低，物体都在不停地向外发射电磁波能，高温物体辐射给低温物体的能量大于低温物体向高温物体辐射的能量。物体辐射能力的大小与其表面性质与温度有关，如太阳的表面温度产生的辐射能量可以加热以光年计算距离的星球，表面光滑的金属面向外辐射能力很低，称为低发射率（Low-E）表面。物体间相互热辐射的结果是热能由高温物体传向低温物体，直到两物体温度相同为止。

5.2.2.2 建筑围护结构传热过程及设计标准

在建筑热工计算当中经常进行建筑围护结构在供暖器的热负荷和在供冷期的冷负荷计算，在冬季和夏季设定室外温度条件下分别计算与大气接触的墙壁、屋面、外窗等部位的耗热量和耗冷量。图 5-1 所示简图为一复合保温外墙在冬季向外散热过程沿墙厚向外散热情况。墙体由承重砖墙与一定厚度的绝热型保温材料复合而成，是一个热量在不同材料间传递的过程。在室内热空气和室外冷空气之间墙体起到阻隔热向外传递的作用。在内壁表面由于有换热阻 $1/h_1$，温度由 t_{f1} 降为 t_{w1}，在墙体内部，温度沿墙体厚度呈梯度变化，在两墙体材料结合处降为 t_{w2}，在保温材料外侧表面降为 t_{w3}，经过外表面换热阻 $1/h_2$，温度降为室外温度 t_{f2}。可以看出，墙体内外表面温差越大，温度梯度越大，单位时间内通过墙厚的热量越小。但是热流密度不随墙厚和时间变化，只与材料导热系数有关。墙体的传热速度越慢，则保温性能越好，承重墙与保温隔热材料复合的外墙慢于单一砖墙的传热速度，那么，整个房间或整幢建筑单位时间能耗大幅降低，这就是本结构建筑节能的原理。图 5-1 所示墙体传热的热流密度可表达为下式：

$$q=(t_{f1}-t_{f2})/(1/h_i+\delta_1/\lambda_1+\delta_2/\lambda_2+1/h_w) \tag{5-7}$$

上式可简写为：

$$q=K(t_{f1}-t_{f2}) \tag{5-8}$$

式中 $1/h_i$ 和 $1/h_w$ 分别为墙体内外表面换热阻，δ_1/λ_1 和

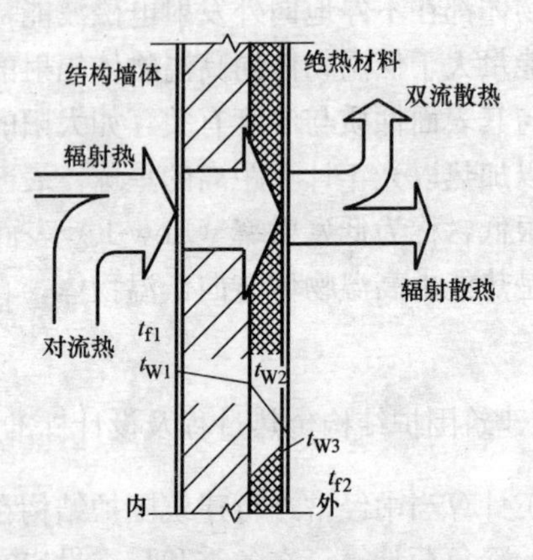

图 5-1　夜晚外墙散热简图

δ_2/λ_2 两种墙体材料的热阻，单位为（$m^2 \cdot K$）/W，K 为墙体传热系数，它表明一定厚度的墙体单位时间内、单位墙壁面积、冷热流体间每单位温度差可传递的热量，单位为 W/（$m^2 \cdot K$）。传热系数是材料本身的传热特性，一定厚度材料传热系数可用热阻表达为：

$$K=1/(R_i+R_1+R_2+R_w)=1/R \tag{5-9}$$

式中 R 是外墙的总传热阻，它是内外表面换热阻和不同墙体材料热阻之和。复合墙体的各层材料厚度和材料排列方式确定后，则墙体总热阻和传热系数即是定值。

对于冬季以采暖为主的地区居住建筑，除了外墙本身的构造以外，主要影响外墙传热系数的参数有采暖期室外设计温度和建筑体型系数，各地室外设计温度不同，传热系数限值也不同。而夏热冬冷地区居住建筑外墙兼有冬季保温、夏季隔热的要求，多数地区室内外温差较小；夏热冬暖地区则主要以夏季隔热为主，以通风降温和外窗遮阳为辅助隔热手段，因此，二者外墙的热惰性指标（$D=R \cdot S$）则是主要影响因素，节能居住建筑外墙传热系数限值，如表 5-1 所示。

节能居住建筑外墙传热系数限值 K　　表 5-1

适用城镇或气候区		采暖期室外温度	体型系数≤0.3	体型系数>0.3	$D\geqslant3.0$	$D\geqslant2.5$
严寒和寒冷地区	哈尔滨	−26.0℃	0.52	0.40		
	北京	−9.0℃	1.16	0.82		
	郑州	−5.0℃	1.40	1.10		
夏热冬冷地区					≤1.50	≤1.00
夏热冬暖地区					≤1.50	≤1.00

上面讨论的是热量稳态的传热过程，即是热量在不同物质中均匀、不随时间变化的传热形态。但是实际工程当中也会遇到传热随时间而发生变化的传热方式。最典型的传热过程即是在一昼夜时间内太阳辐射对于建筑围护结构的传热方式。仍以外墙为例，外墙在一昼夜时间内依次呈现出得热、放热这样一个传热呈周期性变化的规律。白天由于太阳辐射和大气向墙体的传导热，使墙体得热并且向室内空气传递，由于墙体材料的隔热和蓄热特性，使外墙内壁出现最高温度的时间要晚于白天太阳辐射大气出现最高温度的时间，延迟数小时，一般在傍晚出现，而且外墙内表面温度出现衰减效应，这与墙体组成材料的热稳定性有关，这就是非稳定传热过程的特征。工程设计当中为计算简化又不影响计算结果的精度，将这种传热过程简化为一昼夜周期中热量随时间呈正弦波形式变化，热流密度呈谐波热形式变化的非稳态传热过程。这样可计算出外墙内表面的热最大值的延迟时间和热量衰减后的温度值。

屋面是建筑围护结构中较重要的传热部位，热空气由丁温压的作用会产生垂直向上运动，同时有较大的水蒸气分压力。所以，屋面及顶层房间的热湿传递速度要大于外墙。在夏热冬暖和夏热冬冷气候区，夏季太阳高度角均处于当地一年中最高值，太阳直接辐射至屋面的热量达到最大值，结合屋面保温、隔热、蓄热、防水诸项功能，居住建筑在进行屋面热工设计时应同时考虑传热系数和热惰性两项指标。后者则强调了屋面的热稳定性，控制夏季屋面在昼夜周期性得热后有一定的衰减倍数和结构内表面温度峰值出现的延长时间，在冬季需要采暖的建筑则可以有效控制结构内表面温度与室内环境温度之差。对于公共建筑屋顶设计，《公共建筑节能设计标准》（GB 50189—2005）中规定建立一个与之相对应的参照建筑进行围护结构热工设计的权衡判断，除了选用适合当地条件的屋面材料和构造措施外，建筑体型系数和屋顶透明部分的面积是两项重要影响因素。建筑体型系数是直接与大气接触的围护结构表面积之和与该表面所围成的建筑体积之比，其值越小，则该建筑耗热速度越慢，从建筑节能角度要求建筑平、剖面设计尽量减少凸凹的外表面（包括外墙面和错层的屋面）。屋顶透明部分是指建筑顶层和建筑中庭在屋面开设的采光通风天窗，要求其面积不应大于屋顶总面积的 20%，而且天窗传热系数在高寒区（严寒地区 A 区）$K \leqslant 2.5 \mathrm{W/(m^2 \cdot K)}$。需要指出的是，大型商场建筑由于其人流集中和使用时间多在白天的原因，一位成年人的体内发热量相当于 100W 的暖气片，建筑围护结构热阻不需过高，应重点考虑夏季散热和通风换气要求，同时满足空调节能和舒适要求。不同建筑类型、不同气候区对于屋面的建筑热工设计要求是不同的。居住建筑和公共建筑在不同气候区传热系数限值分别见表 5-2 和表 5-3 所示。

居住建筑不同气候区屋面的传热系数和热惰性指标限值

表 5-2

<table>
<tr><th colspan="2" rowspan="2">气候分区</th><th colspan="2">传热系数 $K[\mathrm{W/(m^2.K)}]$</th></tr>
<tr><th>≥4 层建筑</th><th>≤3 层建筑</th></tr>
<tr><td colspan="2">严寒地区 A 区</td><td>0.40</td><td>0.33</td></tr>
<tr><td colspan="2">严寒地区 B 区</td><td>0.40</td><td>0.36</td></tr>
<tr><td colspan="2">严寒地区 C 区</td><td>0.45</td><td>0.36</td></tr>
<tr><td colspan="2">寒冷地区 A 区</td><td>0.50</td><td>0.45</td></tr>
<tr><td rowspan="2">寒冷地区 B 区</td><td>轻钢、木结构、轻质墙板等围护结构</td><td>0.50</td><td>0.45</td></tr>
<tr><td>重质围护结构</td><td>0.60</td><td>0.50</td></tr>
<tr><td>夏热冬冷地区</td><td>$D \geqslant 3.0$</td><td colspan="2">≤1.0</td></tr>
</table>

公共建筑不同气候区屋面的传热系数限值　　表 5-3

气候分区	传热系数 K[W/(m^2·K)]			
	体型系数≤0.3	0.3<体型系数≤0.4	体型系数>0.4	屋顶透明部分
严寒地区 A 区	≤0.35	≤0.30		≤2.50
严寒地区 B 区	≤0.45	≤0.35	≤0.30	≤2.60
寒冷地区	≤0.35	≤0.45	≤0.40	≤2.70
夏热冬冷地区	≤0.70		—	≤3.00
夏热冬暖地区	≤0.90		—	≤3.50

屋面构造材料和节能设计同外墙热工设计相似，主要依据为地方气候条件，诸如年最冷月和最热月室外设计温度、年降雨量和空气湿度、瞬时最大降雨强度、太阳年辐射量、日照高度角及地方太阳时、当地产防水和保温材料等。但因室内空气传热为垂直对流，外表面又容易积水，屋面板底面与室内环境温度的温差限值比外墙更加严格，传热系数限值要小于外墙，而且应进行防水和防潮设计，屋面材料及构造措施呈多样化，以适应气候的多样化。以保温要求为主的严寒和寒冷地区屋面构造宜采用由上至下为防水层、保温层、结构层的常用做法，保温层含水量须控制在当地自然气候状态下的平衡含水量，并要进行冷凝和防潮设计。在屋面适当部位（一般位于结构层上面）设置隔气层，是控制保温层含水量、防止冷凝的措施之一。采用耐冻融性能好的防水材料。夏热冬冷和夏热冬暖气候区城镇多位于中低纬度区和低海拔地区，大气压较高，屋面接受太阳辐射量大，年降雨量和瞬时降雨强度多数地区都偏高，屋面构造采取了多种隔热和防水措施。如坡屋面室内吊平顶或设置阁楼，平屋面采用架空通风屋面，设置封闭空气间层屋面，倒置式屋面，种植屋面，充水屋面等。采用防水层在上面的常规构造做法时，最上面带有仿铝箔面涂层，可有效防止太阳辐射，具有低发射率的铝箔也可以贴在封闭空气间层高温一侧的材料表面，会起到同样效果。架空屋面构

造通常是在防水层上面作砌体通风道，上部盖混凝土盖板，密闭性要好，形成自然对流，空气将盖板得热随时排至大气当中，降低了屋顶内表面温度波动幅度。在夏热冬冷地区设置架空屋面时，通风道进排气口应有可开闭措施；在冬季时封闭风道，形成密闭空气间层，起到一定的保温作用。种植物面上的植物可吸收一部分热能转化为生物能，对屋面形成一个热屏障，（外墙的攀缘植物也有同样的功能）土壤在吸收热量后，晚上又以长波形式辐射至大气当中（散热），种植层自然形成一个蓄热性能好的被动式防热体。倒置式屋面是将保温层做在防水层上面，可以延长防水层使用寿命，保温层容许有一定的含水增量，在夜间蒸发时可带走部分热量。有些屋面干脆做成几个防水性能好（刚性防水与柔性防水相结合面层）的浅水池，充分利用了水热容量大的特性，夏季屋面在水中即完成了得热、蓄热、散热的全过程。在冬季则将池水排出。但这种蓄水隔热屋面具有局限性，冬季供暖区和地震设防区是禁用的。后面三种屋面构造仅适用于一年中最冷月平均温度≥0℃的建筑气候区，屋面不应有结冰。在屋面设计和施工当中严格控制封闭式保温层的含水增量，它会直接影响其隔热保温效果。在屋面设计当中设置一定数量的排气管伸入保温层内部，使保温层由于温度和湿度的变化而随时排气和减压，与大气沟通，使保温层处于当地自然气候的湿平衡状态。在标准气压下，水汽难进易出，避免了屋面产生冻胀、热胀、空鼓、开裂等现象。近年来推广使用的现场硬发泡聚氨酯屋面保温层材料和技术，其憎水性、整体性、易操作性、经济性均好，但应做好防太阳辐射的构造措施，减缓发泡层的老化速度。

对于夏季建筑需要隔热设计的气候区，《民用建筑热工设计规范》（GB 50176—93）规定了围护结构内表面最高温度限值，应低于等于该地区夏季室外设计温度值，否则应调整墙体材料的总热阻和热稳定性，这是基于围护结构隔热设计来考虑的。对于以建筑保温设计为主的严寒和寒冷地区，则是以围护结构的最小传热阻作为控制指标，目的是使外墙内表面温度与室内环境温度之差控制在 6.0～7.0℃以下范围，屋面控制在 4.0～5.5℃以下范围，（不同类型建筑温差值不同）以控制冬季向外散热速度和保证人体的热舒适度。若同一地区（如夏热冬冷气候区）外墙同时需要保温设计和隔热设计时，围护结构最小传热阻应以夏季隔热计算最小传热阻作为外墙设计热阻值。采暖建筑围护结构应同时进行防潮设计。

5.2.2.3 建筑湿环境及围护结构防潮

空气中温度和湿度是同时存在的。空气的相对湿度在45％～70％之间是人体舒适感受范围，空气长时间的过于湿润或者过于干燥使人体感觉不舒服，冬季，皮肤表面需加热潮湿的水汽而带走热量，人体感觉阴冷；夏季，皮肤必须先蒸发掉水汽才能蒸发汗液，人体感觉闷热，长时间还会影响人体代谢或者出现病态。空气相对湿度的概念是：一定温度、一定大气压力下，空气的绝对湿度 f 与同温、同压下的饱和蒸汽量 f_{max}的百分比，成为该空气的相对湿度。相对湿度一般用 ϕ(％) 表示，即有：（刘加平，2009 年）

$$\varphi = f/f_{max} \times 100\% \quad (5\text{-}10)$$

空气在不同温度下饱和水蒸气量是不同的，空气中水蒸气达到饱和时开始凝结成水，这时的温度称为空气露点温度，换言之，不同的水蒸气含量对应着不同的露点温度。表 5-4 给出了在不同温度下饱和空气对应的水蒸气含量：

饱和空气所能容纳的水蒸气含量（单位：g/kg 干空气）

表 5-4

空气温度℃	5	6	7	8	9	10	11	12	13	14	15	16	17	18	19
水蒸气含量	5.4	5.79	6.21	6.65	7.13	7.63	8.15	8.75	9.35	9.97	10.6	11.4	12.1	12.9	13.8
空气温度℃	20	21	22	23	24	25	26	27	28	29	30	31	32	33	34
水蒸气含量	14.7	15.6	16.6	17.7	18.8	20.0	21.4	22.6	24.0	25.6	27.2	28.8	30.6	32.5	34.4

注：本表选自《建筑环境学》P184（黄晨主编）机械工业出版社 2005 年 北京

在围护结构材料中存在水蒸气分压力，如同温差传热一样，在围护结构内外表面存在水蒸气分压力差，所不同的这是一个传质过程，水蒸气由分压力大的一侧渗透至分压力小的一侧，直到水蒸气压力达到平衡位置。湿气的渗透是一个物质流动的过程，当绝大多数围护结构（材料）与周边具有一定湿度的空气处于热平衡状态时，由于材料本身的隔湿性（蒸汽渗透阻）和吸湿性也会与周围空气达到湿度的平衡，这种平衡往往是短暂的，因为室内外空气温度、湿度和气压的随时变化都会体现在墙壁厚度上产生传湿过程，使得热量和水分向材料内部传递和渗透，但是方向有时相同，有时相反。由于墙体材料有不同的蒸汽渗透阻，使得在围护结构内外表面之间有一个水蒸气分压力差。当室外降水过程发生时，水蒸气分压力会高于室内值，通过墙体和门窗缝隙进入室内。在室外雨过天晴开始蒸发时，则可以通过开窗组织对流通风方式降低室内空气湿度，以减少水蒸气分压力在围护结构内壁面的渗透传湿。在冬季特别是北方寒冷地区室外空气相对湿度往往低于室内，而且围护结构内外表面温差较大，特别是在顶层楼板底面，由于室内产生水蒸气较多或者建筑热工设计稍有疏忽，即会产生冷凝结露现象。所以，应设置必要的隔气层，控制围护结构在传湿过程中冷凝面的位置，一般是结合地域气候特点核算复合墙体材料各层传热阻，并选择较好排序方式，将结露面控制在墙体结构层以内。隔气层一般设于顶层楼板结构层上面，多为各种防水涂层或是高聚合物改性沥青卷材，涂于结构层找平层上面，减少水汽与低温的相遇机会。

建筑围护结构断面中水蒸气分压力增大会使外墙内表面出现夏季结露现象，会使室内家具、衣物、食品、设备长霉、变质。尤其发生在降雨量多发的夏热冬冷地区。夏季结露具备的条件有：①室外或室内空气温度高、湿度大，空气湿度接近或达到饱和，如大雨过后或浴室内空气状况；②内墙表面热惰性大，其温度低于室外空气露点温度；③高温、高湿空气与低温表面接触，如冬季戴眼镜由室外进入采暖房间时镜面结露现象。对于非空调房间采取组织自然通风和易吸湿物品在室外晾晒等办法降低湿度，在对空气湿度有严格要求的生产车间和仓储设施则有与空调系统配套的单独除湿设备，如转轮除湿器，不需要专门调高工作环境温度也可降低空气湿度，而且耗能较少。在北方的冬季空气虽然干燥，建筑勒脚部位的墙体和不采暖地下室外墙由于地表土湿度较大，也会使外墙内表面结露或结霜，严重者产生冻胀，围护结构首先应满足最低传热阻，在围护结构适当位置增加隔气层构造以外，另一解决措施是在散水上下一定高度范围增强外墙的保温隔湿构造，在外侧贴砌一定厚度的 XPS 板，同时安装保温性能好的地下室外窗。在屋顶与屋面相接的女儿墙部位应采取一定高度的双面保温构造措施，与屋面和外墙保温层相接，这样可以避免在保温与非保温的分界面上产生水平裂缝和顶层屋面板与外墙相交部位内表面出现结露现象。所以，无论是墙体等围护结构材料或是空气采用低成本的方式控制高湿和低温是有效地减少结露的途径。在空气相对湿度低于 15％的时段和季节采取适当的加湿措施以满足人体对于空气湿度的基本需求。

在建筑热工设计当中将冷凝面设于结构层以内是第一道防线，而第二道防线是在墙体传热、传湿设计时先求出已定墙体的饱和水蒸气分压力——一定厚度的墙体在一定空气湿状况条件下沿墙厚有一条饱和水蒸气分压力曲线，要求墙体内实际发生的水蒸气分压力曲线小于饱和水蒸气分压力曲线，以控制在墙体内部产生冷凝，现在有绝热材料保温层的复合墙体增加了传热阻和蒸汽渗透阻，一般是可以满足此项要求的。对一些容易吸湿的保温材料，如加气混凝土、岩棉等其含湿量增加会提高材料的导热系数，所以，《民用建筑热工设计规范》对几种主要保温材料容许含水量增量作了限定，以保证墙体的热稳定性。

用于衡量材料水蒸气渗透能力的物理量称为蒸汽渗透系数，

用“μ”表示，单位为［g/(m・h・Pa)］，普通钢筋混凝土 $\mu=1.58\times10^{-5}$，加气混凝土 $\mu=9.98\times10^{-5}$，黏土砖墙 $\mu=1.05\times10^{-4}$，一道沥青油毡 $\mu=7.5\times10^{-6}$，氯丁橡胶两道涂层 $\mu=8.65\times10^{-7}$（近似值），可以看出，墙体材料的水蒸气渗透系数是防水材料的几十倍甚至上百倍。同传热阻的计算公式类似，蒸汽渗透阻的计算公式为材料的厚度 d 与蒸汽渗透系数 μ 的比值，即有下式：

$$H_n=d_n/\mu_n \tag{5-11}$$

式中 H_n 表示复合围护结构当中第 n 层的水蒸气渗透阻、厚度以及水蒸气渗透系数，复合围护结构总的水蒸气渗透阻为各层水蒸气渗透阻之和，即：

$$H=H_1+H_2+H_3\cdots\cdots H_n \tag{5-12}$$

水蒸气渗透阻的单位为［(m²・h・Pa)/g］，是材料阻止水蒸气渗透的能力。如位于复合围护结构外保温墙体外侧保护层，在设计施工时实施了“防水透气”（难进易出）的理念，在其中压入一层抗拉（保温体冷缩原因）的耐碱玻纤网格布，控制微裂缝宽度，以控制标准气压下水的渗入。但是保温层内部由于一些现场湿作业等原因仍有残余含水量，利用内层压力伴随温度升高而增加时的压差通过微小缝隙可将水蒸气分子溢出来，从而避免了有较大裂缝产生，对湿量由堵变疏，从而提高了保温层的使用寿命。在屋面和墙体热工设计时，由于水蒸气分压力差和温度差，进行建筑防潮设计时将冷凝面设在结构层以内，并在结构外表面增加隔气层，提高了结构层的水蒸气渗透阻，也控制了保温层含水量。在夏热冬冷和夏热冬暖气候区居民有常年开窗通风、换气、除湿的居住习惯，厨房、卫生间等湿度较大房间采用强制排气措施以减少含湿量，也会防止围护结构内表面产生结露。

5.2.2.4 外窗、玻璃幕墙的物理性能与节能设计

外窗和不同面积、不同形状的玻璃幕墙统称为半透明围护结构。它的主要作用是与室外适时地进行物质、能量和精神上的交流和隔离，包括遮风避雨、隔热、通风换气、接受太阳辐射、利

用天然光线、向外散热、眺望窗外景色和观察事物，甚至能与他人进行交流，满足精神上的一些需求，从某种意义上讲，窗户是建筑具有活力的象征，通过这一特殊的围护结构，人类可以接近自然、顺应自然、利用自然和与自然隔离，避免了恶劣天气对人的影响，满足人类生存不同时段的需求。同时，建筑外表面由于有了按一定韵律排列的外窗或是异型窗，抑或是具有通透感和镜面感的玻璃幕墙，如果布置方式和比例恰到好处，则会提升建筑的审美价值，甚至会成为地区的标志性建筑。但是在进入后现代社会以后，具有生态活力的绿色建筑将会成为今后建筑师以及全社会的主流价值取向，其中建筑半透明围护结构设计将在其中扮演重要的角色，而不是传热系数很高的散热体了。

传统建筑的外窗主要为木框玻璃窗，在玻璃出现以前，外窗多为拼花木格或雕花木格内贴窗纸，在南方则有竹编的支摘窗——既遮阳又通风的一种上悬窗，在严寒和寒冷气候区民居外窗上部设置被动式通风换气装置——风斗，形成室内空气负压，可抽风换气，避免室外风雨的倒灌。传统民居外窗的透光面积不大，保温性能和密闭性能差，仅能满足通气和采光的最低要求，非透明的木构件占窗洞口面积的40%～50%，也借助较高亮度的窗纸采光。我国自20世纪60年代后期的建筑开始使用空腹和实腹框的钢窗，外窗玻璃用量增加，非透明的框料所占面积比例降低，钢框和铝合金框外窗的窗框窗洞面积比为20%～30%，有关规范规定用于衡量一般公共建筑室内采光特性的窗地面积比增至1/6以上，窗的气密性、水密性、抗风压性能均有了大幅提高，部件产品进入系列化、工厂化生产。随着建设规模的不断扩大和对建筑物理环境质量要求的提高，随着材料科学技术的进步，建筑外窗等半透明围护体要求出现多样化、高性能化，甚至智能化；外窗框料和玻璃的制作工艺和材料均有了较大的改进，相继产生了塑料外窗、塑钢外窗、断热钢框和断热铝合金框外窗制品；外窗安装形式由单层和双层演变为单框双玻窗，直到现在大量使用的中空玻璃，热反射玻璃、低辐射镀膜玻璃，适合室外气候变化的“可呼吸”式玻璃幕墙；新的生产工艺也使外窗综合性能提高，包括门窗的抗风压性能、水密性、气密性、保温性能、隔声性和采光性 6 项指标已经编入相关检测标准，其选取规定如表 5-5 所示，以铝合金门窗为例，窗的物理力学性能分级标准如表 5-6 所示。

外门窗性能选取规定　　表 5-5

性能名称	建筑工程要求依据	性能分级名称、符号
抗风压性	按 GB 50009 确定风荷载设计标准值 W_k	抗风压承载能力 $<P_3$
水密性	沿海地区取风荷载设计标准值的 $0.4W_k$，其他地区取 $0.3W_k$	水密性的分级值 $<\Delta P$
气密性	分别按下列规范确定：GB 50176、GB 50189、JGJ 26、JGJ 134、JG J129	气密性的分级值 $<q_1$
保温性		保温性能分级值 $>K$
隔声性	隔声性能取值按 GBJ 118 的规定	隔声性能分级值 $<R_W$
采光性	采光性能取值按 GB/T 50033 的规定	采光性能分级值 $<T_r$

注：本表选自赵键主编《建筑节能工程施工手册》经济科学出版社 2005 年 北京

铝合金门窗物理力学性能分级指标　　表 5-6

名称	符号	单位	分级指标					
抗风压性能	P_3	kPa	1	2	3	4	5	6
			$1.0\leqslant P_3<1.5$	$1.5\leqslant P_3<2.0$	$2.0\leqslant P_3<2.5$	$2.5\leqslant P_3<3.0$	$3.0\leqslant P_3<3.5$	$3.5\leqslant P_3<4.0$
			7	8	XX	—	—	—
			$4.0\leqslant P_3<4.5$	$4.5\leqslant P_3<5.0$	$P_3\geqslant 5.0$	—	—	—
水密性能	ΔP	Pa	1	2	3	4	5	XXXX
			$100\leqslant\Delta P<150$	$150\leqslant\Delta P<250$	$250\leqslant\Delta P<350$	$350\leqslant\Delta P<500$	$500\leqslant\Delta P<700$	$\Delta P\geqslant 700$
气密性能			—	—	3	4	5	—
	单位缝长	$m^3/(m\cdot h)$	—	—	$2.5\geqslant q_1>1.5$	$1.5\geqslant q_1>0.5$	$q\leqslant 0.5$	—
	单位面积	$m^3/(m^2\cdot h)$	—	—	$7.5\geqslant q_2>4.5$	$4.5\geqslant q_1>1.5$	$q\leqslant 1.5$	—

续表

名称	符号	单位	分级指标					
保温性能	K	W/(m^2·K)	5	6	7	8	9	10
			4.0>K≥3.5	3.5>K≥3.0	3.0>K≥2.5	2.5>K≥2.0	2.0>K≥1.5	K≤1.5
隔声性能	R_W	dB(A)	2	3	4	5	6	—
			25≤R_W<30	30≤R_W<35	35≤R_W<40	40≤R_W<45	R_W≥45	—
采光性能	T_r	—	1	2	3	4	5	—
			0.2≤T_r<0.3	0.3≤T_r<0.4	0.4≤T_r<0.5	0.5≤T_r<0.6	T_r≥0.6	—

注：此表摘引文献同上。

按照上面6项物理力学性能指标要求检测的外窗会成为一面坚固耐用的建筑透明保温体了。那么，外窗又经历那些得热和传热过程的呢?

外窗作为一种半透明建筑围护结构部品，它要同时接受传导热和热辐射得热过程。室外大气温度只要与室内气温有温差，就有温差传热产生，热流方向或者向外（供暖季节）或者向内，(供冷季节）外窗接受的辐射得热主要由太阳直接产生的短波辐射和大气吸收部分太阳辐射后产生的（中长波）散射组成。对于辐射热，不同性质的外窗可将太阳辐射反射一部分，经过玻璃透射一部分至室内，外窗吸收少部分后再分别向室内和室外辐射散热，向室内和室外散热量比例根据环境温度和空气流速确定，一般向室外散热量要大一些。详见图5-2太阳辐射外窗传热简图。玻璃的导热系数为0.76[W/(m·K)]，普通单玻铝合金窗或者钢窗的传热系数为6.4W/(m^2·K)。

经进入规模化生产的热反射玻璃、低发射率（Low-E）镀膜玻璃、贴膜玻璃、吸热玻璃，提高了阻隔太阳辐射热的性能，避免了夏季太阳辐射过热现象，同时保证了透光性，其传热系数可达到4级标准，清华大学节能实验楼外窗传热系数可达K=

1.4W/(m^2·℃)，日本的实验外窗传热系数达到 K=1.1W/(m^2·℃)。这主要由玻璃的防辐射性能、窗框的气温差传热性能、玻璃与窗框、窗扇与窗框间的密封性能几项因素决定。

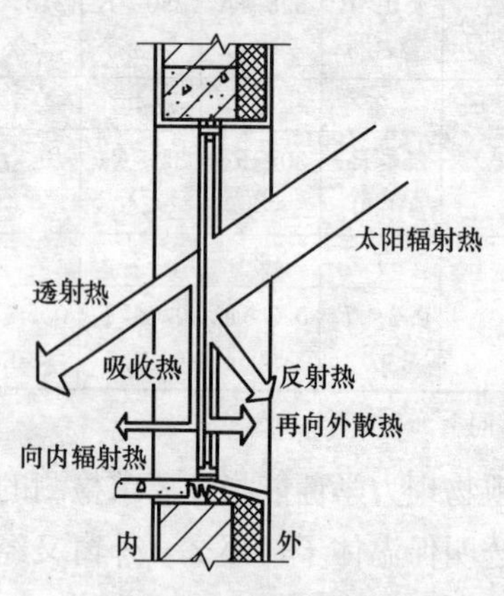

图 5-2 太阳辐射窗传热简图

中空玻璃以单层中空玻璃居多，两侧玻璃组合中间为封闭空气层或填充惰性气体，首先可降低组合玻璃内外表面的温差传热，也称为双侧密封隔热玻璃，基本不会阻止辐射热，普通中空玻璃一般由原片 3mm 厚和 5mm 厚普通白玻璃组合而成，空气间层厚度 A=9～12mm，如果空气层厚度增大，则会在温差传热过程中形成间层内空气对流换热，使传热系数提高，影响隔热效果。低发射率（Low-E）中空玻璃的制作工艺分离线镀膜和在线热分解法，前者采用磁控溅射法工艺，后者的镀膜工艺是在线高温热喷涂的硬镀膜，具有控制阳光和反射热的功能，空气间层厚度均为 A=12mm。在线镀膜工艺具有膜层牢固、不易脱落、能进行各种加热变形处理等优点，但是制作成本偏高。低发射率玻璃一般放在外层玻璃位置，也可根据不同地区建筑热工需要放在内侧。两层玻璃周边的粘结组合多采用暖边组合工艺，密封胶条由干燥剂、铝条、丁烯橡胶组成，使玻璃表面的周边与中部零温差，密封水平可保证在一定年限内不结雾，具有可靠的抗风压能力和较佳的空气声隔声效果。空气间层填充氩气和氪气是为了减少温差传热和控制含水量，两片玻璃的内表面温差和间层气体的辐射率决定了太阳对中空玻璃的辐射透过率，玻璃实体部分可根据不同气候区需要设计成高反射率玻璃、高透过率玻璃，在严寒和寒冷气候区，低发射率玻璃放在外窗内侧则可以增加白天有太阳时的空气向内温差传热量，在晚上，可有效阻止由内向外的长波辐射和温差传热。高纬度区域夏季辐射得热较少，为了抵消玻璃的隔热性，晚上的开窗通风在一定程度上起到降温作用。对于以空调为主的夏热冬暖地区，低发射率玻璃应放在外玻位置，夏季可以有效隔热。对于冬季需要采暖、夏季需要空调的夏热冬冷气候区，外窗应采用外玻镀膜中空玻璃以隔离夏季辐射热，在冬季供暖期则可将活动窗扇更换为普通中空玻璃减少晚上的温差传热量，增加白天辐射得热量。为了适应该气候区冬夏季对于热量不同需求的特性，另一项措施时增设外窗的活动式遮阳板（罩），可调角度或者完全收缩或展开，对于不同季节或是否有太阳辐射做适时调节，实现降低遮阳系数（提高遮阳效果）的目的。对于一些公共建筑（如图书馆和教室等空间），在全窗或整体墙面安装可调角度式遮阳板，遮阳板外表面涂以低发射率涂膜，可有效减少太阳全频段辐射，特别是在北半球刚进入秋季时，太阳高度角在降低，但是中长波辐射的比例在增加，对于外墙入射角在增大，这时活动式遮阳会起到显著的隔热作用，进入深秋时，则调整遮阳的角度，以使外墙处于最佳得热状态。低发射率玻璃由于其频谱选择特性可以阻隔40%左右的太阳辐射热能，而可见光透过率仍可在50%～70%之间，实现了光与热的部分分离，满足了不同时段建筑使用者的不同需求。

玻璃幕墙在现代建筑中的大量使用，似乎成了建筑具有现代化特征的标志之一。从建筑外立面上的大面积幕墙形成虚实、色彩的强烈对比开始，到建筑立面用玻璃幕墙全部包覆，甚至有些公共建筑干脆设计成为四面透光的“玻璃盒”、“玻璃球”造型。而传统的幕墙构造采用导热系数很高的金属框料和普通（8mm）

玻璃，传热系数是非透明围护结构的4～6倍。玻璃幕墙是蓄热系数很小的构件，在不同气候区均须进行保温、隔热、和冷凝设计，供热和供冷能耗很高，8mm厚玻璃的传热系数$K=6.21W/(m^2 \cdot K)$，无断热空心铝框$K=6.58W/(m^2 \cdot K)$，相当于金属框单玻外窗的传热系数值。随着框料和玻璃构造方式的不断改进，使玻璃幕墙热工性能大幅提高。断热型空腹铝合金框、安装中空玻璃的幕墙构造其传热系数降为$K=3.24W/(m^2 \cdot K)$（刘念雄，2005年）。这种幕墙的初始投资要高于普通单层玻璃幕墙，但是在使用期间能耗要降低50％，而且成为一面透明的保温体，幕墙的空气声隔声量也有一定程度的提高。幕墙中空玻璃外层改装为热反射、低发射率、吸热等特种玻璃后，夏季太阳辐射得热会显著减少，采用在太阳辐射峰值时间向幕墙洒水降温、设置遮阳窗帘和百页、开窗通风这些措施，也可以降低外层玻璃表面温度。

玻璃幕墙制作工艺和材料除了具备外窗的特点以外，近年来发展起来的"双层皮肤"式、"可呼吸"玻璃幕墙，推动了玻璃幕墙热工性能向智能化方向发展。为了适应地方气候年周期和日周期的变化，幕墙出现了双层构造形式，中间设有净宽在200～450mm的空气层，装设可调试遮阳百叶，并可进人清洗玻璃。内外幕墙在不同高度处均有可开启通气孔，在夏季白天内玻封闭，外玻上下气孔开启，（一般每个自然层设若干组开口）外玻得热后加热中间空气，空气由于温压作用（也可定时负压排风）向上口排出，使内玻表面温差波动范围减小，可有效降低室内辐射得热，晚上则开启内玻通气孔向外散热。在冬季的白天则封闭外玻，开启内玻通气孔将加热空气向室内输送，除必需的自然换气时间段以外，晚上双层玻璃封闭形成空气间层，其保温效果较好。在夏热冬暖等炎热气候区，中间空气夹层内装设可调式遮阳百叶，也会有效反射太阳辐射，（因为辐射得热占外窗总得热的60％～70％）在阴天需要采光时和在冬天需要采热时可适时调整百叶角度实现预期效果。百叶全部闭合时，本身还起到减缓幕墙温差传热的作用，（窗用封闭式遮阳百叶）玻璃幕墙即成了适应室外气象要素变化智能化部件了。

在有关文献（刘念雄，2005年）里面介绍了智能型双层玻璃幕墙的几种形式：由外挂（结构梁柱）式“双层皮”玻璃幕墙，空气环流式“双层皮”幕墙，内走廊式“双层皮”幕墙，“箱一箱”式“双层皮”幕墙，“井一箱”式“双层皮”幕墙，“双制式”模块（有热回收装置）“双层皮”幕墙。随着幕墙材料和技术的进步，运用生物气候建筑设计和被动式太阳能系统设计理念，幕墙的智能化潜力会被进一步开发出来，使之真正成为一个有机体上知冷暖、能吸热、放热的“皮肤”。了解地方气候变化的机理，运用被动式方法合理利用太阳辐射、空气流动、自然光线构成舒适的建筑微气候环境，而且要顺应气候变化适时做出调整，就像人在居家出行时根据气候变化增减衣服、撑伞一样，因地制宜的运用这些措施可将化石能源消耗降至更低，即更接近绿色建筑的标准要求。

5.2.2.5 建筑外窗日照与建筑日照阴影区

1. 建筑日照的作用之一是加热室内外空气，地表在接受太阳辐射和背离辐射的一日周期当中，能促进地面水的蒸发、迁移、降水和调节空气湿度。太阳辐射经过外窗进入室内满足居室中人体对于热湿环境的舒适需求。在夜晚，地面以长波向空中辐射热，提升背日环境中的空气温度，保持地表与大气间一种动态的热湿平衡。同一时刻、不同地域或城市会产生不同强度的空气对流，形成全球性和地域性不同等级的风。太阳辐射的另一个作用是促进自然界的动植物的光生物反应和光分解反应，促进生物机体的新陈代谢和提高植物的固碳功能。太阳辐射的紫外线还可以在无玻璃遮挡环境下杀灭衣被和日用品上面的微生物，适当的太阳照射还能够促进人体钙的吸收。但是，建筑物及建筑内的人体承受过量日照时，人在高出热舒适温度的热环境中生活、工作就不好了，如过热和眩光会使人心理疲劳，工作效率降低，甚至引起疾病。太阳辐射会使物品退色、变质、加速老化，有些工业建筑如印染、纺织行业工艺要求均匀的天空散射光线，局部亮度过高时会影响辨色能力。建筑在不同季节里需要适当的日照，又需要外窗的遮阳和外墙的防辐射隔热措施，需要用被动式方法来调节建筑热环境。

2. 地方太阳时

我们通过计算太阳高度角和方位角可以得出某一地区、某一时段（一昼夜、一个节气或者一年）无云状况下各个朝向的日照时数，求出建筑阴影区和规划建筑物间距，确定外窗遮阳板的最小尺寸，至于某一地区太阳辐射强度和年日照总时数还要加入该地区的光气候参量来决定。

太阳高度角和方位角可由公式（4-11）和（4-12）计算得出，它们与观测点所在纬度、赤纬角和观测时太阳时角有关，同一纬度地区、不同经度的位置赤纬角（建筑高度角）相同，但是太阳时角出现的时间有差异，这个差异与观测点经度值差异成正比，从理论上讲，同一纬度上每一点的标准太阳时（地方时）出现时间是不同的。按照有关国际协议规定，穿过伦敦格林尼治天文台的经线为本初子午线，是零度经线，分别是东经和西经的起点线，也成为国际日期变更线。全球各地区按经度线所在位置划分为不同的时区，各国按本国实际情况确定一个地方标准时以指导社会经济生活的方方面面，即形成一个地区（国家）的标准时和地方时。我国以北京的地方太阳时作为标准时，根据天文学计算公式标准时与地方时的换算关系如下式。

$$T_o = T_m + 4(L_o - L_m) + E_p \quad (5\text{-}13)$$

式中 T_o 为标准时（如北京时间），L_o 为标准时间子午线所在经度，L_m 为地方时间子午线所在经度，T_m 为地方平均太阳时，其值随着取值范围大小（主要为东西向）和距离中心经线位置（时角）有关，一般以中心城市为准来确定。系数“4”是经度线每转 1°用时 4min，E_p 是由于地球倾斜与黄道面运行每年产生太阳时的误差，E_p 值的变化范围在 $-16' \sim +14'$ 之间。我国《民用建筑热工设计规范》（GB 50176—93）给出了全国主要城市的地方太阳时在夏季的辐射照度值，从天文学和气象学两方面为不同地区的建筑围护结构热工设计提供了量化依据。

3. 民用建筑日照要求及相关标准

建筑外围护结构接受适量的太阳辐射能，使建筑内外围护结构壁面和室内气温保持在人体舒适需求范围内，是建筑利用太阳能调节室内气候环境的基本方式之一，在一年周期当中的极端气候季节里，再依靠人工辅助采暖和辅助制冷手段，使建筑室温在人体舒适需求范围内波动，构成小气候环境。因此，建筑日照成为不可缺少的光和热的来源，日照时数是表示某一地区在一年周期内接受太阳光热辐射的最大可照时数。

天文学和气象学知识告诉我们，地球上同一纬度地区太阳照射时数是相同的，但是由于不同地区光气候（云量和出现的频率）条件不同，同一纬度地区的实际日照时数有差异。一个地区接受过量的太阳光热辐射会使建筑大幅升温，势必会增加人工制冷负荷，形成热污染和光污染。而在北半球的冬季，绝大部分地区的居住性建筑更需要太阳辐射来升温，用以减少采暖负荷，较高的自然光照度能有效减少室内人工照明负荷。在太阳高度较低的秋冬季，太阳辐射光谱中红外线频段较强，特别是在冬季的高纬度地区接受一定的日照时间，是基于卫生、采暖等多方面的考虑。因此，在民用建筑规划设计当中，确定建筑间距是在太阳高度最低的季节（冬至日或大寒日），南侧建筑以不遮挡北侧建筑一层南窗的最低日照时数为依据而计算确定的。既满足建筑物之间保证最低日照时数应有的间距，又要尽可能地节约规划建筑用地。我国《城市居住区规划设计规范》（GB 50180）中规定，第Ⅰ-Ⅳ建筑气候区，第Ⅶ气候区在大寒日日照时数≥3h，第Ⅴ、Ⅵ气候区在冬至日日照时数≥1h，第Ⅳ气候区的中小城市可放宽至冬至日日照时数≥1h。并规定套型住宅至少有一间居室、四居室以上户型保证有两间居室要达到该地区的日照标准。建筑和规划设计人员根据指定地区一年当中的最低日照高度，确定由于建筑高度所产生的阴影区范围，使建筑在宜居性和经济性的权衡中处于最佳位置。夏季的北半球地区，太阳高度在最大范围，地面及以上空气的热量最大，对于低纬度地区建筑日照达到极值，为了防止建筑产生过热现象，除了在建筑水平面上设置各种隔热构造措施外，在建筑南立面和西立面外窗洞口设置各种固定遮阳和活动式遮阳构造，用以阻挡室内辐射得热，外窗的遮阳计算方法在有关建筑节能设计标准中已给出，本小节仅介绍建筑日照间距设计原理及日照棒影图原理。

4. 日照棒影图原理及其应用

棒影图是计算建筑间距的一种作图方法。其基本原理是在待测地区的地面上 O 点，立一高度为 H 的垂直棒，由于这一地区某一时刻的太阳高度角和方位角，使得太阳照射棒的顶端 a 在地面上的投影为 a'，则棒影 aa' 的长度 $H'=H\cdot\coth_{\mathrm{a}}$，式中的 $\coth_{\mathrm{a}}$ 为定值时，这时 H'、H 成正比例变化，影长度与棒长度增加的倍数相同，如图 5-3 所示。利用这个原理，可以求出 O 点在一天日照时间内棒影的变化范围，可知每日周期的棒影变化范围是渐变的、有微小差异的。在一年周期中，北半球冬至日棒影范围（阴影区）最大，而夏至日则最小，春分日和秋分日的棒影范围相同，昼夜平分。利用棒影图可测算给定地区在春分日和秋分日的太阳高度角和方位角，（方位角可换算为地方太阳时的时角）如图 5-4 所示。图中棒的顶点 a 在 10 时、12 时、14 时方位角时投影点为 a'_{10}、a'_{12}、a'_{14}，棒影长度随方位角和高度角发生变化，利用棒影图可得出垂直棒所在的 O 点（观测点）在某一时刻的影长和方位角，从而计算出该地区每一时刻的太阳高度角和方位角，有了给定地区在年周期中太阳高度角和方位角的数据，在建筑单体设计和规划设计当中确定建筑物在年周期当中具有的（最大）阴影区和日照区范围，确定合理建筑物间距，确定建筑物各朝向日照时间，对于会产生建筑过热地区（夏热冬冷地区和夏热冬暖地区）城镇，可以计算不同朝向的外窗遮阳的形式和尺寸。

图 5-4 中是日夜平分的春分日和秋分日的日照棒影图。在地

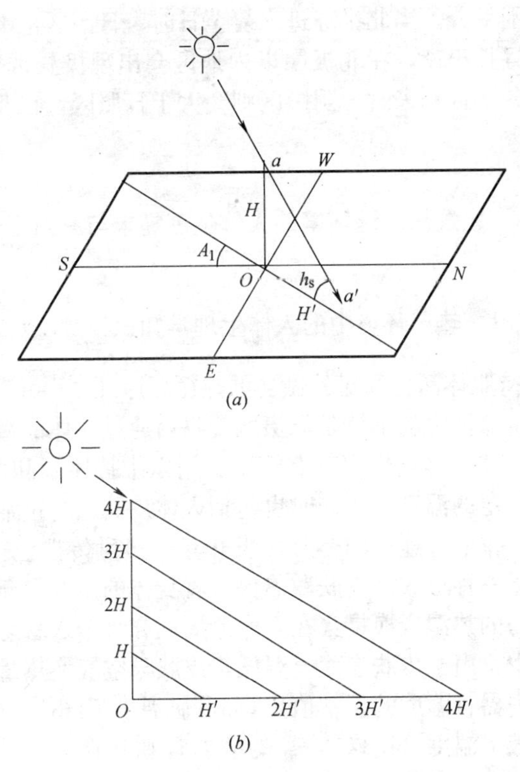

图 5-3　日光照射下棒与影的关系

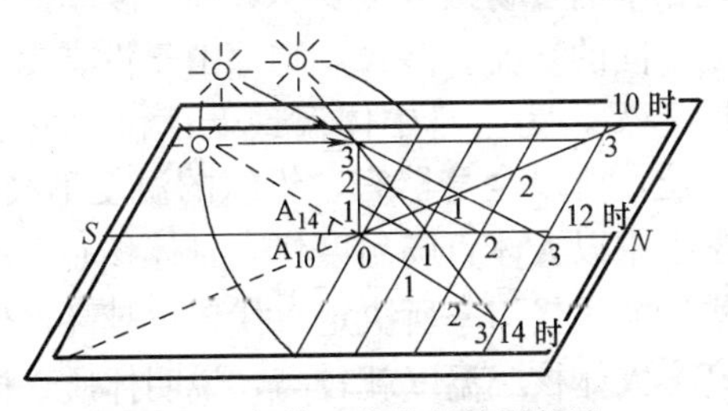

图 5-4　春分、秋分的棒影轨迹

方太阳时 12：00 时，一日中太阳高度角最大，方位角为零，太阳高度角为零时，分别为 6：00 和 18：00，为日出和日落时间，这时的方位角分别为南偏东 90°和南偏西 90°，即建筑阴影区和日照区范围平分。当北半球进入夏至日时，日照区范围逐渐超过阴影区，昼长于夜，在北极圈以内地区会出现极昼现象。同样，在北半球冬至日到来时，阴影区则会大于日照区，在北极圈内出现长夜现象。

5.2.3 建筑热、湿环境的人体生理需求与室内空气品质

5.2.3.1 热湿环境中的人体生理学知识

1. 维持肌体活力和对外做功的热循环原理

人体生命活力的维持是靠摄取食物后通过人体能量代谢的生物化学过程被分解氧化后获取能量。用以维持体温和体内器官、组织保持一定的温度值。同时也包括人体皮肤通过正常散热、排汗、呼吸、排泄等途径向体外散发热量，热量传播包括了辐射、传导和对流三种形式。皮肤散热保持着身体的热湿平衡，这种体现生命活力的热湿交换贯穿在全寿命周期和每个寒暑易节的周期内。在冬季，由于皮肤表面气温低，皮肤与空气换热量增大，为了维持体内器官温度的正常值，（如肝脏温度近 38℃，肛门温度 37.5℃，腋下温度 36.8℃）需要增加食物代谢量（增加产热）和减少皮肤表面散热。（穿着各种保暖衣服也是一项措施）即是一个健康人在冬季的食物摄取量要明显高于夏季的原因。人体各部位温度依据不同的功能有差异，脚部由于没有皮下脂肪，皮肤表面温度接近 25℃，为全身中体温最低部位。由于血液将能量带至身体各部位，所以全身器官、组织的温度不会有太大差异，在人体生理学当中以人体直肠温度代表身体核心温度，这是由于人体对于食物的能量代谢率所决定，代谢率越高，体内生物化学过程产能越高，人体核心温度就较高，说明体质、体能越好。这就必须增加运动强度——多作功和体育锻炼去消耗体内热量，维持体内热量平衡，使人体核心温度保持在正常范围。人体各部位皮肤温度不相同，同一皮肤组织感受不同环境温度时能量代谢也不同，一般环境温度在 22.5℃～35℃范围则比较稳定，超出此

温度范围，代谢率都会增加。人体能量代谢率用 M 表示，通过生物化学反应以热量形式释放体能，包括维持体内温度和对外做功。在冬季，由人体中枢神经发出指令使毛细血管收缩减少向外散热，在夏季，身体承受来自体内（进食或运动时）和体外（环境温度超过 35℃、相对湿度较高时）热应力作用时，身体汗腺因交感神经的刺激而活跃，使毛细血管扩张，通过排出汗液使身体主动散热，将体内多余热量排出去，神经系统可以调节一定程度的人体热平衡。人体在不同环境温度、不同运动强度和神经紧张程度（出汗位置多在掌心和腋下的汗腺）、不同年龄、身高、体重、性别的内外因条件下，都需要通过不同的饮食、代谢、产能、耗能来达到维持人体热平衡及生命过程，即保持细胞的更替和活性。

人体基础代谢率 BMR（Basal Metabolic Rate）是维持生命体征的最低能量代谢率，要求的主客观条件是体内热量消耗只用于维持基本生命活动。规定测试条件是：清晨、空腹（禁食 12h 以上）清醒静卧半小时，未作任何肌肉活动，前夜睡眠良好，无精神紧张，室温保持在 20～25℃之间，只需测出一定时间内耗氧量和体表面积即可算出受试者的基础代谢率，将呼吸商定为 0.82，则对应的氧热价是 20.18kJ/L。其中性别、年龄是基础代谢率的决定因素，儿童的基础代谢率要高于老年人和成年人，同一年龄段男性要高于女性，人体能量代谢率除了自身体质条件影响外，人体活动量和生产劳动强度也是重要因素，体能对外释放是通过变为皮肤表面热量的无效功和肌肉松紧的有效功来实现的，总称为能量代谢率。它是以健康人体活动所需氧气量和 CO_2 排放量来确定人体新陈代谢所产生的体能的，同时与皮肤总面积、身高等因素有量化关系。（黄晨，2005 年）基础代谢率偏低的体质，其能量代谢率也相应偏低。中国人与欧美国家的居民基础代谢率不同。由上面的测试结果经过计算得出健康成年男子静坐时的能量代谢率，并规定为 $1met = 58.15W/m^2$。表 5-7 给出中国人基础代谢率平均 BMR 值，表 5-8 给出成年男子在不

中国人基础代谢率平均值（单位：W/m^2）　　表 5-7

年龄	11～15	16～17	18～19	20～30	31～40	41～50	50 以上
男性	54.3	53.7	46.2	43.8	44.1	42.8	41.4
女性	47.9	50.5	42.8	40.7	40.8	39.5	38.5

注：上表摘自《建筑环境学》，黄晨，2005 年。表中面积为裸人体皮肤表面积，用 A_D 表示，人体皮肤总表面积的计算公式为：$A_D=0.202m^{0.425}\cdot H^{0.725}$，式中 m 和 H 分别为人的体重和身高。

成年男子在不同活动强度下的能量代谢率　　表 5-8

活动类型	W/m^2	met
斜倚	46.5	0.8
静坐	58.15	1.0
坐姿活动(办公室、居所、学校、实验室)	69.8	1.2
立姿、轻度活动(购物、实验室工作、轻体力作业)	93.0	1.6
立姿、中度活动(商店售货、家务劳动、机械工作)	116.3	2.0
步行(2km/h)	110.5	1.9
步行(3km/h)	139.6	2.4
步行(4km/h)	162.8	2.8
步行(5km/h)	197.7	3.4
睡眠	40.7	0.7
驾驶载重车	185.0	3.2
跳交谊舞	140～255	2.4～4.4
体操/训练	175～235	3,0～4.0
打网球	210～270	3.6～4.0
下楼	233	4.0
上楼	707	12.1
跑步(8.5km/h)	366	6.3

注：转摘文献同前表。

同劳动强度下的能量代谢率。

正常健康人 20 岁时最大代谢率 $M=12$met，70 岁时 $M=7$met，长跑运动员 $M=20$met，当人体代谢率达到 5met 以上时就会感到非常疲劳。人体新陈代谢率的大小即是衡量身体在单位时间、单位面积产热量，也包括维持身体核心温度所需热量，也就是摄入食物产生的能量用于身体对外做功和维持自身生命体征所需热量，而且这种产热和释放热一直处于动态的平衡状态。人体与周围空气随时有蒸发散热的过程，由呼吸蒸发散热和皮肤蒸发散热两部分组成。其中呼吸蒸发散热又分显热散热（体温有所降低）和潜热散热（相变化），皮肤蒸发散热包括无感觉汗液渗透和汗液蒸发散热（相变化）两部分，环境温度越高，人体显热散热越少，潜热（蒸发）散热增加，人体从环境中吸收热量（与摄入食品能量相比）较少，若环境温度接近或超过体温时，则需要人工方法降低环境温度，保证人体显热散热达到控制体温的目的。无感觉汗液渗透是在人体处于休息状态时皮肤表面“无感觉的汗”，通过皮肤与肺散出的水分约为 40g/h。当忽略了无感觉汗液渗透皮肤蒸发散热时，则可得出人体皮肤温度（平均值）的计算公式：（黄晨，2005 年）

$$T_{sk}=35.7-0.0275(M-W) \tag{5-14}$$

式中 M 为人体能量代谢率，它与单位时间人体吸入氧气和呼出 CO_2 的量、给定空气温度和压力条件下单位时间耗氧量体积有关，体现了不同性别、不同年龄段的肺活量，还与裸身人体皮肤表面积 A_D 有关。W 是人体对外界所作的机械功。

人体与周围空气除了蒸发散热外，皮肤表面和外界还存在辐射换热，以长波形式辐射，辐射换热量与人体表面辐射系数、周围环境（日照、空气散射、高温物体等）对人体的平均辐射温度、人体着装的表面辐射系数、服装面积系数、服装热阻（随服装面料、款式、构成方法不同而异）有关；人体皮肤表面的空气流速也影响人体与周围的对流散热量，如冬季的冷风吹拂、夏季的风扇前部、空调器出风口等，由于上面诸多有利或不利影响因素，个体的人根据主观需求采取各种调节措施，使人体处于热舒适或比较舒适的热平衡状态。如夏季减少高能量食品摄入，增加饮水量，选用促进人体皮肤表面增加空气流速的宽松服装和服饰品，外出时有遮阳措施，保持一定限量的对外做功，选择空气流速较大的空间位置，主动排汗带走体内热量和排泄物。在冬季，皮肤表面与周围空气温差大，则宜以保暖和减少皮肤表面散热量为应对措施，如穿着高热阻服装和贴身服装，减缓温差传热，穿着深颜色表面的服装，增加环境辐射的吸收系数，选择摄入高热量食品，（仅对身体健康、能量代谢率较高人士而言）以保持人体在冬季能量代谢的平衡。人体的各种着装如同建筑围护结构一样，成为人体及皮肤表面热稳定的围护体。简言之，人体对外散热的大小主要取决于人体代谢率的大小，人体活动强度增加，则人体能量代谢率提高，热量消耗快，则需补充能量摄入以增加产热量，维持生命活动和与外界的热平衡。

2. 人体对热湿环境的生理感受

人体摄入食物后经过物理、生化过程产生热量，热量最后体现在血液中，由血液带至身体各部，将带有热量的体内水通过皮肤汗腺排至体外，水的不同相可以产生热的不同转换方式。人体对周围空气的热舒适感觉也往往与空气湿度密切相关，人体生理学研究表明，人体对于热舒适和不舒适感觉是一种主观体验描述，不能用量化方法来测量，而且不同年龄、体质、性别对同一热环境感受不同，研究外界热刺激和主观感觉属于心理物理学的研究范畴。在常年空气湿度相对较高的夏热冬冷地区，人体皮肤表面湿润度（皮肤实际蒸发量与同一环境皮肤完全湿润可能产生最大蒸发散热量之比，也相当于人体完全湿润皮肤面积与人体皮肤总面积之比）较高，冬季人体皮肤（外露表面）与空气温差大，皮肤表面的一部分热量首先要加热表面空气中的水分，增加了热负荷，人体皮肤往往有阴冷潮湿的感觉。夏季体内热量通过皮肤和汗腺向外散热时，先通过潜热换热蒸发掉皮肤表面空气中的水分，再蒸发汗液的热量，往往给人感觉闷热，空气中水蒸气分压力增大时尤其感觉明显。

人体对空气环境（如在室内）“冷”与“热”的感觉，生理学研究证实人体并不能直接感受到温度，而只是感受皮肤下面神经末梢的刺激，是通过人体中枢神经冷热感受器传递信号而获得，再通过大脑产生生理反应。这种冷热感觉还与刺激时间和人体某部位原来的热环境状态有关（黄晨，2005 年）。如将人的两只手同时放在不同温度的水盆里适应一段时间后，再将两手同时放入第三盆水中，当水温为前两盆水的平均值时，则两手分别有凉和暖的感觉。但是这种感觉随着刺激延续一段时间后，初始有的冷热刺激感逐渐消失，如同夏季从室外热环境进入空调房间后感受冷刺激，但这种意识很快消失，进入热舒适感受范围。人体对于同样温度的水和（静止）空气感觉也不同，在舒适温度下限时，在水中的感觉比在空气中要凉一些，在舒适温度上限时，在水中的感觉比在空气中要热一些，这是由于两种物质的密度和比热容不同所致。皮肤所能适应的舒适温度上限通常在 29～37℃范围，不同部位的感受舒适温度也有区别，如前额为 35℃左右，耳垂为 28℃左右，脚部皮肤无皮下脂肪，在 25～27℃时也无太凉的感觉，但是在冬季地面温度往往低于大气温度，（地板采暖系统除外）身体的热量极易通过脚部传至地面（地板），成为人体散热的“热桥”之一，增加脚部的热阻有利于全身的保暖。对于同一皮肤部位施加某一个冷或热的刺激，当该温度在皮肤适应范围时，人体皮肤会通过交感神经传递一个瞬时的刺激→适应时间→无明显感觉这样一个过程。

研究成果证实，皮肤对温度的快速变化更为敏感，当温度变化率在 0.1℃/s 以上时，皮肤温度只要升高 0.5℃就会感到温暖，当温度变化率在 0.01℃/s 以下时，皮肤温度升高 3℃以前没有任何感觉。在热舒适温度范围内，皮肤对温度变化的适应过程可以与温度变化同步。皮肤表面无明显冷热感觉的中性区在 31～36℃之间（黄晨 2005 年）。而在 31℃以下时，即使在 40min 的充分适应期，仍然会感觉到一股持续的凉意，环境温度在 30℃时，温度升高 0.3℃时也不会产生感觉上的变化，温度升高度 0.8℃时皮肤会感觉到温暖。当皮肤温度处于 36℃适应温度时，冷却降温 0.5℃就会感到凉。

试验显示，人体皮肤及中枢神经对于冷感觉和热感觉的适应性是不同的，热感觉最初起始于皮肤温度，但由于人体正常散热受阻会使体内核心温度随皮肤温度升高而升高，人体的生理感受产生由中性区温度→暖和→燥热的变化，而且这种感受会比皮肤和核心温度变化更快一些，特别是在突变的环境温度时，如人从室外冷环境（冬季）突然进入供暖房间时，表露皮肤的热感觉快于体温的变化，当很快脱掉棉外衣（高热阻外衣）时，这种热感觉更为快速。在环境温度瞬变状况下，用空气温度来预测人体感觉比根据皮肤温度和核心温度来确定更为准确，这是一种共性感觉。而人体自身的个性差异如体质状况（性别、年龄、健康水平）也决定了绝大多数人对于环境温度的热舒适感受范围。除了人的生理感受以外，不同的心理状态对于热舒适感受也有差异，表现出对于热感觉和热舒适度具有不同舒适感受范围，处于健康状态的老年人比儿童有更宽的热舒适感受范围，其中有一部分则是心理感受所致。“热感觉是假定与皮肤的热感觉活动有联系，而热舒适是假定依赖于来自调节中心的热调节反应。”（黄晨 2005 年）舒适感取决于深部体温，在较低的直肠温度下，较高一些的手部温度比较低一些的手温感觉更舒适，感觉到暖，而不是处于中性区的无感觉。而当直肠温度偏高时，手部温度较低时舒适的，但其感觉是“凉”舒适，也不是中性区的无感觉。（健康人对于环境温度的“无感觉”即是舒适感觉）人体热舒适感觉是随着热不舒适的部分消除获得的。人体获得热舒适的快感刺激与人当时是否处于中性区体温不一定是在同一时间出现，前者是不同人体的热感觉主观描述，而后者则是量化的舒适温度区域，主观感觉满意的热环境认为是热舒适环境，但是因为主观感觉不能加以量化，只能用统计学方法来进行群体的热舒适感觉评价。统计实验方法是将不同感受答卷划分为七个分级，由热到冷感受依次为：①过分暖和；②太暖和；③令人舒适的暖和；④舒适（不冷不热无感觉）；⑤令热舒适的凉快；⑥太凉快；⑦过分凉快。简化表达为热→暖→微热→正常→微凉→凉→冷，人体这七个等级环境温度的客观反应如表 5-9 所示。

PMV 等级及相应的客观反应 **表 5-9**

热感觉	热	暖	微热	舒适	微凉	凉	冷
PMV	+3	+2	+1	0	−1	−2	−3
客观生理反应	见汗滴	手、颈、额等局部见汗	感觉热，皮肤发粘，湿润	感觉舒适，皮肤干燥	局部关节感到凉但可以忍受	局部感到不适，需加衣服	很冷，可见鸡皮疙瘩和寒战

注：上表摘自建筑环境学 黄晨主编，2005 年

表中 PMV 是人体热舒适评价指标预期平均值，共分七个等级，试验中考虑到受试人群的个体生理差别，允许有 5%的人感到不满意，1984 年国际标准化组织（ISO）给出了热舒适环境的评价值范围：PMV 在−0.5～+0.5 之间，相当于人群中允许有 10%的人感到不满意。表 5-9 的研究成果旨在将人体蓄热率与主观感受之间建立一种对应量化关系，为研究人体热舒适评价方法建立了有相关参数的热平衡方程，提出了主客观相结合的数值研究方法。

3. 影响人体热舒适感觉的客观因素

影响人体热舒适的主要客观因素有环境参数和服装热阻。环境参数为空气温度、空气相对湿度（在一定温度下的水蒸气分压力），环境平均辐射温度、空气流速。现行国标《采暖通风与空气调节设计规范》(GB 50019—2003) 给出了不同季节环境参数设计值，如表 5-10 所示。

舒适性空调室内设计参数 **表 5-10**

季节	温度	相对湿度	风速
夏季	22～28℃	40%～65%	≤0.3m/s
冬季	18～24℃	30%～60%	≤0.2m/s

空气的绝对湿度将影响人体的蒸发散热，而当相对湿度过高或接近饱和时，会对人体汗液蒸发有一定制约，影响到人体的热舒适感觉，在同一环境温度时，相对湿度更高的环境会影响人体皮肤汗腺排汗速度，主观感觉闷热，“湿热”更热，在温度更低

的环境中，加热皮肤表面的湿空气需要消耗更多的体内热量，人体主观感觉“湿冷”，“湿冷”比“干冷”更令人感到冷不舒适。而且夏季较高的相对湿度还会使皮肤表面的微生物加速繁殖，有害生理健康。

平均辐射温度 MRT 是室内环境各不同硬质壁面（墙壁、顶棚、地面、家具等）和空气本身吸收太阳辐射（或室内散热器辐射）反射的综合温度。此处均为长波辐射，室内热源如炊烟、电器产热甚至人体热也会提高平均辐射温度值。一个标准身高和体重的成年男子在静坐时向周围环境综合散热量约为 100W。

从实用角度出发，人体着装具有保温、散热、隔热的功能，一些紧身的透气性较差、絮棉等绝热材料与纺布的组合服装具有较好的热阻，宽松的、单层透气性好的纺织布料服装对人体有透气、增加对流散热的作用，有些低发射率服装面料和较浅颜色服装也会减少人体遮盖部分皮肤得热。服装热阻 I_{cl} 是衡量服装保温性能的指标，单位为 $(m^2 \cdot K)/W$，或是 clo，两者关系是 $1clo = 0.155(m^2 \cdot K)/W$。定义 1clo 的环境条件是静坐者在环境温度 21℃、空气流速≤0.05m/s、相对湿度≤50%的环境中感到舒适的服装热阻。表 5-11 给出了几种典型着装的服装热阻值。

典型服装着装热阻 **表 5-11**

服装形式	组合服装热阻	
	$(m^2 \cdot K)/W$	clo
裸身	0	0
短裤	0.015	0.1
典型炎热夏季服装：短裤、短袖开领衫、薄短袜、凉鞋	0.05	0.3
一般夏季服装：短裤、长薄裤子，短袖开领衫、薄短袜、布鞋	0.08	0.5
薄工作装：薄内衣、长袖棉工作衬衫、工作裤、羊毛袜、普通鞋	0.11	0.7
典型室内冬季服装：内衣、长袖衬衫、裤子、夹克或长袖毛衣、厚袜、鞋	0.155	1.0
厚的欧洲服装：长袖棉内衣、衬衫、裤子、夹克衫、羊毛袜、厚鞋	0.23	1.5

注：上表转摘文献同表 5-8。

服装热阻还与人体活动姿态、速度、服装湿润程度、透气性有关，服装有汗液渗入或淋雨后其热阻降低，透气性能直接影响服装的传热和传湿。就像夏热冬冷地区建筑围护结构不同季节对热的不同需求一样，冬季服装要求热阻高，保温、隔热性能好，需穿着多层材料复合服装，最好穿紧身内衣，减少皮肤表面对流换热和温差散热，采用松软绝热材料和透气性差的面料组合可有效提高服装热阻。夏季则采用透气性好、宽松型、浅颜色单层衣服和服饰（尤指兜风用的披风、遮阳帽、防紫外线眼镜等），以提高皮肤表面的对流换热量。当人体静坐在热阻较高的椅子面料上时，可使人臀部接触椅子的面积范围增加一定热阻值，行走和跑步的人与周围空气相对速度增加，提高对流换热量，会比静止站立时降低热阻。

建筑室内热环境的客观制约因素有空气温度、相对湿度、室内平均辐射温度、空气流速和服装热阻。其中空气温度和室内平均辐射温度有互相补偿作用，在空气温度接近 23℃时，相对湿度的变动对热舒适性影响可忽略不计。影响室内热舒适感觉的主观因素是由人体能量代谢率和基础代谢率决定，室内热环境对人体生理健康会产生直接影响，如人体核心温度、皮肤温度、心率和血压变化、汗液蒸发，其物理反应有热不舒适的烦躁和冷不舒适的肌肉颤动、抖动。不同民族由于生活地域的气候差异和文化差异对于热舒适环境的感受也略有不同，中国人对热舒适的耐受范围要高于美国人，而对于较冷环境的耐受能力则不如美国人（郑洁 2007 年）。这与饮食结构和习惯、摄入热量和气候条件、居家活动和工作方式、价值观都有一定程度联系，身高和体重的差异，对于能源和各种资源的消耗相差悬殊，因此，人体能量代谢率也不同。英美国家规定的热舒适环境推荐值对于中国人也不太适用，我国也制定了适合中国大陆以及中国人的室内热舒适性标准。

上面制定的热舒适性环境标准是基于相对稳态环境下的人体热舒适反应，但是人体往往还具有对于突变热环境适应的生理机能，如冬季由室外进入供暖房间和高温车间，夏季由室外进入冷藏库工作，或进入空调车厢乘车，即是人体由中性环境突变至冷或热环境时，主观热感觉变化比皮肤刺激有“滞后”现象，而人体由冷或热环境突变至中性环境时主观热感觉会有“超前”现象，其原因是源于人的生理和心理因素共同作用。皮肤温度与主观热感觉不是同步适应，是由皮肤温度的变化率产生了一种附加热感觉，它在短时间内掩盖了皮肤温度变化引起的热不舒适感。当人体周围的环境变化时，（或者进入另一环境空间时）核心体温需要相当长一段时间才能达到平衡温度值，包括人体直肠平均温度、脉搏跳动次数和排汗量达到一个新的平衡点，同时人体能量代谢率、服装热阻也随之增减，以调整皮肤温度向热舒适的中性区靠近。这种人体对于偏离中性区环境的适应能力也会对人的肌体、皮肤耐受能力得到锻炼，要比常年在23℃人工空调（中性区）环境里居住、工作的人更有灵活性和适应性。换言之，人不宜长时间在中性区环境中工作，较冷或较热的刺激对于机体活力（代谢能力）、血液循环、神经系统以及器官的功能锻炼都是好事。如在较恶劣的气候环境里跑步、骑车、游泳、登山、借助飞行器升空都会拓宽体能和心理对于环境的适应范围，但是练就健康体魄要有一个度和循序渐进的过程以及各种科学方法。

那么，当人体长时间置身于过热和过冷环境中会有什么生理反应呢？由于激烈活动或环境温度提高，体内蓄热随之增加，核心温度和皮肤温度增加至一定量时，中枢神经系统的自动调节机制是通过皮肤表面汗腺排汗散热，也伴随体内水分和盐分的损失，随着环境热应力的再度增加，人体生理上出现热失调反应，体温升高、心率加快、厌食、不想活动，随之会出现中暑症状如心情烦躁、热昏厥、汗闭型热衰竭、缺盐、危及生命等一系列生理表现，由于环境对于人体形成一个持续强烈刺激的热应力，使人体由能自我调节的过热感受进入失去自我控制的病态。出于对劳动者健康保护目的，则采取控制皮肤对于环境辐射的暴露时间、控制劳动休息时间分配比、增加摄入科学配方的体液等措施，控制在过热工作环境中人体核心温度不会超出极端值。人体生理对于过冷环境相对过热环境有稍好的适应能力，低温对于人体皮肤、血液循环系统的冷作用发展缓慢，在环境温度低于15～13℃以下时，自身调节机制会增加产热和减少体内热量的散失，如颤动、饥饿感、增加活动量、增加肾上腺素分泌、血管收缩、身体收缩等生理和物理现象，在短时间的过冷环境中适当增加人体代谢率，如摄入高热量食物和增加活动量，增加身体产热量，客观上则增加服装热阻和减少冷辐射的暴露面会维持一定时间内的热平衡，实现身体与过冷环境温度的热平衡要比过热环境中增加皮肤排汗量实现热平衡更有效（容易）一些。实验证实，人体下丘脑前部的主要作用是促进散热，有刺激血管扩张和血流量，增加排汗机能，下丘脑后部的主要作用是促进产热达到御寒目的。

工作环境监测系统通常用湿球、黑球温度指数 WBGT（Web Bull Globe Temperature Index）作为工作热湿环境的主要参数。它综合了干球温度、水蒸气分压力、气流速度、平均辐射温度几项空气环境指标，被用来作为工作场所热环境质量的评价标准，我国采用 WBGT 评价标准如表 5-12 所示。

WBGT 指数评价标准 **表 5-12**

平均能量代谢率（W/m^2）	平均能量代谢率等级		WBGT 指数(℃)			
			好	中	差	很差
$M \leqslant 65$	0	休息	≤33	≤34	≤35	>35
$65 < M \leqslant 130$	1	低代谢率	≤30	≤31	≤32	>32
$130 < M \leqslant 200$	2	中代谢率	≤28	≤29	≤30	>30
$200 < M \leqslant 260$	3	高中代谢率	≤26	≤27	≤28	>28
$M > 260$	4	极高中代谢率	≤25	≤26	≤27	>27

注：转摘文献同表 5-8，依据《热环境根据 WBGT 指数对作业人员热负荷的评价》（GB/T 17244—98）。平均能量代谢率为作业人员 8h 内能量代谢率平均值。面积指人体表面积。

长时间在过冷区环境中工作会使人体进入不舒适的冷却区，

往往会突破自我调节能力，其生理反应首先表现在手指、耳朵、双脚部位产生疼痛感，当体温在32～35℃时，表现出身体剧烈发抖，自发的颤动。体温低于32℃时，心率、呼吸受到抑制，身体供氧减少，开始出现精神混乱，甚至昏迷。体温22℃则是身体的生理极限体温。人体在过冷环境中的主观反应与自身适应能力（体能、体重、能量代谢率）、年龄及皮下脂肪厚度有直接关系。如处于北欧国家居民生活环境温度要低于低纬度地区，平时他们对于高热量食物摄入较多，能量代谢率较高，身高、体重也占优势，有些居民则以与环境温度相同的水作为饮用水，冬季女性也常穿裙装，他们对与过冷环境的适应能力也较强。受实验的三位因纽特人在10℃水浴中仅感到冷而无疼痛感（黄晨2005年）。他们对冷环境的适应性表现在四肢表皮下具有维持血液流动的能力，而不会像在低纬度居住的人群过冷环境会使肌体和双手失去灵活性，他们身体的神经系统对于过冷环境的血管收缩、颤动响应往往比较强，增强体内新陈代谢、产生血流流向表皮，散热主要通过温差传热与体表空气维持一种动态热平衡。对于皮下脂肪较厚的人会增加一些热阻，在代谢量持续增加时还会作为热量消耗，其耐冷能力稍强一些。在过冷环境中用气温、相对湿度和体表空气流速来衡量皮肤表面热损失，提高服装热阻会有效降低热传导和蒸发散热量。

人体是通过下丘脑体温调节中枢控制体温的。在中性区环境温度范围人体主要为不感蒸发，成年男子蒸发量约为1000ml/d，其中通过皮肤蒸发600～800ml/d，通过呼吸道蒸发200～400ml/d，发汗中枢分布在脊髓至大脑皮层的中枢神经中，人体出汗是一种反射性生理活动。汗液是由腺细胞主动分泌的，其中水分占99%，NaCl、KCl、尿素占1%，大量出汗会导致血浆晶体渗透压增高，称为高渗性脱水反应。人体在非中性区环境温度范围和一定时间内人体下丘脑体温调节中枢通过增减皮肤血流量、有感发汗、寒战等生理反应来维持产热，体内需热和体表散热的平衡，称为自主性体温调节。人在安静状态时，室温30℃

则开始出汗，如果空气湿度大、衣着多时，室温25℃时即可出汗，人处于活动状态时，气温在20℃以下时即开始出汗。人体汗液蒸发1g水时可散失体内热量2.4KJ，当环境温度为21℃时，体表热量的70%通过辐射、传导、对流散发到外界环境中，皮肤蒸发散热只占27%，当环境温度高于皮肤温度时，皮肤各部位温度几乎相同，身体核心温度扩散至四肢，此时，以上三种散热方式失效，只有靠皮肤汗液蒸发散热，在一定程度上控制身体核心温度。

过冷或过热的工作环境都会对其中的作业人员产生有害于身体的生理感受。在高热湿环境下的体力劳动者容易出汗、疲劳、昏迷、烦躁，工作效率降低，脑力劳动者思维缓慢，思路狭窄，没有创造性的思维动向。实验表明，当空气湿球温度为27.2℃时，工作效率（对受试人群）达到100%，当空气温度高于33℃时，（相对湿度≥50%）脑力劳动效能明显下降。过度冷环境或在冷环境内停留时间较长，伴有较大空气流速（≥0.5m/s）时，会使皮肤散热加快，身体核心温度下降，注意力不集中、记忆力下降，冷空气流带走体表的热量，尤其对于体表暴露部位更为明显，使得四肢主动抖动、拱肩，屈身，踏步、寒战，这种由机体行为、动作对体温的调节生理学上称为行为性体温调节，手脚动作准确率下降，体内血液对于四肢末梢的供热速度小于向体外散热速度，使手指、脚趾麻木、僵硬或者局部失去知觉。实验数据统计结果表明，当皮肤表面空气温度在16℃时，手指灵敏度没有影响，当手指皮肤表面气温在13℃时，手指动作有僵化感，工作效率降低，但是增加服装热阻时仍可以休闲居住，（老人、儿童和体质虚弱者另当别论）环境温度在13～16℃之间仍可保证人体皮肤及四肢末梢体温去支撑手指操作所具备的灵敏度。

5.2.3.2 室内空气品质控制与评价方法

1. 室内污染物的种类。人在一生的时空进程中绝大多数时间是在建筑室内度过的，建筑物功能的不断完善是现代文明的标志之一。人工空气调节技术使建筑室内环境品质如气温、空气湿度、空气洁净度得到有效控制，对于非空调建筑则采用一些低能耗、被动式生物气候设计方法，保证室内热、湿、洁环境品质，在控制空气洁净度时首先要了解室内污染物种类及其量化评价方法。

现代物质生活的丰富也带来了越来越多的室内污染物。包括建筑和建筑装饰材料、现代办公设备、精细化工产品、家用电器、宠物、花卉等器物微粒向空气中散发，使生活在居室的人仿佛是在封闭的污染箱里，享受着现代文明带来的新污染。污染物存在于固体、液体和气体中，还有生物体、光化学反应物质，核放射性元素的辐射，已在第 2 章作过一些介绍，其来源除了室外大气、宇宙射线、土壤、岩石中的核素外，有些污染则由人或宠物直接带入室内，所携带的各种微生物如细菌、螨虫等。日用化学品如化妆品、杀虫剂、蚊香、漂白剂、除味剂、涂改液、胶粘剂、化纤织物、油漆涂料、人造板材中的助剂。化石燃料燃烧物、香烟烟雾、烹调气体生成物之一是 CO_2，其浓度是衡量室内空气质量和通风换气状况的指标之一。还有电脑、复印机、传真机、手机中蒸腾污染物。空气污染物中有悬浮颗粒物（PM_{10}）和挥发性有机污染物（VOC_S），人体作为一个有新陈代谢功能的生物体也是一个污染源，室内臭气是另一项室内空气品质控制指标。臭气来源于建筑装饰材料、吸烟烟雾、厨房、卫生间产出、人体汗液、呼吸、排泄物，微生物分解产生的各种挥发性有机污染物。每个人因活动强度、年龄、性别、民族不同以及健康与否其臭气排泄量会有差异，表 5-13 所示臭气强度的衡量标准。

臭气强度指标　　　　表 5-13

臭气强度指数	定　义	说　明
0	—	完全感觉不出
0.5	可感觉临界值	极微，经训练后才能嗅出
1	明确	一般人可感觉出，无不适感
2	中	稍有不适

续表

臭气强度指数	定　义	说　明
3	强	不快感
4	很强	强烈的不快感
5	极强	令人作呕

注：本表摘自《建筑环境学》（黄晨 2005 年）

普通居住性建筑采用通风换气来稀释，臭气强度指数一般控制在 2 以内，即有多数人（80%以上）感觉稍有不适，作为控制上限。同样，室内 CO_2 发生量来自燃烧化石燃料、烹调烟雾、人体排出散发物，人体活动强度不同（能量代谢的差异）其 CO_2 排出量也不同，表 5-14 给出人体及燃烧烟雾的 CO_2 生成量参考指标，这两项发生源决定了室内空气浓度指标，并且根据室内空气品质限量计算出通风换气次数和新风的需求量。

人体、燃烧设备 CO_2 发生量　　　　表 5-14

人体		燃烧设备	
活　动　强　度	CO_2 发生量 L/(s·p)	燃烧种类	CO_2 发生量 L/(s·kW)
坐着休息	3.92×10^{-3}	天然气	0.027
坐着活动(办公室、学校、住宅、实验室)	4.80×10^{-3}	煤油	0.034
站着活动(购物、实验室、轻体力劳动)	6.29×10^{-3}	液化石油气	0.033
站着活动(商店营业员、家务劳动、机械加工)	7.84×10^{-3}		
中等活动(重机械加工、汽车修理)	11.2×10^{-3}		
重度活动	20.8×10^{-3}		

注：上表转摘文献同表 5-13。

存在于室内空气中的悬浮颗粒（飘尘）、挥发性有机污染物和气溶胶，存在于液体中的重金属和核素，其主要物质为：CO、CO_2、NO_x（氮氧化物）、SO_2、氡、铅、镉、甲醛、苯、臭氧、氨、烟碱和挥发性有机污染物（VOCs）。这些物质在室内环境中的浓度超标时会对居室中的人构成直接健康危害或者长期的潜在危害，包括呼吸道黏膜、皮肤、脏器、血液循环系统、神经系统、内分泌系统和生殖系统，尤其对人类的可持续繁衍产生诸多负面影响，室内空气洁净度评价及控制方法称为绿色建筑的评价指标之一。

2. 室内空气品质标准与评价

空气品质反映了人类满足健康生理需求的最低洁净度的限值，可接受的室内空气品质定义是：空调空间中绝大多数人没有对室内空气表示不满意，并且空气中没有已知的污染物达到可能对人体产生严重健康威胁的浓度（黄晨，2005 年）。室内环境品质（Indoor Environment Quality IEQ）是对于室内环境进行定量和定性综合评价的结果，包括空气温度、湿度、流速、噪声量、照明与自然光线、色彩与环境布置、心理感受等内容。由客观的量化指标与主观的生理和心理感受相结合，因每个人性格、体质、年龄、爱好、甚至教育背景不同，对环境的主观感受会有差异。有学者提出少于的 50％的人能觉察到任何气味，少于 20％的人感觉不舒服，少于 10％的人感受到呼吸道黏膜刺激，少于 5％的人在不足 2％的时间内感到烦躁，这时认为这样的建筑室内空气品质是可以接受的。同时给予客观的量化检测也可以识别人无法感受到的、无色、无味的有害气体。因此，主观感受与客观量化（检测）相结合能如实反映对环境品质的综合评价。我国已颁布了综合性国家标准两项：《民用建筑工程室内环境污染控制规范》（GB 50325—2001）和《室内空气质量标准》（GB/T 18883—2002），见表 2-11 和表 2-12 所列项目及要求。此前已经对于室内的单项污染物容许浓度颁布了限制标准，对空气中甲醛、氡、CO_2、NO_x、SO_2、可吸入颗粒物、细菌总数等分别规定了浓度上限值。对于室内空气品质的主观评价采用问卷调查方法，满足数理统计方法足够的数量和群体，使主观评价具有广泛性和实用性。

3. 室内空气污染控制方法

对于非中央空调系统的居住性建筑室内污染物控制的思

路是：

（1）堵源。少用或不用存在污染的建筑材料和装饰材料，严格控制各种精细家用化学品的使用量，控制和杜绝室内烟气发生量，如控制高温烹炸、电磁炉使用频次、不在居室内吸烟，少用空气清新剂、蟑螂药、鼠药、蚊香、灭蝇（贴）剂，采用封闭措施将蚊蝇堵在室外，室内不存腐败有机物，（如食品或待加工品）一定的温度和湿度是生物滋生的温床。

（2）根据室外温度采取定时或不定时的自然和人工通风换气方式，如利用移动式电扇排风、脱排油烟机、抽气机可起到降温、换气、驱蚊等多重作用；也可以使用被动式生物气候方法，利用室内不同采光口的风压组织空气流动，设置竖向风道利用温压对流排气，利用建筑顶部屋檐兜风、屋顶排气管变压式通风帽形成负压抽风，寒冷及严寒气候区在外墙或外窗安装节能型风斗，一种传质不传热的换气装置。

（3）提高门窗的水密性、气密性和保温性能，以便因室外空气污染超标时采取隔离措施。

（4）有针对性的采用光化学和生物-物理净化空气的方法，如在第2章所述采用家用的活性炭吸附材料、光催化材料和技术，吸附、降解、分解各种有机污染物，光催化材料具有杀菌、除臭、防污、防霉功能，而且对人体无害，设备使用时应将采光口密闭一段时间后再开启通风换气。

（5）选用家具、织物、家用电器应有绿色标志的产品和原材料，使用阶段能耗和污染物产量尽可能低，报废电子器件尽快移至室外。

（6）健康的居家生活方式，控制热污染和高湿度环境。勤晒衣被、清洗地毯、窗帘等，卫生间、厨房地面、内墙阴角部位保持干燥、清洁，防止微生物及细菌大量滋生。从室外归来时应换鞋和衣物，不具备条件时不养宠物，生活垃圾及时送出，将潜在的污染物控制在入口处或靠近排气孔的位置。食用绿色食品，少食有食品添加剂的半成品、小食品和可能腐败的食品，长期食用过分刺激或不易消化的食品，或是一日曝，十日寒，暴食、暴饮，挑食，在潜移默化中危害健康，在老之将至“受益”时则会追悔莫及了。根据自己不同时段的代谢量做到饮食营养搭配、平衡膳食中糖、盐和热量，清淡而多进素食将会受益终生。

（7）装饰居室要简单实用，少用人造及化纤类材料，色彩淡雅，根据个人的品位和爱好点缀一些艺术品和饰物，多利用天然采光。

（8）利用植物的净化能力。有些盆栽花卉能截流悬浮物和净化空气，吊兰、芦荟能吸收 CO_2 和甲醛，月季、蔷薇能吸收硫化氢、苯酚、乙醚，米兰和海桐能吸收 SO_2，铁树、雏菊、万年青可消除复印机释放的三氯乙烯，金边虎尾兰的叶片可有效吸收甲醛，向日葵、樱树能吸收 NO_2，桉树、天门冬、仙人掌等可杀灭病菌，但应杜绝夜来香等消耗氧气的植物。经常清洗冰箱和脱排油烟机也是控制有机污染源的有效措施。

（9）建筑物平剖面设计要向生态化设计理念努力，各主要空间应能自然通风和自然采光，空间组合时应有意识组织自然气流通道，竖向的排气道应有足够的排风面积和智能化排风设施，提高外门窗的密闭性能（气密性、水密性）和可开启面积，满足不同时段和不同气候条件对室内空气质量的需求。公共竖向管道应有防止小动物和蚊蝇存在、孳生的措施和构造。中央空调管道（特别是回风管）应定期清洗。在建筑选址时，应先考察地面和地基土地中是否受到各种化学品或微生物的污染，测量是否有放射性元素存在土层里，高层建筑水箱应有防止二次污染的措施。

（10）人体本身作为一个生命机体也是室内污染源之一。人体的新陈代谢能产生数百种有害的气体、液体和固体废弃物通过呼吸、汗液和大小便方式排出体外。有的直接散布于空气中，有的排出物经过发酵、微生物分解后产生有害、有气味的气体。特别对于携带传染性病毒的病人，在近距离接触后原菌会通过口腔飞沫传给健康人，他们的餐具、卧具、排泄物从医学角度要求有具体的清洗、消毒、隔离措施。人的不良生活习惯和嗜好如吸烟、穿外衣在卧具上休息时，会在不经意间产生和带进各种污染物，这条污染环境的渠道往往会被忽视，被动吸烟和病原菌接触幼童皮肤会造成机体伤害。在交通工具、购物、办公等公共活动空间，个人卫生习惯也是影响公共环境的重要因素。

控制室内空气环境的专项技术是采用封闭式人工空气环境——中央空气调节系统，根据室内人员及空间性质对于空气温度、湿度、风速、洁净度（空气品质）的不同需求，利用室外新鲜空气采用机械方式有组织的与每个空间进行强制对流换气的封闭循环系统，以达到降低有人工作或活动空间的空气龄。空气龄是空调设计的专用词，是表示新鲜空气进入用户房间到达房间某点所经历的时间，在理论上描述了替换该点原有空气的快慢程度，如房间内进风口的空气龄为零，空气龄最大的位置应该在气流不经过的房间死角部位。国家有关规范规定了不同民用建筑空间的换气次数指标，如表 5-15 所示。

民用建筑通风换气次数指标（单位：次/h）　　表 5-15

房间类型	换气次数	房间类型	换气次数
住宅的卧室	1.0	托儿所活动室	1.5
一般饭店、旅馆卧室	1.5～1.0	学校教室	3.0
高级饭店、旅馆卧室	1.0	学生宿舍	2.5
住宅厨房	3.0	图书馆阅览室	1.0
商店营业厅	1.5	图书馆报告厅	2.0
档案库	0.5～1.0	图书馆书库	1.0～3.0
候车(机)厅	3.0	地下停车库	5.0～6.0

注：上表摘自《建筑环境学》（黄晨 2005 年）。

换气次数是房间每小时通风量与房间体积之比。换气效率则是最短的换气时间与实际换气时间之比，所以，合理设计新风进、排风口位置，尽量减少气流“死角”，使房间个点的空气龄达到最短，根据冬夏季不同气流的特点以最低的能耗实现房间要求的热舒适标准，如采用自动变频空调控制系统和独立除湿技术等。

置换通风方式也是一种人工气候系统，是在房间下部靠近地板位置墙体以较低风速、均匀的将新风送出均布于地面，然后利用“温压”作用缓缓上移，可以均匀的将带有污染物而温度升高的空气推向顶部，依靠排风口（负压）排出，此方法换气效率高，不留“死角”，保证了工作区高度的最佳空气品质，运行能耗较低，多用于各种会议室、观演建筑等人员密集空间。

通风换气是保证室内空气品质的主要手段，它是组织室外新鲜空气进入室内，通过对流、稀释、置换，将室内各种污染物浓度超标的气体换出室外。中央空调系统是采用附加动力源的一种高标准、强制性人工气候系统，初期设备投资、运行能耗、维护费用均较高。另一种通风换气方法是被动式空气调节技术，它是利用室外风压（正压或负压）通过建筑进、排气口组织水平对流空气，在室内则利用共享空间的温压作用将室内空气置换出去，同时利用太阳能或地热能集热系统预处理新风在不同季节的温度和湿度，以超低能耗的成本实现空调系统的运行，多项实验建筑证实，这种被动式空调系统在夏季的降温效果是明显的。

风压是自然气候原因（多为大气中的冷热空气对流所产生的热动力）形成空气流动吹向建筑物时的动压强，气流在建筑物迎风面受阻，风由动压变为建筑物外墙的空气静压，背风面则形成涡流、压力变为空气负压。根据一个地区冬夏季的不同主导风向，每一面墙体都有承受正风压或负风压的可能，这样就为建筑朝向布置、进排风口设计、由风压差组织室内通风气流提供了依据。在风向变化或无风而需要通风时，在排风口局部增压或减压，或在设计室内气流通道上采用排风扇增加压差也能起到通风换气的效果。

5.2.4 绿色建筑

5.2.4.1 绿色建筑与资源利用

1. 绿色建筑的含义

绿色是生命之色，是生物机体中生命细胞不断生长而展示出机体生命的现象，它是机体自身对于能量的代谢功能使机体生长变化的一种过程。绿色的本意是植物在生长过程中始终呈现出的一种自然造物的生命本色。而建筑作为人类的创造物始终伴随在人类文明的进程中，它为人类的生存和繁衍提供了日趋丰富和完美的人工小气候空间和精神家园。最初原始人类用木、竹、茅草、石头、生土等自然原生的材料组合而成用于遮风避雨的掩蔽所，随着近现代科学技术的快速进步，将自然材料进行加工、合成、组合，使建筑技术、材料和规模不断刷新，超高层建筑、大跨度建筑、人工气候建筑、智能化建筑以及当今的生态化建筑应运而生，在人类快速增长的今天，建筑成了现代化生活的主要载体之一。在以人类为中心的城市聚落中，建筑规模的日益增长，建造和使用成本也在不断提升，大多数是以消耗地球上的各种资源和生产、生活废弃物增多为代价的。科学家、政治家、环保人士甚至怀有忧患意识的普通百姓都在问同一个问题：这种高度的现代化到底能持续多久？同时对我们的生活方式和生产行为进行反思，目标首先对准了要消耗大量物质和能量的建筑物，在建筑材料和设备的生产、运输环节，建筑物的建造、使用直至报废拆解阶段能否达到减物质化、低能耗、低排放、延长使用周期？建筑物拆解过程的物质再利用，使这个人造物对周围环境的负面影响达到最小，给我们的后代留下发展、繁衍的环境和空间，答案是肯定的，但不容乐观。具有对环境影响小的超低能耗建筑在各地相继诞生了，其生态特征给建筑赋予了绿色的生命颜色：它是针对建筑所在区域的建筑生物气候设计方法，使建筑物在全寿命周期中实现超低能耗和物耗，利用自由能或被动式太阳能气候系统是建筑在室外自然气候条件下能基本满足居住者的舒适度需求，不与自然环境排斥，而是相互融合、共生。无疑，绿色建筑是一个克制物欲、持之以恒的过程，不是追风的时尚，遏制对于能源、资源用光耗尽以追求物质享受最大化的文化心理，懂得所有人和我们的后代都有居住和享用资源的权利。建筑物需要得到建设者和居住者的呵护，才能体现出其生态特点和可持续性。建筑物不仅要满足遮风、避雨、御寒、防晒、隔热、保温诸项功能，使居住者在更舒适的建筑物理环境中生活，同时又体现出对环境的亲和性和相融性，就如同在自然环境中长出来一样，保证建筑物周围有优越的空气资源、水资源和土壤品质。

2. 绿色建筑技术与措施

（1）采用优越物理特性的绿色建筑材料。生产无公害和无放射物质的建材，而且主要材料的生产过程是低能耗的。如使用各种轻骨料砌块和利用废弃物不需烧结的灰砂砖，用以代替烧结黏土砖，使用无挥发性污染物的胶粘剂胶合板的替代品。选用物理力学性能优越的外窗玻璃，如电子变色玻璃可以与其产生的电磁场相对应，在窗下有控制开关，根据窗外太阳辐射的强弱适时调节玻璃颜色的深浅，减少辐射得热而保证有一定量的日照。也有玻璃随着室外太阳照射的光变化玻璃和热变化玻璃（布莱恩·爱德华兹 2003 年）。在欧洲已开发出全息技术玻璃，玻璃中的某些物质随着外部光与热的作用自动折射和反射太阳的光线。就大众层面来讲，也可选择价格相对较低的低发射率（Low-E）中空玻璃，它对短波辐射有良好的阻隔作用和相对较低的传热系数，它的组合方式不同使得不同气候区建筑外窗热工性能有所区别，寒冷和严寒地区外窗以冬季保温为主，中空玻璃的内玻宜安装低发射率玻璃，或者采用双层普通玻璃内充惰性气体的构造方式。对于夏热冬暖和夏热冬冷气候区，建筑外窗主要以夏季隔热为主，低发射率玻璃应位于中空玻璃的外玻位置，有效阻隔夏季白天的辐射热，较低的传热系数又阻止了冬季由内向外的温差传热。建筑复合围护结构可以提高围护结构的热稳定性，可以使外墙结构层厚度减薄，从而减轻结构层重量。

绿色建筑应保证建筑适当的得热量，从生物学角度要求主要房间有一定的日照时间和自然采光，满足钙和紫外线的需求，提高楼板的撞击声隔声量和外窗的空气声隔声量，将室内噪声降至最低。采用辅助楼板技术和铺设橡胶板的缓冲材料面层，凹阳台以及隔声性能好的外窗都可以有效地阻隔来自居室以外的噪声。

（2）自由能利用技术。自由能是一种可再生能源，是地表和大气中以太阳辐射能为原动力的气候能量利用系统，是常年存在和可以随时采集的无成本能源。包括太阳能热水系统、太阳能光伏（光生伏特）电池装置，利用风能的风动力发电塔，潮汐能利用技术、自然光采集传输技术，地表水能、地热能和污水能换热利用技术以及一些地区特有的干空气空调技术等。

① 风能发电利用技术是由风动能吹向位于风电塔上部的涡轮机叶片旋转，再由机械能转换为电能。风气候作为每一地区常见的气候现象，最初的能量来自于太阳辐射，是地球高纬度地区与低纬度地区空气得热量不同产生气温差（赤道与两极之间气温差最大）引起空气强对流所形成的，有时也来源于地面与高空之间空气的温压作用，或是在不同纬度的海面上每年以周期性出现的热带或寒带高压气旋，快速压向大陆所致。由于地球的自转作用，使风向在全球范围发生扭曲，局部地域的丘陵或坡地导致的常年气压差、气温差，会有常年的风力资源，这些地块成了同时收获粮食和能量的风力农场。由流体力学知识可知，从风中获得的能量与风速的立方成正比，即风速增加 1 倍，风压就会增加 8 倍，现代高效率的风力发电机组对风能利用率可达 40%～50%。将风压转换为电能的风力涡轮机组因受到风速的制约，使得风速过高或过低都不会正常发电。因此，在风力资源丰富的地区选址时，宜选择平坦但无阻挡的高地、开阔地，也不宜靠近山顶最高位置，并且根据本地区常年的气候资料，掌握可靠的季节风的风频率、平均风速，风向的倾斜度和湍流的角度，使风力的参数与风电设备参数相匹配，以实现对风能的高效利用。由于空气流穿

过涡轮叶片和变速传动箱的噪声难以控制，因此，风电场选址应距离民用建筑 400m 以外较合适。风力发电的高峰时间往往不是终端用户的用电高峰，对于成规模的风电动力应并入地区输配电网，对于较小规模的风电资源应储存冷冻能或蓄热电暖气，以满足不同时段的能量需求。

② 太阳能光电转换装置——光生伏特电池板，也称为光伏电池。电池板的主要材料是以硅为原料的半导体，将光能转化为电能，一般以几平方米作为一个单元块，多块组合可挂在建筑物的整片外墙或是屋顶上，小块的单元则可以随身携带，光伏电池在转换电能的过程中没有污染，在阴天时也可以发出电能，发电量仅为晴天时的 1/10 左右。有文献表明，每平方米光伏电池板在其使用期限内所发电量可以替换火电发电排放到空气中 2t 以上的 CO_2，在英国光伏电池每年每平方米发电量可达 104kWh。光伏电池板制作成本较高，欧盟成员国政府依据有关法令对生产企业加大扶持力度，同时颁布一些鼓励使用的优惠政策，使产品成本降低而使用周期延长，逐渐成为一种前景看好的朝阳产业。现在光伏电池仅是建筑物空调和照明系统的备用电源，有学者乐观估计，到 2020 年时，电网的电源则会退居为家用光伏电池的备用电源。光伏电池板需要日光垂直入射以提高能量转换率，屋顶光伏电池板的倾角应能够调节，以适应太阳高度角和时角的周期性变化。我国的光电池生产企业也在逐渐增多，由于政府近年采取了对光伏发电技术的鼓励政策，使成规模的光伏技术发电成本达到 0.5 元/kWh（2009 年 12 月）。我国的光气候资源较为丰富，光伏电池很快会得到大规模的普及，随着光伏电源用户的增多，对于居住建筑的光伏电源用户存在发电高峰与用电高峰时段错位问题，电力部门应有配套措施使多余电量送入局域电网统一调配使用，并网用户在用电高峰时段应享受到优惠电价，作为一种对光伏电池用户的鼓励措施。

③ 太阳能光热转换和地热利用系统在我国已得到一定规模的应用。它是利用水作为媒质将收集的太阳辐射能和地下热能用

主动式集热管道输送系统为低温地板供热系统提供热源，多余部分供室内生活热水使用。不足部分则用户用燃气热水器或电加热储水箱补充。我国已经颁布了国家标准《民用建筑太阳能热水系统应用技术规范》（GB 50364—2005），对我国主要城镇光气候分布给出了量化指标，包括年辐射总量及日照总时数，我国 2/3 地区太阳年辐射量超过 60 万 J/cm^2，中纬度地区太阳辐射强度在 930～1045W/m^2 之间。该规范对集热供热系统类型、供热方式和规模、建筑类别和层数以及集热板安装角度作了具体的规定，集热器一般安装在屋顶或阳台位置，在保证设备抗风、抗震、防雷的同时，提高集热器的热转换效率。在夏季则以热汇形式转换为冷量，供室内空调使用。地源热泵利用系统是利用冬季或夏季地表与地下土体的温差，基于土体的蓄热特性，在地表以下 15m 深度土体温度的年变化幅度（年较差）已经很小，而且能满足不同季节建筑人工环境的冷热源需求，特别适用于地下水位比较高的地区，利用埋入地下土中的集热管收集空调或供热的能量，先抽取地下水经过换热器换热后再回灌到地下土中，经过换热后品位提高的热能送入终端用户的低温地板供热系统，能量转换和输送过程要消耗一定电能，但是总的能量利用成本仍是较低的，本身工艺不会对环境产生污染，但应注意采取回灌土体中的水应有不被污染的措施，同时提高能量的利用效率。

④ 干空气利用技术。对于我国西部大约占国土面积一半以上的西北干旱和半干旱地区，常年特有的较干燥空气也可以作为一种可再生能源加以利用，国内学者和业界专家已在进行推广研究。据西北地区城镇的气象资料统计表明，该区域一年当中最湿月室外湿球平均温度为 15.3℃，最湿月室外平均露点温度为 11.4℃，远低于沿海地区的气象指标。干空气间接蒸发冷却过程是在蒸发水冷却塔内进行（江忆 2009 年），在室外干球温度 30～35℃、露点温度为 14～15℃空气环境下，间接蒸发冷水的出水温度为 17～19℃，比露点温度高出 3～4℃，低于室外湿球温度，能满足室内显热所需的冷源要求，由于整个系统的驱动源

为室外干燥空气，相对于传统空调系统可节能40%～70%，通过节电实现节煤，从而减少CO_2的排放量，干燥空气已成为该地区取之不尽的清洁能源。

⑤ 可控日光照明技术是利用日光采集设备将太阳的光能通过接受和光导管直接导入光线较暗的室内，是利用太阳光线的方式，目前设备的采光和传导效率可接近50%，是一种典型的建筑“绿色”照明技术，为地下空间和自然照度很差的房间提高了照度值，提高了光环境和工作效率。

⑥ 与上面主动式利用太阳能的方式相对应的是被动式太阳能利用系统，其实这种利用方式更是一种生活理念，它不需要复杂的设备。如居住建筑在接受日照一侧设计一个阳光间，（也可以利用阳台）外窗有大面积采光窗和可调节、密闭型遮阳百叶，内墙则为蓄热性能好的集热墙（可利用砖墙或混凝土墙），称为特朗伯墙，居住者对于环境温度在夏季或冬季、白天或晚上的变化采取的调节措施，如在冬季的白天接受太阳辐射，将能量蓄积在内墙，晚上则密闭采光窗，使蓄热墙向室内散热。夏季白天则密闭遮阳百叶，减少小室内温差传热或辐射得热，并开启位于窗上下两端的通风孔，利用温压作用将室内热量带出去，晚上或阴天则开启遮阳百叶，利用自然通风将室内热量排出去。现在有些公共建筑所采用的“双层皮、可呼吸”玻璃幕墙就是被动式利用太阳能的例子。

(3) 建筑智能化控制系统。它是利用控制模块与计算机计算处理技术相结合用于楼宇自动化控制系统，对于室内设备和环境状况进行适时控制，遍布于从自动门、感应开关到资源、能源、信息的传输系统，实现优化利用。如环境控制中的变风量送风系统、空调水自动系统都是基于设备的变频控制技术，使空调系统根据终端负荷做出调节，不会产生“大马拉小车”的工况。智能化系统的另一主要功能是火灾自动报警和消防联动控制系统，使报警、人员疏散、防烟、灭火、通讯系统在应急情况时自动启动。第三个主要功能是通讯、视频会议、楼宇监控及物业管理系统，利用因特网和计算机技术进行局域网和系统内的信息传输，可以节约时间、交通压力和资源消耗。智能化建筑可归结为“3A”功能，即通讯自动化、楼宇空置自动化、办公自动化，一组完善的建筑智能化系统具有成熟可靠、经济实用、安全稳定、节约能耗和物耗、操作简便、成果规范和完整、兼容能力强、使用年限长等优点，如果与自由能利用系统相结合，那么就可以成为具有可持续特征的超低能耗建筑了。

（4）建筑施工阶段的环境安全。建筑施工现场为了保证施工人员的安全和健康应采取无害化的施工工艺：①对施工和环境进行预测以避免工作当中的危险，对于潜在的危险进行评估，要有防范措施，应对各种突发安全事件，如急救、火警和紧急处理的预案；②化解或缩小危险工艺所付出的代价，包括慢性损伤和突发性损伤；③施工操作人员对有可能的安全信息隐患有知情权和接受安全培训的权利；④施工产生的噪声和有害气体不能影响附近居民的居住安全；⑤工作场所操作平台的结构稳定性，如紧急出口、通风标准、卫生间、休息室、起重机、临时楼梯、进料台等部位，工种则包括挖掘、爆破、粉尘和挥发性工艺、降水排水、材料预处理和预加工以及施工安装工艺的多层次安全保护措施；⑥减少施工垃圾措施和废弃料循环再利用方案；⑦建筑材料尽量选择就地取材，降低材料成本和储运费用。

（5）土壤污染修复和垃圾处理技术。凡受到人类活动影响（污染）和失去原生态的土壤应有计划地采取修复生态措施，包括工业场地旧址、城乡结合部农业用地、近水源用地，达到接近自然状态的涵养生息，可采取下列措施：①生物修复。借助于土壤水再循环系统和微生物的活性吸收功能降解污染物质。②化学修复。使用土壤剂使土壤氧化和脱卤。③物理修复。利用在水中的沉淀、清洗、蒸发、浮选等方法去除土壤中的轻物质和重金属。④凝固修复。用加热或化学方法将土壤固化，可以分离出有机污染物和金属。⑤热处理修复。采用燃烧方式处理土壤中水蒸气和油污，但是会产生一些气体污染其他地区。⑥封闭保存。用整体屏障将污染物土壤封存于某边角区域。⑦恢复生态系统。栽树及各种绿化措施，减少硬化地面和土壤暴露面，创造遮蔽空间、丰富生物群落和层次，利用各种植物固碳的功能，增加光合作用对于 CO_2 的吸收量，使修复土壤与原生土壤之间、土壤与大气之间形成通畅的物质、能量循环系统。⑧结合城市更新设计改造旧建筑。对具备使用功能但已不再进行生产的旧工业建筑实施保护和利用措施，更新使用功能，延续城市发展文脉，延长建筑的使用周期。

生活和生产垃圾管理和回收渠道通畅、高效，形成环保产业链，可同时产生环境效益和经济效益。首先将垃圾作为一种潜在的能源和资源，进行处理后得到热能和循环再利用的原材料，垃圾分类收集可提高垃圾利用效率，减少对土壤潜在的污染，如玻璃、金属（包括铁、锌、铜、铝等）、废纸、废棉毛织物、厨房有机废弃物的分别处理和利用。焚烧垃圾发电可使剩余物减量化和无害化，拆解建筑物材料的多项利用措施，都可以减少对于新资源的需求，也使最终生成物填埋成本降低。在欧美一些国家建筑垃圾回用率已达到 70%，这样可以有效降低运输成本、能耗和气体排放量。

（6）良好的建筑日照、遮阳措施。规划建筑时，利用植被遮阳和设计一定水面调节住区环境气温，利用有利的季节风组织小区风通道，便于建筑室内外通风、换气、调温。

5.2.4.2　绿色建筑评价标准

我国《绿色建筑评价标准》（GB/T 50378—2006）对于住宅建筑和公共建筑各分为 6 个大项进行细化的定性和定量评价，在每个大项中又分为控制项、一般项和优选项，按各小项的满足数量将绿色建筑等级分为三级，以住宅建筑为例加以概述。

（1）节地与室外环境。要求建筑场地内无核素和电磁辐射，无火源、爆炸源和有毒物质危险源，自然生态系统（如水系、湿地、农田、森林及绿地）完善、平衡。住区绿地率不低于 30%，人均公共绿地面积不低于 $1m^2$，绿地应采用乔、灌、草多层次植物群落，室外透水地面不少于 45%，利于吸纳水分和热量。人均居住用地指标对于低层居住建筑、多层、中高层、高层的上限分别为 43m^2、28m^2、24m^2、15m^2，并要求住区的日照、采光、通风应满足相关设计规范要求。

（2）节能与能源利用。住宅建筑围护结构热工设计和空调设计性能指标（空调机组性能系数、能效比等）应满足国家和地方建筑节能设计标准要求，对于集中采暖和空调的居住建筑户内有室温调节和热计量技术措施，根据地域气候、自然资源条件充分利用太阳能、地热能、水能、风能等可再生资源，用于采暖、空调和生活热水。

（3）节水与水资源利用。住区供水规划设计时考虑到统筹和综合利用水资源采取节水和水循环利用设备和措施，利用非传统水源时应保证供水安全，不会对人体健康和水周围环境产生不良影响。

（4）节材与材料资源利用。要求所用建筑材料应无毒、无放射性、无腐蚀性，主要建筑材料来源运输距离短，制作过程资源消耗和能耗低，应首选高性能混凝土、高强度钢材和砌块墙体形成轻质高强结构体系，以提高建筑使用周期和材料循环利用率。

（5）室内环境质量。对于居室内日照、采光条件按相关设计和验收标准执行，居室内 6 个壁面应满足隔声减噪标准，居室外墙关窗时容许噪声级白天不大于 45dB（A）、夜间不大于 35dB（A），楼板和分户墙空气声计权隔声量不小于 45dB，楼板的计权标准化撞击声声压级不大于 70dB，户门的空气声计权隔声量不小于 30dB。对于房间通风口面积不少于房间地板面积的5%～8%，换气质量规定了量化控制指标。对于炎热、湿度大的气候区应进行建筑隔热、遮阳、防潮设计。

（6）运营管理。实施节能、节水、节材的管理制度，住宅用水、用电、燃气、供热实施分户、分类计量和收费，集中管理。生活废弃物分类化、袋装化，防止无序倾倒，及时清理、收集、处理，对于垃圾临时堆放点应冲洗、灭菌，防止二次污染。居住区垃圾不落地收集转运模式定未来的发展方向。采用无公害植物病虫害防治技术，避免对住区土壤和水环境的损害。

5.3 建筑光环境

5.3.1 综述

光是电磁辐射能量中的一种。本节探讨的是电磁辐射光谱中可见光辐射特性，即辐射波长在0.39～0.76μm范围之间人的视知觉能感受到的光辐射。光是一种依靠机械波和电磁波传播、由光粒子传递运动的特殊能量，因此，光的传播具有波动说和粒子说的传播规律。太阳产生的光与热同时辐射到物体上的，适宜的光照和辐射热构成人类生存繁衍的基本环境。如果说呈周期性变化的地球—大气间的辐射满足人对于热环境生理需求的话，那么，由光气候产生的光环境使人类能够认识自然、顺应自然和享受自然，因为人类对自然界80%的信息是通过视觉感受来获得的。如果艺术家说，没有光就没有颜色，那么，生态学家则会断言，没有光就没有光合作用，就没有生物能量（碳水化合物）的积累，即使有舒适的热环境，人类和其他生物也是不会持续生存的。但是，太强的光环境（高照度）会刺激人的视觉器官，造成伤害，视觉环境中的高亮度区（强眩光）也会使人视觉功能下降，视觉疲劳，影响人的工作、生活和出行。最大限度的利用自然光线满足人类的舒适生理需求，创造一个建筑室内人类与客观事物交流的适宜光环境，同时满足人类视觉（美学）愉悦的需求，建筑采光和人工照明技术是光环境研究的主要内容。

5.3.2 光的传播与物体的光学特性

5.3.2.1 关于光学的几个概念

(1) 光通量。发光源以波动和粒子形式在单位时间内向周围空间辐射视觉能够感受到（可见光谱波段）的光输出量，用符号

“Φ”表示，单位是流明（lm）。国际单位制定义为：当光源发出为555nm的单色光（可见光谱中很窄的一段辐射波长）辐射功率为1/683W时为1流明（lm），光通量是标准光度观察者衡量对光的感受量的基本单位。

（2）发光强度。电光源在向空间任意一个方向单位立体角球面辐射光通量$d\Phi$，用符号“I”表示。定义式为$I=d\Phi/d\Omega$，单位是坎德拉（cd），国际单位制定义为：光源在1球面立体角内均匀发出1流明的光通量。

（3）照度。对于被光照射物体表面而言，照度是落在其单位面积上光通量的密度，用符号“E”表示。被照物体表面上一点的照度定义为入射在包括该点面元上的光通量$d\Phi$与该点面元面积dA之比，即$E=d\Phi/dA$。当光通量均匀分布在被照物表面上时其照度为$E=\Phi/A$。照度单位是勒克斯（lx），面积单位为m^2。照度值可以叠加，如房间内有三盏灯，对桌面上A点的照度分别为E_1、E_2、E_3，则A点的总照度为三个照度值之和。40W白炽灯下1m处水平面照度约为30lx，上面加灯罩后照度增加为73lx，全阴天地面照度为8000～20000lx，正午阳光下地面照度为80000～120000lx。

（4）亮度。一个发光物体（或反射光）反射到人视网膜上的物像的照度越高，则人眼感觉到发光面越亮，视网膜上物像照度与发光体朝视线方向的发光强度成正比，亮度就是单位面积上的发光强度，即$L=d^2\Phi/(d\Omega dA\cos\alpha)$，$\alpha$为发光面与视线垂直面上的夹角，亮度用符号“L”表示，单位是cd/m^2，它表示在$1m^2$发光面积上，沿法线方向（$\alpha=0$）发出1cd的发光强度；亮度的另一个单位是熙提（sb），两者关系是$1sb=10^4cd/m^2$。

（5）眼睛与视知觉。眼睛是人体视觉感官，接受客观世界的形状、色彩、明暗、动感觉的感受“接收机”，眼睛是一个大体直径25mm的软组织球状透明玻璃体，相当于一对感光透镜。眼球由玻璃体、晶状体、角膜、虹膜、巩膜、脉络膜、视神经乳头等组成，具有接受外界全息影像并且由神经系统传输至大脑的功能。视网膜上分布的感光细胞有两种：①锥状细胞，有分辨颜色和辨认细部的能力，可根据感光的明暗变化作出反应和调节；②杆状细胞，也是感光细胞，对光的明暗变化感觉缓慢，有暗适应和明适应现象，两种细胞结合使用形成视感觉。视觉则包括光觉、色觉、形觉、动觉，都通过眼睛来实现。视觉的两个特性是①视野、中心视场、视觉清楚区域：可以测量出双眼在水平面上的最大视角为180°，竖直面最大视角为130°，中心视场对应立体角范围约为2°，中心视场以外30°范围为视觉清晰区域。②明视觉、暗视觉、中间视觉和适应：在明视觉亮度环境中（≥3cd/m^2）主要由锥状细胞起作用；在暗视觉环境中（可感亮度域限在10^{-6}～0.03cd/m^2之间），主要由杆状细胞起作用，用以辨别视觉环境的明与暗。通过视觉将感受来的原始信息进行整理、分析、归纳，与大脑储存其他记忆（经验）形成联想、对比、判断，将新的刺激的含义、属性记录下来，即形成新的视知觉。人类80％的经验、知识是通过视知觉形成的，所谓“百闻不如一见”说明了视直觉的重要性。

（6）高光与眩光。一个三维物体反射来自其他方向自然或人造的入射光线，并且摒弃用以物体的平面影像进入人眼视网膜(或相机的感光材料上)，平面影像中距离入射光线最近的一片区域亮度超过周围画面，呈现出均匀漫反射光线，该区域为固定物体所具有的高光，而其他各感光面的明度则发生变化或降低，由平面影像的明度变化反映了物体的三维属性。眩光是由于视野中亮度分布或亮度范围的不适应，或存在极端的对比，以致引起不舒适感觉、降低观察细部或目标能力的视觉现象。用于度量处于视觉环境中照明装置发出的光对人眼引起的不舒适感主观反应的心理参量成为统一眩光值，可按CIE统一眩光值公式计算得出。

（7）色温度与显色性。当某一种光源（热辐射光源）与某一种温度下的完全辐射体（黑体）的色品完全相同时，完全辐射体的温度成为色温度，用“T_c”表示，单位为K。色温度越低(＜3300K)，视感觉为偏暖色，视感觉为冷色时的色温＞5300K，中间色的色温在3300～5300K之间。显色性是照明光源对物体色表的影响，这种影响是由于观察者有意识或无意识地将它与参比光源下的色表相比较而产生的。用于衡量显色特性的物理量是显色指数，即是在合理允差的色适应状态下，被测光源照明物体的心理物理色与参比光源同一色样的心理物理色符合程度的度量，显色指数用“R”表示。

（8）室外照度与采光系数。在室外全阴天天空的漫射光照射下，室外无遮挡水平面上的照度。采光系数是在室内给定平面上的一点，由直接或间接接收来自假定和已知天空亮度分布的天空漫反射光而产生的照度与同一时刻该天空半球在室外无遮挡水平面上产生的天空漫反射光照度之比，这个假定和已知的天空漫反射照度值是 5000lx，定义在Ⅲ级光气候区，也是室内完全利用自然光的临界照度值，室内采光系数的标准值即是室外天然光临界照度时的采光系数值。光气候是一个区域由太阳直射光、天空漫射光和地面反射光形成的天光平均状况，我国国土范围根据常年观测和统计资料分为Ⅰ～Ⅴ五个级别的光气候区。

（9）人工照明与绿色照明。利用人工方式产生光能量作为对自然光的辅助与补充，满足使用者在夜晚和不同场合对于照度和人造光环境的不同需求称为人工照明，这种需求包括功能和艺术两方面。农耕文明时代燃烧的是矿物或植物燃料，如火把、油灯、汽灯、蜡烛等。工业文明时代多以电能转化为光能，如白炽灯、气体放电灯、高强度气体放电光源（HID）、发光二极管（LED）、无电极灯（EDL）、电致发光灯（EL）、光导纤维等照明光源（器）。绿色照明的理念是节约能源、保护环境，有益于提高人们生产、工作、学习效率和生活质量，保护身心健康的照明，如各种节能灯、发光二极管、光伏电池、日光收集、传输照明等光源和照明技术。

（10）色调、彩度、明度。色调是人眼能识别的可见光谱范围各种不同中心波长辐射在视感觉上的区别而形成不同颜色感。各种单色光在白色背景上呈现的颜色（将单色全部反射至视知觉系统）就是光源色的色调。彩度是指色彩的纯洁性，必须是在辐射光谱上反映很窄的一段中心波长。明度是对颜色相对明暗的视感觉特性，无色彩的物像从白到黑的变化即反映了明度的降低。

5.3.2.2 光的传播特性与物体的光学性质

1. 光的传播特性

光源分为天然光源和人造光源两种。天然光源主要来自太阳的辐射，太阳辐射在经过大气层时，一部分被吸收后变为天空散射光，一部分则透射至地面，另一部分则是来自于太空的其他星球，如星光、月光，但都是反射太阳的辐射光到地球表面的。太阳是一个巨大的燃烧火球，向地球及太空连续辐射巨大的光源和热源。据北半球某地在6月份上午8：30实测结果显示，太阳辐射总照度为43000lx，漫射光照度28000lx。由于太阳直径远大于地球直径，所以将太阳辐射至地球表面视为平行、均匀的光波。人造光源可以在需要的工作面或者活动面上呈现出感光设备（眼睛或照相、摄像机等）要求的照度和显色性，还能使工作或者活动空间设计成无阴影的人工照明空间环境，如足球场、手术间、摄影室等，可以将点光源组合成为水平照度和垂直照度均匀的三维视觉空间。夜晚建筑的泛光照明和景观照明则满足了人的休闲审美的心理需求。

人的眼睛或感光设备大多数是接收了一个或数个光源辐射至某物体的反射光线来感受客观物体的存在，所以，人感觉客观物体的存在（全息映像）是由光源→光线→物体→反射光→物像→视神经与大脑处理系统这样一个光辅助的视觉—映像过程。人类认知客观物质世界小到显微镜下的细胞，大到射电望远镜后面的星球，都是借助于物体的反射光来观测认识的。人眼或感光设备都需要被观察物体上的（反射光）照度在一个舒适的感受范围内，照度太低或距物体较远时也会影响对物体的分辨率和色感觉，物体上照度的均匀性（是否有眩光）也会影响对物体的全面认知。红外线夜视仪（数码成像仪）则是在无光线的暗夜中利用捕捉物体与其他物体的红外线（不可见光）辐射差（和物体的动与静）借助于光传感器成像原理来得到物体的黑白影像的。

可见光在不同物相（液体、气体、固体）、不同光学性质（透明、半透明、不透明）的材料中传播规律是不一样的，即光线在不同介质中或表面会产生反射、吸收、透射、折射、绕射等物理和几何光学现象，因此有了光学材料和普通材料光学性质的不同研究重点。用于描述光线在不同介质中传播特性的主要物理量有光通量、发光强度、照度和亮度，专用光学材料制品（各种成像透镜）有焦距、像距等物理量，本节侧重于探讨普通建筑材料的光学性质。

光线在传播过程中会遇到各种介质时，入射光通量（Φ）中的一部分被反射（Φ_ρ），一部分被吸收（Φ_α），一部分透过介质进入另一种介质（Φ_τ），这三项反射、吸收、透射的光通量与入射光通量之比分别称为反光系数 ρ、吸收系数 α、透光系数 τ，表达式分别为 $\rho=\Phi_\rho/\Phi$，$\alpha=\Phi_\alpha/\Phi$，$\tau=\Phi_\tau/\Phi$。三者的关系式是：

$$\Phi_\rho/\Phi+\Phi_\alpha/\Phi+\Phi_\tau/\Phi=\rho+\alpha+\tau=1 \qquad (5\text{-}15)$$

若以固体材料的光学性质来划分，可分为反射材料和透光材料两类，根据材料表面的光滑程度和材料内部分子结构，受光材料又分为：①规则（定向）反射和规则透射材料；②扩散反射和扩散透射材料。表面光滑、不透明的物体如镜面和抛光金属表面是典型的规则反射表面，光线入射角等于反射角，入射光线、反射光线以及反射表面的法线位于同一平面内。汽车主要用于照明的前灯，光源中一部分光线经过抛物线剖面的光滑反射灯罩将点光源经过规则反射后组合成向前方的平行光源，增加了车灯在车行前方的光通量。表面光滑、内部均匀的透明材料如光白玻璃即是典型的规则透射材料，对于沿厚度方向的平行光线来说，玻璃的透射系数在 0.78～0.82 之间，对于沿厚度方向两个表面不平行的玻璃制品，其入射光线与透射光线要发生偏折现象，称为光在不同介质中的折射现象，而且可见光谱中不同波长辐射的折射偏角不同，如在三棱镜的透光效果中显示出不同颜色的透射光线，一条连续显示的七色光谱带，光的绕射也是辐射波的一种物理特性，是光线通过障碍物时出现的展衍现象，在光线通过反射材料的小孔时，在孔后的屏幕上出现一个亮斑，其周缘的亮度向外逐渐减弱，也称为光的衍射，在水波和声波的传播过程中也会有衍射现象产生。光线在不同材料中的反射系数（比）ρ 和透射系数（比）τ 分别如表 5-16 和表 5-17 所示。

饰面材料的反射比 ρ 值　　表 5-16

材料名称	ρ 值	材料名称	ρ 值
石膏	0.91	无釉陶土地砖	
大白粉刷	0.75	土黄色	0.53
水泥砂浆抹面	0.32	朱砂色	0.19
白水泥	0.75	马赛克地砖	
白色乳胶漆	0.84	白色	0.59
调和漆		浅蓝色	0.42
白色和米黄色	0.70	浅咖啡色	0.31
中黄色	0.57	绿色	0.25
红砖	0.33	深咖啡色	0.20
灰砖	0.23	铝板	
白色瓷釉面砖	0.80	白色抛光	0.83～0.87
黄绿色瓷釉面砖	0.62	白色镜面	0.89～0.93
粉色瓷釉面砖	0.65	金色	0.45
天蓝色瓷釉面砖	0.55	浅色彩色涂料	0.75～0.82
黑色瓷釉面砖	0.08	不锈钢板	0.72
白色大理石	0.60	胶合板	0.58
乳色间绿色大理石	0.39	广漆地板	0.10
红色大理石	0.32	菱苦土地面	0.15
黑色大理石	0.08	混凝土面	0.20
白色水磨石	0.72	沥青地面	0.10
白色间黑灰色水磨石	0.52	铸铁、钢板地面	0.15
白色间绿色水磨石	0.66	普通玻璃	0.08
黑灰色水磨石	0.10	金色镀膜玻璃	0.23
浅黄色纹塑料贴面板	0.36	银色镀膜玻璃	0.30
中黄色纹塑料贴面板	0.30	宝石蓝镀膜玻璃	0.17
深棕色纹塑料贴面板	0.12	宝石绿镀膜玻璃	0.37
黄白色塑料墙纸	0.72	茶色镀膜玻璃	0.21
蓝白色塑料墙纸	0.61	红色钢板	0.25
浅粉白色塑料墙纸	0.65	深咖啡色钢板	0.20

注：上表摘自《建筑采光设计标准》(GB/T 50033—2001)

采光材料的透射比 τ 值 **表 5-17**

材料名称	颜色	厚度(mm)	τ 值
普通玻璃	无	3～6	0.78～0.82
钢化玻璃	无	5～6	0.78
磨砂玻璃(花纹深密)	无	3～6	0.55～0.60
压花玻璃(花纹深密)	无	3	0.57
(花纹浅稀)	无	3	0.71
夹丝玻璃	无	6	0.76
压花夹丝玻璃(花纹浅稀)	无	6	0.66
夹层安全玻璃	无	3+3	0.78
双层隔热玻璃(空气层 5mm)	无	3+5+3	0.64
吸热玻璃	蓝	3～5	0.52～0.64
乳白玻璃	乳白	1	0.60
有机玻璃	无	2～6	0.85
乳白有机玻璃	乳白	3	0.20
聚苯乙烯板	无	3	0.78
聚氯乙烯板	本色	2	0,60
聚碳酸酯板	无	3	0.74
聚酯玻璃钢板	本色	3～4 层布	0.73～0.77
	绿	3－4 层布	0.62～0.67
小波玻璃钢瓦	绿	—	0.38
大波玻璃钢瓦	绿	—	0.48
玻璃钢罩	本色	3～4 层布	0.72～0.74
钢窗纱	绿	—	0.70
镀锌铅丝网(孔径 20mm×20mm)	—	—	0.89
茶色玻璃	茶色	3～6	0.08～0.05
中空玻璃	无	3+3	0.81
安全玻璃	无	3+3	0.84
镀膜玻璃	金色	5	0.10
	银色	5	0.14
	宝石蓝	5	0.20
	宝石绿	5	0.08
	茶色	5	0.14

注：转摘文献同上表。

对于表面粗糙、整体平整的不透明材料，入射光线会产生扩散反射现象，使反射光线分散在更大的立体角范围内，如氧化镁和石膏具有均匀扩散特性，反射光通量均匀分布，故表面亮度均匀，没有眩光出现，扩散反射也称为漫反射。相对于规则透射的材料是漫透射材料，如乳化玻璃、半透明塑料等，透过它看不见光源（或反射物体）形象，只能看到透射材料表面亮度上的变化，而投射材料后面发光物体的明度、颜色感觉不明显。对于灯光透明罩或发光顶棚后的光源，漫透射材料可降低光源亮度，能够减弱眩光。汽车前照明灯在经过反光曲面聚集为平行光线后，灯具前面安装一透明灯罩，使灯具发光产生定向扩散投射，光线不均匀的向特定方向投射，具有较大的发光强度，而且光源的形象模糊，不太刺眼，有些演播空间使用的聚光灯也具有这种发光特性。

有些反光建筑材料同时具有规则反射和漫反射特性，如光滑的纸面，稍粗糙的金属表面和油漆表面，在反射方向可大致看到光源的轮廓，但不像规则反射那样清晰，而且在其他反射方向上又类似漫反射材料具有一定的亮度，又不像定向反射材料那样亮度为零，这种材料称为混合反射材料。相对应的有混合透射材料，如磨砂玻璃，具有规则透射和漫透射特性，称为混合透射材料。材料的反射光和透射光分布形式的示意分别如图 5-5 和图 5-6所示。

2. 物体的光学性质

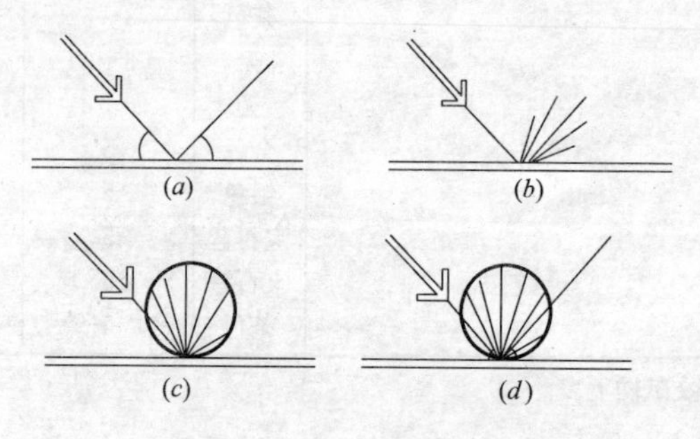

图 5-5　材料反射光的分布形式
(a) 定向反射；(b) 定向扩散反射；(c) 均匀扩散反射（漫反射）；(d) 混合反射

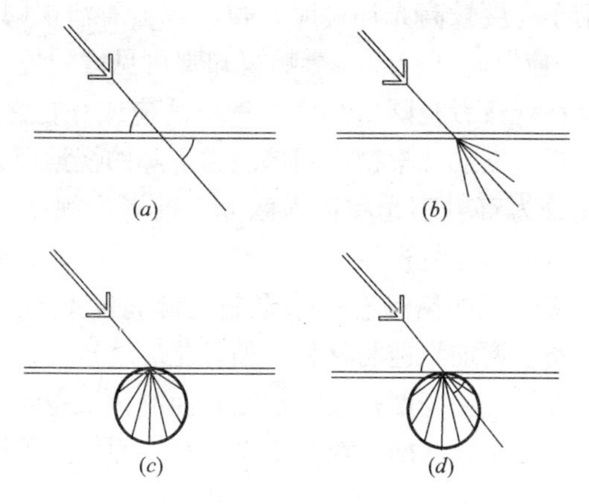

图 5-6　材料透射光分布形式

(a) 规则透射；(b) 定向扩散透射；(c) 均匀漫透射；(d) 混合透射

相对于背景材料，在前面的物体往往成为视感觉的主要目标，前提是物体反射（或发射）足够的光能进入视觉系统，从物体外形、视距到细部形状和颜色对眼睛产生一定的刺激时间后会作出判断，但视距和入射的光能会影响判断的准确性。换言之，“一个物体之所以能够被看见，它要有一定的亮度、尺寸、亮度对比，并且识别时间和眩光也会影响这种看清楚程度。”（刘加平，2009 年）对物体的色感觉就是眼睛接受色刺激后由视神经锥状细胞产生的色感觉。物体的有色表面就是较多的反射该色调所在波长的色光至人眼睛形成人体对该表面的色知觉。人眼能看到的最低亮度仅为 10^{-5} sb。但是当工作面照度超过 3000lx 时，视知觉由于高照度、长时间的刺激使感知灵敏度下降，造成视疲劳。当工作面亮度超过 16sb 时，对眼睛刺激加大，不能正常工作和阅读。所观看物体的亮度与后面背景亮度差异越大，则物体的可见度越高。如果观察者变换位置由亮度（亮度与照度成正比）较高的光环境移动至亮度较低的暗环境时，需要较长时间才能看清其中物体，即“暗适应”时间较长。反之，观察者由较暗光环境移动至亮度较高光环境时，很快就会看清视阈中的物体，所以，“明适应”时间较短。影响视知觉可见度的另一个因素是眩光，它是在观察者视阈中亮度范围不适应或存在强烈的对比，引起不舒适视感觉或观察物体细部能力下降的视觉现象，根据眩光光源不同分为直射眩光和反射眩光，前者为视线与光源（灯具）光线靠近，后者是视线与被观察物体的反射光线靠近。

减轻直接眩光的措施有；①限制光源亮度不超过 16sb，在光源附近光路上增加半透明材料（如乳化玻璃）使光线产生定向扩散透射，降低光源亮度；②增加眩光面的背景亮度，减少亮度对比；③减小眩光源（面）对观察者的视看面积；④尽可能增大眩光源的仰角。

对于减轻（物体）反射眩光的措施有：①是眩光发生面装饰成为无光泽（或亚光）表面，形成混合反射形式，使规则反射形成的照度在总照度中比例减少；②使视觉作业面视线避开照明光源形成的规则反射区域；③使用发光面积大、亮度低的光源。

3. 物体的颜色与光的显色性

无论是物体本色或者光源色，反映到人的视觉系统是无彩色和有彩色两类。无彩色就是在明暗环境中的光源和材料的光学性质，无彩色谱是由白到黑系列的中性灰色组成，无彩色就是在明暗环境中光源及材料的光学性质，即从反射比为 1 的纯白到反射比为 0 的纯黑。氧化镁的反射比为 0.98，黑丝绒反射比为 0.02。而有彩色有其特殊的光学特性，在可见光光谱中会分离出不同辐射波长，产生由紫色到红色的单色光，会使视觉感受到多彩的自然环境和人造光环境。单色光谱频段越窄，使视觉感受到光色越单纯，色调种类越丰富。颜色分为物体本色和光源色，物体的本色就是能够反射较多的某一波长的光线至视觉系统的颜色，即物体的颜色与物体对某种波长的光反射比或者透射比有关，反射量最多的波长段是该物体的颜色。各种单色光在白色背景上呈现的颜色就是光源色的色调。

用于描述色彩的三种独立属性是色调（色相)、明度（纯度)

和彩度。物体的色调（反射或透射）取决于光源的色谱组成和物体反射各波长的光辐射比例对人眼产生的视感觉。在日光下，如果一个物体表面反射 0.48～0.55μm 波长段的光辐射，而其他波段光辐射被物体吸收，那么，视知觉后用语言描述该物体的表面色调是绿色。物体的明度则反映光反射比大的物体色明度高，反之，则色明度低，明度反映了有彩色物体表面的视亮度。彩度则反映出颜色辐射波长的纯洁性，各种单色光是最饱和彩色，颜色的饱和度是指在某种颜色与同样亮度灰色之间的差别，反映了颜色浓与淡的特性。自然界当中大多数物体的表面色都呈现出非饱和的（灰色）色彩。

在光环境中，人们习惯于在日光下（或是天空散射光）观察物体并产生对物体的色知觉，但是照明（人工）光源的颜色质量可以使被照物体表面的色知觉发生变化，这是由于人造光源相对于全波段辐射的日光而言其光谱功率分布发生了改变，导致被照物体的反射光、光谱功率分布也发生变化。在第 4 章提到如果一个物体将辐射全部吸收成为黑体，黑体表面辐射的光谱功率及分布取决于黑体的热能（温度），黑体被连续辐射热时，其相对光谱功率分布最大值由长波辐射向短波辐射方向移动，光色也依顺序沿红→黄→白→蓝方向变化，黑体温度在 800～900K 时，红色为主要辐射功率，黑体温度为 3000K 时，黄白色为主要辐射功率，黑体温度为 5000K 时呈现白色，黑体温度在 8000～10000K 之间时呈淡蓝色，即不同温度的黑体辐射对应着某种颜色的辐射功率。通常将某一光源的色品称为该光源的色温，它是与黑体在某一温度下的色品相对应时黑体的温度，色温用 T_c 表示，单位为绝对温度 K。确定某一光源的色品与某一温度下黑体的色品最接近时黑体的温度成为相关色温。因此，人在光环境中对光色的温度感觉也会有冷色和暖色之分。我国《建筑照明设计标准》（GB 50034—2004）给出室内不同工作性质所需人工光源色温的建议值，如表 5-18 所示。

光源色表分组 **表 5-18**

色表分组	色表特征	相关色温(K)	适用场所举例
Ⅰ	暖	<3300	客房、卧室、病房、酒吧、餐厅
Ⅱ	中间	3300～5300	办公室、教室、阅览室、诊室、检验室、机加工车间、仪表装配
Ⅲ	冷	>5300	热加工车间、高照度场所

CIE（国际照明委员会）发布的标准照明体色度系统可以将任意一种颜色都看作为光的三原色（红色：0.7μm，绿色：0.5461μm，蓝色：0.4353μm）的混合体，三个坐标值给出了合成所描述颜色下需要每一种光源色的值（辐射功率）。CIE 标准照明体 D_{65} 是代表相关色温约为 6504K 的平均昼光相当于中午的日光，是根据大量昼光的光谱分布实测值经统计处理后的平均值，它代表着任意色温昼光的光谱分布，也称为 CIE 合成昼光。

光源的显色性是照明光源对物体色表（与色刺激和材料质地有关的颜色的主观表现）的影响程度。光源的显色性取决于光源的光谱功率分布，日光和白炽灯都是连续光谱，其显色性较好。光源显色性用显色指数 R_a 来表示。表示在被测光源和标准光源照明下，物体的心理物理色符合程度的量化度量称为显色指数。与 CIE 色式样的心理物理色的符合程度的度量称为特殊显色指数。我国《建筑照明设计标准》规定长时间工作的场所一般显色指数不宜小于 80。

5.3.3 建筑采光与照明

5.3.3.1 天然采光技术与采光系数

1. 光气候

建筑物通过开向室外空间的采光口（外墙门窗、玻璃幕墙、天窗等）接收来自室外天空的自然光辐射，在一定时段、一定程度上满足了居住者和使用者对于室内照度的要求，室内光环境也随着室外气候的变化导致天然光照度发生变化，这种变化包括天文学原因呈现的周期性变化和由于气象原因呈现的非周期性变化，如晴天、全云天、多云天等天气明暗的变化形成了光气候，它是由太阳直射光、天空漫射光、地面反射光组合形成天然光的平均状况。实测表明（刘加平，2009年），晴天天空亮度分布与大气透明度（云量和尘埃多少）、观测点与太阳的相对位置有关，太阳直射观测点时亮度最高，位于赤道与太阳光线成90°位置的照度为同时刻的最低照度。冬季北半球对于中纬度地区垂直面照度高于水平面，夏季中低纬度地区水平面照度高于垂直面，朝阳采光口的照度高于背阳采光口的照度，无云晴天时太阳直射光照度占总照度的90%，天空散射光和地面反射光占10%，（一般计算室内采光系数时除下雪天外，地面反射光忽略不计）全阴天的自然光则全部来自天空散射光。在晴天和全阴天变化之间，自然光照度视天空云量的多少而变化，将天空云量划分为1～10级，它表示将（半球）天空总面积（度）分成10份，用来衡量被云遮住的份数，即有云面积覆盖的天空部分所张的立体角与整个天空立体角（2π）之比。云层高度、厚度、云状、变化速度、运动方向都会影响天空照度的变化，高空云多为冰晶体，多为折射和反射太阳光，天空亮度高，地面照度也高；全云天或下雨时，云层就在观测地区上空云集；雨过天晴、云层消失，太阳直射天空、照度很快提高，可用日照率来衡量某一地区的光气候和常年气温变化特征。日照率的定义是太阳在某地实际出现时数与实测和理论计算确定常年出现时数之比。所以，当某一地区云量在8～10级时为全阴天，由于太阳高度原因，阴天正午的照度仍然高于早晚（日出和日落）的照度，据有关文献计算表明（张三明，2009年），全云天时天顶亮度是地平线附近天空亮度的3倍，阴天天空亮度低而且均匀，采光口朝向对建筑室内影响很小。云层越厚，距地面越近，则自然光照度越低。云内除水汽以外，尘埃也会影响大气透明度，有雪时天空漫射光照度比无雪地面要增加约 1 倍。对于晴天和少云天空的量化标准是云量在 0～3 级之间。照度值随太阳的升高而增大，天空散射光在太阳高度角最小（日出和日落）时变化快，太阳高度较大时，天空散射光在总照度中所占比例减小而且稳定在 10%以上，不同纬度地区全晴天和全阴天天空亮度可由计算得出，但是多云天对天空亮度影响会多种多样，导致光气候变化多端，需通过继续观测研究找出其内在规律。

我国由于国土面积大，光气候分布呈多级化，同一时刻，南方、北方日照高度差异较大，同一地区（纬度差很小时），冬夏季日照高度也有较大差别，从海拔高度和地面储水量来分析，日照率从西北向东南方向呈递减趋势，四川盆地最低，即常年云量（阴云天）出现时间最多。华南和长江中下游地区云量出现时间也较多，而且由南向北云系分布由低云向中、高云过渡；南方、东南方地区天空漫射光照度较大；北方和西北地区以太阳直射光为主，云量偏少，常年降雨量很低；在西北有些地区常年降雨量小于蒸发量，常年气候干燥。西北高原地区年平均总照度值（从日出后半小时到日落前半小时全年日平均值）高达 31.46klx，四川盆地和东北北部地区平均总照度值仅有 21.18klx。我国根据国土范围内不同地区天然光年平均总照度值划分为Ⅰ～Ⅴ类五个光气候分区，Ⅰ区：$E_q \geqslant 28$（klx），Ⅱ区：$26 \leqslant E_q < 28$，Ⅲ区：$24 \leqslant E_q < 26$，Ⅳ区：$22 \leqslant E_q < 24$，Ⅴ区：$E_q < 22$。根据光气候特点和年平均总照度值确定分区系数，即年日照率较少、常年云量偏多的地区室外天然光临界照度限值相应降低，我国《建筑采光设计标准》以Ⅲ类（中间值）光气候区天然光临界照度（5klx）作为标准值，其余各类光气候区临界照度标准值以光气候分区系数 K 确定，根据所在光气候分区不同需要折减或者增加，由此求得的室内工作面照度也在普通人视力可以接受的范围内。光气候系数如表 5-19 所示。

我国光气候系数 K **表 5-19**

光气候区	Ⅰ	Ⅱ	Ⅲ	Ⅳ	Ⅴ
K 值	0.85	0.90	1.00	1.10	1.20
室外天然光临界照度值 E_l(lx)	6000	5500	5000	4500	4000

2. 采光系数与建筑采光设计

利用天然光照度的室内采光设计主要以开设在建筑外围护结构上的采光口来实现，各类门窗作为一种半透明的围护结构其物理光学性能之一即是透光性，这体现在室内工作面上的照度能够采集、利用室外天然光的程度，通常用采光系数来衡量，即室内某一点由于室外全阴天空漫射光而产生的照度值与室外全阴天空漫射光无遮挡水平面上所具有的照度之比，计算公式为：

$$C=E_n/E_w\times100\% \tag{5-16}$$

上式中 E_n 为室内给定平面上的一点由于天空漫射光所产生的天然光照度，E_w 为室外水平面上漫射光所具有的照度，C 为天然光采光系数，单位为%。表 5-19 中Ⅲ类光气候区的临界照度是室内普通工作所需要的最低照度值，如果室内工作照度低于这个设定值，就需要由人工照明来补充或者替代，如果室内工作面上照度太高，如在强阳光下阅读和工作，则会对视觉系统造成不同程度的伤害，活动式遮阳板则会最大限度地降低室内来自室外直射光的照度，提高室内采光系数的方法很多，如在窗框上面增设水平反射板和提高窗上口的高度可增加室内远离外窗的照度。室内视觉作业场所工作面上的照度值是根据不同工作性质和人的视觉生理卫生需求制定出来的，如表 5-20 所示。

在进行采光设计时，首先根据建筑物使用性质、天窗还是侧窗采光，利用房间窗地面积比来进行估算，得出不同用途房间窗洞口最小面积，《建筑采光设计标准》中规定计算窗地面积比应以Ⅲ类光气候区、单层铝窗采光作为计算参数，其他光气候区建筑窗地面积比乘以相应的光气候系数 K。各种窗型和建筑类型的窗地面积比，如表 5-21 所示。

视觉作业场所工作面上的采光系数标准值　　表 5-20

采光等级	视觉作业分类		侧面采光		顶部采光	
	作业精确度	识别对象的最小尺寸 d(mm)	采光系数最低值 C_{min}(%)	室内天然光临界照度(lx)	采光系数平均值 C_{av}(%)	室内天然光临界照度(lx)
Ⅰ	特别精细	$d\leqslant0.15$	5	250	7	350
Ⅱ	很精细	$0.15<d\leqslant0.30$	5	150	4.5	225
Ⅲ	精细	$0.30<d\leqslant1.0$	2	100	3	150
Ⅳ	一般	$1.0<d\leqslant5.0$	1	50	1.5	75
Ⅴ	粗糙	$d>5.0$	0.5	25	0.7	35

窗地面积比 A_c/A_d　　表 5-21

采光等级	侧面采光		顶部采光					
	侧窗		矩形天窗		锯齿形天窗		平天窗	
	民用建筑	工业建筑	民用建筑	工业建筑	民用建筑	工业建筑	民用建筑	工业建筑
Ⅰ	1/2.5	1/2.5	1/3	1/3	1/4	1/4	1/6	1/6
Ⅱ	1/3.5	1/3	1/4	1/3.5	1/6	1/5	1/8.5	1/8
Ⅲ	1/5	1/4	1/6	1/4.5	1/8	1/7	1/11	1/10
Ⅳ	1/7	1/6	1/10	1/8	1/12	1/10	1/18	1/13
Ⅴ	1/12	1/10	1/14	1/11	1/19	1/15	1/27	1/23

注：计算条件：

民用建筑：Ⅰ～Ⅳ级为清洁房间，取 $\rho_j=0.5$；Ⅴ级为一般污染房间，取 $\rho_j=0.3$。

工业建筑：Ⅰ级为清洁房间，取 $\rho_j=0.5$；Ⅱ、Ⅲ级为清洁房间，取 $\rho_j=0.4$；Ⅳ级为一般污染房间，取 $\rho_j=0.4$；Ⅴ级为一般污染房间，取 $\rho_j=0.3$。

侧窗采光是大多数民用和公共建筑常用的天然光采光方式，高度一般都在人的视野范围内，具有造价较低、安装和维修方便、光线方向性明确等特点。顶部采光多用于进深较大或者跨数较多的各类工业建筑，也经常用于公共建筑的共享大厅和需要顶部采光的画室，建筑节能设计常用于在需要时段的通风换气使用。有些建筑同时设计侧窗和天窗，称为混合采光。近年来推广使用的太阳光线收集和传输设备使北回归线以北地区建筑北面接受日光成为可能，也提高了对太阳光线的利用效率。在计算室内天光采光系数时，除了考虑室外天然光照度、窗地面积比影响因素以外，还要同时考虑采光窗的总透射比、室内壁面反射光增量、室外建筑物挡光折减、侧面采光窗宽的修正系数等，其中窗的位置对采光系数和采光均匀度影响很大，下面结合简图作一简单介绍。（下面插图摘自《建筑物理》（第四版）刘加平，2009 年）

图 5-7 是外墙上窗口高度位置和窗间墙宽度不同对室内采光系数的影响，剖面图中所示为采光窗位置不同时室内照度变化曲线。图 5-8 是窗高一定时窗口宽度变化对室内采光的影响，随着窗宽的减小，靠窗墙角处的暗角面积增大，当窗宽小于 4 倍窗高时，墙角照度变化加剧。图 5-9 是窗台高度和窗洞上口高度变化对室内采光系数的影响，提高窗台高度以减小窗洞面积可降低靠窗区工作面照度，对房间内侧照度影响不大。窗台高度不变上洞口高度降低减小窗洞面积，不仅使近窗处照度变小，而且使房间内侧照度明显降低。图 5-10 和图 5-11 是不同天空状况对室内采光的影响，晴天时朝阳窗与背阴窗的照度差别很大，阴天时则基本相同。图 5-12 是侧窗时对不同进深内墙的照度影响。图 5-13 是侧窗高度位置不同时对内墙面照度分布的变化，窗面积相等窗高较低时内墙上部照度出现拐点，照度降低较多。图 5-14 是不同玻璃外窗时室内照度变化曲线，其中定向遮光玻璃在房间进深方向照度均匀，对水平工作面上的采光系数影响较小。图 5-15 是工业建筑当中竖向天窗与平天窗采光效果比较，可以看出，平天窗在水平面上的投影面积较同样面积竖向矩形天窗的投影面积大，而且结构简单，施工安装方便，直接造价仅为竖向矩形天窗的 21%～37%。图 5-16 是矩形天窗和梯形天窗采光比较，将矩形天窗倾斜 60°角安装，室内采光量可提高约 60%，但是照度均匀度却明显变差。图 5-17 是多跨工业厂房只有天窗采光时采光系数分布曲线，同一位置接受来自不同天窗照度可以叠加，以中间跨照度较高，工作面距离窗口相对较远，照度均匀，不易形成眩光，图 5-18 是矩形天窗的相关尺寸对采光效果的影响，天窗

宽度（b_{mo}）增加，室内照度增加，照度均匀性改善。图 5-19 是天窗宽度占建筑总宽度（跨度）不同比例时对室内采光系数的影响，一般取天窗宽度为 $b_{mo}=0.5b$ 为宜。图 5-20 是凭天窗在屋面上位置不同时对采光效果的影响，当采用 b 型布置方式时，其采光均匀性和采光系数平均值都较好。图 5-21 是避免产生窗口眩光的窗口位置布置方法，注意 14°视角是核心视觉范围，留出窗口边缘和画面边缘的夹角。图 5-22 是将窗口位置提高或画面稍加倾斜会避免一次性反射眩光，同时对于墙壁或背景亮度来说，展品亮度和彩度不宜过高，采用顶光补充照明为首选，以提高观赏效果。图 5-23 是教室黑板反射区域及防治措施，黑板所在墙面端部与正交外墙预留出 1.0～1.5m 宽度墙体可有效避免眩光，增加黑板的倾角也是避免眩光的有效办法。图 5-24 是工业建筑中常用的锯齿形天窗，虽属单面顶部采光，但由于倾斜屋顶的漫反射光，其采光效率和均匀度都高于普通矩形天窗，当工作面采光系数相同时，锯齿型天窗比普通矩形天窗节约面积约 15%～20%。

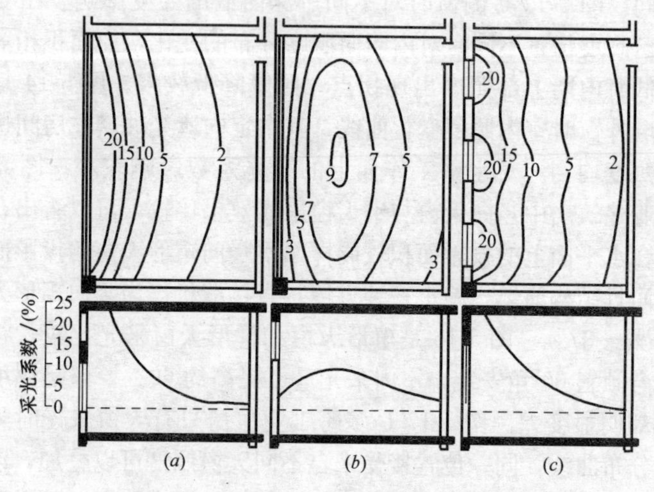

图 5-7　窗口高度位置（下）和窗间墙（上）对采光影响

（平面图系等照度曲线剖面图系照度变化曲线）

图 5-8　窗口宽度变化对室内采光影响

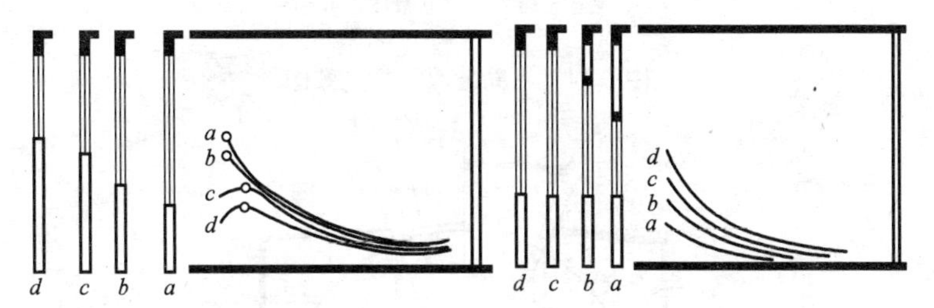

图 5-9　窗台高度（左）窗洞上沿高度变化对室内采光影响

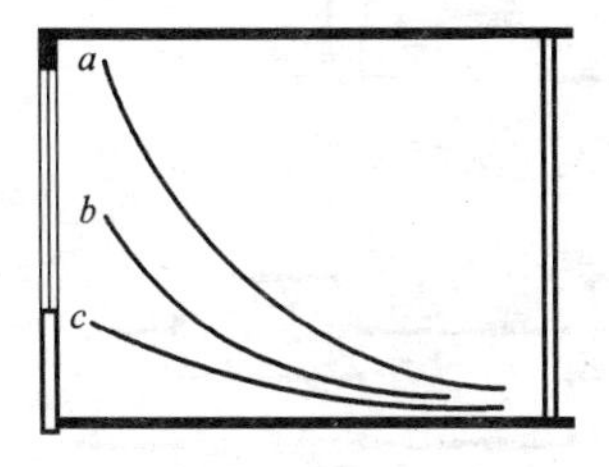

图 5-10　天空状况对室内采光影响

a—晴天窗朝阳；*b*—阴天；*c*—晴天窗背阳

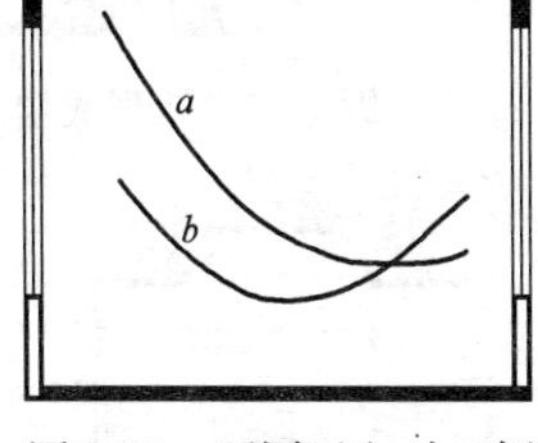

图 5-11　不同天空时双侧窗室内照度

a—晴天；*b*—阴天

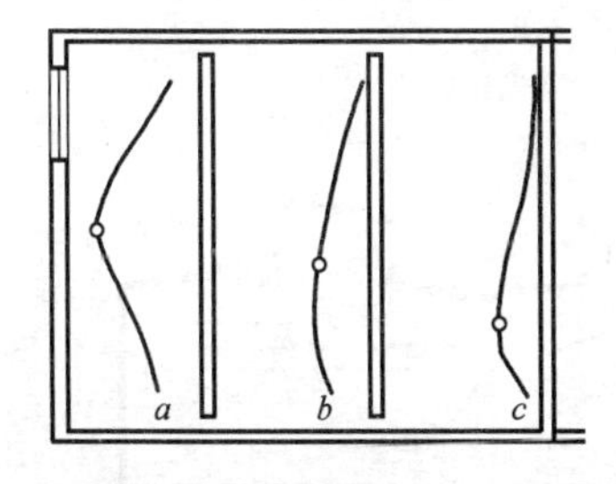

图 5-12　侧窗时内墙墙面照度变化

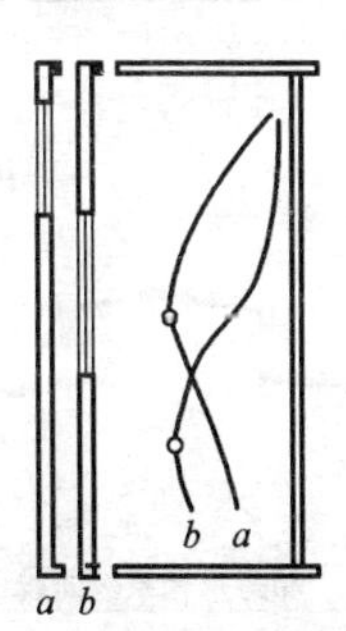

图 5-13　侧窗高度使内墙面照度分布变化

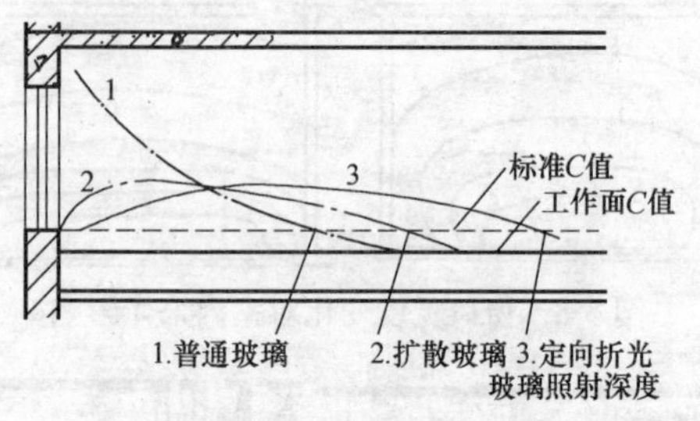

图 5-14　不同玻璃的采光效图

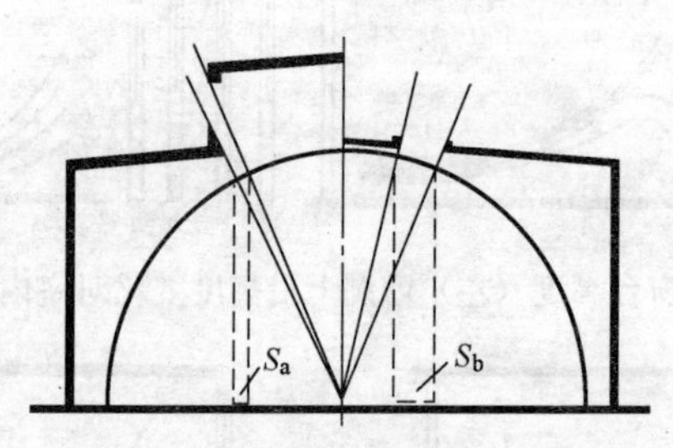

图 5-15　矩形天窗（竖向）与平天窗采光效率比

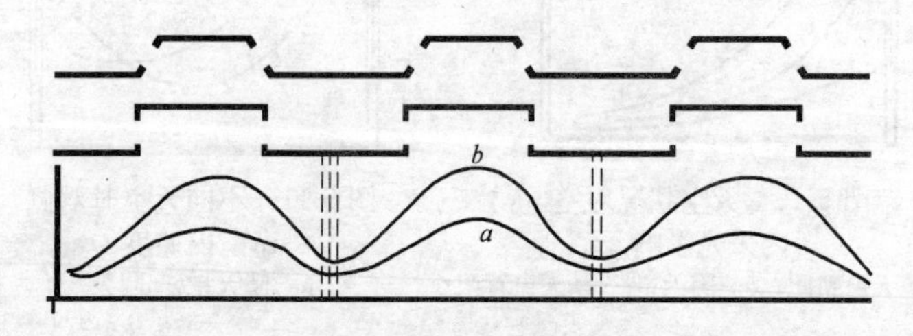

图 5-16　矩形天窗

a—和梯形天窗；*b*—采光比较

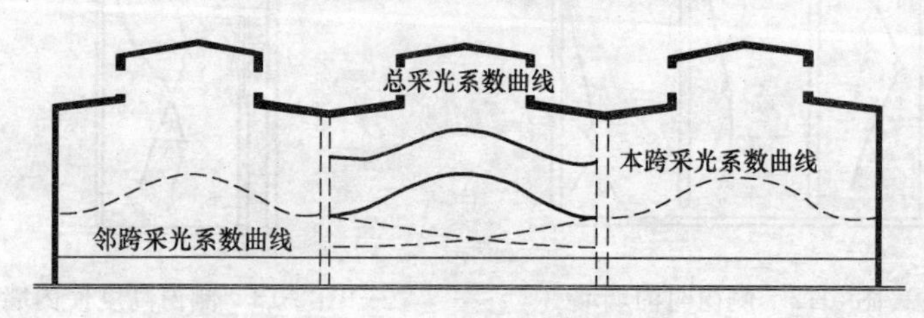

图 5-17　矩形天窗采光系数曲线

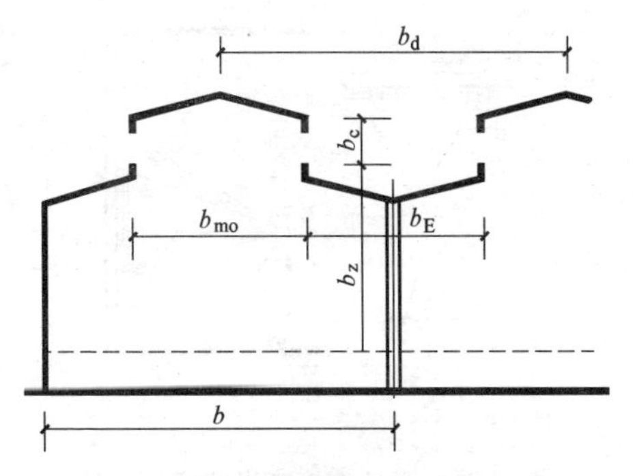

图 5-18　矩形天窗相关尺寸

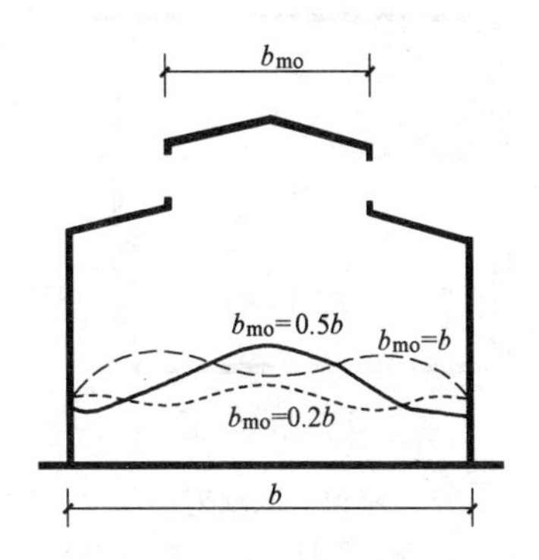

图 5-19　天窗宽度对室内采光影响

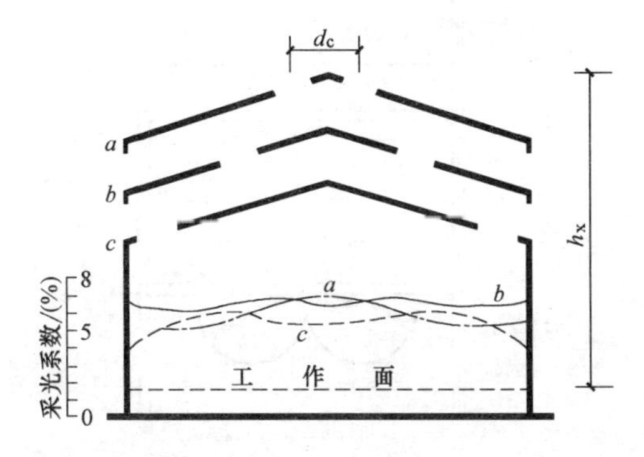

图 5-20　平天窗在屋面上位置对室内采光的影响

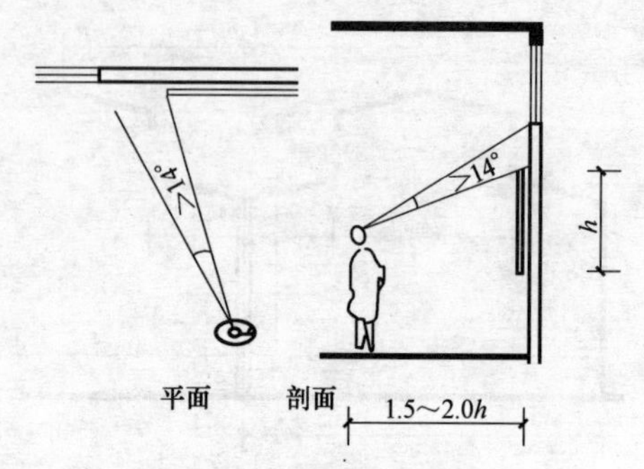

图 5-21　避免直接眩光的窗口位置

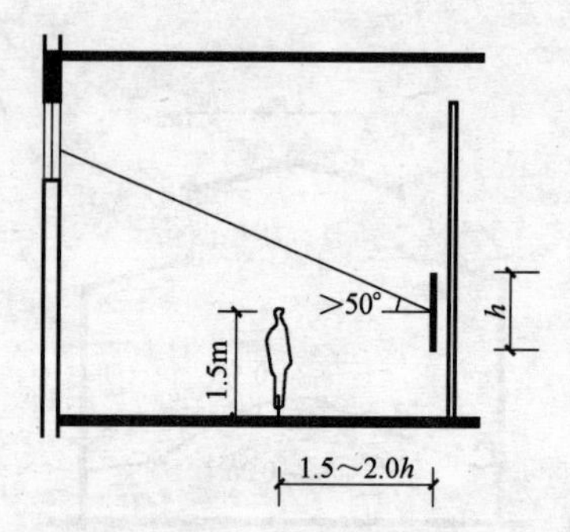

图 5-22　避免一次反射的窗口位置

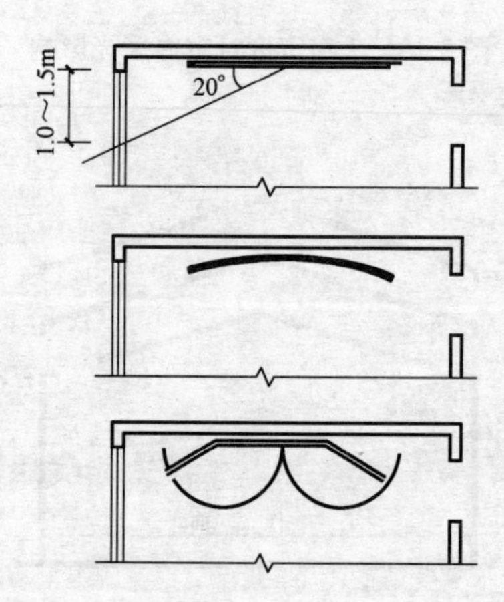

图 5-23　教室黑板反射区域及防止措施

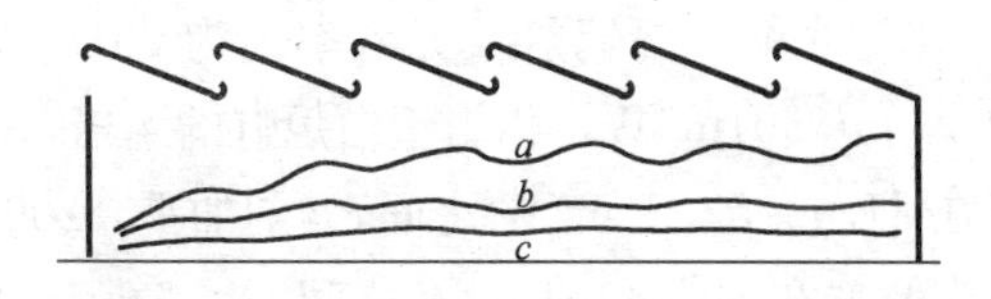

图 5-24　锯齿形天窗朝向对采光的影响
（注：其中等照度曲线 C 为朝北向，较均匀。）

5.3.3.2　建筑照明

1. 电光源与照明方式

电光源是一种主要使用的人造光源，在地面区域背对太阳、或者白天建筑物、构筑物里面自然光照度不够时，均需要采用人工照明来提高室内照度和光环境质量，在需要的时段和空间满足人类生活和工作对于照度的需求，人工照明是人类物质文明的载体之一。自 1877 年爱迪生发明第一支现代意义上的白炽灯以来，人类告别了用化石燃料和植物燃料直接燃烧照明的历史。

为了提高电光源的发光效率，克服白炽灯将电能大量转化为热能的浪费，随着电光转换技术的进步，使得由热辐射电光源逐步发展成为各式气体放电光源，卤钨灯是在发光玻璃体内部充入卤化物的充气白炽灯，提高了白炽灯的使用寿命。但是发光效率并不高。气体放电光源是由气体、金属蒸气（汞）或者是由两者混合物充入玻璃体内，由灯管内热阴极发射高速电子轰击汞原子电离后产生紫外线，激发管壁内荧光物质发出可见光，近年来荧光灯体积大幅减小、光效提高，成为各种建筑空间常用的紧凑型荧光灯，节能效果显著。荧光高压汞灯由内外两层玻璃管组成，灯的外管内工作压力提高至 1～5 个大气压，内管为紫外线放电管，使用寿命可达 12000h 以上。金属卤化物灯是荧光高压汞灯的改进光源，由汞蒸气和金属卤化物分解物混合放电的点光源。用来衡量光源发光效果的物理量是发光效率，其定义式为光源发出的光通量除以光源的功率，即是单位功率所发出的光通量，单位是 1m/W。白炽灯的发光效率是 6.9～21.51m/W，只有2%～

3%的电能转化为光能，卤钨灯发光效率约为201m/W，气体荧光灯发光效率可达901m/W，相当于白炽灯的4倍，荧光高压汞灯发光效率在31.4～52.51m/W之间，（刘加平，2009年）金属卤化物灯发光效率在80～1101m/W之间。

高压钠灯是在高压钠蒸气放电时辐射出可见光的室外照明光源，其辐射波段主要集中在黄绿色波长范围内，具有寿命长、光效高、透雾能力强等特点，多用于室外道路及广场照明。氙灯是利用惰性气体氙放电而发光的高强度气体放电灯，所发出的光线辐射连续光谱与太阳光线相似，由于其功率和光通量均较大，多用于室外广场照明，俗称人造“小太阳”，使用寿命800～2000h。冷阴极荧光放电灯是区别于普通热阴极荧光灯的弧光放电灯，是由阴极低温辉光放电产生高压脉冲电压，激发金属阴极发射电子，使荧光物质发出可见光。俗称“冷光”灯，冷阴极荧光灯具有体积小、能耗低、光效高、亮度高（中心区亮度15000～40000cd/m^2）、寿命长（>20000h）等特点。高频无极感应灯是利用高频电磁场能量使汞蒸气电离放电产生紫外线，从而激发荧光物质产生可见光，该光源发光效率为70～821m/W，有23～200W多种规格，一般显色指数为R_a=80，色温2700～6400K，使用寿命达60000h以上，该光源无闪烁、低眩光、不受安装方位限制，也称为固体发光点光源。另一种也在推广使用的固体光源是发光二极管（LED）是一种高效电光转换装置，是在采用不同材料和不同杂质的半导体PN结中光电子作用，根据需要发出红、绿、黄、紫等不同的色光。

人工光源仅用光通量、照度来衡量照明质量是不够的，光源的显色性、相关色温、眩光限定值（UGR）也是综合衡量照明质量的指标。在日常工作和生活当中，人们白天在自然光（R_a=100）下面看到物体最真实的颜色（反射光）以外，人工照明往往是色温较低的光环境，如表5-22所示两类光源色色温的比较。

天然光源和人工光源的色温比较　　　　表 5-22

<table>
<tr><th colspan="2">光源</th><th>色温(K)</th><th>光源</th><th>色温(K)</th></tr>
<tr><td colspan="2">蜡烛</td><td>1900～1950</td><td>月光</td><td>4100</td></tr>
<tr><td colspan="2">碳丝灯</td><td>2100</td><td>太阳光</td><td>5300～5800</td></tr>
<tr><td rowspan="2">钨丝灯</td><td>40W</td><td>2700</td><td>日光(太阳光+天空散射光)</td><td>5800～6500</td></tr>
<tr><td>150～500W</td><td>2800～2900</td><td>阴天天空</td><td>6400～6900</td></tr>
<tr><td colspan="2">放映和投光灯</td><td>2850～3200</td><td>晴天天空</td><td>10000～26000</td></tr>
<tr><td colspan="2">炭弧灯</td><td>3700～3800</td><td>荧光灯</td><td>3000～7500</td></tr>
</table>

注：上表选自姜晓樱：光与空间设计 中国电力出版社 2009 年 北京

可以看出，光的色温越低，光谱中暖红色比例增多，色温越高，则蓝紫色光占的比例越大。光源按其显色性优良程度分为三类：①按照空间使用性质和功能不同选择显色指数高（$R_a \geqslant 85$）的光源，如纺织业、印刷业、油漆工业、验色室、画室、居住用空间等；②显色指数 $70 \leqslant R_a < 85$ 的场合，如办公室、学校、百货店、精细工作室；③显色指数 Ra<70 的光源，空间使用性质对显色性要求不高，满足照度要求即可，如某些工业厂房。

灯具是将人工光源通过或投射光、反射光、保护材料而改变和分配电光源器具的总和。其主要作用是将电光源三维的发光强度集中于一个方向的一组矢量表示出来，以求最大限度利用光源光能、避免眩光，构成一封闭的光强体。灯具所发出的光在空间各方向上光强的分布成为灯具的配光。当灯具本身尺度远小于灯具到照度计算点距离（$L \leqslant D/4$）时，可将灯具视为一个点光源发光中心，这个封闭的光强体竖直向下被 Z 轴所在垂直平面所截表面，形成该灯具的配光曲线，如图 5-25 所示，绝大多数吊灯的配光曲线是以 Z 轴为对称轴分布的。灯具的配光曲线一般用极坐标来表示，发光中心为极点，极半径表示发光强度值，根据灯具的配光曲线可以求出极半径与 Z 轴不同夹角（α）时某点的发光强度。

为了避免光源对人的眼睛造成过度眩光，通常将电光源固定在灯罩内，使光源直射光外轮廓线与竖向 Z 轴形成一个截光角，即是吊灯的垂直轴与看不见亮度的发光体视线所形成的夹角，使人的视线在通常范围内不会感受到强烈眩光影响。灯具与光源组合发至空间的有效光通量与灯具内光源发出的总光通量的比值都小于 1，这个比值称为灯具的光输出比，也称为灯具效率。它与灯罩开口大小、灯罩制作材料的光反射比、光透射比有关。通常在特定的建筑光环境设计时，灯具透光前方安装透光格栅、散射透光面罩、磨砂玻璃，或者将灯具隐藏安装，视线只能感受到散射光或灯光透射面上的反射光，使灯具发光效率损失很大，但是由于投射面或反射面对于视觉产生的亮度差或色光块儿的对比烘托出一种光环境氛围，给人以视觉艺术的享受。如舞台美学设计当中各种灯光的美学效果，给人以光与色、动与静的视觉冲击力，在一定程度上渲染了剧情要表达的意境。灯具本身的造型和质感也成为光环境空间的装饰物。

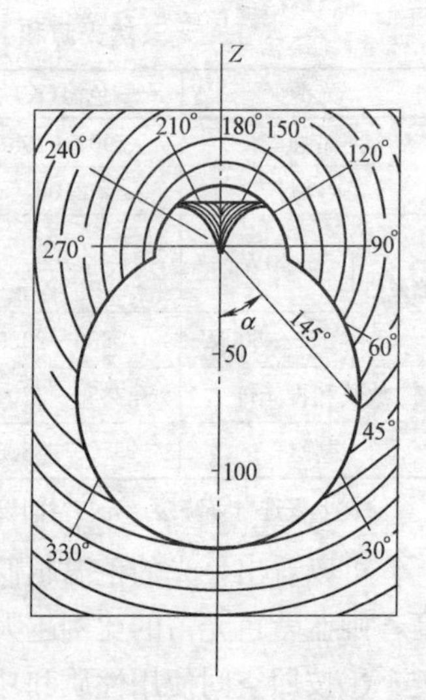

图 5-25　白炽灯光强与配光曲线

灯具的基本功能仍然是要满足人们生活、工作、学习对于环境照度的需求，要求人工光环境在人的工作面、活动面及观赏空间创造最佳照度或适宜照度范围。人工照明方式是根据空间使用功能对照度的不同需求而确定的，分为一般照明和局部照明两大类，对于教室、会议室一般照明即可满足要求，对于展品陈列柜、仪表安装车间、机械加工中的照明都要求局部照明以提高工作面（位）的照度值。分区一般照明是对大空间中的某一特定区域（工作场地）需要再增加一定量的照度值的一般照明方式，在工业与民用建筑当中使用较多。与上述常态照明相对应的有应急照明，包括疏散照明、备用照明、障碍照明等。按照照明的空间和功能不同来划分，分为工作照明、环境照明。前者主要是车间、办公室、手术室、赛场、交通线路工作需求，后者包括建筑泛光照明、景观照明、橱窗广告照明，表演场地的灯光设计同时具备工作和欣赏的功能。还有主要为识别功能的交通信号灯、城镇制高点的航空障碍标志等公共服务部门的标识照明。

2. 照明标准与光环境

照明标准是根据工作照明、普通居住照明等工作活动中视觉所需要的舒适照度范围，为建筑照明设计和光环境设计提供共同遵守的量化指标。使工作需求、视觉舒适与节能处于最佳结合点。包括工作面照度、显色性、亮度分布、最大容许眩光值。在设计时对于不同使用性质、空间面积、净高度应选择适合的照明灯具和光源，如办公室、教室、会议室、电子仪表车间宜选用管型荧光灯或紧凑型荧光灯，净高度较高的工业厂房应首选金属卤化物灯和高压钠灯。我国《建筑照明设计标准》（GB 50034—2004）根据不同公共和工业建筑中不同使用空间给出工作面上的照度标准值，并对照度均匀度、不舒适眩光限制、光源色表（色温）作了量化规定。建筑照明设计主要是从照度值、照明质量、视觉生理与心理需求、绿色照明几方面综合考虑的。

一般照明和分区一般照明使工作面或是活动位置满足对视阈中物体快速辨认要求，工作面上某一点的照度是按照临近数只灯具的配光曲线在该点所有照度的叠加值得出，满足所从事工作的照度要求即可。照明质量要求则更有利于视感觉舒适，易于观看，正确识别，安全与美观的亮度分布。视阈中的眩光、色失真、材料反射比和透射比、亮度分布均匀度都会影响可见度和视觉舒适度。在工业建筑和公共建筑的主要空间或场所对于容易产生的不舒适眩光（产生不舒适感觉、但不一定降低视觉对象的可见度的眩光）采用统一眩光值（UGR）评价。《建筑照明设计标准》给出的是不舒适眩光的限值。光幕反射是在视觉作业面上规则反射和漫反射重叠出现的现象，在视阈范围内，当背景（如反光纸）与物体（文字符号）亮度对比减弱时，会影响可见度和产生视觉疲劳。对其改进措施是不使用强反射表面（亚光漆桌面和亚光纸）减轻视干扰区的眩光源和采用倾斜向照明光线等。用调整反射比的方法使视阈内亮度分布均匀，设置与工作内容相适应的光源色和反射面（墙面）颜色。控制好光源相关色温，如低色温光源色的环境构成温暖、轻松的光环境；高色温、冷色调令人严肃、兴奋、清醒。如手术室的普蓝色内墙面，使观察者精神集中；低色温、低照度光环境（如咖啡屋）会使置身其中者感到温馨、亲切；低色温光源、高照度环境使人烦躁、紧张。白炽灯显色性好，但是光效很低，高压钠灯显色性差，但是光效较高，针对不同功能空间对光环境的综合需求作出选择，使光源和视阈内反射面光色环境得到最佳匹配，同时应尊重使用者对于色彩的个性偏爱，使长时间工作的场所具备舒适的光环境质量。此外，还应从绿色节能、光效高（紧凑型荧光灯光源），经济性综合考虑选择。从灯具使用安全和寿命方面考虑在特殊行业作业空间采用防水、防潮、防雾、防腐蚀气体侵蚀、防爆、防尘埃、防高温、防振动等专用灯具。

光环境及其视觉美学效果是照明除使用功能以外的观赏、体验功能。室内光环境是结合内部装修材料布置，运用光源与材料的反射和透射，使光与色、光的频闪效果、不同明暗或彩度的光分布和构图，突出了光环境的艺术氛围。首先根据使用场合、人数选择和布置灯具，如组合艺术吊灯、吸顶灯、贴顶灯、暗装灯槽或发光顶（带）、壁灯、地角灯、地面发光带，歌舞厅光环境中旋转式色光组合灯光球，舞台表演中的聚光灯、追光灯，透光幕布上模拟雨和雪的激光灯，人工水环境中的变色灯、变光灯、激光射灯，光线发光技术也能点缀光环境，用灯具的排列组合构成以明暗、色彩对比韵律的背景图案，利用暗装灯具大面积的反射光（如会议主席台背景光环境）和造型各异的顶部透射光，局部艺术造型的透光体、发光带（槽）、以采用继电器控制的频闪转换，使颜色交替出现产生动感效应，壁灯兼有反射光和透射光的视觉效果，甚至餐桌上的烛光给人温馨、亲切感，会创造出令人愉悦和遐想的光环境气氛。反射材料表面宜使用扩散反射表面，色彩宜选用明度低的灰色调，反射光材料面积相当的反射面宜选用协调色（辐射光谱波长接近），使用对比色的相邻表面积应悬殊较大，较大的光环境空间根据不同亮度区宜设计一处视觉核心区域，用亮度和光色加以强调。

普通办公空间特点是在白天、长时间工作，照明设计要首先考虑舒适性照度，没有过度眩光，同时应适时地利用白天来自窗口的自然光照度。对于大中型办公空间，照明方案宜采用吸入吊顶内密集布置的散灯照明，可避免大部分工作面产生眩光，照度均匀，根据布线方式应采取分区控制照明。有条件时在窗口设置自然光反射面（板），增加内侧的天然光照度，结合专用办公桌和通用办公桌布置方式避免工作面产生过度眩光，在组合文件柜前区顶部设置分区一般照明。办公室 0.75m 水平面工作照度控制在 500～750lx 为宜。小型会议室比办公空间工作照度要低，一般为 300～500lx，可适度增加装饰壁灯照明。办公空间应注意控制工作面照度和亮度均匀性，尽量避免长时间工作所带来的视觉疲劳。

商业空间具有照明时间长、人流量大、需求不同的特点，照明设计应采用一般照明、重点照明、装饰照明多种形式以吸引顾客的眼球，利用购物者趋向光亮的心理特点，从标识招牌和橱窗的渲染照明到展示柜、货架的局部照明，展示面照度达到 500lx 以上时才能真实的显示商品的原色彩。特别是在中高档消费品区，货品的发光招牌和高照度不仅会提高水平照度和竖向照度，没有阴影区，而且运用光与色创造出商业空间气氛，提高商品品位，吸引顾客的视觉注意力，因而激发购物欲望。自选商场 0.75m 水平面照度在 200～300lx 之间为宜，在生鲜食品柜上部应增加红色光成分居多的聚光灯，高档饰品柜局部照明显色指数和照度要适当提高，雪青色和紫红色光会提升女性的购物兴致，老年人货品专柜则以低色温光线为主，创造出亲切和温馨的氛围，儿童的购物心理则追求色彩明快、活泼、鲜艳，由光产生的新奇感、兴趣感会超过购物的实用功能。在商场光环境设计上应根据休闲性和实用性等不同购物群体，宜设置一些光色独特的休闲娱乐区域，增加在商场内的体验时间和空间。

室外光环境设计是在暗背景环境下的夜晚用光与色的手段创造城市夜景的。交通照明和各种广场照明则兼有实用性和休闲观赏性，建筑夜景照明、景观照明则是以观赏性为目的，是城市环境设计的组成部分。建筑物夜景照明包括建筑泛光照明、轮廓照明、透光照明。沿建筑物周边轮廓线安装小功率荧光灯和白炽灯，形成连续光带，勾勒出建筑物、构筑物、园林建筑优美造型的轮廓线。建筑反光照明是以高照度光源，以较小入射角投光至建筑主要立面或立面的中心部位，使建筑物饰面层产生强反射光线进入观察者的视野，包括凸出或凹进墙面的构件、洞口等产生迎光面和阴影面的强烈对比，有时建筑泛光和轮廓照明同时使用，会产生白天所无法表现的建筑明暗和色彩的对比效果，丰富了城市夜环境的天际轮廓线，小角度、高照度入射光和受光面材质的反射系数大于0.2是建筑景观照明的基本原则之一。建筑透光照明是夜晚时由建筑内部向外发光，构成一种逆光效果，能将建筑物内部各层人的活动、豪华装饰的光环境以远距离、整体方式展现给观察者，用以增加建筑产权单位的知名度和影响力。

城市广场主要以交通枢纽广场和休闲广场为主，是城市人流聚集、活动的重要场所。包括交通枢纽（火车、汽车、航空、水运码头等）广场、立体交通枢纽和市民休闲广场。其中路面或广场地面的平均亮度形成背景亮度，但也必须具备一定的竖向照度，照明灯具选用高照度的高杆照明灯，点光源宜采用组合式高压钠灯。为满足夜晚居民驻足观赏和步行健身对于街景照度的不同需求，在步道和景观核区域布置庭院灯、碣石灯、灌丛灯、树冠灯，中式灯笼，照度不要太高，同时具备欣赏和照明的功效，暗光的夜晚背景往往为人的夜生活提供丰富多彩、无限意蕴的人造光环境，激发欣赏者和景观创造者以尽可能广阔的想象空间和视觉美学享受，夜晚的生活休闲已经成为人生历程不可或缺的时空。

室外城市夜景采用各种光环境的表现手法会显示出白天不能表达的城市光艺术环境和景观效果。在设计中结合城市自然景观要素，如绿地、河流、湖泊、山体，人文景观如纪念性建筑物、构筑物、标志性城市建筑、休闲活动广场、生态园林、街边公园、滨水游乐平台等，组成自然和人文景观的外轮廓线照明，如河岸与滨河交通照明结合布置，会生成滨河蜿蜒的夜景景观照明。

3. 绿色照明

绿色照明的核心理念是节约资源、能源和保护环境。包括照明器材的清洁生产、绿色照明能源、照明器材使用阶段的污染防治、照明器材废弃物的无害化处理和循环利用技术。体现在如下几方面：①照明光源高光效、长寿命、体积小型化，减少白炽灯的使用；②选择高效、配光合理的灯具；③各种视觉作业面上选择适宜的照度标准值。影响可见度、满意度和采用高照度光环境都不可取；④照明灯具和方式应科学化、适用化，大多数场合可用紧凑型荧光灯替代白炽灯，即使是侧重光环境的场合也应进行权衡使用；⑤室内空间反射面采用浅色装饰面，提高窗地面积比和选择最佳采光口位置，充分利用自然光；⑥在无自然光的空间采用太阳光收集、传输照明技术；⑦利用光伏电池板光电转换器照明技术；⑧深夜以后降低广告灯、建筑泛光照明、景观照明的照度，交通枢纽及路灯应选择光效比高的高压钠灯；⑨废弃照明器具回收、拆解、再利用渠道畅通，形成产业链条，防止重金属（汞、铅、锂、镉等）流失；⑩公寓楼公用部分照明设置自动感应开关，照明用电单独计量，化小核算范围；⑪使用气体放电灯的场所，宜在灯具附近单独设置补偿电容量，提高功率因数。

5.4 建筑声环境

5.4.1 综述

5.4.1.1 听音之美—自然造物的恩赐

“听呀！一只青蛙跃进了古潭里。”（周作人）“断鸿声里，立尽斜阳。”（柳永）“声喧乱石中，色静深松里。”（王维）“声依永，律和声。”（《书·舜典》）在我国厚重的传统文化典籍中有关声景观的描述可谓风情万种，活灵活现，让后来者触景闻声，感受到性灵之笔与自然美声得到完美的融合与共鸣。记得一次寻访自然的过程中，在国家某地质公园的山谷间漫步时，每个旅者仿佛都融入了自然的怀抱：山林峭壁间树枝摇曳的沙沙声，时断时续的鸟鸣声回荡在山谷的上空，还有一股只闻其声、不见其形的低沉的声响由远及近充入耳际，山谷两面的岩石由于地壳运动而褶皱裸露的岩壁成了这首山林交响曲的回音壁，使这历经世间沧桑的共鸣声来得很久、传得很远……峰回路转间，一处崖壁上像白练的瀑布飞流直下，亘古而来的泉与石的交汇中奏出了“太古遗音”，（瀑布附近的摩崖石刻）在山谷间这个巨大的共鸣箱里上演着一场旷日持久、永不谢幕的自然交响曲。使我们每个朝拜者感到震撼、陶醉、满足，心灵受到了洗礼……神奇的自然将耳朵和美声同时赐予我们，然我们体验着自然的伟大，激发出人类的创作灵感，一曲曲音乐的盛宴成了全人类共享的精神财富：《小夜曲》、《圣母颂》、《二泉映月》、《黄河》，还有丝竹鼓磬，还有虚无缥缈的天籁之音……不觉间徐风吹来了远处寺院晚课的钟声。自然的造化和人类的贡献让我们尽情地享受着音乐的滋养，使我们的生活没有了缺憾。但是在返回现代化的城市聚落中时，那建筑工地的锯木声，混凝土振捣器的轰鸣与开挖路面风镐的尖叫声相和，甚至晚间休息时突如其来的鞭炮声成了危害我们听觉健康的始作俑者……这就是我们周围的声环境，我们应该如何面对呢？下面的内容会告诉你一些关于声音和声环境的知识，让你享受乐音而避开噪声。

5.4.1.2 相关概念

(1) 声波与声学

声波是弹性媒质中传播的一种机械波，起源于发生体的振动。振动方向与声波传播方向垂直的是横波，如水中的波纹。振动方向与声波传播方向为同向、即呈现压缩、膨胀周期变化的波为纵波，如水平地震波。声波传入人耳时引起鼓膜振动、刺激听神经系统而转化为“声音”的感觉。声波振动频率高于20000Hz（超声波）和频率低于20Hz（次声波），一般不能引起听觉，人耳可听频率在20～20000Hz之间。声学是物理学中一门研究声波的产生、传播、接收和效应等规律的学科。根据研究的方法、对象和频率范围不同，分为几何声学、物理声学、分子声学、非线性声学、噪声控制、建筑声学、语言声学、心理声学、生理声学、水声学、大气声学、环境声学、音乐声学、生物声学、电声学、声能学、超声学、次声学等分支学科，建筑声学已成为发展较快、较成熟的建筑技术分支学科之一。

(2) 声源与声场

发射声能的振动系统称为声源，如人的口腔、乐器、扬声器、锯木材声和发动机声。如所发出声波的波长远大于声源尺寸时，则声源可看成一点，声波以球面波形式向各方向均匀传播。如声波发生面的尺寸远大于声波波长时，则声波向某些方向播送的声音比其他方向强，扬声器发出的高频音常有这种现象。声场是媒质中有声波存在的区域，不同的声波和环境（媒质）形成不同的声场，声波在没有反射作用的媒质中（如空旷野外）形成自由声场，声强由近到远逐渐减弱。声波在室内因受反射、散射和绕射作用形成混合声场，声场分布较均匀。

(3) 声压与声级

声压是声音通过媒质时所产生的压强改变量（其值随时、随空间在变）的有效值，它与振幅和频率成正比。近似人耳对声音各频率成分的感受程度综合成的总声压级数值称为声级。这是声音经过声级计中根据人耳对声音各频率成分的灵敏度不同而设计的计权网络修正过的总声压级，单位为 dB。其数值因所用的计权网络而异，所以均注明所用的计权网络符号（A、B、C、D），一般常用 A 计权测量，单位表示为 dB(A)。

(4) 声强度与声强级

声强度简称声强，是在单位时间内通过与声波传播方向相垂直的单位面积的声能。也称为瞬时声强，它是一个矢量。在自由平面波或球面波时，如声压为 p，介质密度为 ρ，声速为 c，则声强 $I=p^2/(\rho c)$，单位为 W/m^2。声强级是表示声强度相对大小的指标，其值为声场中某点的声强度 I 与基准值 I_0（在空气中 $I_0=10^{-2}W/m^2$）之比值的常用对数再乘以 10 的积，即声强级 $L_i=10\lg(I/I_0)$。单位为 dB。对应于基准值 I_0 的声强级称为标准零级。

(5) 声波导

由界面包围成有限空间的传声媒质，如薄板、圆管、柱状管、变截面管等称声波导。声波导传播的声波称为制导声波，有多种波形如纵波、横波、弯曲波、扭转波等。同一材料的声波导，其声速将随着声波导的形状、波形和模式而改变。

(6) 声聚焦

声音从凹面发射、反射或受折射、衍射（绕射）而集中在一处的现象称声聚焦。在建筑声学中声聚焦会影响声音的均匀分布，超声技术中常用聚焦使声能集中以增加强度。

(7) 声阻抗

媒质中某一表面上声压与体积速度（声波引起媒质微粒运动速度与表面积的乘积）之比称为该媒质的声阻抗。喻交流电路中的阻抗相似，是一个复数量，其实数部分为“声阻”，与电阻相似，虚数部分为“声抗”，相当于电抗。国际单位制为 $Pa\cdot s/m^3$。

（8）声衰减

声波传播时声压或声振幅随传播距离增加而逐渐减小的现象称声衰减。通常用起始点声压 p_1 与传播距离 L 后声压 p_2 的比值来衡量其衰减量，取该比值的自然对数时单位为奈培，取常用对数再乘以 20 则单位为分贝（dB）。

（9）声疲劳

固体在强烈声波的起伏应力作用下，强度降低甚至断裂的现象称声疲劳。能使轻薄结构（如机翼）、电子元件发生破坏和失效。利用超声波材料快速疲劳的现象，可制成材料的超声疲劳试验机。

（10）声光效应

媒质在超声波作用下光学性质发生改变的现象称声光效应。在透光媒质内建立超声波场使媒质光折射改变，当光通过媒质时发生散射和衍射，光的强度、频率、传播方向随之改变。

（11）声波除尘与声致冷技术

声波除尘是利用声波去除气体中尘灰的一种方法。气体中的尘灰经声波作用相互凝结成较大的颗粒而被除去，此法主要用于去除微细尘灰。声致冷技术是合理控制声波在声场中的压缩和膨胀，是从低温处提取热量使其进一步降温的技术。利用电动扬声器所发的声波在惰性气体管内形成的驻波，可以制成小功率致冷机。

（12）声悬浮技术

声悬浮技术是利用强声波的声辐射压来抵消重力，使声场中物体悬浮于空间的技术。在失重空间制造的材料具有优异的韧性，均匀度高，缺陷很少，强度明显提高。

（13）声频谱

声频谱即是声谱是指组成某一声波各部分正弦波的幅值或相位按频率大小排列的图形分别称为“幅值谱”和“相位谱”。根据声音性质不同，可分为线状谱、连续谱和线状连续混合谱。

（14）声速

声速也称音速，是指声波在媒质中传播的速度。声速与媒质的性质和状态（如温度）有关，在 0℃时空气中声传播速度为 331.36m/s，水中声传播速度为 1440m/s，钢铁中声速约为 5000m/s。

（15）混响时间

混响时间指声音达到稳态后停止发声，平均声能密度自原始值衰减到其百万分之一（声压级衰减 60dB）所需要的时间。测量混响时间时，常用开始一段声压级衰变 5～35dB 外推至 60dB 衰减所需的时间。

（16）共振与共鸣

当振动系统做受迫振动，外力的频率与其固有频率接近或相等时振幅急剧增大的现象称共振，发生共振时的频率称为共振频率。共振在不同的场合是各有利弊的，运转的机器可能因共振而损坏基座（低频振动）。共振在声学中称为共鸣，如弦乐器的琴身和琴筒，利用共振原理制成，使声音丰满，成为增强声音的共鸣器。

（17）噪声与噪声污染

噪声是指不同频率、不同强度、无规律组合在一起的声音，有嘈杂、刺耳的感觉。造成对人和环境（其他生物）的不良影响。持续发出并具有一定强度的噪声已成为社会公害之一。有机械振动、摩擦、撞击、气流扰动产生的工业噪声，交通工具的噪声，人类聚集活动产生的生活噪声，一般以 90dB 作为工作点听力保护最大值。超强度、超时间的噪声会影响人的休息，降低工作效率，损伤听觉系统。总声压级超过 140dB（A）的噪声会引起耳聋、诱发疾病，破坏仪器设备的正常工作。

（18）声景与声生态学

声景（soundscape）是用以描述以听知觉感受者为中心的声环境，有人类产生的乐音和噪声，也有生物和非生物体撞击、摩擦所发出的声音，构成了人类周围的声环境，近年已发展成为一门跨学科的声生态学。它涉及音乐、声学、心理学、生理学、景观学、美学、社会学等。

5.4.2 声学基本知识

5.4.2.1 声音的传播特性

1. 声波振动与频率

声音是一种物质振动中的能量，无论是声源、声场还是声音接受体，都是将媒质的振动以波的形式传播出去的，而且由一种媒质传给另一种媒质，声波是以围绕质点的压缩、膨胀振动或者是上下振动等方式向声场辐射能量，这种声波振动方向与声能传播方向相平行或者相垂直的波形分别是纵波或横波，声波能也可以做功。

声源辐射声波是以一定宽度范围的振动频率向外界传递波形和声能的。声音在空气中传播时，人耳能够听到的声频范围是20～20000Hz，即是声波辐射波长在3.4～0.034m之间。声音由低频向高频的听觉感受是低沉的振动声逐渐变化为很尖细的声响。发声频率低于人耳听觉能力范围的声波成为次声波，发声频率高出人耳听觉能力范围的声波称为超声波，这两种声波也作为一种特殊的能量用于生产、生活当中。人耳能听到的声波往往是几个不同频率声波的组合，并且以其中一种频率为主发出声波，声学检测设备可以将这些不同频率的声波分别测出，由低频向高频顺序排列，将人耳能听到的声音分解为连续的频率范围称为声频谱，声频谱中将相邻频率再分为几个区段，称为频带或频程，因为单纯一种频率的声音在实际生活中是不存在的（音叉的震动也存在于一个很窄的频段内）。每个频带有下界频率 f_1 和上界频率 f_2，f_2-f_1 称为频带宽度，f_1 与 f_2 的几何平均称为频带的中心频率，即 $f_c=\sqrt{f_1 \cdot f_2}$。这种频带的宽度根据实际工程需要可按倍频程或者1/3倍频程划分。以一台电风扇发出声音分解为不同频带倍频程声压级为例，列出倍频带中心频率和上下界频率的数值关系，如表 5-23 所示。由表 5-23 可以看出，电风扇发声的主要频率在低频范围。

倍频带中心频率及风扇声压级　　表 5-23

中心频率 Hz	31.5	63	125	250	500	1000	2000	40000	80000
上下界频率,Hz		89 45	178 89	355 178	709 354	1414 707	2822 1411	5630 2815	11233 5617
风扇声压级,dB		88	92	87	83	78	70	63	50

注：上表摘自吴硕贤主编：建筑声学设计原理（有改动）中国建筑工业出版社 2000 年 北京

在实际生活当中，音乐厅中的管风琴可以发出 16Hz 的低音和 10000Hz 的高音，大提琴可奏出的低频音是 41Hz，小提琴的低音音域频率是 196～2093Hz，女声高音发生频率范围 261～1046Hz，男低音发声频率为 81～329Hz。人的语音声和声乐是由声带的振动发生的。男子声带长而厚，基音频率为 230Hz。语言声具有方向性，讲话者正前方 140°范围声压级较高，高频声比低频声指向性更强，低频声传播较远。据讲话者正前方 1.0m 处的声压级约为 50～65dB（A），正常语音为 66dB（A），很响嗓音为 78dB（A），喊叫时嗓音为 84dB（A）。对于语音声的主观评价要求声音清晰度（室内音质设计以语音声为主时设计混响时间不宜长），还要有适当的响度，使发声频谱不失真。而音乐声则要求声音的丰满度，在混响感和清晰度之间选择一种对应的平衡，混响感要利用二次反射声来得到，使音质具有空间环绕感和合适的响度，同时具有良好的音色，即低、中、高频带比例适度平衡，没有声失真。当然，声源（演奏者和乐器）发声也是一个重要的影响因素。

音乐声与噪声的区别在于发声频谱不同，声音分为线状谱和连续谱，音乐声的频谱是设计好音符的线状谱，由频带很窄的不同频率组成，由低频带的基音和其他频带的谐音组合发声，谐音频率是基音的整数倍，使设计好的音符和旋律按节奏奏出，让听众享受乐音之美。而噪声的声频谱往往是连续谱，几乎听不出任何音色、音调和谐音，但是噪声的主要发声频率是可以辨别的，如噪声的感觉是“刺耳的尖叫”和“隆隆的轰鸣”，只有了解到噪声的主要发声频率，才可以有针对性的降低噪声。

声音在媒质中传播的速度与媒质的相态、密度和温度有关，在空气中声速 c 与温度 t 有如下关系式：

$$c=331.4\sqrt{1+t/273} \tag{5-17}$$

声速与传播频率 f 和波长 λ 的关系如下式：

$$c=\lambda \cdot f \tag{5-18}$$

或者是

$$c=\lambda/T$$

上式中 c 为声速，单位为 m/s，t 为温度，单位为℃，T 为波振动周期，单位为 s。气温每增加 1℃，平均声速增加 0.607m/s，风向、风速对于声速有一定影响。

声波在介质中传播振动形式在同一时刻到达各点所构成的包络面成为波阵面。当声源尺寸比辐射声波波长小很多时，则可视为点声源，其波阵面为球面波。通常将声线表示声波的传播方向，在各向同性的介质中，声波与波阵面始终互相垂直。

2. 声波的传播特性

声波在空气中传播过程中，如遇到尺寸大于波长的界面时，声波会被反射。在一光滑平面上，这种声反射表示出一种镜像反射特性，入射声线、反射声线与反射平面法线同在一个平面内，而且入射角等于反射角。声音在遇到凹凸或有孔洞的界面上时，声能可以透射或被界面吸收。反射后声能的衰减与界面的吸声系数有关。如声波遇到一个表面凹凸的界面时，会被分解为许多较小的反射声波，并且使反射声传播的立体角扩大，这种现象称为声扩散反射。实验证实，这些凸出不平的尺寸只有达到声波波长的 1/7 时，才能产生扩散反射，声波的扩散反射分为完全扩散反射和部分扩散反射，如图 5-26 所示。

上图中完全扩散反射方向与入射声线方向无关，部分扩散反射则具有镜像反射和扩散反射两种性质。建筑围护结构界面如粗糙或有花纹的墙面、方格（或浮雕）吊顶饰面、剧场池座观众

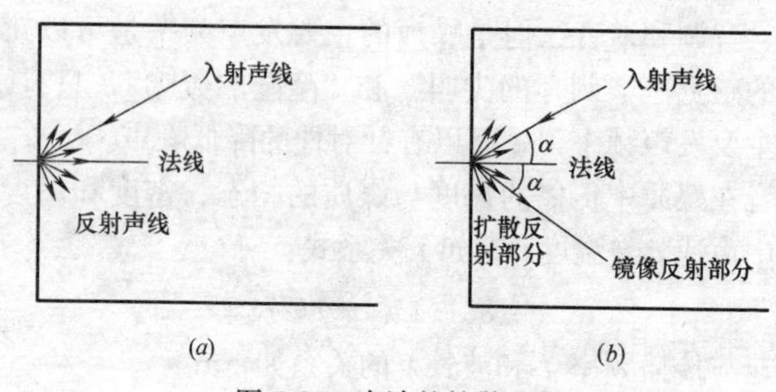

图 5-26　声波的扩散反射

(*a*) 完全扩散反射；(*b*) 部分扩散反射

区、耳光墙面、楼座挡板立面都属于部分扩散反射面，使一次反射声均匀分布，而强反射声平面必须质地光滑、坚硬，如位于池座前区上空的可调式声反射板，根据不同的发声源调节声音的丰满度或清晰度。

当声线在传播过程中遇到一块带有小孔的障板时，声波能够改变方向绕过障板背后继续传播，这种现象称为绕射。如图 5-27 所示，如果孔径 d 与声波波长相比很小时，($d \ll \lambda$) 小孔处的空气质点可近似地看作一个集中的声源，在障板背后会产生新的球面波，若 ($d > \lambda$) 时，障板后面可根据孔径大小产生不同波阵面的声波，声波频率越低，波长越长时，声波绕射的现象越明显。

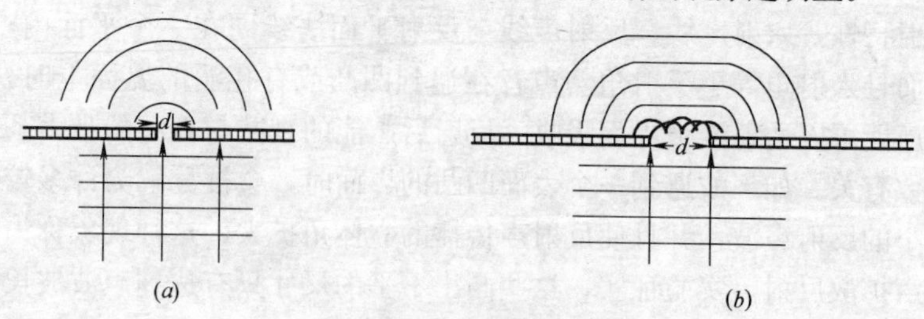

图 5-27　声波的衍射现象

(*a*) 小孔对波的影响；(*b*) 大孔对波的影响

声波在传播过程中遇到建筑材料或装饰壁面时，声能会被分解为三部分，反射声能 E_{γ}，吸收声能 E_{α}，透射声能 E_{τ}，如果总声能为 E_0，那么，E_0 与这三部分的关系式为：

$$E_\gamma/E_0+E_\alpha/E_0+E_\tau/E_0=1 \tag{5-19}$$

定义式（5-20）中，$\gamma=E_\gamma/E_0$ 称为反射系数，$\alpha=E_\alpha/E_0$ 称为吸声系数，$\tau=E_\tau/E_0$ 称为透射系数。声能不会在吸声材料中消失，而是转换为材料微粒之间的振动能或摩擦热能，$\alpha\geqslant0.2$ 时称为吸声材料，一般将透射系数小的材料称为隔声材料，透射性能小的结构称为隔声结构。

声波振动用图形表达时是正弦波形曲线，一组声波的振动可以分解为若干不同频率、不同振幅、不同相位的正弦曲线，用图解方法可以形象地解释声共振效应和叠加原理。当声场中某物体固有自振频率与入射声波的频率接近时，会激发物体的振动，产生声共振效应，使物体振幅急剧增大，特别对于低频振动时，震动感更强于声音感，如运转的机器可能因共振而损坏基座，需要采取隔音和减震等措施。共振现象在声学设计中又称为共鸣，如弦乐器的琴身和琴筒，管乐中的圆柱形空腔，弦振动产生的声波和气流的颤动会引起琴筒或管腔内产生共鸣，产生优美的乐音效果。

声波的叠加原理是在同一媒质中传播的两列波，在声场的某个区域相交重叠后仍然保持原有的频率和传播方向不变，在相交区域的质点同时参加两种波的振动，变为两波振动的合振动。当具有相同频率、相同相位的两个声波源发出的声波在声场中某区域叠加时，重叠质点的合振动可能彼此加强，在不同位置时合振动也可能比每一种声波都更弱或者抵消，（两个声源至同一点路程之差称为波程差）这是由于波的干涉作用造成的。实验证明，凡波程差是半波程的偶数倍时，声波在该点的合振动是两个波振幅的增加，此处声压最大称为波腹，当波程差是半波程的奇数倍时，声波在该点的合振动互相抵消为零，此处称为波节，即是同一声线上相同频率、相向传播的两声波形成的“驻波”现象。即是在声场中驻定的声压起伏，由两列声波叠加而成。当房间内两面平行墙面的距离为半波长的整数倍时，声波在两面墙之间来回反射，波形、波腹、波节位置不变，两列波的相位距为 1/4 波长时，由于驻波现象使房间内产生共振，如图 5-28 所示。图中实线为入射波，虚线为反射波，当 $t=0$ 时，声压互相抵消；$t=T/4$ 时，声压相叠加达到最大；$t=T/2$ 时，声压互相抵消；$t=3T/4$ 时，声压再叠加增大。在半波长的整数倍位置，波节始终不动，而振幅（声压）最大点是波腹。这种房间内两种波形的共振现象也称为“简并”，简并会使房间内低频声分布很不均匀，使音质失真。应采取改变房间内三对平行面距离的方法，使其尺寸各不相同，即会使共振频率在空间上分布较均匀一些。

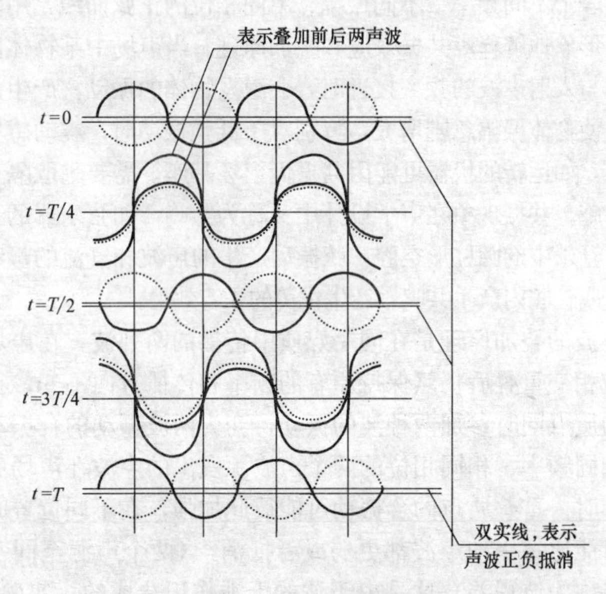

图 5-28　一个周期内驻波的形成

5.4.2.2　声音的计量

1. 声功率、声强、声压。声功率是单位时间内声源向外界辐射传播的声能，用符号“W”表示。声强是衡量声波在传播过程中声音强弱的物理量，声场中某一点声强是在单位时间内、在垂直于声波传播方向的单位面积上通过的声能，用符号“I”表示，单位为 W/m^2，用下式表达为：

$$I = W/S \tag{5-20}$$

式中W为声源的声功率，单位为W，S为声能所通过的面积，单位为m^2。对于球面波而言，由于波阵面随传播距离增加而扩大，从而使声强降低，在距离声源r处的声强与距离的平方成反比，衰减较快，如下式所示：

$$I = W/(4\pi r^2) \tag{5-21}$$

声压是声波在媒质的传播过程中，是对媒质产生的压强相对于无声波时媒质静压强时的改变量，单位为Pa。在声音传播的某一时间段内瞬时声压的均方根值称为有效声压，其值等于瞬时声压最大值除以$\sqrt{2}$。在自由声场中，某处的声强与该处声压的平方成正比，与媒质密度和声速的乘积成反比，如下式所示：

$$I = p^2/(\rho_0 c) \tag{5-22}$$

式中p为有效声压，单位为Pa，ρ_0为空气密度，单位为kg/m^3，c为空气中声速，单位为m/s。

声能密度表示声场内单位体积声能的强度，对于声强为I的平面波，在单位面积上每秒传播距离为c，在此1s传播空间中声能密度为：

$$D = I/c \tag{5-23}$$

上式中D为声能密度，单位$W \cdot S/m^3$为或者J/m^3，c为声速，单位为m/s。

2. 响度级和计权声级。上面介绍的声功率、声强级和声压级是根据声的传播特性的客观物理量度，它们与人的主观声觉感受并不一致，如具有同样声压级的两个声源，由于各自组成的频谱不同而给人的主观感受也不同。当两个声源的声压级相同时，声源的主要频率为500～4000Hz的中高频音比主要频率为250Hz的低频音声源声音更强些，因此，引入一个基于主观感受的物理量—响度级，其定义是频率为1000Hz的纯音声压级，以$p_0 = 2 \times 10^{-5}$ Pa为基准声压，再调整1000Hz纯音的不同声压，得出对应的声压级0，10，20……120，130dB，让大量受试者判断其中某一频率声压听起来与某纯音一样响，则该频率的响度计（方）值就等于这个纯音的声压级值（dB）。响度是表示声音强弱的主观感觉物理量，单位为方（phon）。为了使声音的客观物理量与人耳听到的主观响度感受近似取得一致，声级计就是模拟人耳对不同强度、频率的声音的反应，设计了 A、B、C、D 共 4 个计权网络。建筑声学中常用 A 声级作为噪声的主观评价指标。我国以 A 计权网络测得的声压级作为工业与民用建筑及噪声源允许噪声声压级的控制标准，对于倍频程作为中心频率的频谱，对 A 计权网络曲线频率响应特性进行修正，使之更接近人的主观声感觉，如表 5-24 所示，可以看出，A 计权网络对高频音敏感，而对低频音不敏感。

A 计权曲线频率响应特性修正值　　　　表 5-24

倍频程中心频率 Hz	31.5	63	125	250	500	1000	2000	4000	8000
A 计权网络修正值 dB	−39.4	−26.2	−16.1	−8.6	−3.2	0	1.2	1.0	−1.1

注：上表转摘文献同 5-23。

在实际声学工程的计算当中，当只知道声源声压谱级时，可以通过计算将声压谱级转换为 A 声级，声压（谱）级 dB 与 A 声级 dB（A）的单位是不同的，声压（谱）级在实际噪声控制当中没有直接使用价值。任何一个单值 A 声级值可由无数个声压谱级组成，而一个声压谱级对应一个 A 声级单值。

5.4.3　建筑吸声与隔声

在日常生产、生活当中，随着经济与社会的快速发展，人们往往会接触不愿意听到的噪声，但是人们总喜欢生活在安静或低噪声环境当中，需要采取措施降低环境内部的噪声和来自另一个空间的噪声。建筑是内因噪声源的位置不同分为室外空气振动的噪声，围护结构（外墙和楼板）受到的撞击声，也有室内各种设备工作时产生的噪声和振动，对人的听觉形成声污染，常用的方法是利用建筑材料和构造措施实现吸声和隔声。

5.4.3.1　吸声材料与吸声结构

在建筑空间内部根据需要用吸声材料组合成吸声体构造，如空中悬挂吸声体、吸声柱、吸声壁面、吸声吊顶，使声能在吸声结构中变为材料的振动能，而不再反射、透射或者绕射。图5-29是几种吸声构造剖面。常用吸声材料及构造方法有：

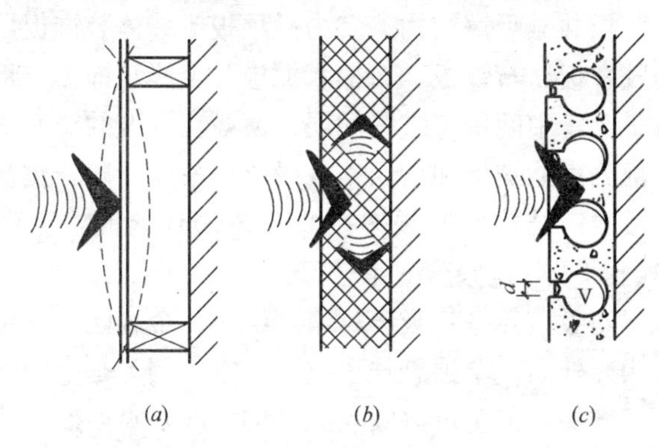

图 5-29　吸声构造示意

(a) 薄板结构；(b) 多孔吸声材料；(c) 共振吸声结构

(1) 多孔吸声材料，如玻璃棉、岩棉、珍珠岩、陶粒、聚氨酯硬泡体等，可吸收中频和高频声，这些材料的特点是具有大量内外连通的孔隙和气泡，可塑性能好，声波入射时由于空隙和气泡内空气（或声波与材料纤维之间）的黏滞阻力，促使空气与孔壁摩擦，将声能转化为热能，吸声材料的孔隙率一般在 70%～90%之间。在必要时增加吸声材料的厚度，并使多孔吸声材料与后面基层材料之间留有空（气）腔，可提高多孔吸声材料对于中低频声的吸收效果。

(2) 穿孔板吸声结构是在薄板上面穿小孔（不贯通），并与基层材料保持一定距离安装，构成一个个封闭小空腔，由于小孔孔径及空腔深度远小于声波波长，则该结构体吸收低频声效果好。穿孔薄板多为装饰板材，如穿孔石膏板、穿孔 FC（水泥纤维复合）板、穿孔胶合木板、穿孔铝合金板和钢板等，若板后面空腔内填充松软吸声材料（如岩棉），可使吸声频谱范围增宽，吸声系数增大。

（3）薄膜与薄板吸声结构是采用人造革、皮革、塑料薄膜、帆布等材料与基层材料之间形成封闭空气层（腔），当声波作用于膜的表面时，膜与内部的空气层会形成共振吸收声能，膜状体的共振频率在200～1000Hz之间，吸声系数为0.3～0.4。

（4）薄板共振吸声结构。多为吊顶板或墙体装饰板，材料为不穿孔的胶合板、石膏板、石棉水泥板、金属装饰板，将其周边固定在龙骨上，中间留有空气间层，薄板在声波的交变压力下振动，使一部分声能被板和后面空气吸收，不能反射，建筑装饰工程当中薄板吸声结构共振频率在80～300Hz之间，吸声系数约为0.2～0.5，吸收低频声效果较好。

（5）空间吸声体是将吸声材料（织物、金属网等）包覆在一定形状的构架外面，单独悬挂于空间上空，因为是多面体，故有效吸声面积增加，甚至可以吸收三维的声波，吸声效率较高，具有与多孔材料相似的吸声特性，即吸收中高频声能力强。

（6）可调吸声构造是装饰墙面或吊顶面设置可调节开口的"U"形口，使声波在槽口内部震动，被槽内部的吸声材料面吸收，平均吸声系数可达0.70～0.90，调节开口的大小是为了调节吸声量的多少。这是住宅凹阳台比凸阳台吸收空气声噪声效果要好的原因。

（7）织物窗帘、隔离帘、幕布类似于多孔吸声材料的性能，织物的面密度高、表面打褶、厚度加厚都会提高吸声量，有些织物后面设有空腔，其吸声系数可达0.70～0.90，成为强吸声构造，可用于调节室内混响时间。

（8）吸声尖劈是一种强吸声构造体，一般设在消音室内，图5-30为尖劈剖面构造简图，一般采用细钢丝做成图示小的四棱锥框架，外包玻璃丝布、塑料窗纱，内填多孔吸声材料。声波由尖端进入开始，声阻抗逐渐增大，不会产生阻抗突变而引起声反射，使绝大多数声波进入材料构造体内部被高效吸收，吸声尖劈

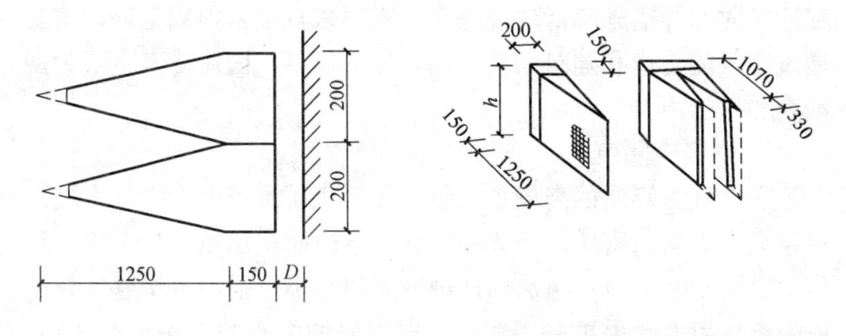

图 5-30　吸声尖劈构造示意

结构中高频吸声系数可达 0.99 以上，一般尖劈构造用于噪声源的吸声降噪技术。

(9) 在音响空间围护结构上开设洞口会使声波全部透射出去，因此吸声系数为 1.0。

(10) 厅堂观众区人与座椅的表面多为松软织物材料和人造革面料，对低频声吸收效果好，如果换成透气性好的织物表面，会增加对于中高频声的吸收量。空间内家具柜门、薄板则具有薄板吸声结构的吸声特性，但这些板面应具有弹性支撑或者可滑动。

(11) 声音在空气中传播时，由于空气导热性、湿度、黏滞性和空气分子中的弛豫现象导致吸收声波动能，使声音随着传播距离的增加而衰减，空气对于高频声吸收效果大一些。此外，声场中空气的流速和流向对于声波的衰减和增强有重要影响，室外声场中不同植物、种类、种植密度也会影响声能的吸收，可降低声压级 2～10dB (A)，树冠较密的行道树可在一定程度上隔离交通噪声。

5.4.3.2　建筑隔声与噪声控制

隔声即是在一定的声场范围内采取一些技术手段和材料构造措施降低声压级、促使声能转化，使传到另一个空间的声压级降为零或者是允许的噪声标准。建筑隔声是同时采取吸声、减振等技术手段，利用建筑围护结构面、专用吸声体、吸声面、延长接触撞击时间等措施降低环境噪声。噪声来自于室内或室外，主要通过空气的传声和建筑结构（固）体的传声，固体传声主要为振动声和撞击声。

1. 空气声隔声

在空气为媒质的声场中，隔声体面积质量越大，空气声隔声量越大，如均匀密质的墙体和楼板，单位面积质量增加 1 倍，隔声量增加 6dB（A）。建筑构件透射系数越小，则隔声量越大，尤以隔离高频声效果更好一些；入射声波的中心频率每增加 1 倍，隔声量就增加 6dB（A）。采用双层均匀密质墙中间设置空气间层比单层同厚度（双层墙厚度和）墙的隔声量要高一些，中间空气层起到一个“弹簧”减振（吸收振动能）的作用，但是在进行墙体或构件设计时应避免相同厚度墙面由于声波振动接近临界频率时发生的共振效应。在两层墙体之间填充玻璃丝绵等多孔材料会增加全频带的隔声量。轻质墙体（如纸面石膏板、加气混凝土板），隔声效果比均匀重质材料要差，需要采取构造措施提高隔声量，如在双层石膏板中间填充松软吸音材料；为了避免产生共振效应，两层板可选用不同面密度的板材，板材与龙骨之间采取弹性支撑连接，形成一个薄板吸声结构，给振动增加阻尼，吸收低频声。双层板复合构造本身也会增加振动的阻尼效果，轻质石膏板隔墙采取以上构造措施后其隔声量接近 240mm 砖墙的隔声水平。

外门窗是建筑隔声的薄弱环节，隔声性能由门窗自重和构造组合方式决定，窗框与扇的缝隙会使声音的透射量增加，提高门窗的隔声性能应与门窗的气密性、水密性、抗风压性统一考虑，框与扇之间的面接触双层密封胶条会有效增加了窗的密闭性，提高了空气声隔声的阻尼效果。框与洞口之间用聚氨酯硬泡填充，它不仅隔热效果好，也是理想的隔音材料。同时，玻璃与框之间用防水弹性材料（橡胶、毛条、硅酮胶等）组成密封层，起到平板吸声结构的效果。设置双层门窗（中间有空气间层）或者密闭性中空玻璃都会提高全频带的隔声量。医院测音室、电台播音室往往在入口处设置“声闸”，将两层门之间空气层加大，可以带来较大的附加隔声量。表 5-6 中规定铝合金窗Ⅱ-Ⅵ级共 5 个级别的分级隔声性能：Ⅱ级空气声有效隔声量要求 $R_W>30$dB（A），Ⅵ级 $R_W\geqslant45$dB（A）。各种窗型的空气声隔声量如表 5-25 所示。

一般门窗的隔声量　　单位：dB（A）　　表 5-25

门窗形式	空气声隔声量 R_W	门窗形式	空气声隔声量 R_W
开扇单层窗	15～19	三层固定窗	≈50
固定单层窗	20～30	一般木夹板门	15～17
开扇双层窗	30～40	双层木门	30～40
固定双层窗	40～50	金属面三防门	≈40～50

现在进入市场的性能较好的门窗，密封性能有了近一步提高，加上镀膜玻璃、中空玻璃的隔声效果，有效隔声量均达到Ⅲ级以上，即 30～35dB。还有窗帘和遮阳百叶并用，窗部分的隔声量已接近Ⅳ～Ⅴ级，即 35～45dB，可满足大多数建筑的使用要求。

隔声罩是一种紧靠在噪声源上（或邻近）安装的具有强吸声功能的构造层，是根据噪声源的生产工艺和设备轮廓做成隔声罩外形，多采用钢板、塑料板、木板做成壳体，如图 5-31 的罩外壳剖面所示。壳内侧镶嵌吸声面层，为多孔和纤维状吸声材料，要测算出罩内平均吸声系数 $\alpha\geqslant0.5$ 为宜，而且有便于内部进排气、降温、检修需要的空间。硬罩壳外侧涂以一定厚度的阻尼涂层，这些涂层材料主要为聚氯乙烯、聚醋酸乙烯酯、醇酸、环氧、丙烯酸酯等树脂，在这些高分子化合物中加入纤维和助剂，利用其明显的黏弹性可吸收一部分振动能，由材料内部的摩擦损耗转化为热能释放，即发生所谓力学损耗而具有一定的阻尼性。阻尼涂层通常要求罩壳厚度的 3～4 倍，能使罩壳在声波作用下弯曲振动时其振动能迅速传给贴在薄板上的阻尼涂层，吸收和阻尼振动可有效降低全频带的声辐射。如厚度为 2.5mm 的钢板壳

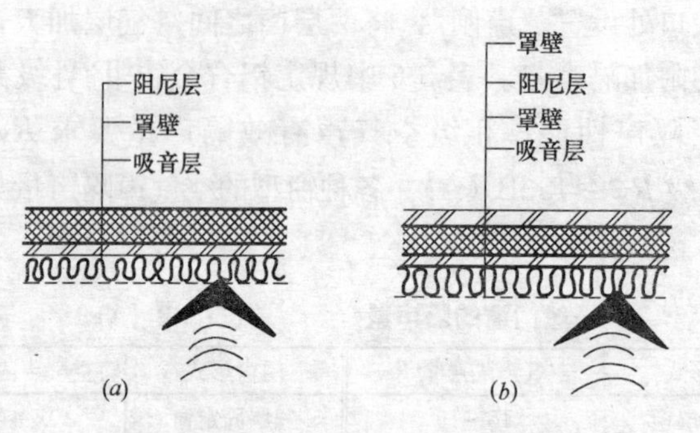

图 5-31　阻尼层与消声罩结合方式

(*a*) 自由阻尼涂层；(*b*) 有约束阻尼涂层

平均隔声量为 28.5dB (A)，在罩壳外涂以 7cm 厚沥青纤维涂层，面密度由 19.2kg/m^2 增加为 26kg/m^2，由于涂层的阻尼作用，罩体的平均吸声量增加到 36.4dB (A)。

2. 撞击隔声与降噪减振

撞击隔声也称为固体声隔声。建筑中的固体声是具有动量的物体与建筑结构物撞击后引起结构物振动进而在空气或者固体中传播的现象，主要媒介是楼板、墙体和穿越建筑内部的各种管道，这种振动来自于楼板上面或者墙体上面有一个振动源引起受迫振动，楼板或墙体的振动促使另一空间的空气做同样振动，使声能传递至相邻或者更远的空间，传播途径是固体传声和空气传声，低频声若没有阻尼振动会传递很远，声音在固体中传播衰减量很小，撞击声的一部分能量以次声波的形式向外传播振动能，对于建筑构件和人体都会产生不利影响。有些工业厂房内的各种设备就是噪声源，不同的工艺流程会产生不同频带的噪声。固体声隔声措施较空气声有较大区别，如增加楼板重量和厚度对于楼板撞击声隔声量贡献不大，楼板重量增加 1 倍，低频音仅改善 3～4dB，楼板厚度增加 1 倍，低频音改善 7～8dB，但是对于中高频音却改善很小。源于声音在固体材料中传播速度快，衰减很小。固体声测量方法采用标准打击器（一种声学测量器具，其撞击声压级为129dB）撞击楼板，测量在楼板下面的有效撞击声级L_N，其值越大，表示楼板隔声性能越差，所以，有关规范中给出撞击声隔声量是一个上限声压值。建筑物中隔绝固体声的主要措施如下列所示。

（1）采用浮筑楼板技术。混凝土楼板与支撑体分开浇注，楼板支撑面与支座面之间采用弹性垫层，使楼板尽量避免与周围支撑面刚性连接，降低楼板被撞击后通过墙体传声，支座的阻尼作用也能转化一些低频振动能。

（2）楼板上面结合装修工程铺设一些柔韧性材料，如地毯、软木地面、油地毡、橡胶板等，增加撞击接触时间，减小撞击外力。工业设备基础与建筑结构之间分开施工且有阻尼减振措施，（如设备支座与其基础之间采用弹性支撑，吸收振动能，基础自振频率要避开设备振动频率。）对于设备在空气中传声则采用隔声罩结构，将噪声在罩内吸收并且转化。也可以采取不连续结构方式隔声，如隔音要求高的测音室或演播室可建造“房中房”，两房壁面之间有空气间层，内房基座采用柔性垫砖支撑，这样可隔离全频段噪声。工业设备支座与基础之间的弹性连接方法视设备振动能量及重量决定，以确定不同的隔振阻尼系数，采用弹性支撑形式有钢弹簧、空气弹簧、橡胶、海绵、软木等。

（3）楼板下面吊平顶。此法能同时隔绝撞击声和空气声。要求吊顶平均重量不小于25kg/m²，可在吊顶上面铺设松软吸声材料，可以吸收中高频声，较大的顶棚自重可以吸收低频声。

（4）管道中的气流消声。建筑物内部各种输送气体的管道会通过气流与管壁的摩擦发声经过管道壁向远处传声，也同时经过建筑构件作固体传声，是传入室内声场的两个渠道。应采取消声和隔振措施分别隔离空气声和固体声。有针对性的消声降噪方法是在管道的适当位置安装消声器，降低气流噪声。管道穿过建筑墙体或楼板时采用弹性材料垫层，周边用柔性密闭材料封堵。因为激发机械振动的作用力与气流流速的平方成正比，机械噪声强度大约按流速的四次方变化，流速增加 1 倍时，声压级约增加 8～10dB（A）（孙万钢，1979 年）。当管道内是高速气流时，管道内壁附面层上湍流脉动引起噪声声强级大约按流速的六次方规律变化，流速增大 1 倍时，相应声压级增加约 18dB（A），这种强气流产生的再生噪声极大地增加了室内环境噪声。降噪采取的主要措施是控制气体流速在 6.0m/s 内，支撑管道的吊杆与楼板采用弹性连接，减小风道系统阻力，（如内部摩擦力和弯头处阻力）管道穿过大空间前采用弹性接头，进排风口采取减小百叶阻力等。对于风速很大的管道系统采用安装消声器方式降低噪声是非常有效的，消声器的构造简图如图 5-32 所示，声流式消声器通道中气流改变了声传播规律，有些消声器外壳也采用吸声材料构造或是增加阻尼涂料面层，这样就吸收了全频带的噪声。消声器根据流体的性质、噪声声压级、建筑物分类可选用相应类型的消声器。如声流式消声器在 400～6300Hz 频率范围的消声量达到 31～43dB（A），还有多室式、狭缝膨胀片式、圆柱式、微穿孔板狭道式、多级扩张式消声器。对于高速流体喷出的射流噪声如各种发动机排出尾气、高压电站锅炉、炼油厂裂化废气系统都是在排口部位装设排空式消声器等。

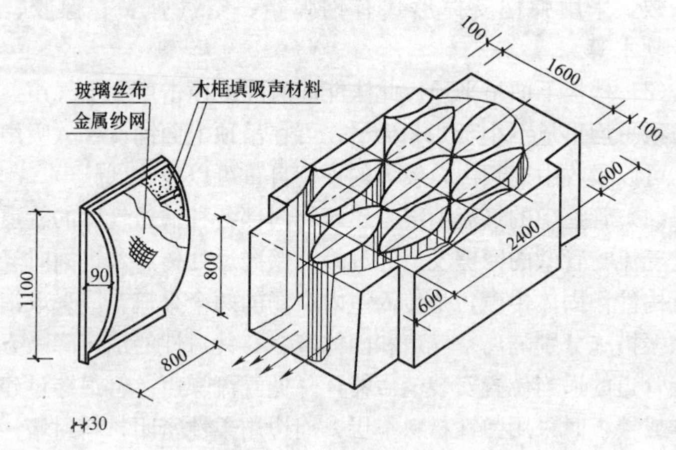

图 5-32　声流式消声器构造示意

3. 城市噪声控制与评价标准

(1) 城市噪声属于公共环境中的声污染，经济发展越快，城市噪声发生频率和声压级越高。这其中交通噪声影响最大，范围最广，其次是工厂噪声、建筑及公共交通工程施工噪声和生活噪声。交通噪声除了车辆本身噪声外，车速增加也会增加轮胎与地面的接触噪声。在距离打桩机、空气压缩机、破路机 30m 位置时，噪声声压级会持续在 70～90dB（A）之间，生活噪声多出于商业广告的扬声器声、露天文艺活动、爆竹声和家用电器的电声，这类城市噪声平均声压级为 55～65dB（A）。

城市噪声控制应对固定噪声和移动噪声的发声源进行吸声、隔声、消声、减振等技术手段，还要在制度上订立各种噪声控制法规，如交通工具在规定区域限制车速、限制鸣笛，人口聚居区在规定时段（中午和晚间）控制噪声量或者不产生施工噪声。在规定区域如离开施工作业场地边界 30m 处，持续噪声不大于 75dB（A），冲击噪声最大声压级不大于 90dB（A）。城市规划和城市更新设计时应明确使用功能分区，如机场、铁路干线远离人口聚居区，居住区与不同类别的工业区、居住区与大型商业区均保持一定距离，并且将不同区域的噪声评价列为环境质量评价专项内容。居住区与城市干道和高架道路保持距离。如由于历史原因必须经过公寓楼附近时，应在面临居住区一侧道路边部设置声屏障，栽种隔声性能好的乔木、灌木，并且使建筑主要立面偏离道路，将商业和公建用房、贮藏用房面对噪声源布置。应权衡各种影响因素，也可将地上道路局部改为地下通道。噪声控制也可以与街边绿化、水体一起布置，可利用不同标高的边坡、护堤、植被、景观等地形、构筑物协同遮蔽直达噪声。从公共管理和物业管理层面上应限制公共聚会、活动场地、活动时间，鞭炮声、家居装修噪声甚至家庭音乐发声对于多数群体则会形成生活噪声，如同公共场所吸烟会对被动吸烟者产生危害一样，居住区这种经常性、不分时段的声污染会对被动接受者产生长期的生理和心理损害。解决声污染困扰居住区的途径是提高居住者素质和自律意识，呵护和珍惜共同的居住环境是每个人生存需要具备的生态伦理观，并且形成一种公众举报机制，借助公权部门和社会舆论维持、监督安静的居住环境。

（2）对于环境噪声的评价由几种因素组成，包括噪声源的种类、强度、频谱、持续时间、随时间的起伏变化、出现时间、出现频次等。就人的主观感受而言，使用A计权网络的声级计读数能够真实地反映人听觉的主观感受，等效连续声级反映了噪声起伏变化的无规律性，累计分部声级反映了噪声变化的随机性，昼夜等效声级则反映了人在白天和夜晚不同生理状态时对于同一声级的不同感受。此外，人类在同一时刻对于不同噪声的主观感受也不同，如鸟鸣声、蝉鸣声与电锯声、挖土机声声压级相当时，人们会对前者的承受力更强，风吹树叶声和雨打芭蕉声能促使人进入睡眠状态，公共场所的背景音乐可以使人们不愿意听到的背景噪声的声级降低。噪声的标准评价方法是由国际标准化组织（ISO）规定的一组噪声评价曲线—NR曲线，该方法确定了31.5Hz～8kHz 9个倍频带允许声压级值 L_p，在测试室内的背景噪声时，将各频程噪声声压级连成一条曲线，再与 *NR* 曲线对应的坐标叠和，该频谱曲线与 *NR* 曲线相切时最高的 *NR* 曲线表示该厅堂声环境中背景噪声的 *NR* 值，表5-26给出了部分建筑室内允许噪声 *NR* 数值。

部分民用建筑室内允许噪声建议值　　表5-26

建筑类别	*NR* 评价数	建筑类别	*NR* 评价数
播音录音室(语言)	15	教室	25～30
(其他)	20	医院病房	2
电视演播室(语言)	20	歌舞厅	30～35
(其他)	25	图书馆	30
控制室	25	住宅	30
音乐厅	15～20	旅馆客房	30
剧场、多功能厅	20～25	办公室	35
电影院	25	开敞办公室	40
多用途体育馆	30	餐厅	40

注：上表摘自：吴硕贤主编：建筑声学设计原理 中国建筑工业出版社 2000年 北京

如上表中剧场的背景噪声限值为 *NR*25，通过计算或查阅 *NR* 评价曲线，得出其对应的倍频带允许噪声声压级分别为 63（55dB）、125（43dB）、250（35dB）、500（29dB）、1000（25dB）、2000（21dB）、4000（19dB）、8000（18dB）。

（3）噪声允许标准是国家出于对公共环境和劳动者工作环境保护的制度性标准。我国先后出台一系列关于噪声控制的国家标准：《城市区域环境噪声标准》（GB 3096）《住宅室内允许噪声标准》、《工业企业噪声卫生标准》、《民用建筑隔声设计规范》（GBJ 118—88），1997 年 3 月 1 日起实施的《中华人民共和国环境噪声污染防治法》，对各类工业与民用建筑噪声允许值作了限定，规定了建筑设计、施工、实用阶段各类噪声的声压级不会危害人的休息与工作，表 5-27 和表 5-28 分别列出了城市区域环境噪声和民用建筑室内允许噪声声压级。

城市区域环境噪声标准 L_{Aeq}　　单位：dB　　表 5-27

类别(适用区域)	昼间:5：00～22：00	夜晚:22：00～5：00
0(安静居民区)	50	40
1(居民文教区)	55	45
2(居民、商业、工业混合区)	60	50
3(工业集中区)	65	55
4(交通干线道路两侧)	70	55

注：L_{Aeq}表示等效连续 A 声级。

民用建筑室内允许噪声级　　单位：dB　　表 5-28

建筑类别	房间名称	时间	特殊标准	较高标准	一般标准	最低标准
住宅	卧室、书房(或卧式兼起居室)	白天 夜间		⩽40 ⩽30	⩽45 ⩽35	⩽50 ⩽40
	起居室	白天 夜间		⩽45 ⩽35	⩽50 ⩽40	⩽50 ⩽40
学校	有特殊安静要求的房间			⩽40	—	—
	一般教室			—	⩽50	—
	无特殊安静要求的房间			—	—	⩽55

续表

建筑类别	房间名称	时间	特殊标准	较高标准	一般标准	最低标准
医院	病房、医护人员休息室	白天		≤40	≤45	≤50
		夜间		≤30	≤55	≤40
	门诊室			≤55	≤55	≤60
	手术室			≤45	≤45	≤50
	听力侧听室			≤25	≤25	≤30
旅馆	客房	白天	≤35	≤40	≤45	≤50
		夜间	≤25	≤30	≤35	≤40
	会议室		≤40	≤45	≤50	≤50
	多用途大厅		≤40	≤45	≤50	—
	办公室		≤45	≤50	≤55	≤55
	餐厅、宴会厅		≤50	≤55	≤60	—

注：表中所列指标均为空气声声压级。

5.4.4 室内音质设计

5.4.4.1 室内音质设计原理

1. 室内音质的基本要求

如同建筑是人类社会进步的标志一样，音乐已经拓宽了人类用语言声交流思想和沟通信息的范围，以它优美的旋律去愉悦人的听觉实现精神的享受和慰藉，作为一种高雅的艺术形式成为全人类的文化财富，建筑室内音质设计将是我们在优越的声环境中品尝音乐美食。室内良好的音质设计应体现在：① 在混响感(丰满度）与清晰度之间有适度的平衡；② 具有适当的响度；③ 音质具有一定的空间感；④ 具有良好的音色，保持各频带声适度平衡；⑤ 无噪声干扰，无多重回声、无声聚焦、无声影等音质缺陷；⑥ 有满足声场均匀的厅堂平面和剖面设计。

在以听音乐为主的观众厅内，听众总希望一次反射声和直达声共同进入听阈，听起来觉得音质丰满而不干涩，即达到音乐的混响效果。这个混响时间宜控制在50ms以内，否则会形成多重回声，凡直达声与一次反射声时间差超过50～60ms即声程差超过17～20m会听到两个声音形成回声，影响音乐的清晰度。音乐的频谱大多数是由单一音符组成不同发声频率的线状谱，人耳还要求有相继音符的分离与可辨析程度。由于以中心频带发声为主、配以其他频带泛音的均衡发声，包括乐队的各声部平衡发声，使整台音乐呈现出较为理想的音色，音乐厅声场使乐音均匀传播，加强了音乐的空间感和节奏感，良好的厅堂声环境设计，使音乐的旋律和所要表达的情感更加逼真的送入听众的耳中。

影响室内音质效果的因素还有观众厅的有效容积、厅堂的平面和剖面形式、内部壁面不同形状、构造的反射面和吸声面以及观众席位的数量，良好的厅堂音质应始于建筑方案设计阶段，使空间声场避免先天的声缺陷。厅堂音质设计除了以自然声为主的建声以外，为了满足不同规模、不同演出内容的需求，可采用电声调频、扩音、传声系统，以满足声场的均匀度和响度要求，如室内体育馆、大型演播空间等，观摩和听音质量组成了厅堂的视听效果。

2. 观众厅设计

以自然声演出为主的观众厅建筑体型设计应考虑：

（1）观众厅纵向长度不宜太长，最后一排到舞台口走道的实际距离应控制在32～35m之间，以要求声音清晰度为主的电影院、会堂纵向长度不应大于40m，控制声音和动作、表情的同步。

（2）观众厅宽度根据声源的指向性特点，可将观众席布置在以声源为顶角的140°范围，可满足语言声混响要求，座席布置围绕和接近表演区，同时控制视线的水平视偏角。

（3）观众厅地面按每排视线高差升起，可满足大部分观众直达声要求，可避免声波掠射过去，观众席超过1500座时，应设置楼座，在剖面图中楼座悬挑于池座后区的上空，多数观众厅剖面形状成为“梯田山谷”形。

（4）观众厅的净高度影响着观众厅的容积，它是根据作为数量、升起高度、顶部面光、反射板等设备的数量、位置综合确定，以保证一次反射声与直达声时差控制在 50ms（传播长度约 17m）以内。这种时差效应增加了音乐的丰满度，即控制了不同演出的混响时间。在进行楼座下部池座的声线设计时，应避免早期反射声不能到达的声“阴影区”，没有早期反射声产生的混响效应，会使直达声干涩而不圆润。在方案设计阶段应保证该区域空间进深尺度不能大于开口高度的 2 倍，张角（前口高度与池座后墙高差形成夹角）应大于 25°，对于音乐厅要求较高，后区进深高度不应大于开口高度，张角应大于 45°，楼座下部吊顶的倾角会增加该区域的早期反射声，使声音丰满。

观众厅内各壁面不同部位声学设计应结合装修效果一起考虑，对于墙面、吊顶面、各层挑台栏板、耳光、面光等部位进行自然声声线设计，布置成反射面、吸声面、扩散反射面，以使各观众区域声场均匀，声线设计时切忌将反射声聚焦在某一区域。根据不同表演性质确定一个最佳的混响时间，避免多重回声、声影、声聚焦、声颤动和声干涩的现象出现。观众厅容积、适当的反射面和位置合理的吸声面是保证厅堂有合适的混响时间和足够响度的关键。

3. 厅堂混响和声学装饰设计

厅堂音质良好体现在满足听觉质量的混响时间和各种声的频率特性。前者主要有厅堂的有效容积和满足不同声传播特性的表面声学结构，后者是保证自然声的音色不失真。音色是反映复合声的一种特性，它是由复合声成分里各种纯音的频率及其强度决定的，听觉根据泛音所在频率与中心发声频率协同发声，会使音乐丰满、圆润；而以语言声为主的厅堂音质听觉要求音阶清晰，不应有太长的混响和回声。厅堂音质混响时间一般用赛宾公式进行估算，如下式：

$$T_{60}=0.161\times V/A \tag{5-24}$$

上式中“T_{60}”表示声源停止发声后衰减 60dB（声源声经过反射衰减到 10^{-6}时）所用时间，单位为 s，V 为厅堂有效容积，

单位为 m^3，A 为室内总吸声量，即由室内总的吸声表面积与所有吸声结构的平均吸声系数 α 的乘积，单位定义为 m^2，表示一个吸声单位。计算参数应首先确定声场内不同吸声结构的吸声系数，吸声频率一般应计算 125Hz～4000Hz 共 6 个倍频程的中心频率。再考虑观众区及舞台台口、耳光、面光洞口的吸声特性。（无遮挡洞口的吸声系数 $\alpha=1.0$）为了避免观众厅后区混响时间过长，一般将观众厅后墙设计为反射声结构，当后墙不高时，应将后墙上部处理成稍向前倾斜的反射面，倾角根据声线作图确定，以增加观众厅后区的声强。当没有楼座后墙很高时，大面积向前倾斜会导致回声，解决的方法是后墙面上布置扩散反射体或者做成吸声结构，根据观众厅长度和后墙高度做声线确定，后墙与顶棚不宜作成直角，应作成倾斜面过渡。舞台周围的墙面、吊顶、侧面墙体下部、楼座挑台立板应设计成反射面，保证观众厅前区的一次反射声。音乐厅前排观众厅上部设置可调式强反射板，使演奏者能够互相听到反射声。大厅中后部顶棚、侧墙上部均按吸声结构体作装饰面层，如侧墙做成竖向条纹（间隔设置凹槽）形成狭缝共振吸声结构，主要吸收低频声。两侧墙及后部的通道门也要按照相邻墙面声学构造满足声线要求。基于观众区的吸声量很大，根据观众厅座椅数量、表面材质、分别计算（或者现场测试）空场混响时间和满场混响时间，在混响时间计算表格中还应根据计算出各频率的不同混响时间结合吸声面进行调整，要避免高频段混响时间下降太多而使厅堂音质有“低沉”或是语言不清晰的主观感受。观众厅容积越大，混响时间越长，同时应考虑较大容积的空气对于 1000～4000Hz 频带的吸声量，在一定温度下（20℃），空气相对湿度不同吸声系数也有差异，空气对于频率较高的声音吸收较多，湿度越大，对于中低频率吸收略有增加，总的来说，空气对于低频声的吸收较少。有时采用压低吊顶高度（多做成退台状多级标高）使人均观众厅容积接近 4.0～4.6m^3/人，这对于确定混响时间是一个合适的范围。对于多功能厅堂吸声材料和吸声结构的选用原则，如果观众厅容积是

4.0m³/人时，厅堂具有较理想的混响时间，不需要很多吸声面。如果厅堂容积在4.0～5.5m³/人时，后区顶棚及后墙的吸声系数控制在0.4～0.6即可达到较合适的混响时间。如果厅堂容积超过5.5m³/人时，则需要中后区顶棚和后墙吸声（结构）系数大于0.6，侧墙上部吸声量还要增强。由于空气和观众区可以有效吸收高频声，所以在厅堂内布置吸声面应侧重于500Hz以下中低频率的吸声结构。

基于混响时间的估算与实际建成效果的差异性，厅堂混响时间在设备安装阶段和装修工程的后期应进行反复调试，在早期接触一些观演建筑设计时，在厅堂音质调试和试演时，请满座的中学生来厅堂免费观摩表演，采用问卷调查的方式征求各不同区域的听音质量，对反馈意见做出吸声构造调整，最后的音质效果还是满意的。各类建筑厅堂混响时间参考值如表5-29所示，此表给出的是时间范围，它是在大量实践中结合观众的共同感受而总结出来的。

各类建筑混响时间适用范围　　　　表5-29

房间用途	混响时间 *RT*(s)	房间用途	混响时间 *RT*(s)
音乐厅	1.5～2.1	电视演播室(语言)	0.5～0.7
歌剧院	1.2～1.6	(音乐)	0.6～1.0
多功能厅	1.2～1.5	电影同期录音棚	0.4～0.8
话剧院、会堂	0.9～1.3	语言录音室	0.25～0.4
普通电影院	0.9～1.1	琴室	0.4～0.6
立体声电影院	0.65～0.9	教室、讲演室	0.8～1.0
多功能综合性体育馆	1.4～2.0	视听教室(语言)	0.4～0.8
音乐录音室(自然混响)	1.2～1.6	(音乐)	0.6～1.0
强吸声录音室	0.4～0.6		

注：上表转摘文献同表5-28。

混响时间计算、吸声材料和构造的选择以至后期的调试、试演、主观评价都是室内音质设计不可或缺的组成部分。常用材料和结构的吸声系数、各种组合楼板的撞击声隔声量值都是可以经过试验测定的。以音乐和戏剧为主要演出内容的厅堂音质设计，声学工程师必须在建筑方案设计阶段（体型、平剖面设计、容积）就参与进去，听众总座位数不宜超出，应严格控制背景噪声，包括空调管道出口噪声及观众的发声，背景噪声控制严格的观众厅纸张折叠声都会使观众听到。此外，应用计算机室内声场模拟技术和仿真技术会使声场设计得到更满意的解决，比传统做法快速、准确，为提高建筑音质设计品质提供了先进的技术手段。

5.4.4.2　几种厅堂音质设计概述

1. 剧场

剧场演出内容包括歌剧、戏剧、话剧以及说唱类艺术，发声源有声乐、电声传声、器乐演奏、语音对白，在混响时间取值时应同时考虑语音、唱词的清晰度和音乐的丰满度、空间环绕感。剧场平面多采用马蹄形或者前窄后宽的“钟”型，观众厅后部设楼座，两侧墙设置多层悬挑式的包厢，形成一个自然的吸声体结构。为了满足视线和听音的双重效果，观众厅剖面池座地面是前低后高的缓坡，楼座则为每排台阶式推台布置，为了控制有效容积，吊顶也按不同标高退高布置。乐池位于舞台与观众厅之间，多为下沉式或半下沉式布置，舞台台口地面伸出乐池上空宽度 1.0～1.1m，称为基本开敞式乐池。这种方式使合成的器乐声向观众区传声效果更直接，又不影响观看舞台演出的视线。多层包厢开口面积在 65%～75%之间，全频段吸声（听音）效果好，也同时应考虑一定面积的反射面，给中区观众以早期反射声。楼座下部的袋形空间要有足够开口高度，避免声影区而能够获得一些早期反射声，因为该区域的直达声亦有较大衰减。池座排距在 0.8～0.9m 之间，前后座错位排列时每排升起高度应取 0.06～0.07m，视线与双耳高度基本一致，稍高一点可避免直达声掠射太多，还要控制直达声与反射声时差在50ms以内。

歌剧院观众厅规模宜控制在2000座以内，座位排距在0.9m左右，椅面用软质吸声材料，翻转座椅、通道门接触面应有减震缓冲构造，地面饰面应避免撞击声。观众厅容积要做严格控制，观众厅每座容积根据混响时间要求控制在4.68～8.3m^3/人，有效容积约在10000～24000m^{3}之间，旨在避免回声与观众发声。主要用于戏剧演出的专业剧场，在不考虑扩声传声时，观众厅规模宜控制在1000座以内，依据这个规模布置座位，绝大多数席位视线和听闻条件会很好，能够使观众尽快融入剧情中去。观众厅容积应控制在5000～6000m^{3}之间，每座容积为3.0～5.0m^3/人，混响时间可取1.1～1.2s，观众厅容许噪声级可采用*NR*-25。

2. 多功能厅音质设计

多功能厅的特点是观众厅经过适当调整声场和观众厅内表面的声学特性而能够一厅多用，满足歌舞剧、戏剧、电影甚至交响音乐会等音质要求不同的剧目。此类厅堂首先应确定以上演某一种剧目为主进行音质和视线设计，同时可兼做它用。这样可以提高观演建筑的利用率，满足不同社会群体的需求。多功能厅分为音乐厅型和剧场型两大类，其混响时间设计选取折中值，如以上演交响乐为主的多功能厅混响时间定为1.8s左右，上演歌剧和综艺类节目的多功能厅其混响时间定为1.5s以下较合适，以语言声为主的多功能厅混响时间定在1.2s左右，但应注意，语言声和器乐声音质要求是相差较大的。

在进行以交响乐为主的多功能设计时，应在演奏台上空设置刚性反射板，材料选用透明的有机玻璃、玻璃钢板、阻尼钢板、胶合木板等，是将早期反射声送入观众区，像浮在空中的云片一样，也称为浮云板。浮云板单块尺寸不宜太大，常为1.8m×0.8m的矩形，但要组合成阵列，这样可以使有效反射声波的频率范围由600Hz扩展至1200Hz。当反射板布置成更密集的阵列时，实际上形成了一面声反射罩，除了低频声通过缝隙直达观众厅外，多数成为一次反射声传入观众区。反射声面每列可设计成不同倾角，以反射至不同位置的观众区。演奏区上空增加了反射罩后，混响时间平均增加了 0.15s，同时增加了演奏师互相听闻效果。在观众厅内各表面声场设计时，采用一些可调式吸声结构和声反射板，根据演出剧目最佳混响时间要求调节吸声面或反射面甚至观众厅容积，观众厅上座率多少、集中区域、冬夏季衣着的吸声量有差异，都会影响和调节混响时间，必要时，可采用电声扩声、传声的手段达到需要的音质。所以，多功能厅容积可适当放宽至 4.0～7.0m^3/座，总规模控制在 2000 座以内。

参 考 文 献

1. 辞海 1999 年版. 北京：上海辞书出版社，2000

2. 黄晨主编. 建筑环境学. 北京：机械工业出版社，2005

3. 刘加平主编. 建筑物理（第四版）. 北京：中国建筑工业出版社，2009

4. 章熙民等编著. 传热学. 北京：中国建筑工业出版社，2003

5. 柳孝图主编. 建筑物理环境与设计. 北京：中国建筑工业出版社，2008

6. 刘念雄等编著. 建筑热环境. 北京：清华大学出版社，2005

7. 吴硕贤主编. 建筑声学设计原理. 北京：中国建筑工业出版社，2000

8. 张三明主编. 建筑物理. 武汉：华中科技大学出版社，2009

9. 康玉成编著. 实用建筑吸声设计技术. 北京：中国建筑工业出版社，2007

10. 毛建西著. 居住声环境的研究与应用. 北京：地震出版社，2007

11. 孙万钢. 建筑声学设计. 北京：中国建筑工业出版社，1979

12. 范少光等. 人体生理学. 北京：北京大学医学出版社，2006

13. [美] 布莱恩·爱德华兹. 周玉鹏译. 可持续性建筑. 北京：中国

建筑工业出版社，2003

14. 姜晓樱等主编. 光与空间设计. 北京：中国电力出版社，2009

15. 杨晚生主编. 建筑环境学. 北京：华中科技大学出版社，2009

16. 吴硕贤等. 重视发展现代建筑技术科学. 建筑学报，2009（3）

17. 江亿. 间接蒸发冷却技术-中国西北地区可再生干空气资源的高效利用. 暖通空调，2009（9）

第6章　中国园林环境与造园技术

纳千顷之汪洋，收四时之烂漫。巧于因借，精在体宜。夫借景，园林之最要者也。移竹当窗，分梨为院；溶溶月色，瑟瑟风声；静扰一塌琴书，动涵半轮秋水。清气觉为几席，凡尘顿远襟怀。

［明］计成：《园冶》

中国园林建筑以悠久的历史与独特的风格著称于世，她是世界园林艺术的精华，是中华民族的骄傲。中国园林融建筑、绘画、音乐、文学等艺术为一体。园林中的假山和小桥、流水，是仿造名山大川的自然美景经艺术加工而成。她运用各种形式及色彩的材料以及其他建筑材料，塑造出千变万化、山水画般的风景园林，亭、台、楼、阁、榭、廊、厅、桥、坊相互辉映，或中或辅，或明或暗，错落有致，构成统一的艺术整体，使人赏心悦目，叹为观止。

摘自《中国园林建筑图选》

6.1　综述

6.1.1　园林环境——人类精神与生态的家园

久居城市的人们为什么会喜欢荒野山林？人往往会自问自答曰“天性”。抑或是一种“围城现象”生发出的猎奇求新的心理使然，抑或是得天独厚的绿色氧吧有着润肺健脾的生理学功能，总之，在这越来越现代的城市聚落里生活、工作不时地会感到一种身心疲惫，渴望有一种暂时的放松与解脱，溶入山林是我们的最佳选择。当你冲出水泥“森林”，在峰回水转、深谷幽壑、浓荫蔽日的山林间穿行时，昨日商战的竞争都会被抛在脑后，大自然拥抱着身临其境者进入了物我两忘的境界：忘掉了烦恼，忘掉了财富，尽情地吮吸着清新的空气，空中偶尔传来的鸟鸣声会使你懒散而且舒适。无论是山林中影影绰绰的古寺围墙、梵音绕耳，还是曲径叠翠之中的飞瀑深潭，都会使每一个朝拜者清新悦目、忘忧释怀。洞入时空隧道中触摸历史，与古人对话，感受到的是惬意和飘飘欲仙。

园林是什么？是一种清新、宁静、无欲、恬淡的舒适，是一种生存状态和理念，在里面孕育着盎然的生机和勃发力。在实与虚、形与意之间，在液态、气态、固态的转换中，大自然的鬼斧神工周而复始地变化着其中的光与色、明与暗，落花流水，冬眠始鸣，万物展放在这个生境中。每一个热爱山林的有心人都会在寻访山林中找回一分真性情，丢弃一份欲望，收获一份美丽、安详和诗意。于是，人们将山水景观源源不断地搬到了都市，搬到了住区，变成缩微的山林，聪明的人类又对这些缩微的人工景观综合体赋予了文化的属性，园林的生态价值和精神意境就会与人类相生相伴了，构成了人类不可多得的生存环境。

中国传统园林以其悠久的历史和独特的风格著称于世，是世界园林艺术的重要组成部分。作为一种人工的自然景观，她将自然生态系统与建筑、绘画、音乐、书法、金石、文学等艺术融为一体，具有鲜明的生态属性和人文属性。园林中的假山、池沼、小桥、流水、是仿造大自然的生态美景经过浓缩、精炼、艺术再造而成，她是运用形式各异、色彩斑斓的天然石材及其他建筑材料，塑造出千变万化、水墨画般的园林景观，亭、台、楼、阁、榭、廊、厅、桥、坊与花木交相辉映，或中或辅，或明或暗，或隐或显，错落有致，与四时相约有形，构成一个蕴含东方文化的生态艺术综合体，代表了一种绵延已久的生态文明。它也是社会经济和科技发展到一定程度的产物，城市公共园林建设需要投入大量土地、财力等社会资源，用于叠山、理水、栽种花木，兴造园林建筑和建筑小品，包括使用阶段的管理、维护投入，主要产生环境效益和社会效益，满足居民的生态和精神需求，是创造宜居城市的一项重要基础工程。

6.1.2 相关概念

（1）塔。俗称宝塔，或称浮屠，古印度文称“窣（苏）堵波”。最早源于印度佛教梵文，是坟冢。东汉时期，佛教和佛经传入中国被称为“塔”。是一种特殊造型的藏舍利和佛经的佛教建筑，其高度大于或者数倍于宽度，印度塔多为半球状或“铃”状，中国塔的平面呈方形、八角形者居多，层数均为单数，传统佛塔用木、砖、石建造，有阁楼式塔、密檐塔、喇嘛塔、金刚宝座塔等。佛塔与大雄宝殿构成了寺庙园林的特有景观。

（2）寺。古代官署名，如大理寺。这里专指僧众供佛和聚居修行的处所。佛寺为僧人所居住之地，道观为道士所居住之地，尼姑所居之地曰庵，奉祀祖宗、神佛或前代贤哲处曰庙，比庙的规模小、以供奉祖宗或前代名人的场所曰祠，供奉祖宗的有宗祠和家祠。

（3）牌坊。中国古代一种门洞式构筑物，多用木、砖、石等材料建成，现代仿古牌坊有用钢筋混凝土建造。上刻题字，多见于庙宇、陵墓、祠堂、衙署、园林入口或空地、街道路口，也用于街边主题开放式公园。在建筑空间构成序列上起到入口标识、行进导向、组织空间、点缀和丰富景观的作用。因其上部题刻牌匾、楹联等文字均宣扬传统文化、道德、伦理，故多为纪念和践行传统文化的人和事，以资纪念和影响后世，牌坊作为一种文化遗产和历史信息载体，会成为地域历史文脉的组成部分。现代社会用于公共庆典时也搭建一种临时性牌坊以烘托气氛。

（4）榭。在高土台上或池水上面筑的敞屋，无窗、无室，通透而有层次，有木结构和混合结构形式，平面以方形为主，也可利用地形、驳岸灵活布置，屋顶有坡顶和平顶，有遮阳、避雨、引风、休闲眺望的功能，跨水而建称为水榭。

(5) 亭。一种开敞的小型建筑物，使用竹、木、石、混凝土等材料建造，多用柱支撑，也有带景窗的围墙承重，视空间设计敞闭需求而定，平面有圆形、四边形、六边形、八边形、扇形、梯形（靠墙半亭），屋顶多为攒尖坡顶，是中国园林景观的构成要素之一，休闲观赏用的称为凉亭，存放石碑的称为纪念亭。

(6) 轩。有窗槛的长廊、亭堂或小室，可兼作会客、餐饮使用，透光面积大，视线开阔，根据需求多置于风景区或闹市区，多为坡屋顶，单层、二层居多，多题写牌匾、楹联以彰显历史文化底蕴，提升使用的品位。

(7) 阁。一种多层的中国式传统建筑，多为坡屋顶、重檐，其特点是四周围以大面积隔扇，外侧为回廊、栏杆，有远眺、聚会、休闲、藏书、供佛多种用途，如紫光阁、佛香阁、普贤阁、天一阁、文津阁等。亭、台、楼、榭、阁是园林建筑景观的重要组成部分。

(8) 阙。中国古代宫殿、寺庙、陵墓前的一种纪念性构筑物，多为对称布置，一般用石雕组合砌筑而成，主要为记录官爵、功绩和装饰之用，象征意义大于实用意义，作为文化载体传承后代。

(9) 廊。屋檐下的过道或有独立顶的通道。

(10) 坛与台。坛是用土筑成高出地面的平整的台地，古代用于祭祀等盛大庆典活动的室外场地。台是高出地面的平的建筑物和构筑物，用于眺望和游观，有单独的瞭望台，建筑物屋顶或悬挑构件上作台，供远眺休闲使用，如屋顶平台、阳台、专用露台等。

(11) 园林。一片具有室外休闲、体验、健身功能的专用地块，具有多层次、平衡的自然生态系统，四周围有垣篱、种植树木、花卉、蔬菜等植物，也可养育动物、展出动物缩微模拟的自然环境和景观。园林是满足人类精神和生理需求的理想的室外生存环境。有皇家园林、私家园林、主题园林（如地质公园、湿地公园、纪念园林、动物园、植物园、滨河、滨海或滨湖园林等）、寺庙园林、陵寝园林。园林与自然山林的区别在于其中增加了人类的文化要素。

（12）审美活动。即是美学中的审美实践，是欣赏美、创造美的活动。是构成人对现实的审美关系、满足人的精神需要的实践和心理活动。是感性的、直接的、无直接功利目的的。同时又是理性的、思维的、有客观社会功利性的。它直接诉诸感性的形象，伴随着联想、想象、情感活动和审美的感知、判断。它是人从精神上把握世界的方式之一，服从认识的一般规律。同其他意识活动相互影响、相互制约，具有强烈的个性色彩。由于受审美对象的制约和社会历史条件的影响，审美活动具有社会性。

6.1.3 中国园林环境的构成要素

一座园林，可以偏重于利用自然山水和植被体系（天然风景观光区），再加入人工改造的成分，如园林建筑及小品，道路、围墙和管理设施等，但更多的城市中央公园则需要公共事业的投入。土地、山石、池沼、植物、建筑这些要素的有机组合，构成园林硬质景观，使园林具有生态性和观赏性。园林中的人类活动遗迹或是文化名人的生活经历，或是园林景观所产生的意境，往往会成为园林游赏者追慕的内容，这种园林又被赋予了人文属性。如前人的书法、诗文、绘画、音乐、戏曲等会成为瞩目的焦点。一座设计完整的园林，会使游赏者在亲近自然当中获得精神和物质享受，其构成要素为：

（1）建筑物与构筑物。建筑包括新园规划建造的各式园林建筑和具有70年历史的建筑（可称为文物遗存）。这些建筑包括亭、榭、楼、阁、轩、塔、台等，既有观赏性又具实用功能，作为硬质景观成为景观群的核心部分，有些甚至可成为全园景观中心，园林建筑还可以建成具有人文内涵的艺术品展览空间。构筑物包括园林入口大门（山门）、牌坊、各种形式的桥、砌筑山石、廊道、步道、池岸、花架、花坛、景观墙、门洞、园林雕塑和奇石。将这些园林小品进行巧妙组合，构成园林的游赏路线和轴线，构成了或严谨或灵活的空间景观系列。

（2）植物与动物。各种适合地域生长的观赏植物、花卉都可在园中种植，满足在一年四季的季相变化中观赏花形、果实、树叶、枝干、树形、树林等自然造物形态。生态系统完善的植物群落可以蓄积水分、调节小气候、养育昆虫、飞禽等小动物，降解空气以及土壤污染物、固碳等多种功能。多数花木还具有经济和药用价值。各种小动物不仅可以观赏，还可以清除害虫、疏松土壤、传播花粉，大量微生物还可以分解动植物残体成为营养物质，完成物质的一次循环，在一定程度上维持着生态平衡。

（3）山石与池沼。包括人工用途或石材砌筑的各种假山，稍大一些的池沼则采取挖池筑山的方法一起完成。叠山理水是将自然山风致引入成为园林景观的主要内容，满足了三千年汉民族对于山与水的图腾崇拜，并逐渐演变成为一种拜物文化，也体现出了适应自然、欣赏自然的生活方式。山体的尺度与造型和池沼的平面形状，大多参照园地规模、地形、地貌、建筑高度、园主人的爱好而定。一般土山宜缓、便于攀登，石山宜陡宜峭，适合远观近赏，但应依照园林总体布局而定，取得“虽由人造、宛自天开”的效果。

（4）气候、土壤、水系。土壤、空气、地面水、地表水构成一个适合生物生长的地上空间，在太阳辐射下，进行能量和物质（如降水与蒸发）的交换，空气的温度、湿度、流速、成分的变化形成各种气象。由于园林中植被、水体、山石的调节作用，使园林区域的小气候更接近于人体和其他生物的舒适度。设计和建造完善的园林首先是一个闭合的生态系统，有蓄积水分、降解、除污、增加负氧离子等功能。

（5）地域传统文化。包括内容有建筑、民俗、艺术、思想、宗教等内容，是一个展示当地历史脉络和生存文明的窗口。特别是遗存的建筑和上面题刻的匾额、楹联、题字、碑记、碣石，都能见证和展示当地发生的历史事件和人物，供游赏者缅怀和瞻仰。一些园林建筑和建筑小品上面保存的书法、诗文、绘画也展示着一种思想和宗教文化。园林中的说唱艺术、健身习武则是一种非物质文化遗产得以传承下来，游客既是欣赏者，又是参与者，集健身、娱乐、休闲于一体，江南一些园林也被称为（地方戏的）“戏曲园”。

6.1.4 中国园林发展史简介

“中国园林的发展，从有直接史料的殷周的囿算起，已有三千多年的历史，在世界园林史上，不仅是起源古老，自成系统，而且是唯一能从古至今绵延不断的发展、演变，形成中华民族所特有的、独创的园林形式，著称为‘中国山水园’。”（汪菊渊，2007年）

6.1.4.1 中国园林的分类

中国园林按适用对象和园林特征划分有如下几种：

（1）皇家园林。中国园林首先始于皇家园林，主要有皇宫园林和行宫园林。行宫园林主要供皇帝及其家族骑马、狩猎、娱乐、休闲的有草木、有鸟兽的林苑，有汉代建章宫的太液池，宫苑合一的“上林苑”，唐朝的兴庆宫、大明宫、华清宫，清代河北承德的避暑山庄、北京的颐和园、圆明园等宫苑。

（2）自然保护区园林。在一定的气候地理带上形成原始植被、地形、地貌，如温带的原始森林、原始热带雨林、沿海滩涂湿地自然保护区，地质公园，湿地公园。

（3）陵寝园林。在历代皇帝及名人墓地范围，结合自然景观修建的仿自然山水园林，也包括烈士陵园。

（4）寺庙和文物古迹园林。佛教和道教的圣地多占有得天独厚的自然山林景观，在其中修寺、建塔，佛寺的别称为“丛林”。

道教文化则更以亲近自然山水而著称，道教名刹园林有湖北武当山、四川青城山、江西三清山，已成为人类亲近自然的旅游胜地。

（5）宅第园林。起始于两晋、南北朝时期，盛于明清时期，我国江南地区兴建了大量的私人宅第园林，园林的主人多为退居养老的官员，属于个人及亲友居住、娱乐的小型园林，这些园林占地空间虽小，却采用了一系列造园布局技巧，极大地满足了见多识广的园主人的审美情趣，而且成就了一批造园设计专家，为我国造园史树立了一个新的里程碑。

（6）城市公共园林。近现代中国城市化进程加快，城市聚落人口密度增加，自然资源的急剧减少产生了生态环境的欠账，同时社会发展和财富的积累，人工建造的各式公共园林应运而生，如城市中央公园、儿童公园、植物园、动物园、各种主题、纪念公园以及大面积的城市公共绿地等，这些公园在一定程度上保证了城市人居环境的生态平衡，满足了市民欣赏自然风景、休闲、娱乐、健身以及精神的需求。

也有学者按照园林中山、水、植物、建筑主要的四种构造要素来划分有：

（1）规整式园林。此种园林用地规模和资金投入较大，建筑往往会成为景观核心，园林总体布局和核心景观构成讲求轴线、空间序列、造园手法和技巧、图形美，设计强调整体与局部的风格统一。

（2）风景式园林。将天然的山水地貌景观加以改造和利用，包括自然景观和文化遗存，在其中适当建造一些建筑物、构筑物、交通及管理设施，以不破坏整体景观和植被为原则，多位于远离城市的自然区域。也有将自然山水景观缩微在很小的用地空间内，以“写意”方式再现千顷自然景观。

（3）混合式园林。兼有上述两种园林的特点，是依山就势布置游线和艺术创作造园手法的有机统一。

（4）庭院式园林。多为宅前（旁）绿地，空间很小，作为室内厅堂向外的延伸部分，属于私密性的室外院落绿化空间，以栽植花木为主，也有小型的园池、钟乳石和循环水系统。

6.1.4.2 中国园林发展史简介

1. 商周、秦汉时期园林。西周时期的囿、灵台、灵沼，均是封建的王用于狩猎、健身、观赏、休息综合功能的具有一定范围的自然地块，也有阅兵、演习的准军事功能。是在划定的自然区域内，用围栏作为边界线，在其中掘土筑高台，让大自然的草木、鸟兽、滋生繁育其中，主要供帝王贵族骑射、游乐的林园。"……所以，《诗经·灵台篇》说，文王在灵囿看到皮毛光亮的雌鹿和洁白肥泽的白鸟那种活生生的情态而得到美的享受。台是筑土坚高、能自胜持的构筑物，登台可以观天文、察四时，又可眺望四野而赏心悦目……灵囿不仅就一定的地域加以范围，保护其中的自然景物、草木鸟兽，以资观赏和囿游，而且有人工营建的台和沼，（挖池筑台，台成池沼亦成。）台可以说是掇山的先驱，秦汉才开始在园中筑山，也是夯土坚高而成，与台之不同在于具有山的形象。灵囿和灵台、灵沼虽然十分原始，却是一个以素朴的自然山水作为游息、生活境域的最初形式。"（汪菊渊，2007年）人类的祖先从山林中走出来，创造了丰富的生存文明，但是，人所具有的生物学属性，还需要强健其体魄，亲近自然是一种大众都可接受的休闲、娱乐、健身方式，自然山林满足了人类的这种生理和心理需求。

秦始皇、汉武帝时期，封建帝王为了追求长生不老，几赴东海访问仙山，然后将模仿东海"一水三山"的神山仙境浓缩于大型皇家园林建筑当中。汉武帝在建章宫的太液池中堆筑"方丈、蓬莱、瀛洲"三岛，成为汉民族自然审美的文化心理一直延续下来。西汉时期已有民间的商贾富人开始出资修建园："……此时，中国园林已具备了风景式园林的雏形，以师法自然景观为主。"（同上）

2. 两晋南北朝时期思想界倡导玄学和佛教思想，成为史上一段思想自由的时期。一些士大夫因受到政治动乱和佛教出世思想的影响，大多不为名利所累，脱离社会纷争，隐逸山林，追求一种思想自由、行为自由的生活境域，劳动、读书、作画、饮酒，终日以山林为伴，寄情于山水之间，出现了大量的文人和山水花鸟画师，诗赋、绘画、音律等多种文学艺术体裁问世，晋代士大夫文人陶渊明即是隐居田园的文学家的代表人物。

在多个封建势力割据的时代，统治者也在举全国之力大兴土木，营建宫室，雕饰楼阁，人造的山水景观力求模仿真山的高峻宏大："当时的掇山不是寻常一山，而是要再现出重岩复岭，深溪洞壑，崎岖石路、涧道，盘行的像真山真水那样逼真的一个山水境域，才能使人游以忘归。也表明当时叠石掇山、察源理水的技巧亦有很大成就，特别是形成高树巨林，像山林一般，可能已经具备了大树移植的工程技术"。在南朝时期，"值得注意的是，不仅起土山，聚异石，妙极山水，而且塔也成为园中造景的建筑。……另一方面，园林中建筑虽然较多，但各有其功能用途，而且成为园中之景。如跨水的通波阁（南齐）和临水斋都是借水景而设的建筑。山上既有亭可息，又有楼可登，以眺望园内之景，又可借景于园外。"（汪菊渊，2007年）在思想自由、放达、富有诗意和自然情趣的生活场景中，那些隐逸于山林之中的士大夫们将享受自然山水与生命的体验过程融在一起了。在南朝生活文化模式的影响下，形成了探幽选胜、游历山水的风尚，也促进了山水写意画的发展，使自然山水活灵活现于咫尺画面，"成为后来的唐宋写意山水的灵魂。"（同上）在把玩水墨的浓与淡、丹与青之间，一种表达含蓄意境的绘画风格为中华民族所独有，也反映出一种整体的民族文化性格，为后世的造园和造园学奠定了一种总体价值取向。"如宗炳好游山水，动辄忘归，'凡所游历，皆图于壁。'可见他是从真山真水出发而作山水画的。"（同上）与山水画作有异曲同工之妙的是大量云游四方的文人的诗赋作品和游记，他们都经过文人之眼和传神之笔，将自然景观惟妙惟肖地浓缩于数百字之内，将蕴含情境、物境、意境的人生感悟很贴切的融为一体，凸现了自然之美与想象力的契合，为自然遗产和园林赋予了厚重的文化因素，而且成为后来者享受自然、延续文化的精神和物质遗产。

3. 唐宋时期社会背景和园林特征。唐朝出现了中华民族历史上空间的经济繁荣时期，工商业发展迅速，开启了对外交往、对外贸易的大门，也在吸收着多种文化。随着人口规模和疆域的扩大，政治局面的长期稳定和经济发展，思想、文学、艺术、宗教都有了长足的发展，孕育出博大灿烂的盛唐文化。以自然山水为题材的绘画、诗赋呈现出百花齐放、名家辈出的局面。集诗人、官员为一身的士大夫阶层不仅仅满足于物质生活的优越，而且倾心于自然山水，在享受自然的同时，又浓缩自然于其作品之中。王维则是一个典型的代表人物，他的诗与画，之所以达到很高的境界，得益于他的灵感和身居园林式的别业。“由于地主、士大夫的心理和审美趣味有了变化，要求生活与自然在心境上合为一体，即使身居闹市，也能闲处寻幽。于是宅旁葺园池，近郊置别业。唐长安城，不仅坊里、第宅园池、寺观林立，而且南郊以及樊杜数十里间，公卿园池，布满川陆。”（同上）王公贵戚都在东都洛阳修建宅第、园池。唐王朝统治者更是大兴土木，修建了规模空前的皇家园林、离宫和园池。自唐太宗以来，修建的宫苑园林有太极宫、大明宫、兴庆宫、和大内三苑，兴建之风日盛。唐朝还出现了我国历史上第一座公共游览性质的滨水园林景观——曲江，引江水为湖面，临水栽植垂柳，建“紫云楼”和“彩霞亭”等园林建筑。平时供居民前往游览，到会试之期，新科进士们例必题名雁塔，宴游曲江，成为当时著名的大众化公共园林景观。

宋朝建都于汴州称东京（开封），同时修建了很有影响的皇家园林，建有宅第园池和皇家宫苑，有艮岳、金明池、琼林苑、玉津园等皇家园林。南宋时期借西湖山水之胜，在风景区修建御苑达十处之多。“艮岳位于北宋东京宫城东北角，全由人工堆山凿池，平地起造……主峰寿山的南面和西面分布着雁池、大方沼、凤池、白龙滩等大小水面，以萦回的河道穿插连缀，呈山环水抱的地貌形式。山间水畔布置着许多观景和点景的建筑物，主峰之顶建‘介亭，’作为控制全园的景点。”（杜如俭，1987年）艮岳作为一处大型皇家园林是在经过选址、规划、设计后按图施工的大型山水园，采用了江南地区特有的太湖石、灵璧石等奇石堆筑了大大小小的假山，“园内大量莳花植树，且多为成片栽植的如所谓斑竹麓、海棠川、梅岭等。”（杜如俭，1987年）建造工期持续十余年，在造园技巧和艺术方面均有许多创新。

北宋的洛阳继盛唐之后仍为私家园林荟萃之地。虽然唐宋时期洛阳明园早已成为废墟被掩没，但有文献真实记录了当时洛阳园林盛景：宋人李格非（婉约派词人李清照之父）所撰《洛阳名园记》中记录了洛阳著名的私家园林19座，而且各具特色：“……宅第园‘富郑公园’的假山、水池和竹林呈鼎足布列，亭榭建筑穿插其中，而以‘四景堂’为全园的构图中心，‘登四景堂则一园之景胜可顾览而得。’”（杜汝俭，1987年）还有“湖园”和“东园”更以水景取胜，“天王院花园子”则是专门栽植牡丹的花卉园。“洛阳诸园中有以古松巨竹、景物苍老见胜的例如‘松岛’，园多数百年古松，又葺亭榭池沼，植竹木其旁。南筑台，北构堂。又东有池，池前后为亭临之。自东大渠引水注园，清泉细流，涓涓无不通处……有以溪湖水景取胜的，如‘环溪’，王开府宅园。……园的特色就在于以溪接池、如环的水域中布置亭榭楼台……环溪的布局和手法多巧妙之处，值得学习。理水上，收而为溪，放而为池，使多样水景得以展开，树海中除岛坞，搭帐幕以赏盛花，尤见匠心。一台一楼，使层峰翠巘的风光美景，（隋唐）宫阙楼殿的建筑远景，全收园中。确能巧于因借，至于凉榭锦厅之宏大壮丽，尤其韵事。”（汪菊渊，2007年）由于住宅园林的主人多为学养精深的官员，吟诗作画已是他们生活内容的一部分，又有较雄厚的经济实力，将宅院仿造自然山水的造型、享受山水风致，使他们功成名就后的价值取向，在自家的后院里“就低开池浚壑，理水生情，因高掇山多致，接以亭榭，表现出山壑、溪涧、池沼之胜。探园起亭，揽胜筑台，茂林蔽天，繁花覆地。小桥流水，曲径通幽。”（汪菊渊，2007年）他们追求自然山水所蕴含的意境和一种风雅脱俗的生活方式，将自然之美融于生活起居之中。经济社会的发展势必会提升文化的品位，唐宋山水园已成为当时从官宦到百姓挥之不去的自然审美情结。或因地制宜，或巧于因借，将浩瀚的自然山水引入咫尺园林之中，山水实景与诗情画意如影随形，后世称之为唐宋写意山水园。

元朝灭金后，建都于北京地区。在今北海地区建太液池和琼华岛，“以池岛为皇城核心，池东为宫城，池西为兴圣宫和隆福宫。……万岁山（琼华岛）规制，仿神山、仙台、楼阁的传统，所以殿名广寒，亭名瀛洲、方壶、金露、玉虹等，无不与憧憬仙境有关。”（汪菊渊，2007年）

4. 明清时期宫苑和江南私家园林

明朝主要建都北京，将城内大内御苑（太液池）向南扩大至中南海总称西苑。循太液池东岸、北岸、西岸增加景物。清朝初期再行扩建，名“三海”，即北海、中海和南海。清朝皇家离宫园林的建设又达到历史上一个高峰时期。从康熙到乾隆时期，在北京西北角所建行宫、御苑达五座：香山静宜园，玉泉山静明园，万寿山清漪园，（始建于金代，明代皇室改建为好山园，清乾隆十五年——1750年改建用现名。）圆明园，畅春园，称为“三山五园”。咸丰十年（1860年）被英法侵略军焚毁，光绪十四年（1888年）重建清漪园，改名为颐和园，系我国近代保存完整的著名园林之一。该园用地总面积2.9km^2，水面占3/4，以万寿山为全园景观中心，前山有长728m的彩画长廊，排云殿、佛香阁、智慧海等名建筑面临昆明湖，点缀清晏舫（石舫）、知春亭、十七孔桥和凤凰墩等园林景观。东宫门内有仁寿殿、德和园、乐寿堂、玉澜堂等园林建筑组群。后山茂林修竹，东北角的谐趣园，仿无锡寄畅园而建，西有桃柳夹道的长堤。又借用园外西山、玉泉山之景，全园气势宏伟壮阔，远山近水围绕万寿山佛香阁，建筑景观在统一中有变化，景观轴线在俯仰转合之间构成优美的空间序列。圆明园始建于清康熙年间，雍正年间又浚池引水，培植花木，增设亭榭等园林建筑，在园南端建听政用的勤政亲贤殿，康熙五十四年（1715 年），清廷的外聘宫廷画家郎世宁（意大利籍）来到中国传教，参与了圆明园的一些设计工作，他将欧洲的建筑风格引入园内一些建筑当中。全园周约十余里，凿湖堆山，种植奇花异木，罗列国内外名胜四十景，有建筑物 145 处，曾被称为“万园之园”，圆明园是由圆明、万春、长春三园组成。它与颐和园一起成为近城的离宫别苑。

位于河北省北部承德的避暑山庄，最初为清康熙帝出行口外的必经之地，也是屯兵和围猎习武的准军事用地，夏季此地气候凉爽宜人，因此，决定在这块地貌和植被优美、水源充足的山川绿地上修建用于避暑休养的离宫别苑。全园占地面积约为 560 公顷，将园内的平原、湖泊、山岳加以巧妙利用，平原去模仿塞北草原，湖区多模仿江南园林的风致，引入山上泉水和山间河水，山庄的建筑都是因地制宜地规划、建造，体量、外形、规模都与环境地势结合得体。“水心榭（跨水长桥分三段，南北建方形重檐亭，中段阔三间的榭）的筑造，既分隔水面并由于闸构成下湖和银湖的水面标高不同，闸下因落差而形成长宽的水幕，又可登亭榭凭栏眺望四面，皆成画景。如意洲形圆近方，东、西、北三面小岗环抱，独敞西面，正因景物在西而有临水建筑数组，如观莲所以赏荷。洲西北有云帆月舫，临水仿舟形作室，可登以眺叠翠远景，有西岭晨霞，为两层的阁式建筑。……沿澄湖东岸岗阜起伏的南端有凸出水际部分叫金山岛，其南、西、北三面为澄湖之水所抱，岛山用岩石层层堆砌而成，层次分明而又纵横林立，气势雄伟，特别是东溪两侧，山石壁立，势峭如峡谷，手法高超。……澄湖以北是大片平野、近千亩谷园区，东部称万树园，滋长有数百年古榆、巨槐、老柳，茂荫幕帷，是秋凉步行射猎之地。”（汪菊渊，2007 年）该园可谓规模宏大、史无前例，该园在建筑构件中尽可能地模仿自然，建筑屋顶一律采用青瓦铺设，“木材不施彩绘，楹柱不加朱漆。”梁柱额枋均不以彩绘，展示天然纹理。在康乾时期历时80余年全园得以完成，决策者和造园师有足够时间去考虑顺应地形、因借地利，将建筑功能和外形与周围环境得以有机结合，建筑景观群高低错落有致，外形呼应得体，形成了淡薄、素雅、朴野、珍奇的艺术格调，突出了山庄离宫的山野情趣，可谓“以清幽之趣药浓丽”，“鉴奢尚朴”。园的主人托物言志，为大殿题匾曰“淡泊敬诚”。乾隆皇帝钟情于江南山水，将江南园林名胜如狮子林、烟雨楼等仿造于园中，在园中还兴建了几处寺庙和道观园林。在清朝北方皇家园林的兴盛时期，兴建的离宫别苑还有滦阳行宫、蓟县盘山行宫等，建造风格承袭汉唐传统，又吸收了江南园林的造园技巧和审美意境，融入北方气候和自然环境条件的园林之中，当时社会的发展和人口的增长也具备了建造大型皇家园林的实力。在清代的京城，还兴建了多处王府花园为主的贵族宅第园林，“如恭王府锦翠园、荣源府可园、那桐府花园、半亩园、莲园、刘墉宅园等……布局上大都前后成一体，但有层次划分，大抵以四合院布局衍生变化而来，在构图上有或显或隐的轴线处理，由于生活条件游乐活动需要，建筑比重较大，尽量利用山、石、水、木的结合，求得自然的变化。”（汪菊渊，2007年）

明清江浙一带园林被称为“文人山水园”，这块地域气候适宜植被生长，经济繁荣，系人文荟萃之地，具有厚重的文化基础，自明末以来，私家造园之风日盛，造园的技巧和理念均较前人有所创新。著名宅第园林多出于扬州、苏州、湖州、杭州、无锡、太仓、常熟等大中城市，园的主人多为士大夫阶层，他们家学渊源，或为官或经商，在具备经济实力后，他们继承了唐宋写意山水园的造园理念，重视掇山、叠石、理水的造园技巧，“往往是以山池、泉石为中心，萌以花草树木，环以建筑，构成山水园。”（汪菊渊，2007年）以满足园主人身居市井、闹中取静、融入山水的情怀。现存于苏州的江南名园有拙政园、留园、狮子林、网师园、沧浪亭等，均为私宅园林，其特征是园地面积虽小，在其中又采用各种造园要素分隔空间，“但能因势随形，展开一景复一景，引出曲折多变的层次。”（同上）“纳千顷之汪洋，收四时之烂漫。”（明·计成，《园冶》）于咫尺山水间隐含着“小中见大、曲径通幽”的意境。杭州园林特征是以天然山水景观为胜，以西湖广阔水面为中心，向南、北、西三个方向辐射，山与水组合自然、得体，城市与山林互相渗透，位于景区任何地方，远近之景、俯仰之间皆有情趣。还有众多的寺庙园林隐逸于城市山林之中，保俶、雷峰二塔南北遥相呼应，成为湖区的景观核心，构成了国内为数不多的城市山林景观体系。扬州自明代以来是商业繁华之地，是我国南北自然气候和商业的交汇区域，也是清代皇帝下江南的必经之地。依托大运河水运便利和水景优势，修建了大量的城市宅园和湖上园林。瘦西湖位于扬州城西北，人工整理成湖，沿湖有香影廊、虹桥、徐园、小金山、五亭桥、白塔等名胜和古迹建筑。湖长约 5km，是具有天然景观和扬州独特风格的园林。“扬州以名园胜，名园以叠石胜”。扬州园林素以黄石、湖石、宣石造出模仿自然峰峦的峭壁危石，“……依靠壁理山（峭壁山）见胜，或楼面、或厅前掇山，以高峻雄伟见称”。（汪菊渊，2007 年）扬州的假山以厅山和洞室著称，在游园时享受幽暗和野趣，如扬州的个园“迎着园门为四面厅一座，厅的西北处有湖石叠筑山子，下为洞室，前临水池。水上架曲漂达于洞口。步入洞室，初阴森，继有光自石隙中来。深处有岔道，平折而出，达长楼之下。若拾级而上，可达湖石山之顶，池之北，与厅直对，有一列长楼横亘于两山之间。西即上述湖石山子，东为黄石山子，山峰参差错落，蹬道上下盘旋，极尽奇特之能事。”（同上）园中叠石掇山，山中攀援洞室，曲径通幽，厅山在明暗变化之中使游赏者游兴大增。

对于中国造园学理论作系统总结的是明末苏州人计成，作为山水画家和造园师，他继承了唐宋山水园的脉络，在大量造园实践的基础上完成了里程碑式的著作——《园冶》，进一步奠定了江南地区的造园文化，对后世影响深远。此外，明清两代的东南地区居民也在从事着大量的花木栽培实践，并有多种花卉著作问世，科学和系统地总结了各类花卉的栽培技术和应用理论，这也促进了私宅园林的发展和日臻完善。以花木为主的著作有：《群芳谱》（明・王象晋）、《本草纲目》（明・李时珍）、《长物志》（明・文震亨）、《学圃杂疏》（明・王世懋）、《灌园史》（明・陈诗教）、《瓶史》（明・袁宏道）、《广群芳谱》（清・王灏）、《菊谱》（清・李奎）、《凤仙谱》（清・赵学敏）、《盆景偶录》（清・苏灵）、《浮生六记》（清・沈复）等。

5. 现当代园林事业的发展

我国自 20 世纪 20 年代开始，已有造园学专著和介绍经典园林的著作相继问世，并出现了一批从事园林研究和教育的学者，如陈植先生、童寯先生、刘敦桢先生、陈从周先生、周维权先生、刘管平先生、汪菊渊先生等，他们之中多数也是建筑师，他们焚油继晷，著作甚丰，以丰厚的研究成果促进了我国园林事业的快速发展。

新中国成立以来的一段历史时期，我国园林和园林建设逐渐成为面向大众开放的公共事业，伴随着人口的大幅增加和城市化进程的加快，一些城市中央公园和专题文化公园相继建成，并在一些大中城市建成许多宾馆园林，开发开放了自然风景区园林，完善了许多寺庙园林和纪念性园林供民众拜谒和游赏。城郊园林和自然风景区成为市民休养和健身的最好去处，这些新建和扩建园林将传统造园文化得以继承和发展。但是更加重视城市园林和风景区园林的生态学作用是在 20 世纪 90 年代以后，宜居城市的指标更侧重于生态环境的质量和城市聚落生态系统的平衡。各种城市公园、大面积城市绿地和地表水系统成为自然生态系统的“平衡器”，用以吸纳和降解由于发展经济带来环境的负面效应。经济发展带来了丰厚的物质享受，也伴随着工作和生活节奏加快、工业和生活污染物排放量增加、气候变化异常等环境问题，在新的经济社会背景下，要满足人的精神和生态质量的需求，公共园林和各种城市绿地已成为生活空间的重要组成部分。

在造园的理念和技巧上，现当代园林景观也继承了传统园林的精华部分。但是，随着造园数量的成倍增加，造园所需的木材和石材资源逐渐紧缺，一些园林建筑和石山的建造都发生了变化，大量传统亭榭造型、钢筋混凝土结构的园林建筑出现，用仿传统造型的混凝土、金属、塑钢等构件代替了大量的木构件，用混凝土材料仿制的园池、假山代替了太湖石、灵璧石，将黄石贴砌于混凝土峭壁的表面，也能收到预想的景观效果。园林座椅、小巧栏杆、垃圾箱等园林小品都采用仿木纹混凝土制作，节约了木材资源。在园林选址及总体布局上尽可能的维持自然生态系统，不去进行大量的挖土和填土，根据地形、地貌及地标建筑进行园林总体布局设计，花木栽植更趋科学化，培植和选用了适应地域气候特点、具有一定生态效益和观赏价值的品种，现代园林的功能也扩充了一些融合现代科技的娱乐、游戏项目，更具大众化特点。国家有关环境类法规的逐步健全，也促使了人口密集区各种绿化面积的增加，由此产生的生态效果是地域性的。以杭州地区为例，“自上世纪50年代开始，杭州西湖景区，军队和市民把遗留下来的近400公顷荒山全部绿化，种植各种树木2000余万株，新开辟许多游览区，原来的历史文物建筑和风景点也都修饰一新。”（杜汝俭，1987年）进入本世纪后，在景区陆续实施了道路扩建、绿化工程，西湖西扩工程，雷峰塔、永福禅寺等寺庙园林的复建工程，新建的西溪湿地公园、恢复的几处景区和纪念地园林景观则具有典型的生态和人文属性，山林、生态、人文、植被得到有机结合，工业和生活排放得到有效治理，使空气和水源质量得到保证，百姓得以安居乐业。同时应注意控制地域文化庆典的水上烟花和众多的私家庆典的烟花爆竹带来的负面环境效应，天更蓝、水更清、空气更新鲜是一个官方和市民长期维系的过程，缺一不可。

6.2 中国园林环境与审美意境

6.2.1 园林环境的生态学功能

城市园林或公园是在人类大量聚居的城市区域建设起来成规模的生物群落完整的绿色生态系统。它能够适时地调节以人工环境为主的城市地域气候，并且具有一定的吸收、解毒、降解能力，吸纳和净化来自城市的气体、液体和固体污染物。园林中的植物、动物除了供游人观赏以外，某些植物的根、茎、叶、花瓣、果实还具有经济价值和药用价值。城市园林是将自然的生物体经过人为的栽培、驯化、保护、管理与山石、水体这些自然非生物体有机组合，构成了缩微的自然山水景观和生态系统。城市公共园林的大规模规划也顺应了近现代工业发展、物质财富积累后人们渴望接触自然的倾向，也用以补充城市居住环境的生态功能。从景观生态学角度讲，城市中的各类公园、成规模的绿地、林地、城郊湿地构成了城市整体景观格局的绿地板块，经过城镇的水系及滨水绿化、道路带状绿化则构成城市景观的廊道绿化骨架。园林树木对于维系城市生态环境起着不可替代的作用。

6.2.1.1 园林植物的生长特点

园林树木根据树形分类可分为乔木、灌木、丛木、藤木、匍地类。按照树木所在地域环境因子分类包括：①热量因子（热带、亚热带、温带、寒温带、寒带）；②水分因子；③光照因子；④空气因子，包括抗风树种、抗烟害和有毒气体树种、抗粉尘树种和能够分泌杀菌素及有益人类的芳香分子的卫生保健树种；⑤土壤因子，如喜酸性、耐碱性、耐瘠薄土树种、海岸树种等。依照树木的观赏特性分类：①赏树形；②赏叶形；③赏花形；④赏果形；⑤赏枝干形；⑥赏根类。依照树木在园林绿化中的用途分类：①独赏树；②遮荫树；③行道树；④防护树；⑤林丛类；⑥花木类；⑦藤本类；⑧植篱及绿雕塑；⑨地被植物类；⑩屋基植物类；⑪桩景类（地栽和盆栽）；⑫室内绿化装饰类。树木无论实生苗或是营养繁殖苗，都是多年生木本，有两个生长、发育周期，即年周期和生命周期。在年周期内又分为两个生长周期：①展叶期，又依次为展叶开始期、展叶盛期、春色叶呈现始期、春色叶变色期；②开花期，依次为开花始期、开花盛期、开花末期、多次开花期。树木的生长始终伴随着不同的节气开始、进行、收敛这样一个生命过程。

园林树木也和自然界其他生物一样有其不同的生命周期，不同树种都要经历萌芽、生长、发育、成熟、衰老期这样一个生命活动过程，要接受人类、气候和自然灾害的选择。植物在吸收能量和同化外界物质的过程中，通过自身有机体细胞的分裂和扩大（含分化过程）导致体积和重量不可逆的增加，即植物的生长过程。建立在细胞、组织、器官分化基础上其内部结构和功能上的变化称为发育，生长则是发育的基础。如针叶树种的幼年期可能只是激素水平还不能达到诱导开花的临界浓度的时期，在经过多个年周期的生长过程，每年的春化会周期性的促进生长，扩大叶面积、使有机物不断积累，基因活化、导致特殊蛋白质形成，则会从幼年期转入生长期，具备了开花的条件和能力。

生物在演化过程中，需要长期适应一年四季轮回和昼夜更替呈现不同周期变化的气候、光照环境，并且形成了与之相应的形态和生理机能按规律变化的习性，具备与周围环境相适应的物候与节律。生物的生命过程随气候变化（昼夜、明暗）而调节自身生理活动的节律称为“生物钟”。反过来，人们可以通过植物生命活动（内部与外表）来认识和判断气候的变化，称为“生物气候学时期”，即“物候期”。树木的季相变化最为明显：春季萌芽、抽枝、展叶和开花、新芽形成或分化，夏季果实生长到成熟，深秋、冬季转入落叶与休眠。树木每年随日照和气候环境其形态和生理机能的周期性变化，称为树木年生长周期。在四季气候变化明显的气候区（温带）的乔木和灌木，茎干直径逐年增大，而且在横断面上呈现出深浅不同的环状纹里，成为树木的年轮。其中颜色淡而厚的环形系春夏季生长所致，夏末秋初时所生木质深而且薄，反映了气温季相的变化，在热带气候区则因为气温年较差不大，所以树干断面的季相变化不明显。在年周期中落叶树木又分为四个时期：①休眠转入生长期。需要日平均气温（生物学零度）稳定在3℃以上，到芽膨大待萌时止，此时需要外界水分、温度和营养物质。②生长期。这时树木随时间持续生长，有萌芽、抽枝、展叶、开花、结实等多相变化。③生长转入休眠期。秋季叶片自然脱落是进入休眠期的标志。④休眠期。此时日照时间短、强度低，气温降低，在落叶前数体就发生一系列变化：光合作用和呼吸作用减弱，叶绿素分解，部分氮、钾的成分转至枝条。

气候年周期变化给树木带来了随季相的生理机能和外形变化，不同树种、不同树龄又会呈现不同的外形，观看数目的千姿百态成为人类欣赏自然的一道亮丽风景。

6.2.1.2　园林树木对空气的解毒功能

1. 吸收 CO_2 和释放 O_2。大气中正常状态的 CO_2 平均浓度为320mg/L，城市人口密集和工厂区浓度可达500～700mg/L。大多数植物在光合作用下吸收空气中的 CO_2 进行还原分解后释放出 O_2，将碳（C）固定在植物体内转化为生物能。体重75kg的成年人，每天需 O_2 量为0.75kg，排出 CO_2 量为0.90kg，每公顷森林消耗 CO_2 为1000kg/(d·hm^2)，释放出 O_2 为730kg，草坪每小时吸收 CO_2 为1.5g/(m^2·h)，一个成年人呼出 CO_2 为37.5g/h，如果仅由草坪去分解 CO_2，则平均每人需要50m^{2}草坪，仅考虑生长期草坪的呼吸量。对于不同树种其光合作用强度是不同的，在气温为18～20℃全光照条件下，单位重量的落叶松针叶吸收 CO_2 为3.4mg/(g·h)，松树3.3mg/(g·h)，柳树为8.0mg/(g·h)，椴树为8.3mg/(g·h)。阔叶树种吸收

CO_2 的能力强于针叶树种，取决于树体与外界物质、能量的交换强度，高大的阔叶林其光合作用充分，吸收和释放能力就强。

2. 分泌杀菌素。城镇区域空气中细菌总量要比公园绿地或成片的风景区多 7 倍以上，其原因之一是很多植物能分泌杀菌素。如桉树、肉桂、柠檬等树种体内分泌芳香油，它们具有杀菌能力。具有分泌杀菌素的树种还有侧柏、圆柏、杉松、雪松、黄栌、锦熟黄杨、大叶黄杨、桂香柳、胡桃、月桂、合欢、槐、广玉兰、木槿、茉莉、女贞、悬铃木、石榴、枣、枇杷、钻天杨、垂柳、臭椿及蔷薇属植物。杀菌素对于昆虫的抑制作用也很明显，有学者观察证实（陈有民，2007 年）：在柠檬树和桉树林中蚊子较少，幼龄松林内的空气中基本上是无菌的。松节油及其制品散发在空气中，在进入人体呼吸道系统后能杀除细菌和寄生的微生物，而且不会使菌类产生抗药性，松节油被誉为“松树维生素”。

3. 吸收有毒气体。

（1）多数树种叶片可吸收空气中的 SO_2，在叶片内形成亚硫酸和亚硫酸根离子，进而被植物氧化转变为毒性小的硫酸根离子。松林每天从 $1m^3$ 空气中吸收 20mg 的 SO_2，一年中每公顷柳杉林可吸收 SO_2 达 720kg/a，每公顷垂柳在生长季每月可吸收 SO_2 约 10kg/月。一般树种吸收 SO_2 的能力用每平方米叶面积 (m^2)、每小时吸收重量（mg）计量。（陈有民，2007 年）吸收 SO_2 在 250～500mg/(m^2・h）的树种有：忍冬、臭椿、美青杨、卫矛、旱柳。吸收 SO_2 在 160～250mg/(m^2・h)mg 的树种有：山桃、榆、锦带花、花曲柳、水腊。吸收 SO_2 在 100～160mg/(m^2・h）的树种有：连翘、皂角、丁香、山梅花、圆柏、胡桃、刺槐、桑树等。有些叶片吸收 SO_2 能力强，但是表面会出现不同程度的灼伤。（出现斑点或星点）试验结果证实，忍冬、卫矛、旱柳、臭椿、榆树、花曲柳、水腊、山桃等具有较强吸收 SO_2 能力，树体叶面生物抗性也较强。如忍冬吸收 SO_2 量达到 438.14mg/(m^2・h)，臭椿的吸硫量可达到 443.82mg/(m^2・h)。

美青杨吸硫量达到369.54mg/(m^2·h)，但表面有大斑块灼伤，说明生物抗性较弱。一般而言，常绿阔叶树要强于常绿针叶树，落叶树吸硫能力要强于常绿树种。

(2) 氯气。能吸收Cl_2量在1000mg/(m^2·h)以上的树种有银柳、旱柳、美青杨。吸收Cl_2量在750～1000mg/(m^2·h)的树种有臭椿、赤杨、水腊、卫矛、花曲柳、忍冬。吸收Cl_2量在500～750mg/(m^2·h)的树种有刺槐、雪柳、山梅花、白榆、丁香、山槐、茶条槭、桑树。综合比较得出，吸收Cl_2较强、抗性亦较强的树种有银柳、旱柳、臭椿、赤杨、水腊、卫矛、花曲柳、忍冬等树种具有较好的净化空气中氯气的能力。

此外，空气中的氟化氢对人体的危害要比SO_2大20倍，试验结果证实，泡桐、梧桐、大叶黄杨、女贞、榉树、垂柳均具有吸收氟化物的能力，在有氟污染的地域，各类树木均有不同程度的含氟量。

4. 阻滞尘埃。空气中含有粒径很小的悬浮物颗粒，如土壤和矿物粉尘、金属粉尘、植物粉尘。树木由于树冠大而密，叶面粗糙和分泌植物黏液则具有较强的黏滞粉尘的能力，相当于空气的过滤器，从而减少大气对于地面的降尘量。草坪也具有固定尘埃的作用，阻止下面土壤中微尘的飘移，起到固定土壤、沙尘的作用。大量的树木组合成与年主导风向相垂直的防风林带，则可以有效地降低风速，其有效防护距离可达到树冠高度的约20倍。对于防风沙林带树种应选择适合地域气候和土壤条件的树种，如我国东北和华北地区选择杨、柳、榆、桑、白腊等树种，在长江以南地区松柏类树种。

5. 调节空气温度和湿度。树冠特别是阔叶林对太阳辐射的遮蔽能力强，可以有效降低日光辐射至地面的热量，特别是在夏季尤为明显，城市树木稀少区比城镇周边的成片植被林荫的风景区平均气温高出约2℃。在浓荫下的园林区域，气温低于园林周边地区，因此会产生空气的对流，热空气升高后由林内的较冷空气补充，这时人体皮肤表面会由于空气流动而带走部分热量，有热舒适感。植被、绿地与土壤中地表水、集中水面组成立体网络蓄纳水分，树冠叶面吸收热量和水分变为生物能，在空气湿度较低时也会蒸腾水分到空气中，因此，园林空间具有一定调节空气温度和湿度的作用。部分陆生植物、水生植物以及水体本身对于工业和生活排放的有机污染物有吸收和降解作用，如蛋白质、油脂、纤维素、重金属等经过生物和化学降解方式使其无毒化。水中植物吸收毒质后会富集于体内，达到一定浓度时在植物体内分解转化为无毒或低毒物质。紫云英能吸收并富集硒达到1000～10000mg/L。汞、氰、砷、铬在植物根部积累量最高，在茎叶中较低，在果实种子中最低。如植物根部汞含量达到1000mg/L时，茎叶中仅为0.5mg/L。水中的浮萍和垂柳可富集镉，也在一定程度上起到净化水质作用。水葱、灯心草可吸收水体或土壤中的单元酚、苯酚、氰化物并使其转化为无毒物质。

6. 降低噪声。交通噪声传播穿过路旁林荫道上宽度为12m的悬铃木树冠时，可降低噪声声压级3～5dB（A），宽度20m的多层行道树可降低噪声声压级5～7dB（A），宽度30m的杂树林可降低噪声声压级8～10dB（A），宽度45m的悬铃木幼树林可降低噪声声压级15dB（A），宽度4m的枝叶密集的绿篱墙可降低噪声声压级6dB（A），树木的隔声效果是比较明显的。

6.2.1.3 园林植物的形状美及其养生价值

有些园林植物具有极强的美化环境和供人观赏功能，历代文人将其拟人化，与女性美相提并论，多有诗作流传。中国十大传统名花已深深扎根于国人心中：梅花、牡丹（芍药）、菊花、兰花、月季、杜鹃、山茶、荷花、桂花、水仙。美国博物学家亨利·威尔逊在其著作《中国，园林的母亲》中这样写道："中国的确是园林的母亲，因为我们的花园深深受惠于她所具有的优质的植物，从早春开花的连翘、玉兰、夏季的牡丹、蔷薇，直到秋季的菊花，显然都是中国共享给世界园林的丰富资源。还有现代月季亲本、温室的杜鹃、樱草以及食用的桃子、橘子、柠檬、柚等。老实说，美国和欧洲的园林中无不具备中国的代表植物，而这些植物都是乔木、灌木、草本、藤本行列中最好的”。木本植物是观赏树木或园林树木，草本植物是花卉。观赏植物通常是经过人工栽培、具有观赏价值和生态效应的、可用于特定环境布置装饰、改善和美化环境、增添情趣的植物的总称，它与植物分类学、花卉学、园林树木学、植物地理学、植物病理学、植物育种学、植物栽培学的学科理论和实践密切相关。这种形式美包括树的单株形状，群体形状、枝叶、花、果实的形状以及枝干和树根的形状。乔木、灌木及草本植物的搭配，植物与建筑物、山石、池岸的搭配，都会构成自然情趣很浓的象与景。

1. 树形及叶形的审美。

单株植物的形状很多，形态各异。树木是由树冠和树干构成，系由于自然的选择和物种的遗传、演替所决定。也显示了一种自然造物的魅力，或孤植于开阔空间，或成片的各种树木混合栽植，或三两成组配以奇石，或亭亭玉立于植被之上，或盘根错节于山麓池岸，或婆娑掩映于粉墙黛瓦之间，都会显示出层次感、韵律感，显示出高与低、色彩的协调与变化，或远眺赏林，或近观赏花和赏叶，不同树种的主干、主枝、侧枝及叶幕衬托于蓝天或山体的背景下，无不展示出自然美和生态美。在正常生长环境条件下，树木的外形会呈现出规律性的变化，大致可分为几种类型：①圆柱形，如杜松、塔柏、钻天杨；②尖塔形或圆锥形，如雪松、窄冠侧柏、圆柏、毛白杨；③笔形，如塔杨；④卵圆形，如球柏、加拿大杨；⑤盘伞形，如老年期油松；⑥倒卵形，如千头柏、刺槐；⑦圆型，如五角枫、栗、黄刺玫、榆叶梅；⑧匍地形，如铺地柏；⑨垂枝形，如垂柳等。有关文献（陈有民，2007年）将适合园林观赏的树种分为25个基本树形。

当游赏者将视线由远及近观察树木的细部时，其花和叶的外形、色彩、质地千姿百态，足以让人赏心悦目。先看叶类。其外形有针形（如油松、雪松、柳杉）；条形（如冷杉、紫杉）；披针形（如柳、杉、夹竹桃、黄瑞香、鹰爪花）；椭圆形（如金丝桃、天竺桂、柿、芭蕉）；卵形（如女贞、玉兰、紫楠）；圆形（如山麻杆、紫荆、泡桐）；掌状（如五角枫、刺楸、梧桐）；三角形（如钻天杨、乌桕）等树种。还有羽状复叶和掌状复叶，如刺槐、锦鸡儿、合欢、南天竹、七叶树等。

叶的颜色以绿色为基本色调，但细端详时则有嫩绿、浅绿、鲜绿、浓绿、亮绿、暗绿、墨绿，与绿色相近的过渡色还有黄绿、赤绿、褐绿、灰绿，还有绿叶面上缀有黄色斑点。呈现深浓绿叶色的树种有油松、圆柏、雪松、云杉、青扦、侧柏、山茶、女贞、桂花、槐、榕、毛白杨等。呈现浅淡绿叶色的树种有水杉、落羽松、落叶松、金钱松、七叶树、鹅掌楸、玉兰等。还有随季相变换颜色的树种，栎树早春叶呈黄绿色，夏季正绿色，秋季呈褐黄色，臭椿、五角枫的春叶呈红色，黄连木春叶呈紫红色等，都称为春色叶类树。很多树叶在秋天的颜色变化非常明显，这类树也称为秋色叶树，在秋季叶呈红色或紫红色的树种有鸡爪槭、五角枫、茶条槭、糖槭、枫香、地锦、小蘖、樱花、漆树、盐肤木、野漆、黄连木、柿、黄栌、南天竹、花楸、百华花楸、乌桕、红槲、石楠、卫矛、山楂等。秋叶颜色呈黄或黄褐色的树种有银杏、白蜡、鹅掌楸、加拿大杨、柳、梧桐、榆、槐、白桦、无患子、复叶槭、紫荆、栾树、麻栎、栓皮栎、悬铃木、胡桃、水杉、落叶松、金钱松等。

2. 花形的审美

观赏花的颜色和形状是游人享受自然的最大乐趣之一。无论是深秋、盛夏、初春，依时赏花、远眺、近观，都会使观察者对天然之美产生无尽的遐想和愉悦。梨花的洁白、靓丽、娇美，让人们将“梨园行”的美称冠以戏曲界作为代名词，淡红色的杏花被百姓用来称颂于中医药界，冠以“杏林”。一些自然生长状态的观赏树种经过长期的人工培育、繁衍，从花形、花色和姿态（如下垂花序、倒挂花序）都演变为极富观赏价值的树种。

按花的颜色分类数目大致分为四种花色（陈有民，2007年）：

(1) 红色系花。有海棠、桃、杏、梅、樱花、蔷薇、玫瑰、月季、石榴、牡丹、山茶、杜鹃花、锦带花、夹竹桃、合欢、榆叶梅、紫荆、木棉、刺桐、扶桑等。

(2) 黄色花系。有迎春、迎夏、连翘、金钟花、黄木香、桂花、黄刺玫、黄蔷薇、棣棠、黄牡丹、黄杜鹃、金丝桃、腊梅、珠兰、黄蝉、黄夹竹桃、金茶花等。

(3) 蓝色花系。紫藤、紫丁香、杜鹃花、木兰、木蓝、木槿、泡桐、八仙花、牡荆、醉鱼草等。

(4) 白色花系。茉莉、白丁香、白牡丹、白茶花、山梅花、女贞、枸杞、甜橙、玉兰、珍珠梅、广玉兰、白蓝、栀子、梨、白碧桃、白蔷薇、白玫瑰、白杜鹃、刺槐、绣线菊、银薇、白木槿、白花夹竹桃等。

有些树花在开花期还散放特有的花香，如茉莉的清香、桂花的甜香、白玉兰的浓香、玉兰的淡香、树兰的幽香，都会沁人心脾、引人入胜。一般将花和花序生在树观赏的整体形象称为“花相”。这不仅取决于花朵的形貌、色彩、香气等特性，而且还与在树上的分布状态、叶簇的陪衬关系以及着花枝条的生长习性有关，分为“纯式”和“衬式”两类。前者指在开花时叶片尚未展开，全树只见花、不见叶的一类，后者则在展叶后开花，全树花叶相衬，展示出红绿相衬、白绿相衬、黄绿相衬的树景，因而称作衬式。不同花相将自然之美表现得淋漓尽致。

游人在园中赏花时应注意下面几种典型的花相：

(1) 独生花相。外形奇特，少则为稀，如苏铁类。

(2) 线条花相。花蕊排列在小枝上呈长条形，随各种枝条形状蜿蜒伸出去，本类花相枝条较稀、花序排列较稀、个性突出、尽显自然造型之美。如连翘、金钟花、干枝梅、珍珠绣球等。

(3) 星散花相。花朵或花序数量较少，散布于全树冠各部。衬式星散花相的外貌是在绿色树冠底色上零星散布一些花朵，在绿叶的簇拥、衬托下更显秀丽。如珍珠梅、鹅掌楸、白兰等。纯式星散花相种类较多，花感不强，但需绿色背景映衬方可凸显花容。

(4) 团簇花相。花朵、花序形大而多，每个花序的花簇能充分表现其特色，纯式团簇花相由木兰、玉兰，衬式团簇花相的有大绣球。

(5) 覆被花相。花或花序着生于树冠的表层，形成覆伞状。纯式覆被花相树种有绒叶泡桐、泡桐等，衬式有广玉兰、七叶树、栾树等。

(6) 密满花相。花或花序密生于全树各小枝上，使树冠形成一个整体的大花团，花感最为强烈，如榆叶梅、毛樱桃、火棘等。

(7) 干生花相。花序着生于茎干上，多生于热带湿润地区。如槟榔、枣椰、鱼尾葵、山槟榔、木菠萝、可可等。

赏花对于人的视觉美感和冲击力是不言而喻的，一种颜色和外形之美，一种生态之美，一种自然造化之美，雅、媚、秀、艳，见仁见智，也与观赏者的情趣和修养有关吧。

3. 园林树木的养生价值

园林树木栽培的密度、种类、规模达到一定的数量以后，其绿色氧吧的作用就会凸显出来，它与水体、丛生灌木、草坪（土壤）组成一个空气环境调节系统，各种观赏植物、生态价值很高的树木已成为人工园林的重要组成部分。有些观赏树木的果实可以食用、入药，枝干、根、茎、叶、花、籽经过提炼和焙制，成为品质极佳的药材，有些观赏树的成材还可根据其特有的材质用于建材、造船，或制作家具和雕刻、装饰用材。下面仅介绍几种园林观赏植物的养生和经济价值。

(1) 松科植物。系常绿和落叶乔木，如白皮松、雪松、金钱松为著名园林绿化树种，银杉为中国特有的树，还有马尾松、黑松、落叶松、油松、云杉、冷杉，因其对环境适应性强是造林的主要树种。松子可以榨油和实用，松树脂可以提取脂松香，有防潮、防腐、绝缘、乳化、粘合等功能，其成年树的木材用途极广。

（2）柏科植物。系常绿乔木和灌木，是优良的木材和园林绿化树种，如柏、侧柏、台湾扁柏、圆柏、刺柏等，是园林中典型的四季常青树。在柏木油脂中可提取柏木脑，是香精和消毒剂的重要原料。侧柏的种仁经过加工后即是中药材柏子仁，性平，味甘辛，功能养心安神、润肠，主治惊悸、不寐、便秘等。

（3）樟树。也称香樟。常绿乔木，初夏开花，花小呈黄绿色，圆锥花序，植物全身均有樟脑香气，其根、干、茎、叶可加工制得樟脑和樟油，木材可制作家具、木箱，防止虫蛀。樟科的树种有樟树、楠木、肉桂、鳄梨等都是森林的主要树种，是长江流域以南（华南、西南等地）大部分城镇的行道树主要树种。

（4）菊花。一年或多年生草本。秋季开花，头状花序，系著名观赏植物。白菊花可作饮料，如泡茶、酿酒，嫩菊花可作为蔬菜烹炒。黄菊、白菊可入药，性微寒，味甘苦，功能疏风解热，平肝明目，主治外感风热、头痛、目赤等症。

（5）芍（shuo）药。多年生草本。初夏开花，花形与牡丹相似，有红、白等颜色，系著名观赏植物。块根可入药，人工栽培的芍药根部可加工成“白芍”，性微寒，味苦酸，功能调肝脾、和营血，直至血虚、腹痛等症。野生的芍药根部加工后是“赤芍”，性微寒，味苦，功能凉血散瘀，主治瘀血凝滞等症。

（6）山茶。常绿灌木或小乔木，叶革质，卵形或椭圆形，春季开花，颜色为大红色或白色，品种多，系著名观赏植物。木材用于雕刻材料，种子可榨油和食用，花可入药，性寒、味苦，功能凉血、止血，主治吐血、便血等症。

（7）百合。多年生宿根草本。地下有扁球形鳞茎，有鳞片层层抱合而成，鳞片肉质肥厚，早春于鳞茎中抽出花茎，夏季开花，有红黄、黄、白、绿色。鳞茎供食用、制淀粉，也可入药，性微寒，味甘，功能润肺、止咳、清心安神，主治劳嗽咳血，虚烦惊悸等症，鳞茎含有生物碱、淀粉、蛋白质、脂肪等多种营养成分。

(8) 荷。多年生水生草本，也称为莲。根茎最初细瘦如指，称为莲鞭，夏季开花，颜色有淡红和白色，花与叶均有观赏价值，系园林水面一道亮丽的水生植物景观。花谢后成为莲蓬，内有莲子，夏秋季生长末期，莲鞭膨大成藕，可加工多种形式食用。莲子为滋补品，可入药，性平，味甘涩，功能补脾、养心、固精、止带。莲子内的嫩绿色莲子心。功能清热、泻火，荷叶亦可入药，性平，味苦，功能清热、解暑、止血，主治暑热泄泻，头昏及各种出血症。

(9) 月季。低矮落叶灌木。夏季开花，多为数朵同生，颜色为深红至淡红色，市园林及宅院观赏植物。花、根、叶均可入药，有活血化淤、拔毒、消肿作用。

(10) 石榴。落叶灌木或小乔木，夏季开花，颜色有橙红色、黄色、白色，果实鲜美，是园林及宅院观赏植物。果皮入药，性温，味酸涩，功能涩肠、止血、驱虫，主治久泻久痢，下血、脱肛等症。

(11) 杏。落叶乔木，叶呈阔卵形或圆卵形，花单生或同生，淡红色，为养生和观赏植物，树龄可达百年以上，果实初夏成熟，果肉鲜美，杏仁可食用、榨油，可入药，山杏仁种子性温，味辛苦甘，有小毒，功能宣肺降气，润肠通便，主治外感咳嗽、气喘、肠燥便秘等症。甜杏仁可食用，亦可入药，性平，味甘，功能润肺止咳，主治肺燥咳嗽。

(12) 兰科。多数为多年生草本和常绿草本、陆生、腐生或附生，根状茎或块茎，茎具叶，花两性，左右对称，单生或成穗状，总状或圆锥状花序，多为淡黄、绿色，散发清香，为盆栽观赏植物，如春兰、建兰、墨兰、蕙兰等。药用兰科植物有白及、石斛、天麻等。

(13) 美人蕉。多年生草本观赏植物，具有块状、根状茎，顶生总状花序，具蜡质白粉，四季开花，花鲜红色。花可为止血药，根状茎能清热利湿，安神降压。

6.2.2 美学原理与中国园林审美

6.2.2.1 美与审美活动

《辞海》中对于美学的解释是：研究人对现实的审美关系、审美意识、美的创造、发现及其规律的科学。他以艺术为主要研究对象，故黑格尔将美学称为“艺术哲学”。那么，美是什么呢？

在漫长的人类历史进程中，人类认识客观世界和自身的能力在不断上升，从自然界到社会，从物质到精神，从表象到本质，只有人这种同时具有自然属性和社会属性的高级生命形式，才具有思维和精神活动的能力，才会有令人愉悦、爱慕等精神感受，即称之为美。它是由主观的感受与客观的意象之间一种互动、共鸣的感性认识过程，这种感受包含形式美和内在美两个层面。涉及自然美、社会美和艺术美三个领域。在全人类的文明进程当中，不同民族在自身栖居地的生活、劳动实践当中逐渐积累了审美情趣这样一种精神活动，也称为审美活动。这种对美的追求一直伴随着人类文明进程，它体现在人类对于自然美的发现和对于社会美和艺术美的创造。在1750年，德国哲学家鲍姆加登发表《美学》一书，正式提出将美学作为一个独立的（人文）学科从哲学和文艺理论的附庸中分离出来，强调了美学是关于“人的感性认识”的学科。“中国传统美学在‘美’的问题上的一个重要的观点就是：不存在一种实体化的外在于人的‘美’，‘美’离不开人的审美活动。”（叶朗，2009年）而人作为自然界中唯一的审美主体还有其多重属性，“……因为从根本上说，人不仅是社会的动物，不仅是政治的动物，不仅是会制造工具的动物，而且还是有灵魂的动物，是有精神生活和精神需求的动物，是一种追求心灵自由即追求超越个体生命有限存在和有限意义的动物……”美是因观赏者的存在而存在的，而她唯一的观赏者是人，由于人具有不同的属性，所以在发现和欣赏美的同时具有创造性。

审美的本质之一是由于“移情”——这种由人的感性认识和心理活动交织、碰撞、扩散思维形成了一种意象和美感。所谓“移情”，即是感情移入，在心理学当中译为“神入”。指想象自己处于他人境地，并且理解他人的情感、欲望、思想和活动的能力。在这种感情移入的审美活动中，主体情感主动移植于审美对象，使对象仿佛有了主体的情感，并且显现主体情感的心理功能，它是以对象的审美特性同人的思想、情感相互契合，以主观情感的外扩散和想象力、创造力为主观条件，将审美对象看成一个具有（代表）主观情感的人，而使审美主体获得一种情感的宣泄和满足。叶先生以元代马致远的词作了形象的比喻：枯藤老树昏鸦，小桥流水人家，古道西风瘦马，夕阳西下，断肠人在天涯。作者通过对自然的感性直觉展示出一幅静谧的自然景色，将藤、树、鸦、马、道、桥、展示在一个地老天荒的空旷境界里，置身其中的审美主体沐西风、望夕阳，将自然拟人化，表达出在人生旅途上浪迹天涯的惆怅与感慨，使意境与心境在张弛、收缩的律动中相合拍、共振，在文学上运用了叫做“比、兴”的手法产生了触景生情的审美活动，更是将有相似境遇的读者带入此情、此景当中，表达了沐浴在夕阳下的悲凉美。更有诗人将对人生和自然的感慨之情表现出黯然神伤：“前不见古人，后不见来者，念天地之悠悠，独怆然而涕下”（陈子昂，登幽州台歌）。在悠悠无尽的天涯旅途中，审美的主体被感动着，审美客体并不因为主体而变化。

美是一个时代的大风格，在一个历史时期会保持一种稳定的审美情趣，即审美文化。但是不同民族、不同社会阶层对于审美倾向具有共同性和差异性，不同学养和不同经历的人（如长途贩运的商人、学者、体力劳动者等）欣赏美的角度不同，不同心境的人即使是在同样事物面前也会有差异性的美感。有些民族的女性以体胖为美，有些则以脖颈修长或嘴唇宽厚为美，有些民族的男女青年则因袭祖辈传下来的生活习惯以纹身为美，至于民族服装和佩饰更是风格迥异，各有自己民族的审美标准。同一民族不同地域的审美观也有差异，其主要原因是与当地栖居的生态环境（气候、水土、物产和生活方式）和宗教信仰有密切关系，如不同的气候区造就了白马、冬雪、塞北或是杏花、春雨、江南，在审美活动中都会由于物候而展示不同的自然美。对于柳宗元关于“美不自美，因人而彰”的命题，叶朗先生从三个层面加以分析：“①美不是天生自在的，美离不开观赏者，而任何观赏都具有创造性。②美并不是对任何人都是一样的，同一外物在不同人面前显示为不同的景象，生成不同的意蕴。③美带有历史性。在不同历史时代，在不同的民族，在不同的阶级，美一方面有共同性，另一方面有差异性。”因此，他认为，不存在一种实体化的、外在于人的“美”，不存在一种实体化的、纯粹主观的“美”。美在意象，美感不是认识，而是体验。

作为一种感性知觉和精神活动，叶先生对美感的本质和特性总结为以下几个方面：

（1）无功利性。审美是人类一种积极的、主动向往的精神活动，如去欣赏艺术品，在远山隐隐、近水迢迢中静观夕阳在水中的倒影。以获取精神的自由、无限的想象力，得到一种惬意、满足感，这种物与我的相互感应脱离了主客分离的实体而成为一种审美意象。这种意象存在于人类的精神活动领域，是人类与生俱来和后天修养所形成，如自然审美当中强调高远、追慕玄妙的一种诗意的生存美学追求。

（2）直觉性。美感是一种“一触即觉”的直觉，感受到的是一个“本真”的世界，它超越了理性思维和推理，但不是反理性的。

（3）创造性。美感的核心是形成一个意象世界，是由率真的情感和丰富的想象力契合而成，即触景、联想、创造美。诗歌、音乐、舞蹈、美术作品之所以不断推陈出新，诞生新的美（形象与意象）的创造，即源于此，而且是一次性的。

（4）超越性。美和审美是直接的体验，它超越了主体、客体

"二分模式"，超越了自我——个体生命的有限存在，它引发（激活）了人类在精神上有一种超越时空的想象，使人往往在面对大自然时进入一种"物我同一"的宇宙的"大我"，想象力得到任意的发挥，有一种无任何羁绊的精神解放和恣意。

（5）愉悦性。审美是一种精神享受，在人体有各种知觉存在的生命过程中，通过各种感觉器官感受到一种愉悦的情绪状态。使人睹物动情，悠然感慨，惆怅、静思、愉悦不时交织在一起，大多发自一种对生命历程的回忆。有时，静谧的自然环境也会激发出人的审美情趣："……满目的秋色显示出无限的萧瑟和悲壮的美，更衬得我们的行为的艺术化了……小舟过处，桨儿拨水的声音和芦荻的叶子发出的声音相和，宛如人们叹息的声气……那时太阳快要落了，红光与远山的黛色相映，渲染出片紫色的晚霞来。/朔风吹过林梢，吹响了教堂晚祷的钟声。"（佚名）这是对于静谧美的一个多么真实、诗意的想象啊！使阅读者在字斟句酌间犹如身临其境、感同身受。美，飘浮在无言意会中，时幻时现，飘浮在心灵的天空和无尽的视野里，看你的捕捉和欣赏能力如何。美和审美也存在于静静的互为欣赏感悟中："无论是安卧在暮霭苍茫里的西递老宅，无论是洒满岁月印痕的斑驳老墙，还是失落了多少迷离而年轻的梦的湿漉漉的老巷。沉醉在这山岚、民居、炊烟、石径、流水的画卷里，听廊檐下的风吹来二胡的低吟，柔漫而幽远……西递古民风作为一种文化、一种象征，这使我们相信，时光拉开的距离，其实也是一种美丽。"（徐谷安：《西递寻梦》）

美，可能没有确切的定义，它既有共同的感受（美是人类共有的精神资源），也有个性的差异。它们是在不同的空间地域为了使人性灵得到慰藉和愉悦而存在着，因为它们代表了真与善，因为有了美与美感，才赋予了生命以更丰富的含义，成为一种文脉而渗透在人类繁衍的历史长河中，成为一种跨越时空的精神动力。因此，我们虔诚地尊重不同地域、不同民族的审美差异，也是对他们能够从万古长空走来、展示在一朝风月中的生命之美的尊重。艺术、思想、民俗等文化载体是人类共有的信息和共享的精神财富，是高出其他自然生命体而具有社会意义的生存意志。我们在这个时空相遇，互为欣赏着。这是生命意识的一项内容，可是往往被物欲所遮蔽。

其实，生命本身就是一种美，是一种大道。我们每天都在感受阳光的温暖和明亮，享受月华的清澈与妩媚，在日月的轮回中看着孩童在不经意间长大、懂事、成人，在长辈撑着的保护伞下躲避风雨的孩童，突然在某一天，他们为长辈们撑起了生命的保护伞，这是一种生命的接力，也是一种美的传承，我们都在“诗意的栖居着。”

经过哲学家和美学家的归纳，美学形成了几种流派：1）主观派，2）实践派，3）主客观统一派。以朱光潜先生为代表的美学家认为，美不是自然物，而是社会物，更在于物所具有的艺术形象。美是一系列将“自然人化”的社会物。4）实践美学。主张美是客观与社会性的统一，李泽厚先生认为应将美的客观性与社会性相提并论，认为人在劳动实践和生活中才能生成美。主观派和客观派则将审美活动的主题和对象割裂开看待。就美作为社会物是“自然人化”的结果而言，其观点基本与实践美学类同，但就其作为“物的形象”即作为形象思维的对象而言，朱先生对美的理解更多偏重艺术。“人生的艺术化”是朱先生重要美学理论思想，他认为“艺术是情趣的表现，而情趣的根源就在于人生。反之，离开艺术也便无所谓人生，因为凡是创造和欣赏都是艺术的活动。”（《朱光潜谈美》金城出版社，2006年，北京）这与朱先生早年接受了西方美学理论中的“直觉说”和“移情说”是分不开的。虽然形成多种学说，但对于“人类自由和尊严至上”这一根本问题上却是相互一致的。“一切美的光是来自心灵的源泉，没有心灵的映照，是无所谓美的。”（宗白华）

再解释一下丑，它也是美学范畴之一。是人的本质力量的歪曲、怪异、畸形的表现，它客观存在于事物之中，与美相比较而存在，相斗争而发展，也等待人们去发现它。丑是对美的否定，同人的实践目的、生理和心理需求不协调，因而令人不快、厌恶。丑与假恶有联系，又有程度、范畴的区别。在艺术展示中，生活里的丑被艺术加工，使丑的本质得到揭示，或通过丑来造成特定的意境来反衬美，间接肯定美，并转化为艺术美，丑也有审美价值，形成一种丑文化。形象美（或丑）与意象美、本质美有时是不对称的，如《聊斋志异》中很多怪异形象，但却拥有着意象美（人性的真与善），足以使人赏心悦目。

6.2.2.2 自然美的哲学观

当每一位旅行者深入三清山中，在陡峭崖壁半空悬出的栈道上迂回前行时，其实并不留意走过多少路程，而是不时地感受到“物我同处”的惬意，感受到大自然的伟岸和包罗万象，人在自然造物面前是那样的渺小，而那充满灵性的山川草木，敞开胸怀接纳着、拥抱着来此朝觐的每一个人，都被生生之美陶醉了。

科学技术的发展进步，使人类就物质层面对自然物有了不断深入的认识。自然意象和自然审美的产生，在人与自然的契合、感应当中，人类又将自然“人化”了，本真的自然则被隐匿，而是赋予了山川风物、日月星辰、飞鸟嫩叶以灵性，成为人类的精神伴侣、寄托和归宿。这种将自然人化的倾向表现在以下几方面（刘成纪，2008 年）：

（1）自然的感觉化。自从人类睁开眼睛看这个世界时，它为人类展示的形象就是被人的感知力量所规定的形象，而不再是它自身。

（2）自然的情感化。人对自然的感知具有被动的性质，而基于情感的认知则显得主动而具有创造性……情感判断不是把握事物的真实，“一千个读者的眼中就有一千个哈姆莱特。”“在爱的情感驱动下，人的认识不但是有选择的，而且是充满想象的，他会将一厢情愿的心理图景强加给对方，使其成为心理意欲的外化形式，即是所谓移情，而且‘推己及物’。”人有情，自然也必随之有情，人与自然以共同情感和共同环境为基础形成了一体关系。

（3）自然的伦理化。移情使真实的世界笼罩在一片诗意的迷雾里。西方哲学、神学解释自然世界具有天然向善、为人而在的伦理本性。东方儒学强调人性的本然之美，自然的价值在于它可以为人主观的道德选择提供对象的印证。在这种万物适人、人适万物的双向呼应中，可以成为一个伦理的整体。自然之所以可称之为道德的象征，应是基于他本身所具有的道德属性。如经常听到温润的美玉总是与君子相联，荷花总是让人想到“出污泥而不染”，梅花具有傲霜的顽强品质，竹子彰显出士子的高风亮节……而它们除了作为矿物或植物的自然存在外，其实都是一种人为的所赋予自然物的道德属性。在物性与人性的混淆、纠缠中，极易让人提出这样一个问题：荷花到底是什么，是一幅道德的立体圣像，还是一株长在池塘里的植物？是载道的工具，还是静静直立的它自己？

（4）自然的实践化。人类通过对自然的劳动实践达到两种目的：实用目的和观赏目的。人对自然的实践过程就是将体现人的审美趣味的形式赋予自然对象的过程，成为有人为雕琢的符合美的规律和秩序的“自然”。如人工园林的目的之一是将对自然的欣赏转化为对人的实践技能的欣赏。

（5）自然的语言化。美的表达要诉诸于概念和语言，分为本体层面、存在层面和认识层面。自然物有一种自我讲述的语言，称为“物语”。就一般意义讲，人经验的边界就是语言的边界。这种被经验限定的语言，对人的创造物的描述可能是真实的，使自然界在空间和时间上具有无限的广延性。

上述对自然认识的感觉化、情感化、伦理化、实践化和语言化，就是赋予自然以人化。

“美作为自我表现得最强烈的特性之一就是，美是由人的极大的自我（审美）活动的创造性所构成。严格地说，统一的美的体验没有两次重复。优美的景观迫使我们无限连续的发现美和创造美。美和科学认识之基本不同，乃是在于对美的体验的主观创

造性和持续性。”（日·高原荣重）

按照朱光潜先生的美学理论，将同一自然物分为“物甲”和“物乙”两个层面，“物甲”是物理学意义上的物质本身，“物乙”则是自然物在时间和空间维度下的形象，即是被人的知觉和情感构建成的形象，也就是“人化自然”的形象，自然美即构成了“物我感应、契合”的审美意象，在不同的时空中人会赋予其不同的意境和美的意蕴。如在诗人的眼中，“斜阳漏处，一塔枕古城”（王国维）。将自然界的秋季写得惟妙惟肖、活灵活现的是曹正文先生的《快意在秋天》：（摘自《新民晚报-“夜光杯”副刊》）

……秋天是浪漫的，大雁南飞，勾起你秋思万千。登高放目，一吐你胸中块垒。蝉鸣黄叶长亭酒，鲈鱼桂香泄秋雨，西风半夜，蛩声入梦。

秋天是现实的，看秋菊傲立斗霜，望红廖独绽江畔。她无须雕琢，决不迎合世俗的争宠。面对萧杀的秋色，敞开秋空旷达的胸怀，容纳万物的飘零，展示她不屈不挠的个性以及光明磊落的品行。

赞美秋天最好的诗人是杜牧，他笔下的秋天不是“万里悲秋，”有“轻罗小扇扑流萤”的清丽，有“停车坐爱枫林晚”的悠扬，他赋予秋天俊爽的风调，他极写秋天潇洒的气派。

写活秋天生命力的文学家是欧阳修，一篇千古流传的《秋声赋》，让无情的草木反衬人类的灵性，秋声，秋容，秋气，秋意，无一不透溢着蓬勃的活力。

……我爱秋天，因为秋天象征了一个中年男子的成熟，他展示了大度、稳重、洒脱、温和、宽容、理智、聪睿与幽默。

人生如四季，快意在秋天。

在中国传统文化中，自然审美有借景抒情、借物言志的内涵，不同文化背景、不同历史时期的古代大家的作品由于受到儒、释、道各家的影响，表现出不同的审美形态（即是大风格），沉郁、飘逸和空灵之风则代表了诗人的不同情趣，现分别做一简述。

沉郁的字面理解有深沉、厚重、忧郁之意，但其文化内涵便是儒家的“仁”字，往往是作者对世间沧桑、人生疾苦体验、同情的高度概括，是真与善的感情流露。杜甫的诗即体现这种沉郁的风格，一首《茅屋为秋风所破歌》表达了作者体察民间疾苦、冷暖的慈悲情怀，同时，在这些作品里体现出一种情、景、象相融的忧郁美。“杜甫的诗和鲁迅的小说、散文是‘沉郁’这种审美形态的典型代表，它们的特点是：一种哀怨、郁愤的情感体验，极端深沉、厚重，达到醇美的境界，同时弥漫着一种人生、历史的悲凉感和沧桑感。如果不是有至深的仁心，如果不是对人生有至深的爱，如果对于人生和历史没有至深的体验，是不可能达到这种境界的。”（叶朗，2009 年）这与孔子的“依于仁，游于艺”和“兴于诗、立于礼、成于乐”所强调美与善的统一思想是相通的。

飘逸的字面意思是俊逸、潇洒，逸有舒适、安逸的意思，也形容文笔骏快，文字中蕴涵着美感和想象力。其文化内涵源自道家的“游”，其一是追求人的精神的自由、超脱，不受束缚和羁绊。其二揭示了人与大自然是相融的大地生命体，人生就是用感官体验宇宙本体和生命的存在。回归本然（不需要华丽的包装和雕饰）的生活态度和审美情趣，展示人的真实本性和不受拘束的想象力以及气吞山川万物的胸襟，也有豪放、从容的内涵。最具飘逸诗风的代表人物是李白，不论是《蜀道难》抑或是《将进酒》，若非作者身临其境，若非作者具有追慕高远的诗人气度和想象力，这样有如此震撼力的作品是写不出来的，那自然造物的鬼斧神工凸现于字里行间。飘逸是一种主客体统一的大气势，是一种雄浑阔大、忘怀恣意、驰骋万里、势不可挡的大风格，同时也展示出其天真素朴、清新自然的美感。“素朴而天下莫能与之争美。”（《庄子·天道》）

空灵则侧重于表现中国传统艺术中的一种境界。集中体现了佛教禅宗“悟”的文化内涵，“空”是空寂的本体，“灵”是活跃的生命。它是以现实世界的“实”去想象（悟）出宇宙本体的“空”。它主张静坐敛心，专注一境，久之可达身心轻松、观照明净的状态，禅定即是要安定在止息杂念之中，核心在于一个“静”态。“禅是动中的极静，也是静中的极动，寂而常照，照而常寂，动静不二，直探生命的本原”（叶朗，2009 年），在寂静中听出和“悟”出禅音：“听呀！一只青蛙跃入古潭里。”（周作人）王维的大量诗词、绘画作品中代表了这种大风格。“‘空灵’的美感就是使人们在‘万古长空’的氛围中欣赏、体验眼前的‘一朝风月’之美。永恒就在当下。这时人们的心境不再是焦灼，也不再是忧伤，而是平静、恬淡，有一种解脱感和自由感。‘行到水穷处，坐看云起时，’了悟生命的意义，获得一种形而上的愉悦。”（叶朗，2009 年）

我们无需用太多的华丽辞藻来堆砌，但是大自然中确实隐逸着无尽之美，等待我们去发现、去欣赏，它会使你更加珍惜生命价值，完善生命之美。因为我们有幸在此相聚就构成了美的体验和美的延续。

6.2.2.3 意境之美——中国园林的恒久魅力

自然之美为人类提供了对自然崇拜和对生命敬畏的物质环境和精神家园。我国自魏晋时期开始，已经形成与自然审美有关大量的文学、绘画作品，加之社会环境的相对宽松，许多文人、雅士隐逸于山林，过着自由、恬淡、清苦的隐居生活。思想感情也随着身心融入自然而上升为一种“乐生”的境界，一种发现美、享受美的生存理念成为一个时代的风格，意境之美已融入人类钟情于自然的生命历程中。这种对于现代人生活仍有重要影响的审美活动源于文人、雅士们的修养和审美经验。他们的文学修养、绘画功力、审美眼光、园林规划经验是这种意境形成的重要因素。在他们的诗词、游记、绘画、丝竹作品中无不渗透着情与景、意与境的相互交融，塑造了生动、鲜活、诗意的意境，“作诗之体，意是格，声是律。”（唐·王昌龄）“凡艺术创作有生思、感思、取思‘三格’和物境、情境、意境‘三境’。”（《辞海》，1999年）这样的作品才有感染力和生命力。“文章唯能立意，方能选境。境者，意中之境也。”（林纾：春觉斋论文）“诗之‘三义’——赋、比、兴，‘文已尽而意有余’，将‘意、味、兴’联为一体论诗，是意境特征的完整概括，‘味’不等于意境，但意境所具有的美学特征是‘余味’和‘余味曲包’。”（钟荣：《诗品·序》）苏东坡在评价王维的诗作和画作时说：“味摩诘之诗，诗中有画；观摩诘之画，画中有诗。”（《东坡题跋：书摩诘‘蓝关烟雨图’》摘自《辞海》）谓王维善于用山水画描写自然之美，而读其诗如在图画之中。情境是指一个人进行某种社会活动所处客观环境，（如游赏园林和自然风景、观赏艺术作品）是在自然审美时主客体双方通过“物境”这一媒介而相互影响，再由审美主体对客体所含某种象征意义的一种“比兴”式的描述，用以表现和烘托自然的空灵、飘逸的审美感受。它是审美主体与人化的自然物的思想感情相融合、寄托，形成一种“物我合一”的艺术境界，通过作品、通过实物让观赏者形成愉悦、遐思、联想去体悟美。在文学家眼里，一棵树，一片池沼，几组山石，都会被赋予灵性，以致引起读者的共鸣，这都基于他们广泛的实践经验、敏锐的洞察力和如椽之笔。意向也是一种想象性表象，是将自然审美当中记忆表象和现有知觉形象改造而成。这种基于自然物的准确的意象代替了主观情绪宣泄，是“一种在一刹那间表现出来的理性与感性的集合复杂体。”（《辞海》，1999年）准确的意象必然生发优秀的文艺作品，表现出对自然美的刻画、描述简洁、准确、入木三分，文字浓缩精炼、诗情藏而不露，供观赏者细细品味，悟出其中奥妙与深邃，将其意境隐含于字里行间和浓墨淡彩之中。陈从周先生是这样描写园林意境的：“文学艺术作品言意境，造园亦言意境。”“意境因情景不同而异，其与园林所现意境亦然。园林之诗情画意即诗与画之境界在景物中出现之，统名之曰意境。”（陈从周：《说园》）在游赏中国园林时，应先了解其中意境，从景内和物外不断提升自然审美情趣，理解其中园林文化的博大精深，即是园林的人文化内涵。园林造景中物境的高下、优劣，会直接影响园林景观所蕴含的情境和意境。现以园林组成要素的石景与水景为例，对于形成审美意境的作用作一探讨。

自然审美最初源于早期人类为了适应在恶劣自然环境下生存，逐渐产生了对于自然和自然造物的依赖和崇拜文化，靠"天"生存即产生了与自然分不开的"天性"。如岩石是地壳构造的矿物质硬块，它与大气、地下水组成地球生态圈的非物质成分，其中多种矿物质水化后能被人体吸收，成为生命机体不可缺少的元素，具有重要生态价值。特种矿石在经过人工的物理和化学变化生成金属、非金属以及建筑用材。稀有岩石还能雕琢加工成各种玉器。"奇石，在中国艺术文化里有着普泛性的存在，在工艺美术领域，红木架上置一多姿的英德石，就成了所谓'文房清供'，成了室内置于几案的古玩佳品；在盆景领域里，'斧劈石'略略加工，置于白石盆内，就成了咫尺千里的山水风景；在远古神化领域里，奇石、灵石有着丰富的内涵；在诗歌领域里，从南朝开始至今的咏石诗，可出版一本厚厚的选集；在绘画领域里，它是人们喜闻乐见的题材，画石已成为一科，甚至发展到一笔而成的地步。"（金学智，2005 年）作为一种自然生成物，石头具有坚硬、敦实、表观密度高的特点，常被引用为"金石交"朋友，坚如磐石隐喻着稳定、恒久，一些石材加工成磬，能发出"金石之声"，清脆悠扬，似梵音入耳。在岩石溶洞中含有硫酸钙的水在淌下的过程蒸发后会形成洞内"石笋"，是一道天然景观。而产于太湖流域土壤中个体块石"奇"的可爱，外表多孔，玲珑剔透，于怪异中不觉怪，历代文人将其拟人化，"比德于君子的伦理"观，因其"坚硬、沉重、广延、块然、粗蛮"，而冠之以"不偏不倚，不讪不渎"，历久弥坚之性格，隐喻了士子"耿介、正直、坚刚、节操、独特"的内在品性，以无变应万变的傲骨。赏石、寻石、琢石、藏石成了审美者挥之不去的情结。也当之无愧的成为中国园林深远意境的组成要素。“太湖石乃太湖中石骨，浪激波涤，年久孔穴自生。”（李斗：《扬州画舫录》）在水与石的交融中成就了“丑”、“怪”、美。“当审美主体的空明、灵觉之心对‘石’进行直觉穿透性的审美‘直击’，人的情感向自然慢慢扩张。冷冰冰的石块在情感的浸润下生发出生命的暖意，自然被人格化了。同时审美主体也逆转为自然，进入了以身化蝶、不辨物我的审美境界。心石彼此交流、融合。这种物我合一的心物之间情感流动的审美境界，正是促成意境生成的必须的审美主体条件。”在石身上承载了太多的情境和意境：“……它身上的瑰奇之形、纹质都是凝固的时间留痕……观赏者在一见之下赞叹自然造化的同时，也不时感慨时间的力量，生发思古之幽情，所谓‘石令人古、水令人远’。从而对整个人生、历史、宇宙获得一种感受和顿悟……石所具有的这种形式特征和象征意义，使它成为中国古典园林中最富内涵意蕴的造园要素；静态中流贯着灵动，有限中寓含了无限，自然质素中糅合了人文情感。同时，也是中国传统哲学精神和审美特性，使石成为自然的精灵，参与到园林意境中来，成为文人士子们在精神的后院与自然晤谈的亲密伙伴。”（何平，2006年）一个有灵有肉、有血有气的自然宠儿跃然于发现者面前，它似乎在侃侃而谈：生命的价值在于忘我、返朴，太阳和月光给予你温暖和清静，山水之灵气会荡涤、滋润你的心田，强烈的物欲会让你身心受损……这种具有宗教精神的力量，在引导着世人去皈依、释怀，减负会使机体变得更有生气和活力，而不是依靠机器的力量。

石与水的组合似乎更是天然情侣，在拥抱中彰显着自然的生气。或是池中之景，叠山之挺拔突兀，秀水之平滑柔顺；或是山涧泉溪，绕石而泄，拥石而吟；或是峭壁白练，水因石的衬托舞动身躯、流光溢彩、飞虹映日，在山谷间回荡着“太古遗音”，让自然的朝觐者得到精神的洗礼和物质的润泽。

石是刚硬的，水是柔顺的，貌似一强一弱，但孰强孰弱，也是因时空而变化。石因占据空间的强势，而水只能躲在边角沟壑中对石的依附、浸润、熨贴。但是长流之水凭借时间的优势在慰藉、浸润的同时刻画而修饰着刚硬之石。只要工夫深，精雕出细活，用柔情和“软刀”将水的意志加于玩石之上，原本就是石因水生、水因石彰，水因石形，水随山转，在相生、相克中自然之美就呼之欲出了。不是吗，随着岁月流逝，水冲石形，水滴穿石的纤细刻画，使顽石在持久的光阴中磨炼出俊秀和灵气，这种岁月留痕的自然造物在园林景观中受宠，水之功力尽在其中。即所谓“以柔克刚、刚柔相济”。水不仅能“雕”石，还能“塑”石，作为溶洞奇观的“钟乳石”，常被选为几案盆景、架上山水，展示出人们心物相印、百看不厌的意境。

当我们将视距拉近，驻足静观这些神态各异的“石先生”时，一种超然之美在物我互动中涌现着。北宋著名书法家米芾用“瘦、漏、透、皱”四字形容太湖石之美，朱良志先生对这四字理解得透彻、丰满，将石之灵、石之秀展现在虚与实、有限与无限的思维空间里，是那样惟妙惟肖（叶朗，2009年）：

瘦，如留园冠云峰，孤迥特立、独立高标，有野鹤闲云之情，无萎弱柔腻质态。如一清癯的老者，拈须而立，超然物表，不落凡尘。瘦与肥相对，肥即落色相、落甜腻，所以，肥腴在中国艺术中意味着俗气，什么病都可以医，一落俗病，就无可救药了。中国艺术强调外枯而中膏，似淡而实浓，朴茂沉雄的生命，并不是从艳丽中求得，而是从瘦淡中拮取。

漏，太湖石多孔穴，此通于彼，彼通于此，通透而活络。漏和窒塞是相对的，艺道贵通，通则有灵气，通则有往来回旋。计成说：“瘦漏生奇，玲珑生巧”。漏能生奇，奇之何在？在灵气往来也。中国人视天地、大自然为一大生命，一流淌欢快之大全体，生命之间彼摄相因，相互激荡，油然而成活泼之生命空间。生生精神周流贯彻，浑然一体。所以，石之漏，是睁开观世界的眼，打开灵气的门。

透，与漏不同，漏与塞相对，透则与暗相对。透是通透的，玲珑剔透的，细腻的，温润的。好的太湖石如玉一样温润。透就光而言，光影穿过，影影绰绰，微妙而玲珑。

皱，前人认为，此字最得石之风骨，皱在于体现出内在节奏感。风乍起，吹皱一池春水，天机动，抚皱千年顽石。石之皱和水是分不开的。园林是水和石的艺术，叠山理水造园林，水与石各得其妙，然而水与石最易相通。瀑布由假山泄下，清泉于孔穴渗出，这都是石与水的交响。但最奇妙的，还要看假山中含有水的魂魄。山石是硬的，有皱即有水的柔骨。如冠云峰峰顶之处的纹理就是皱，一峰突起，立于泽畔。其皱纹似乎是波光水影长期折射而成。淡影映照水中，和水中波纹糅成一体，更添风韵。皱能体现出奇崛之态，如为园林家称为皱石极品的杭州“皱云峰”，就纹理交错，耿耿叠出，极尽嶙峋之妙。苏轼曾经说：“石文而丑。”丑在奇崛，文在细腻柔软。一皱字，可得文而丑之妙。

瘦在淡，漏在通，透在微妙玲珑，皱在生生节奏。四字口诀，俨然一篇艺术大文章。

意境就是注视着物境而产生无尽的、自由的、曼妙的联想，将自然物拟人化、象征化，这种隐喻和象征性在时时升华，萌生出新意，即是审美活动的超越性和创造性。它始终伴随着人类文明的历程，像是一盏盏跳动的烛光，点亮着每个人的心灯……于物、于人始终处于乐善交融之中，或许这就是意境的恒久魅力所在。

6.3 造园理念与技术

6.3.1 中国园林的造园理念

中国的公共园林多为位于城镇人口聚集区和城乡结合区域的绿地公园，也有远离城市、以自然山林为主导，经过开发赋予一定功能的自然保护区或山林景观公园、湿地公园、寺庙园林、皇家离宫园林、陵寝园林，生态化和人文化是其特征，已成为人类生态文明的重要组成部分，现以人工园林为例，介绍一些传统园林设计理念。

6.3.1.1 中国园林的审美文化心理

中国山水文化情结源自于道教“天人合一”理念，即使是建造人工园林，也以顺应自然、师法自然作为主导思想，力求“虽由人造，宛自天开。”（明·计成《园冶》）将天然生态环境和气氛移入公共园林和私家园林之中，“纳千顷之汪洋，收四时之烂漫，”（明·计成《园冶》）将广袤的自然山水环境和四时季相变化中的自然生态集成于咫尺园林之中，是久居城市的人们在享受优越物质生活的同时，感受大自然的“山水林泉之致”：“春山淡冶而如笑，夏山苍翠而如滴，秋山明净而如妆，冬山惨淡而如睡。”（北宋·郭璞《林泉高致》）中国园林与山水画要义同出一理，中国人的赏园（生活）方式、造园理念与整体民族文化心理有关。如含蓄内敛、沉稳厚重、不事张扬、韬光养晦等，喜欢在一个宁静、安详、良好的生态环境中不受干扰的居住、生活。对于传统园林的文化心理主要集中在“天圆地方的空间，鸟革翚（晖）飞的屋顶，一水三山的布局，恋石文化情结四个方面。”（金学智，2005年）

《诗·小雅·斯干》中有“如鸟斯革，如翚斯飞”的描写，是上古时期对于园林建筑屋顶的一种象征、概括：“如凤凰鼓翼而舞。”清代李斗的《扬州画舫录》中总结为“飞檐法于飞鸟。”对于自然崇拜、模仿的另一个例子是从秦始皇开始历代帝王渴望长生不老，迷恋“海上三山，”将东海“蓬莱仙山”缩微在宫苑园林当中，“这是中国古代园林史上第一个模拟海上仙山的构筑。”（金学智，2005年）唐长安全盛时期修建的大明宫，在附近构筑的皇家园林——太液池，将东海的三座仙岛—“蓬莱、方丈、瀛洲”收入其中，使“一水三山”的园囿规划布局延续下来。杭州三潭印月景区的小瀛洲和苏州留园水池的小蓬莱，都是将这种对自然的原始崇拜延续下来的例子。直到明代计成在《园冶》中已将营造人工山池作为园林规划设计的主要内容，并概括为："高方欲就亭台，低凹可开池沼，卜筑贵从水面，立基先究源头；疏远之去由，察水之来历。"（《园冶》相地）"池上理山，园中第一胜也。若大若小，更有妙境。就水点其步石，从巅架以飞梁；洞穴潜藏，穿岩经水；峰峦缥缈，漏月招云；莫言世上天仙，斯住世之瀛壶也。"（《园冶·掇山》）"一峰华山千寻，一勺江湖万里。"叠山理水，营造缩微山水景观已成为人工园林的核心景观。关于中国人与生俱来的恋石情结和石文化带来的意境已在前面做过一些介绍。《园冶》作为我国明代后期一部罕见的关于中国园林造园设计里程碑式的著作，将明代及以前中国园林造园理念予以集中式概括，也基本涵盖了中国园林审美文化心理，现结合其造园设计理念作一简述。

全书共分三卷，完成于明崇祯七年。文中大多采用"骈体四六文"文体形式，讲究声律、对仗工整，文笔、辞藻优美，寓技术于意境之中，可读性强。主要有兴造论、园说、相地、立基、栏杆、墙垣、铺地、掇石、选石、借景等篇。"……就中掇山、选石二篇，尤为全书结晶所在，园山、厅山、楼山、阁山、书房山、池山、内室山、峭壁山以及峰、峦、岩、洞、涧，暨曲水、瀑布等，各种景观，布置之方，及太湖、昆山、灵壁等各种石类，选用之法，靡不记载详备，颇切实用，为世界造园学典籍中最古者也。"（陈植，2009 年版）作者也擅长山水画，是集画家、造园家、文学家为一体的大家。全书从规划选址到建筑细部装饰构造详图都作了总结性记录。如在人工园林很有限的空间中运用景墙、漏窗、柱廊、檐廊、道路、建筑等地面实体结构，将空间再划分为小空间院落或绿地，即大多国人所喜欢"小中见大"的设计理念。与小中见大相联系的是曲径通幽、山重水复、柳暗花明。在看似封闭曲折的游赏路线中，运用"先收缩、后开敞"的空间构成序列，诱导游人的猎奇、求新心理，是所谓"欲扬先抑"理念。人工水面和土山、石山，往往是一组空间序列的高潮景观，其形状和体量也随着全园的规模、内容而定。建筑的亭、榭、轩、阁、楼兼备休息、用餐、展销、眺望功能，多以飞檐翘角的坡屋顶为胜，再增加一些文化内涵，组成了园林的核心景观区域。在游赏线路上，运用明暗、抑扬、虚实、曲直、俯视与仰视、收敛与开敞、有色与无色等对比表现手法，演绎出“步移景迁、起承转合”的连续意境，“园必隔、水必曲，其实因水而灵秀。”（陈从周：《说园》）“奇亭小榭，构分红紫之丛；层阁重楼，迥出云霄之上；隐现无穷之态，招摇不尽之春。槛外行云，镜中流水。”（《园冶·屋宇》）园林建筑，不在乎规模大小，只要与山石草木配合得当，会成为自然界的有机体，也会成为人类精神寄托所在。造园的另一手法是“障、隔、通、透”。运用景墙、柱廊、灌木、花架、树丛、照壁、拱桥，将远处景观设于似隐似现之中：“围墙隐约于萝间。”“建筑看顶，假山看脚。”“移竹当窗，分梨为院；溶溶月色，瑟瑟风声，静扰一榻琴书，动涵半轮秋水。清气觉为几席，凡尘顿远襟怀。”（《园冶·园说》）在静谧有生气的书斋中品味天气万象，使人致远，心理空间感受在扩大。“恽寿平论画云：‘潇洒风流谓之韵，尽变奇穷谓之趣。’”（陈从周：《说园》）置身园林，如融入饱含“韵与趣”的意境之中。“园之妙处，在虚实互映，大小对比，高下对称……园有三境界：疏密得宜，曲折尽致，眼前有景。”（刘敦桢：《江南园林志》）园林空间宜“大中见小，小中见大，虚中有实，实中有虚；或藏或露，或浅或深，不仅在周炯曲折四字也。”（沈复：《浮生六记》）

园林是一处无噪声的休养生息空间，但不是愈静愈好，宜在静与动（不是闹）的对比之中。应在构筑园景时招引自然之音使听觉愉悦。“动静二字，本相对而言，由动必有静，有静必有动。然而在园林景观中，静寓动中，动由静出，其变化之多，造景之妙，层出不穷。所谓通其变，遂成天地之文。若静坐亭中，行云流水，鸟飞花落，皆动也。舟游人行，而山石树木，则又静止者。止水静，游鱼动，静动交织，自称佳趣……”（陈从周：《说园五》）静动与心动相谐，天籁与心曲共鸣，斯景、斯音、斯意尽在神会之中。除视觉、听觉以外，触觉、嗅觉也能感受自然之美，金桂飘香，松脂清香、无色、无味的负氧离子都会带给游人生态化的滋养，这是在配植园林观赏植物时需要考虑的因素。

园林中的绿色是当之无愧的主流色，绿色在光谱辐射频率居中，对视神经刺激最小，故称之为生态色。但也应与其他风景色相配，除花色以外，建筑色也会引人注目，需适应地域气候及文化："园林中求色，不能以实求之。北国园林，以翠松朱廊衬以蓝天白云，以有色胜。江南园林，小阁临流，粉墙低桠，得万千形象之变。白本非色，而色自生；池水无色，而色最丰。色中求色，不能无色中求色。"（陈从周：《续说园》）关于园景树木高低、疏密的配置从视觉欣赏角度讲也有其中道理："小园树宜多落叶，以疏植之，取其空透；大园树以适当补长绿，则旷处有物。此为以疏救塞，以密补旷之法。落叶树能见四季，常绿树能守岁寒，北国早寒，故多植松柏。……白皮松独步中国园林，因其体形松秀，株干古拙，虽少年已是成人之概。杨柳亦宜装点园林，……但江南园林则罕见之，因柳宜濒水，植之以三五成行，叶重枝密，如帷如幄，少透漏之致，一般小园，不能相称。而北国园林，面积较大，高柳侵云，长条拂水，柔情万千，别饶风姿，为园林生色不少。故具体事物必具体分析，不能强求一律。"（同上）

园林建筑系景观核心之一，但应以水面、植被巧妙组合，方成佳境。一组水榭、敞轩、楼阁立于池岸，或者前区跨入水中而建，隔岸可设一组假山作为对景，借助水中光影、建筑倒影，构成一处动静自如、高低错落有致的人造自然景观。池面设计应视地形和面积而定，"园地唯山林最胜，有高有凹，有曲有深，有峻有悬，有平有坦，自成天然之趣，不烦人事之功。"（《园冶·立基》）"或楼或屋，或廊或榭，按基形式，临机应变而立。"（同上）隔岸对景距离宜控制在 20～30m 之间，根据地形设计为不规则圆形或方形，四周围以园林小景和栽种乔木。若为长方状水面，则根据视距在中区设置水上曲廊，也可设顶，但应以不破坏视走廊和整体景观效果为前提。也可将中区水面变窄，以拱桥连接两岸，构成所谓“眼镜湖”，并在其中一片水域开辟水生植物和鱼类观赏区，另一区域则为开阔水面，如果在池岸附近有高地或塔，可以借倒影于水中，使天光、云状尽收眼底。观赏点或在高处，或在低处，都会产生上佳的物境和意境。

对于园林水面景观砌石叠山，陈从周先生认为，画石和置石有相同之处：“石无定形，山有定法。所谓法者，脉络气势之谓，与画理一也。……假山平处见高低，直中求曲折，大处着眼，小处入手。黄山石起脚易，收顶难；湖石山起脚难，收顶易。……黄山石失之少变化，湖石山失之太琐碎。石形、石质、石纹、石理，皆有不同，不能一律视之。中存辩证之理。叠黄山石能做到面面有情，多转折；叠湖石山能做到婉转多姿，少做作，此难能者。/叠山重拙难，树古朴之峰尤难，森严石壁更非易致。而石矶、石坡、石磴、石步，正如云林小品，其不经意处，亦即全神最贯注处，非用极大心思反复推敲，对全境做彻底之分析解剖，然后以轻灵之笔，随意着墨，正如颊上三毛，全神飞动。……明代假山，其布局至简，磴道、平台、主峰、洞壑，数事而已，千变万化，其妙在于开合。何以言之？开者山必有分，以涧谷出之，上海豫园大假山佳例也。合者必主峰突兀，层次分明，而山之余脉，石之散点，皆开之法也。故旱假山之山根、散石，水假山之石矶、石濑，其用意一也。”（《续说园》）清代李渔在《闲情偶寄》中载：“瘦小之山，全要顶宽麓窄，根脚一大，虽有美状，不足观矣。”明代田汝成《西湖游览志》中载：“杭州工人陆氏‘堆垛峰峦，拗折洞壑，绝有天巧，号陆叠山’。”古代无数能工巧匠，传食朱门，多没有留下姓名，但他们的杰作得以传承下来，构成了中国山水文化的脉络。

6.3.1.2 造园无格：精在体宜，巧于因借

造园构思设计无规定布局格式，手法和技艺可灵活多变，一园一风格，景观要素布局因园而异，因地制宜。景观要素综合体

要“精而合宜，巧而得体。”造园理念贵在“精在体宜，巧于因借。”在极其有限的园林绿地空间中，致使缩微的山林景观随着季相的变化对游赏者产生无穷的意境，“纳千顷之汪洋，收四时之烂漫。”巧“借”园外之景，能起到弱化园林边界、外延欣赏空间的作用。“因者，随基势之高下，体型之端正，碍木删桠，泉流石注，互相借资。宜亭斯亭，宜榭斯榭，不妨偏径，顿置宛转，斯谓‘精而合宜’者也。‘借’者，园虽别内外，得景则无拘远近，晴峦耸秀，绀宇凌空，极目所至。俗则屏之，佳则收之，不分町畽，尽为烟景，斯所谓‘巧而得体’者也。”“喜山色之不去，送鹤声之自来。卷帘邀燕子，闲剪轻风。林荫初出莺歌，山曲忽闻樵唱。看竹溪湾，观鱼濠上。梧叶忽惊秋落，虫草鸣幽。寓目一行白鹭，醉颜几阵丹枫。风鸦几树夕阳，寒雁数声残月。”（《园冶·借景》）将远山林树、夕阳云霭、莺歌虫鸣悉数“借”来，用以烘托园景，使人工园林小中见大、意境深远，使游人扩大胸中“丘壑”，思维的空间与物理的空间在遥远处契合，感受自然的陶冶。或是“云凄凄兮欲雨，水澹澹兮生烟。”（李白）或是“疏叶横斜水清浅，暗香浮动月黄昏。”（林和靖）或是“采菊东篱下，悠然见南山。”（陶渊明）喜晴还是慕雨，要看审美者的情趣爱好了。“因借，指布置景观时因人、因地、因时制宜之意。借景有因者，被借来的客体，一种为自然界中山水景物、外貌特征，借来入园景，以丰富园林内在景观和自然情趣。一种为园林周围环境作为背景，使园林物境扩大，内外景观呼应，浑然一体。”（陈植：《造园学概论》）《园冶》中也指出：“因借无由，触景俱是”。“内构斋馆，房室借外景，自然幽雅，深得山林之趣。”“堂开淑气浸入，门引春流到泽。”“借岩成势。”也可以借声音：“林荫如出莺歌，水曲忽闻樵唱。”借意象：“风声林樾，境入羲皇。”或借“濠濮之上，入想观鱼。”《园冶·立基》远借园外景观：“远峰偏宜借景，秀色堪餐。”“高原极望，远岫环屏。”可以资借的事物很多：“夹巷借天，浮廊可度。倘嵌他人之胜，有一线相通，非为间绝，借景偏宜；若对邻氏之花，才几分消息，可以招呼，收春无尽。”（《园冶·相地》）“适兴平芜眺远，壮观乔岳瞻遥。”（《园冶·立基》）“幽幽烟水，澹澹云山；泛泛渔舟，闲闲鸥鸟。”（《园冶·相地》）“入山听鸟喧，临水赏鹿饮，”敞轩观鸥翔，粉壁浮竹影。前者系山野情趣，后者系园林景观在静动之中的意境。对自然山水景与色的细致观察也造就了一代画师：“山有三远：自山下而仰山巅，谓之高远。自山前而窥山后，谓之深远。自近山而望远山，谓之平远。高远之色清明，深远之色重晦，平远之色有明有晦。高远之势突兀，深远之意重叠，平远之意充融而缥缥缈缈。其人物之在三远也，高远者明了，深远者细碎，平远者冲澹。”（宋·郭熙《林泉高致·山川训》张薇，2006 年）“三远”之说在传统园林的造园中体现在借远景的构图理念。造园因借的另一手法是应时而借，同一地域，随四时季相变化，生物花卉之景有所不同，其色、形、香随四时而异，从生态和审美两方面都丰富了园林功能。

6.3.2 园林设计技巧和一般规律

6.3.2.1 借景的方法和技巧

造园借景内容包括借形、借声、借色、借香，直至借新鲜空气，借景的方法有远借、邻借、仰借、俯借，应时而借，从立体景观上扩大空间范围，丰富景观内容。使土壤—大期间的生态涵养空间扩大，“园虽别内外，得景则无拘远近。”（《园冶·借景》）生态共享和借意境也体现了园林生态化和人文化的属性。

对于园林建筑的借形组景，常采用对景、框景、渗透等构景技法。远至峰峦、制高点建筑物，近至邻院的山石花木，将可以资借的自然景色（形）纳入本园的视野空间范围，嘉则收之。远眺赏景，在俯仰之间，使身心得以放松休息，远借更能激活想象力。邻院的红杏出墙，使园林边界模糊，园林景色互相渗透。在园林纵向景观序列设计达到高潮位置，往往通过向外借景（背景）的方法结束。“框景”因借方法多采用墙上漏窗、门洞口或者通过牌坊将远方佳境“框”住，增加景观深度和构成背景效果，在景墙漏窗前面游赏时，会看到一幅幅“框”住的画面。借色包括借绿色、结青绿相间的山色、借月色、借水色。借不同季节、不同气象观赏景色。如杭州西湖素有“晴湖不如雨湖，雨湖不如月湖，月湖不如雪湖”之说，这意味着欣赏意趣（意境）的不断上升、创新，体现审美活动的超越性，不身临其境，是不会体悟其中审美感受的。借万千气象，借光色隐晦，在静与动之间将自身置于物我两忘的境界之中。山水园林景观的对景处理手法，使观赏者在视线走廊范围有遥相呼应之趣，小至园内人工水面上隔岸相望的既有区别、又有呼应两组园林建筑，对景效果则体现了在更广范围的景观统一性。位于杭州西湖南北两岸制高点上的雷峰、保俶二塔，凤凰山上的城隍阁，在较大空间尺度上互为对景，互为呼应，在不同角度眺望湖光山色效果俱佳，使三面环山一面城的西湖置于完整统一的立体景观构图当中。苏州的拙政园远借园外面的北寺塔，也是一个著名的借景范例。

6.3.2.2　适应游赏者的情趣和心理感受

人们对于游走型园林空间的视觉心理和生理感受与下列因素有关：人体高度、步行速度、视野中左右、上下环顾的角度、视线在不同分辨率状态时的视距值等。其中视距与人对外界的感受关系可分为：人与人之间在散步时的舒适距离为3m，室外亲切感的距离为12～24m，即能够看清面孔的界限为14m，能够辨认观察对象的界线为24m，能够认出人形的界限约为1200m，城市市民广场界限小于140m时，使人能体会到置身广场空间的氛围感。人类喜欢“围合起来的空间”，会有环境氛围感和归属感，但是这个空间太大、太小或者封闭界面太高，都会使人产生不适感，一个空间大小应视其中常在人数而定，较理想的三维空间是适合人类生活、工作（生理和心理）距离的空间。空间界面距离和分隔尺度应使人感到匀称，以避免空间过大或过小而产生离开感和接近感。这些建筑心理学理念也适合于园林布局与核心景观设计，如游赏者视线在视域内的中心视场区域，所对应的立体角为2°，中心视场区域周围30°（立体角）为视觉清晰区域，视线左右环顾不受限制，在驻足时最佳观赏仰角应小于60°，一般控制在45°以内，俯角则可适当放宽，但也不宜过大，在设计中距离观赏景点时，应将其放在视觉清晰区域和最佳俯仰角之间。游园者在步移景迁当中追求新奇的心理，也体现出中国园林在不断的空间转换中曲径通幽、别有洞天的意趣。

在园林总体布局或一组景观的空间构图设计中，主体景观与背景的比例尺度、景观空间构成序列、由点、线、面的组合构成景观深度和广度、景观轴线的走向等均应统一考虑。景观的轴线可以是一条直线，将一系列硬质景观“串”起来，会给观赏者一种庄严、壮观的空间感受。这条轴线也可以利用地形、地貌、自然植物群落而转折、起伏，使视野中景观高潮的标志性建筑处于忽隐忽现之间，以提升游人的观赏兴趣。在设计最佳观赏点时，尽可能将被观赏景致布置在清晰视域内。以布置亭榭为例，位于山脚下的背山面水的亭与位于山巅的亭，其背景分别为山体和天空，位于山脚下的亭游人休闲观赏的机会多，常与隔岸建筑形成对景，适合中观或近观，这时凉亭从外轮廓线到细部设计应做得小巧、精致、耐看，驻足于亭内可以环顾四面的山体、水面、曲桥、建筑，多为平视。而位于山顶的亭体量应做大一些，可以建成一对连理亭，或者做成重檐攒尖顶，也可做成两层亭，便于登高远眺，平视或者俯视远处景观。筑亭引风、遮阳避雨则是亭的实用功能。

在景观构图设计最佳视线方向时，为了强调景观层次和景观深度，有意识的按人的不同视距的辨别能力设置近景、中景和远景。如池岸垂柳是近景，隔岸建筑或水中曲桥可认为是中景（根据水面尺度定），在远处高地上树木掩映的建筑屋顶、寺塔则构成远景。在透视法则中，随着视距的增加，建筑或树木的色彩逐渐变为青色或是灰色调系列，与天空背景、远方朦胧的山色相接近，这会激发眺望着由近至远、追慕高远的心理，丰富了想象力，将视觉中的物理空间与意境中的想象空间在远处契合。有时为了展示景观深度和层次，在眺望位置的视域走廊上有意识地强化景观配景的同一性和连续性，使在景深方向形成一种韵律而不间断，如同一树种、树形在视线上形成一组渐变韵律，蜿蜒的石阶山道、假山峰峦起伏形成的韵律，甚至长形水面（或河流）上远近不同的几座拱桥，会大大增加景观的纵深感。

6.3.2.3 园林要素布置中的比例与尺度

比例和尺度是注重人工空间、自然物（石、山、树木、水面等）与人的比例关系。园林景观和建筑主要是人的休闲、娱乐和观赏所在，应考虑人体尺度对于观赏空间的适应性、亲和性，诸如庭院、游廊、观赏平台以及非纪念性建筑尺度不宜过大，尽量避免空间高度远大于另一方向尺度的窄空间出现，如必设庭院大过道时，应在两侧墙上开外窗或漏窗，顶部要开敞，角隅部位放置盆栽、碣石或配景，弱化紧迫、压抑感，构成宜人的空间尺度。走廊或檐廊的轴线宽度宜控制在1.5～1.7m之间，其中坐凳、靠栏应通透、舒适、坚固，便于不同角度坐姿赏景，柱间的挂落、雀替等构件位置不宜过高，镂空景窗图案应细腻、秀美便于近观，如为壁龛式展窗，则廊内光线不宜太暗，要适合近观，既增加视觉吸引力，又使观赏者在坐立之间均感到宜人的空间尺度。关于规模较小水面的尺度设计，使隔岸形成的临水建筑的视距不超过分辨人脸形的范围，建筑对景互为衬托，建筑风格和轮廓线要呼应。可视水面形状及大小设置水上走廊、折桥、单拱桥、廊桥、亭桥将水面空间分割，游船互通，使水面处于分与合之间，俗称“眼镜湖”。一般以局部凸出水面的池岸，宜设亭榭等建筑景观，观赏树木不宜均匀密植，以掩映建筑、增加池岸倒影的观赏树为首选。一般在构思较大尺度核心景观空间时，根据使用功能、规划要求和经济条件，首选增加建筑体量，以增加建筑总高、选择不同屋顶形式、增加建筑水平向用地范围来实现。如采用仿传统的坡屋顶时，有庑殿、硬山、歇山、悬山、卷棚、攒尖、单檐或重檐屋顶形式，在体量、屋顶的变化中取得协调。北方寒冷气候区园林建筑多为厚重、简洁，斜脊翘角舒缓，木构件粉饰彩度稍高，江南地区园林建筑宜做成通透、细腻、小巧，木构件一般可不粉饰重彩，以白粉色墙、青灰色瓦作为主色调，寺庙园林建筑则采用专用的朱红、土黄色作为建筑物、围墙的主要装饰色。

园林建筑小品中细部的质感也会增加游兴和对自然的理解。如卵石铺路小径、毛石砌筑景墙、花坛、挡土墙、竹柱藤萝架、草顶凉亭，竹制的山门或牌坊，用竹竿、树皮、树桩做成的防护栏杆，坡地路面的毛石蹬道，放在草坪中的碣石，用这些自然物的纹理、质地来表现小品的质感，增加一些野趣，甚至一些园林坐凳、垃圾箱都可做成木纹表面，也表现出拙朴、淡雅、融入自然的意境，达到虽由人造、宛自天开的效果。

6.3.2.4 园林要素布置的对比、层次与渗透

为了适应游客追求新奇的心理，在中小型游园当中多采用空间组合变化的手法，在这些空间变换过程中往往采用对比的造园手法，包括体量、形状、虚实、明暗、建筑物与植物、构筑物与植物之间的对比和互相渗透，也形成了游赏线路上的景观层次。如在江南众多的私家宅院园林布局当中，进入大门先呈现一个比较封闭的天井过渡空间，大多作为轿厅或等候厅，首先给人欲扬先抑的感受。然后通过门洞、廊道进入居住性院落，再经过空间转换进入后花园——进入一个相对开放的空间，一系列空间转换产生了富于变化的景观层次，在这种穿插渗透中使很小的园林空间变“大”了。最后在缩微的咫尺山林中体验到“小中见大”的意境。这种对比的手法并不是杂乱无章的堆砌，而是在一种大风格统一协调下的空间转换。如建筑顶的造型和色彩的统一，粉白色墙面的统一，各种门窗洞口、木制构件造型的协调统一等。游

赏空间的转换手法通过铺路小径、檐廊、走廊、花架廊、景墙、绿篱墙、小桥、造型门洞、牌坊等构筑物设计作为过渡空间，两个院落在此空间互为映衬、互为渗透，有引导作用，使得人未到达，在视野中已感受到另一景观层次。在上下坡台阶、步道转折处，走廊挡土墙或云形墙上的漏窗或装饰假窗，起到景观渗透、辐射、诱导作用。相应的，建筑室内外空间也可形成空间渗透和景观层次，如私家园林中封闭的内天井庭院景观，与四周的居室、会客厅、书房通过开设外窗使内外空间互相融合、渗透，使开敞的室内空间有扩大的感觉，这个院落空间成为可以因借的虚空间。园外可以因借、利用的景观，也会使园囿边界模糊，利用了园外一定高度的观赏树木、山林景观、制高点建筑，共享了更大范围的空间环境。

在游览路线和景观层次的空间设计当中，还可以运用空间景观程序组织技法。与绘画、文学等艺术品情景设计相似，在空间景观序列布置当中，有意识的布置序幕、情节、重点区、高潮、尾声的空间构成序列，如点与线组合，点与面组合，使游赏者形成具有阶段和连续的自然审美感受，如有意识设计游人驻足观赏的景观画面，在游线上供游客休息的亭、榭中向周围眺望，在牌坊形成的框景中观察前方的景观，设计一处小型广场和集散地时，根据人流驻足、走向及活动规律，设置四面可供观赏的景观。在游赏线上也应有意识地设计一些近观的细部佳构，如铺路卵石，草坪、灌木丛、碣石、溪泉、石台阶、毛石挡土墙、石板桥、汀步、小型塑像，使游人感到处处是景，目不暇接。在游线道路的俯仰错落、起承转合之间丰富了园林景观层次。园林布局应“从大处着眼，从细部入手”，“精在体宜，巧于因借。”各种技法详细推敲，灵活运用，构思出适合国人情趣和意境的园林，并且凸显出园林的人文和生态两大特性。

6.3.2.5 公共园林节地及其生态策略

城市公共园林多为人工建造和培育的城市公园，这些地块多为不适合做理想的建筑用地或农业用地，地形坡度大，地貌较复杂，在使用前应了解地块的生态、环保特性。对于“盆”形洼地应了解放射性物质、有害物质是否超标，地表水的成分和可利用方式，最好避开垃圾填埋地面选址，在降水量较多地区，要有可靠的防洪设计。大部分园区用地在年主导风的上风向不宜设置有污染的工业企业。不论是城郊公园或是远离城市的自然风景区游览地，应根据设计客流量设置停车场和公共配套服务设施。公园入口广场以不采用大量的填挖土方为宜，硬质景观用地应随坡就势，保留古木和原有植被，尽量维持原有的地貌和生态系统。

园林设计和建造应首先考虑其生态功能和属性，成为都市生态系统的“平衡器”。如调节区域空气温度、湿度、流速，特别是弱化城市“热岛效应”，具有净化空气和适度的水体降解污染物的功能。城市公园与城市绿地系统规划、实施、布局应从景观生态学理念着手，使生物廊道、斑块、基质成为有机组合，在建筑用地不断扩展的背景下，尽力保护城市聚落生态系统的完整性。在一些大中型公园建成后应进行环境质量监测和生态学评估，应保证和提升其生态价值。园林设计的另一特点是园林的人文化，将历史人物、艺术、大事记以各种形式表现在硬质景观和非物质形式当中，如楹联、匾额、碑记、碣石、字画、音乐、曲艺、武术、地方戏等表现形式，

6.3.3 城市绿地规划与居住区立体绿化

随着人口的增长和城市化进程加快，城市用地规模也在向周边扩展，在人们物质生活水平和社会化程度逐步提高的同时，人类在物质与精神需求的满足中转向于生存空间环境质量的需求，大面积的城市绿化和景观是城市公共园林向人们居住、生活、工作、出行空间的延伸和渗透。这种不同形式的生态绿化空间，构成了城市立体绿化体系，它强化了城市生态环境，美化了城市景

观，增加了居民除了公共园林以外的游赏休闲空间。凸显了宜居城市所具有的生态学功能。城市巷陌间到处呈现的公共绿地和半私密绿化空间，使建筑与居住区环境由“居住的机器”逐渐升华为具有生态活力的居住空间。同时也在推动着“绿色”生活方式的进程。城市聚落中的各种绿地空间有效缓解了由于居住人口高密度带来的负面影响，也是现代人类充分融入自然生态环境的重要实践方式。

6.3.3.1 城市绿地功能和分类

如上所述，作为自然生态环境的重要因子，城市园林绿地空间具有改善城市生态环境、美化城市景观、游赏休闲三项主要功能。由于植物的生长特点，使其具备了固碳、制氧、固沙、固坡、吸收辐射热、减弱季节风风速、调节空气温度、湿度等多项功能。城市绿地空间体系是由多种适宜生长植物与地表水、大气组成了较为完善的大气—土壤生态系统，满足了人的生物学需求，构成了适宜人类居住的生态空间。

城市绿地系统的具体功能有：

(1) 保护功能。这些绿地多为开放性居住区绿地和街边绿地，因而具有突发灾害（地震、火灾等）的躲避和保护功能，如为了防止火势蔓延，绿地本身就是一个火灾隔离区和疏散区。住宅周围的立体绿化可以构成半私密空间，保护了私人生活空间的安稳性。由于城市规划的权威性，城市绿化一般不能改变其使用功能，因此，城市绿地覆盖的网与片构成了城市的基本形态，在一定程度上控制着城市核心区的人口规模和用地规模。城市立体绿化系统能隔离光辐射和城市噪声，因而具有保护文物建筑和纪念性建筑环境的功能。

(2) 绿地系统的生产功能。首先林木作为资源有最终利用价值，经济林还具有果蔬、分泌物、药用等产品的产出，增加了社会财富，成为直接效益。有研究表明，城市绿化体系产生的间接效益是直接效益的 18～20 倍（张宝鑫，2004 年）。这些间接效益包括林木在50年生长周期内的产氧量，蓄纳水量，防止风沙流失，成为鸟类等动物栖息空间，保护了生物多样性等一系列指标。

（3）美化城市和健身功能。绿地城市景观满足了身居城市居民的观赏需求，包括中观距离的城市立体绿化形态美和各种观花、观叶、观外形植物的个性美，使城市居民扩展了居住生活空间，成为休闲散步、娱乐、健身等户外活动的最佳去处。适应地域气候、又具有观赏价值的树种，在一定程度上反映了城市整体性格和居民的喜爱，如生长在我国北温带的各种松树、白杨树、国槐，洛阳的牡丹，上海的广玉兰，江南一些城市的泡桐、桂树，梅、竹，华南的木棉花，已成为市民认同的市树、市花，成为这些城市的绿色记忆。绿地景观还可与城市建筑、城市雕塑构成城市街景的自然形态，彰显出街市的个性风格。

关于城市绿地的分类有不同的标准，有学者提出按照城市规划的观念划分（日·高原荣重），即按照人居环境中的四种基本需求，即安全、健康、效率、舒适作为标准划分。

（1）安全绿地。当发生自然和人为突发公共事件时，有阻挡灾害和保护人类生命财产的作用。

（2）健康效果。绿地空间能调节空气温度、湿度、光合作用、固碳和释放氧气。

（3）效率效果。用绿地来分隔城市用地种类和规模，使建筑用地和交通设施布局合理，高效利用城市规划规定的硬质绿地，实际上规定了城市用地秩序，因而构成较为完善的城市生态体系。

（4）舒适效果。各种形式的立体绿化美化了城市视觉景观，也遮蔽了一些杂乱无章的城市空间，如日照很强时有大面积遮阳空间，由于冷热空气在绿地界面的交融会产生空气流动，弱化了城市“热岛”效应。道路绿化也是各种交通出行方式的隔离带，特别是对于步行、非机动车交通方式具有安全感。

平地绿化一般以所占基质面积来计算绿地指标，但是，不同植物品种在不同生长周期中的高度、树冠尺寸、光化学反应量均不同，其对环境的生态贡献率也不尽相同。同时由于用地紧张而产生绿化面积不足问题，多数城市人口聚集区不会有大面积植被覆盖，采用各种形式的立体绿化，可以缓解城市规划中规定的绿地指标不足问题，现代居住区设计当中即有绿地率和绿化率两项指标，以保证绿地总量的下限值。城市公共绿地和居住区绿化以立体绿化形式补充公共绿地的不足，同时改善了城市形象和城市生态系统。

6.3.3.2 城市立体绿化形式

(1) 墙面、阳台绿化。在建筑物实墙面和构筑物实体表面预埋网状支撑架，许多攀援植物都可以借助支架沿墙生长，也可以在墙体表面预装花盒、花槽，即是披垂和悬垂的墙体绿化形式。这种绿化形式光合作用充分，吸收一部分辐射变为植物的化学能，起到建筑防热作用。也有在专门制作的毛石类表面的矮墙上种植花卉，供观赏展销使用。阳台和窗台的绿化是在台面位置预装花槽，或在板地埋设钓钩，主要以盆栽为主，阳台靠近外墙部位也可作墙面绿化使用。

(2) 屋顶绿化。包括屋顶种植、棚架式绿化、覆盖式绿化、屋顶花园等形式。如果屋顶防水和排水系统设计合理，屋顶覆盖是绿化层是建筑物面有效的隔热保温层，棚架式绿化可穿插布置屋顶纳凉平台，是住宅生态化的措施之一。屋顶绿化以采用草本植物为主，坡屋面可采用攀援植物和悬垂植物，应选用气候适应性强（耐寒和耐热、耐旱）、叶面大、抗风类植物品种。

(3) 门厅、院落绿化。主要绿化位置为建筑内外联系空间、主要入口，半私密性院落绿化和分界。建筑入口的大厅、门廊、门柱、雨棚等部位绿化可选择盆栽植物，也可选用草本攀援、悬垂类植物，结合门厅、走廊中的观赏艺术品、天井位置组成立体景观，起到装饰门面的作用。花架和棚架则是结合室外庭院建筑小品、铺面小路，设置遮阳通道和驻足休闲绿廊，可选择缠绕、卷攀、吸附、棘刺类藤本植物，构成立体绿化空间。篱笆和栏杆绿化多用于区分半私密空间与公共空间的分界，具有围墙和屏障功能。根据地方物产可采用竹（骨架）篱笆、木栅栏、各种金属栏杆、镂空砌筑墙面、水泥栅栏、铁丝网栅栏，也有灌木丛界面，这些骨架与攀援植物形成了立体绿色屏障，具有明显的生态效益。

(4) 花坛、台地绿化。立体花坛常位于城市繁华路口的街景装饰立体绿化，将各种随季节开放的花卉按颜色、面积组合成一道艺术造型，生动而具有活力，具有生态性和观赏性双重价值。台面、坡面立体绿化则是根据城市中部可利用的复杂地形、地貌，如陡坡、缓坡、岩石面、路基边坡进行覆盖式绿化，减少由于工程等原因造成的自然暴露的岩土面积，视其坡度大小，可种植地被植物，也可在坡顶种植俯垂型植物，使其沿坡面下垂生长，结合种植吸附型藤蔓植物攀附于台壁上，也可采用喷播方式使种子在岩土缝隙生根、发芽。台地坡地立体绿化是恢复和增加裸露岩土固化能力的有效方式，需要人为增加基质土的养分和熟化程度，为岩土表面穿上绿色外衣，恢复植被的周期将会是很长的过程。

(5) 河道及桥体的立体绿化。河道绿化对于防洪和流域水土保持有重要作用。有些城市河道做成两级不同高度的坝体，为应对丰水期和枯水期不同水位时使用。可利用不同高度坝顶布置立体绿化，结合亲水娱乐平台设计，形成一道滨水的绿色城市景观，在白天和夜晚会产生不同的视觉环境，滨水立体绿化首选喜湿、耐日照植物。城市立体交通枢纽形成一个天然立体绿化空间，对于桥下地面、桥墩、路边栏板位置分别种植喜荫类、吸附类或攀援类植物，会使生硬的混凝土表面呈现一种生态活力，也有一定的隔热效果。位于一些城市老街区得以保留下来的古树名木，具有生态和文物价值。作为老树的配景，种植一些草本和藤本植物，保持周围水土，使老树更具观赏性并得以有效保护。

参考文献

1. 汪菊渊. 中国古代园林史. 北京：中国建筑工业出版社，2007

2. 金学智. 中国园林美学（第二版）. 北京：中国建筑工业出版社，2005

3. 杜汝俭等. 园林建筑设计. 北京：中国建筑工业出版社，1987

4. 童寯. 江南园林志（第二版）. 北京：中国建筑工业出版社，1984

5. 陈从周. 园林清议. 南京：江苏文艺出版社，2006

6. 张家骥.《园冶》全释. 太原：山西古籍出版社，2008

7. [日] 小形研三，高原荣重. 索靖之译. 园林设计-造园意匠论. 北京：中国建筑工业出版社，1984

8. 何平. 石之于中国园林意境的意义及其美学分析. 新华文摘，2006 (9)

9. 李金宇. 试论中国古典园林中的风文化. 新华文摘，2006 (9)

10. 李敏. 中国古典园林 30 讲. 北京：中国建筑工业出版社，2009

11. 曹林娣. 静读园林. 北京：北京大学出版社，2005

12. 刘纪成. 自然美的哲学基础. 武汉：武汉大学出版社，2009

13. 叶朗. 美学原理. 北京：北京大学出版社，2009

14. 夏咸淳. 明代山水审美. 北京：人民出版社，2009

15. 辞海 1999 年版. 上海辞书出版社，2000

16. 张薇. 园冶文化论. 北京：人民出版社，2006

17. 陈植. 造园学概论. 北京：中国建筑工业出版社，2009

18. 夏昭炎. 意境概说. 北京：北京广播学院出版社，2003

19. 张宝鑫. 城市立体绿化. 北京：中国林业出版社，2004

20. 陈有民. 园林树木学. 北京：中国林业出版社，2007

21. 刘敦桢. 苏州古典园林. 北京：中国建筑工业出版社，1979

第7章　环境伦理与可持续发展社会

当我们每个人用自己的双眼和身体去感受这个大千世界的自然之美时，看到那些秩序井然、五彩缤纷的生物群落以各种形式表达着生命的存在，看到天造地设的荒原、雪山、大海、岩石，地球是荒凉苍茫宇宙中至今所知唯一有生命存在的星球，这是大自然的造化以及人类的幸运和自豪。人类以自己的勤劳、智慧和勇敢率先站立起来，百折不挠地由历史时空隧道的深处走向今天，走进一个前所未有的文明。由科学技术、物质财富、人类意志赋予这个种群以巨大能量，人类理性和情感的结合成就的哲学思考演绎而成环境伦理，像一座永不熄灭的思想灯塔照耀着绵延不断的生命长河。任何生物体都是生命与环境达到平衡时的自然选择，他们都有享受生命和延续生命的本性和权利，组成一个万类霜天竞自由的生命共同体，延续着这些天老地荒永无止境的生命故事。一种生存智慧和本能告诉我们：人类一定能够管理和协调好这个大地生态圈，他会与相约而来的其他物种和谐共生，服务好地球家园。当我们每个人为生命的短暂和人种的坚强而慨叹时，能够做些什么呢？为了自身，为了同类，为了后代，为了这个具有荒原之美和万种生命活动的环境，请你精心呵护大家生根立命的地球和地表上面这几十公里厚的空气层吧！向善、向美、控制物欲，轻轻触碰脚下的生命之土。生命的轮回、社会的延续往往被冠以宗教色彩，如果有来生，一定会再次享受生命的乐趣。

7.1　综述

环境一词，其字面含义是相对于某一种事物的周围其他各种事物的总和。正如第1章中将它比喻为环境之树，它是一个生命的状态和过程，包括一个相对稳定的时空，形成进行物质能量循环的条件和精神层面的环境氛围，但它又随着时间流动、空间位置、季节更替、社会形态、民俗文化和个体心理而发生着变化。这种变化错综复杂，是由某一相对主体的事物内外两方面因素交织作用的结果。在几十万年的地球运动演化过程中，阳光、空气、岩石、土壤这些非生命物质相互作用逐渐产生出有机质以及由低级到高级的生命现象，地球上万物苏醒了，竞相展示生命的活力。包括人类在内的动物、植物、微生物组成一个完整有序的自然生态链。人类高居于这条生态链的顶端，而且具备了智慧、意志和力量，当之无愧地成了这个自然世界的主宰。但是，对于自然界来说，人类也清醒地认识到，这些生命体是互为环境而生存繁衍的，丰富的生物多样性维持着大大小小的生态系统的平衡，保持这条生态链不断，这是物种生存演化的基本规律。广袤的宇宙蕴含着无限的奥秘，却被高度智慧的人类一一揭破。交通工具的高度发达使得地球上各个国家间的距离大为缩短，日新月异的航天器已使人类看到地球却是一个不太大的球。凝结着人类及智慧的科学技术以及“科技价值中立论”思想，伴随着工业文明伊始，就成了满足人类物质需求的手段。经历过第二次世界大战的人类在战后奉行了个人主义、消费主义、享乐主义、现实主义和科学主义的生活理念，使人类处于对自然界为所欲为的位置，也促使了全球人口的急剧增长，至今全球人口已超过60亿，预测全球人口在2050年将达到90亿！已使这个仅有30%陆地面积的地球家园有些拥挤了，趋于超负荷状态。“当今，我们已经进入了由欲望构成的怪圈，无法否定它的合法性和合理性。市场，这个让人类发挥自由和欲望的场所，它不是自然的，甚至不能容纳自然，却让人的自然本性得到了极致的发挥。”（卢风，2008年）个人物欲无限制地膨胀也带来了社会各阶层群体的贫富不均。当今人类为了满足无约束的物欲利用现代化之手和高度享受之口，在西方工业革命以来的200多年间将几万年来形成积累的地球资源快要吃光用尽，这会给我们的子孙留下什么样的环境和资源？这个一部分人的现代化距离我们人类共同富裕还有多远？先富起来的群体和正在致富的群体各有什么期盼？这个现代化我们还能享受多久？如何保证一种代际公平和代内公平？我们的哲学家、社会学家、生态学家和政治家一直在思考和回答着这些问题。

人类关注自然的另一个原因是自然的精神和审美价值。自然山川、荒原之美是亘古就有的，具有不可再造的唯一性。“天长地久，天之所以能长且久，以其不自生，故能长生。”（老子：《道德经》）自然景观的唯一性给予人类心灵的愉悦、震撼和慰藉。这不仅满足了人类拥抱自然的天性，而且使人类对自然产生了精神依赖和膜拜，得到了人类超自然般的、神化般的供奉，人类对自然的爱惜、敬畏之情油然而生，产生了对自然的拜物教。

基于自然生态环境的物质和精神属性，基于对生命的敬畏，环境伦理学在上世纪诞生了，成为一门主要讨论人对自然有无伦理义务的学说体系。主要包括自然的权利、环境正义和社会变革三方面内容。一个个体只有在一个种群里才会生存下去，一个种群只有存在于大大小小的生物群落中才会延续。当人类上升到社会层面则会形成一套环境伦理和生命伦理，包括抑制一部分人的强烈物欲，关注另一部分群体的生存质量和后代的生存环境，处理好人类发展和生存环境的关系，可持续发展理论终于在当代人类社会诞生了，其中集中体现了人类大智慧，道德和伦理——维护和尊重主体以外的事物是这些理论的精髓。

古希腊的先哲们以超人的智慧自我诘问：我是谁？我从哪里来？我到哪里去？当今的人类已将先人的智慧发扬光大，努力探索天文、地理、自然、社会等一系列与生命有关的问题。面对这些物欲横流的世间万象和有些破败的自然生态，我们也不要太悲观了，具有生存智慧的人类会给“自我”一个约束力，是能够管理好这个生命家园的。伴随着近代工业革命而产生的环境伦理被热爱生活、关注生命的哲人和政治家所推崇，逐渐普及芸芸众生，已成为一种普世伦理逐渐被全球人类所接受。

7.2 有关环境伦理的主要思想

《布伦特莱报告》发表于1987年。在挪威前首相布伦特莱夫人领导下经过数年的工作，向联合国世界环境与发展委员会提交了名为《我们共同的未来》的报告，首次提出了当今世界作为全人类生存环境核心议题的“可持续发展”理论，逐渐形成了人类社会与自然资源环境应该协调、持续、发展和保护的思想体系。国际社会用宪章、公约、制度等合作机制来约束现代文明强加给自然环境的沉重负担，扼制现代人无限膨胀的物质欲望，也体现着人类的理性思考。在理论界形成了基于实践验证的应用伦理学分支——环境伦理学和生命伦理学。它伴随着西方工业革命以来的新环保主义运动，许多学者加入到环境保护实践，凝结出各种环境学说，成为近现代协调社会发展与生态环境关系的重要思想。

7.2.1 近代西方环境伦理思想及实践

环境伦理思想兴起于19世纪后半叶的美国。首先由哲学家和社会工作者提出，他们都一致地质疑和抨击了工业文明带来的环境后果，以实践印证了人类对理想生态环境在精神和物质上的依赖。人类在享受现代文明成果的同时，渴望亲近大自然，淡化对自然环境征服和主宰的意识，希望与自然和谐共生，兴起了新环境主义运动。在哲学层面上形成了生物中心主义、大地伦理学、深层生态学和生态整体主义等学说和流派，在行动上从实践项目和制度建设方面均在努力保护大地生态圈的完整性和持续性，从理论和实践上引导民众生态整体意识的提升，地球家园不是一枝独秀，只有百花齐放、万物竞生才会构成理想的、可持续的生存环境。

150 年前美国思想史和环保运动的先锋派人物、文学家、亨利·大卫·梭罗，率先以自己丰富的实践活动为依据，印证了非人类中心主义生态观，他在瓦尔登湖畔的小木屋里两年多的时间与自然零距离的接触当中，以日记形式记录了每天的生活场景，自然景色、动植物随季节运动变化的规律，描绘出一个沁人心脾、生意盎然的生态家园，用肌肤、用呼吸感受到万物竞发的生态环境带给人类无以替代的物质和精神享受，最后结集成实录文学作品《瓦尔登湖》，它将视野中雄浑秀美的大湖、森林和生机勃勃的自然万物以哲学家的睿智和文学家的笔触一一描述下来，成为美国早期环保主义运动的“圣经”。在这部著作里处处体现出“我”与自然和睦相处，肌肤相亲的真实场景，作者置身充满负氧离子和花香鸟语的湖光山色间，既有炽热的情感宣泄，又有冷静的理性思考，作品里的每一句话都成为人性化、泛自然化保卫大自然的宣言，在与大自然共享生命的同时充溢着崇尚自由、敬仰自然的思想，深刻地诠释出大自然不仅仅是给予人类以物质享受，而且还有接受美学上的精神愉悦和对神奇大自然的虔诚之心，因而形成了人类对自然的依赖性、人与自然和谐共生的非人类中心主义环境伦理思想，这与两千年前中国道家“万物一体”思想何等接近，用梭罗本人的话讲：将“这些根部还带着泥土的词汇”移植到他的作品里。他认为人类精神和肉体的健康是大自然的功劳，亲近自然就是亲近生命的“不竭之泉”，自在生成的大自然对于现代人仍然具有不可缺少、不可替代的生命支撑力，而不仅仅是经济功利的目的。他肯定了无生命的荒野是大地生态圈的重要组成部分，这对以后的生态保存主义思想产生了重大影响。

对于西方环境伦理思想影响较深的另一学派——人类中心主义一度使其成为多数民众所认知的思想，并且由近代人类中心主义向现代人类中心主义过渡。前者认为人在大自然生态系统中有绝对的内在价值，是人创造了近代文明，人与自然不是同一的，人类获得了意志自由，可以无限度地超越其他自然存在物。而后者则以植物学家默迪为代表的现代人类中心主义者认为：人类自身利益和需要的实现——人类活动在对其他自然存在物内在价值否定的同时不能超出自然物可接受的程度，应该淡化自然存在物对于人类延续和人类良好生存的工具属性，应该以不损害自然界的整体性作为限度。此后，人类又通过不断揭示自然奥秘而逐步认识到自然界是遵从内在规律而有机组成的整体性，这个整体性对人类自由活动有限制作用，主张人类应将自身视为自然界的一个组成部分，应该在自然界限定的位置和范围居住活动。如果人类超越这个限定的空间，深入至其他生物群落，就要打破自然形成的生态平衡，这些已被现代科学技术所证实。

20世纪70年代，属于“人类中心主义”的“环境权”主张的提出，认为人类作为权利主体应对自然环境承担的义务和拥有适宜生存环境的权利，并且写进了1977年在瑞典斯德哥尔摩召开的联合国人类环境会议的《人类环境宣言》：环境是人类尊严和福利得以实现的前提，人拥有在环境中享受自由、平等以及幸福生活的权利。“环境权”思想的进一步发展是“自由享有权”思想。在日本通过的《关于确立自然保护权利的宣言》中提出：我们有把自然作为公共财产让后代继承的义务。决不容许一部分人对自然进行垄断性使用和破坏，人生来拥有平等的享有自然恩惠的权利。这种思想在一定程度上克服了环境是人的所有物的缺陷，但其本质仍然属于环境伦理学中的“人类中心主义”思想体系。

倡导人类中心主义的另一代表人物是诺顿（B. J. Norton）。他认为大自然具有改变和转化人的世界观和价值观的功能，主张环境主义者的联盟。认为只有人才是内在价值的拥有者，所有其他客体的价值都取决于他们对人的价值的贡献，即人的需要价值和转换价值。诺顿总结了几种人类中心主义的学说：①意识说，人类具有高度主观意识；②圣经说，《圣经·创世纪》关于上帝按照自己形象创造人，并且要求人治理地球的观念；③进化说，默迪认为达尔文的进化论证明了物种的存在以其自身为目的，他们不会仅仅为了别的物种的福利而存在。每一个物种的成员都在努力证明自己的存在，以实现自己的生命价值。

约翰·缪尔，作为美国自然保护历史上一个里程碑式的人物，他受了梭罗关于“荒原具有超越功利主义的价值，能给人类心灵带来道德震撼和审美愉悦”思想的影响，喜欢亲近大自然，足迹遍布世界。19 世纪 70 年代在美国发起了一场国家公园运动，具有在欧洲环境考察经历的缪尔促使美国政府规划了著名的黄石国家公园，创立了环境保护团体“谢拉俱乐部”（Sierra Club），被民间誉为“自然保护之父”，使得当时的美国总统与这个民间环保主义者在缪尔居住地一起考察了 4 天，成为环保历史上的一段佳话。缪尔因此成了“自然和野生生物保存主义者（Preservationist）”的代表人物。他的主导思想是极力主张人类不应以任何理由对原始森林和荒原进行开发，人类应该顺应自然，对自然不加干预，接受自然过程的全部结果。

与自然保存主义环境思想相对应的另一流派是天然资源的“保全主义者”（Conservationist），其代表人物是吉福德·平肖。他在耶鲁大学毕业后又去欧洲学习森林管理，回到美国后从事林业管理工作。他倡导对自然资源应保护、管理、利用三位统一起来的理念。他们认为自然的一切对人类来讲是不可或缺的资源，为了大多数人的利益及后代的利益，在不破坏生态系统整体的前提下，对自然资源进行有计划的开发及合理利用，对荒原及自然资源遗产进行科学有效管理。两派环保主义者在对美国赫奇峡谷和国王峡谷开发问题上进行了长期的争论，促进了环保主义思想体系的成熟。“保存”和“保全”两大流派都共同反对资源无序开发、乱砍、乱挖等以眼前经济利益为目的的做法。虽然在对待世界自然和文化遗产的态度上出现了以上两大不同理念，而基于这些遗产的经济价值、科学与生态价值、休闲与审美价值的综合考虑，两种思想的理论依据又趋于一致，一个“保”字就体现出既顾及当代人利益，同时为后代留下宝贵遗产。两种思想形成了自然中心主义（保存）和人类中心主义（保全）两种对立的基本理论框架。美国近现代环境运动主要经历了三个阶段：①防止人类破坏环境而进行的自然保存运动；②从人的功利主义角度提倡自然保全运动；③从 20 世纪 70 年代开始以人和自然共生为价值基础的环境主义运动。

西方近现代哲学家、伦理学家还主张从人道主义层面去关爱生命，关注“动物权利”和“动物解放”，创建和发展了“生物中心论”等普世伦理思想，将伦理思想扩展至动物及一切生物。同时，将人的生存权利和尊严给予更加高度的重视，奠定了现代应用伦理学的重要分支——生命伦理学。表现了在漫长的人类文明史进程中，对于人的生命价值研究和生命质量关注，提升了人类精神层面和肉体层面的生命满意度和生命周期。

诺贝尔和平奖获得者、人道主义思想家、法国著名医师阿尔伯特·施韦策（Albert. Schweitzer）是代表人物之一。他受敬仰和畏惧自然万物、基督教博爱思想的驱动，先辈大思想家托尔斯泰“真正人格和质朴虔诚”思想的影响，提出了著名的“敬畏生命”的名言。其中“生命”与“生物”含义相同，包括人、动物、植物在内的所有生命现象，对生命表达出崇敬、畏惧、虔诚。他指出生命不仅是一种“自然现象”，而且要当作一种“道德现象”，人与生俱来就有一种尊重别人和受到尊重的权利，创建了“生命本体论”思想。他在一次讲演中是这样说的：善是保存和促进生命，恶是阻碍和毁灭生命，敬畏生命和生命中的休戚与共是世界中的大事。自然不懂得敬畏生命，它以最有意义的方式产生着无数的生命，又以毫无意义的方式毁灭着他们。在对所有生命的敬畏中也包含了平等思想。

提出“动物权利”观点的是美国哲学家亨利·塞尔特。他主张将伦理学范畴扩展至动物，动物虽然没有意识，但是有敏感的神经和知觉，应主动关心动物的生存与痛苦，主张不论是野生动物还是人工驯养动物的权利，提出“生物中心论”。另一位思想家是保罗·泰勒，他认为自然界的所有生命都存在固有价值，凡能够被损害或能够获得利益的事物均有其自身的好（生存能力），所有生命个体都是有其自身好的存在物，尊重自然是人类对于自然的终极道德态度。认为所有的生命都是“生命的目的中心”，人类应与“物”为善。人类的“自我”（self）应是更大的无所不包的“大我”（Self）中不可分割的一部分。所有的生命现象才能组成一个有序持久的生态世界和生存环境。因此，推动了生态伦理思想向着“生态整体主义”方向转变。

关于生命伦理学，是从古老的关于生命价值的哲学思考发展到现当代对于生命组成基因和生理学研究，利用日益完善的医疗技术将生命尊严与肉体生命质量放在一个前所未有的高度予以关注。生命伦理学领域总结出对待生命的五项基本原则是：①公正原则（principle of justice）；②关怀原则（principle of care）；③尊重自主性原则（principle of respect for autonomy）；④不伤害原则（principle of nonmaleficence）；⑤仁慈原则（principle of beneficence）。这些原则集中概括了现代文明社会对人的精神和物质层面的终极关怀和保护，体现在生殖、疾病、康复对待等多方面内容。

在近现代，由生态整体主义思想进而创建大地伦理学说的奠基人是奥尔多·利奥波德（A. Leopold），被誉为美国新环境理论创始者和新保护运动先知。作为生态学家和政府林业官员，他以哲学家的睿智和思辨能力，以官员身份参加很多实践考察活动，将其一生的大量实践感受、哲学思考凝结为晚年的一部著作《沙乡年鉴》，提出了著名的“大地伦理”思想。在他的眼中，动物、植物、水体、岩石、山脉都是有灵魂的生命存在，认为凡是存在就有价值，而不应出于利己目的去攫取、去破坏。他认为生态系统的整体价值要高于其中每个物种的生态价值，生态整体的利益作为所有生命体的最高利益应予以保护。他对荒野的研究和感受情有独钟，认为“荒野是人类从中锤炼出那种被称为文明成品的原材料”。荒野作为“一个有机体最重要的特点是它们内部的能够自我更新的能力，这种能力被认为是健康水平……有两种机体其新陈代谢的过程受制于人类的干预和控制，一种是人自身（医疗和公共卫生），另一种是土地（农业和保护主义）”。对于荒野的美学和生态价值给予高度重视。荒野随着人迹渐至，成为一种只能减少不能增加的资源和生物多样性丰富的生态系统。利奥波德将生态系统的整体、和谐、稳定、平衡和可持续性作为衡量一切事物的根本尺度。作为判断人类生活方式、经济增长、科技和社会进步的终极标准。“我们蹂躏土地，是因为我们把它看成是属于我们的物品。当我们把土地看成是一个我们隶属于它的共同体时，我们可能会带着热爱和尊敬来使用它。”为了保证地球上所有种群的延续和生态链条不断，他将生态系统中的“群落”扩展至“大地共同体”。利奥波德所创建的“大地伦理学”基本道德原则是：一个人的行为，当有助于维持生命共同体的和谐、稳定和美丽时，就是正确的，反之，就是错误的。这一原则从生态学角度看是对生存竞争中行动自由的限制，从哲学观点看，是对社会行为和反社会行为的鉴别。和谐、稳定、美丽三者同时具备，既反映了一种动态的生态平衡，也在帮助人们重新构建新的生存价值观，增加每个人心目中的生态意识、审美意识和社会意识，体现出当今环境伦理的核心思想。

环境伦理学说发展到现当代的理论构架是“生态整体主义之深层生态学”。其观点首先由挪威哲学家阿伦·奈斯（Arne Naess）提出。随着全球能源危机的到来，他于1973年发表《浅层生态运动与深层长远的生态运动：一个总结》学术论文。所谓浅层生态学是为了维持人类自身的利益而实施的环境保护，具有治标而不治本的性质。而深层生态学则是将“大生态中心主义”或称为“生态整体主义”思想引申到社会、政治、经济和日常生活领域，关注区域（全球）生态系统的平衡，如山体、森林、沼泽、跨国界河流的退化程度和对水体污染净化承受能力，包括生态评估和治理、多污染排放国家应多出资治理环境，避免污染扩大化和全球化，更不应将污染企业转移至经济欠发达国家。主张非工业化国家的文化保护，避免经济发达国家对欠发达国家的传统文化、价值观、资源和能源的干涉。主张环境正义和社会变革，对于环境公害、资源短缺、空间有限性与人口增长的矛盾凸现，应从社会和制度方面找原因，如提高人口出生质量、降低人口自然增长率，确保人均资源占有量不致下降很快。多留给地球一些原生态荒原、河流，并利用现代技术对这些资源空间进行恢复。多污染排放国家应确定逐年减排指标，不要让周边的发展中国家受损而不受益，穷国和富国不能够使用同一减排标准，应关注欠发达国家和群体的生存权。要认识到生态危机的根源是文化危机、生存方式畸形，抑制物欲膨胀则是至关重要的。

奈斯提出深层生态学的基本标准是：自我实现和生态整体主义平等准则，达到“生态自我”（每一个“我”都是生态组成一分子）的最高境界。从社会角度看，深层生态学主张各行业的自我约束和自我管理制度模式，反等级制度，非中心化（与中国老庄哲学“无为而治”思想接近），提倡广泛意义上的平等，避免官僚主义和浪费行为。人从出生到墓地都要受到社会这一大生态系统的终极关怀。有活力的社会文化和有公信力的社会制度都会保证这个社会不僵化、不专制滥权。每个人、每个社会团体都不过多地占有资源，将发展和保护之间的矛盾得到科学、合理的解决。将代际伦理和代内伦理统一考虑，生存需要发展，更需要保护。各民族、国家间应从全球范围出发，从后代的生存利益出发，达到不同地域地球村公民的生态伦理共识，成为一种具有全球意义的、超意识形态的生态文化和普世论理。

在此前的生物中心主义、非人类中心主义虽然较工业革命初期有了实质性进步，在一定程度上扼制了人类主宰自然、征服自然的功利化倾向，但最终还是被“生态整体主义”和“大地伦理”学说所代替，促进了全球性伦理的形成。全球伦理的一般性原则是：在对待自己、对待彼此关系、对待周围的世界时，反对一切形式的破坏自然和人类生存基础的行为，因为自然生态是经过数十万年自然演化而成当今之现状，并仍在遵循自然演替的内在和外在规律变化、运动、繁衍。不要强行加入人为的破坏力量，打破这种亘古以来的平衡。这也是在全球性伦理框架下的可持续发展原则：①支持普遍人权的理由；②为公正与和平而工作的召唤；③对保护地球的关切。全球普世伦理肯定正面的人类价值——自由、平等、民主，对相互依赖的承认，对正义和人权的承诺。这种伦理文化应该支持一种我们全球多种多样传统中富有价值的全球秩序，对人权之肯定和对地球之尊重。全球性普世伦理的核心思想是：①每一个人均拥有不可多得和不可侵犯的权利。个人、国家和其他社会实体均有责任尊重和保护每个人的权利；②没有一个人和社会实体存在于道德范围之外，都应该做有利于人类共同利益的事情；③各种有利于人类和世界福利的社团、国家和社会组织的权利都应得到尊重；④全球普世伦理不是纯粹人类中心的，其基本原则是：你需要大自然给你提供什么，人类必须同样认识到，大自然也需要人类提供什么。这种给予后社会的生态文明将“地球奴隶”从人的意志主宰下逐渐解放出来。主要通过国际合作约束机制从现状的共识到国际公约、宪章的制定来实现持续的人类文明。从20世纪中叶以来这种合作机制逐渐臻于完善。

1977年，联合国环境署（UNED）成立。1984年，联合国“世界环境与发展委员会”（WCED）成立。1987年，世界环境与发展委员会公布《我们共同的未来》。正式提出人类社会基于全球性伦理层面的可持续发展理念，将可持续和发展的关系作了理论阐述。1988年，世界气象组织（WMO）设置“政府间气候变化委员会”（IPCC），1992年，联合国环境与发展会议通过《里约热内卢环境与发展宣言》、《21世纪议程》、《森林问题原则声明》，另外《气候变化框架公约》、《生物多样性公约》开放签字。1993年，中国环境与发展国际委员会成立，陆续发表了《中国环境与发展十大对策》和《中国21世纪议程》，至今，又有一系列的节能减排国家政策出台，中国作为一个负责任的大国表明了对全球和区域环境的态度。在人均GDP和人均温室气体排理并不高的前提下，首先提出了国家意义上的节能、降耗、减排中长期控制指标，作为一个发展中大国，向全世界庄严承诺了维护全球和地域生态环境的责任，为维护人类生存的尊严和延续、倡导国际社会的公平、正义，展示了让地球家园大多数成员国所尊重的国家意志。通过一系列的政府间对话合作，使人类逐渐认识到有关生存环境问题的深层原因的必要性。面对共同的地球家园，实现经济发展和可持续的和谐生态整体主义之深层生态学不失为一剂良药，面对人类的生存与发展问题，提出了全方位的带有约束力的解决途径，并逐渐为大多数国家所接受。

在本书卷首感言中，我们推出康德的“人是目的”论，旨在强调人在自然和社会系统中领导地位、价值和作用，并不是人类为了满足私欲而向自然无限制索取的所谓“人类中心主义”，而是作为有理性、有意志、有智慧（能力）的人类能够协调好人与自然的关系，包括自身物欲的控制和生态的恢复，保持一种持续平衡，倡导细水长流，使资源恢复量和使用量相协调。也是基于人的生存目的，不同发展水平国家、不同地理气候和文化的地区应采取不同的发展策略。发展中国家不应重走发达国家极度消耗资源的老路，在保证每个人的生存和发展权的前提下，结合地域物产、气候、文化条件，提高资源利用效率和新技术、新能源开发能力，提高减物质化发展水平。对于全球各民族而言，推动整体生态文明不断延续责无旁贷的协调人正是人类自身，人是目的，但人类不是老大。我们坚信，具有理性和生存智慧的人类一定会将地球管理好。

7.2.2 中华传统文化中的生态伦理思想

中华传统文化源自于地域气候条件和地形、地貌特征，这些因素决定了在漫长的华夏农耕文明进程中延续时间很久的生存文化。群体意识表现出一种自我封闭性，不事扩张侵略，以家族血统为宗脉，自原始氏族部落开始就秉承的“人和”和“天人合一”的生活理念。表现在生活、农事适应自然气候、随季节更替而变化的传统文化。由于自然生态环境对社会生活、秩序、行为方式的影响，使生物多样性持续的生态环境延续至现代。这种根深蒂固的生存文化体现出一种一脉相承的生态直觉，或称为生态自觉，由儒、道、释三家思想长期以来形成博大精深的生态智慧和伦理至今仍影响着中华民族乃至全人类生产、生活的方方面面。

7.2.2.1 儒家对于人与自然的关系论述

儒家给人类自身的定位是自然生态圈中的一员，天是自然万物的泛指，成为人格化之神，并且作为一个超自然的偶像为人类所崇拜。自然界日月星辰的运行，昼夜晨昏更替，四时季节转换，万物生长化育，各种社会事物的存在和发展都是依据一定的秩序和规律而运动变化。对于人类来说，就是物我共存，人与其他生物互为环境，共生共长共同化育，单打一物种是不会持久生存的。汉代大儒董仲舒："天地人，万物之本也。天生之，地养之人成之。""人之性禀之于天，人之道（仁道）亦须法天，以生生为意。""仁爱"之理，也就是天地之心以生万物之理。"天人合一"理念从精神到物质层面涵盖了人与自然不可分离的交融关系。

伴随西方工业文明开始的人类生活方式如现实主义、消费主义、个人主义、享受主义和科学主义将人类带入空前的物质文明社会，由于无限度地对自然资源的索取，追求个人利益最大化，忽略了自然生态环境对人类休养生息的作用，造成人与自然环境的对立和隔离。人迹渐至，森林渐少，使生态危机和生存压力接踵而来……而源自地球东方"天人合一"思想体现出一种可持续的生存智慧，它来自于自然的力量和超自然的力量。"天"将有形的物质环境与无形巨大的精神力量制约着人的生存轨迹，人类在"天"面前无论是空间或时间层面都显示出非常渺小和短暂，仅是无限历史瞬间和巨大空间——宇宙中的匆匆过客而已。

属于物质层面的天则是地上空间、太阳辐射能和大气环境，天与地的交融产生出地上万物，构成一个生存的环境，包括丰富多样的生物提供给人类需要的各种物质资源。人类对自然的另一种依赖是使其美学价值，山川草地、林木荒原赋予人类一种愉悦、放松和亲近自然的天性，有了其他物种，人类就不孤独。有了万紫千红、生机盎然、阴晴雨雪和昼夜晨昏，才使人类作为一个高智商的种群有了亘古至今的延续和进化。作为代代相传“天人合一”的思想，告诉人们首先应了解“天道”和“人道”，然后强调了人对于客观世界（存在）的天和人类心中所崇拜的超自然的天的顺应关系。以苍璧礼天，以黄琮礼地。唯天地万物父母，人乃万物之灵。即不征服、不破坏、节制物欲，顺应天时。天人合其德，使自身修炼出一种人性。人性即仁性，是“苍天”赋予的，也是人类自身所具备的生存本能。敬畏“天命”有两层意思，人的生命是由“天”而“降”——天赐的，同时“天命”也是一种生存法则和实践理性，违背了这些法则就会削弱生存能力，甚至结束生命，从宗教层面上讲上天赋予是一种自然造化。儒家认为研究“天”（道）则不能不知道“人”（道），研究“人”也不能不知道“天”。当人以一种生命体出现在地表时是得益于天与地的滋养。“仁者，在天盎然生物之心，在人温然则爱人利物之心，包四德而贯四端也”。（《孟子·尽心上》）人类对自然资源索取时应具有需求和保护并用的意识，以能保证资源的持续存在。孟子有一段话是这样讲的：“不违农时，谷不可胜食也；数罟不入洿（Wu）池，鱼鳖不可胜食也；斧斤以时入山林，树木不可胜用也。”（《孟子·梁惠王上》）提出了可再生资源的持续利用原则：人类应按照农时去田里播种、收获等农事活动。用大孔网捕鱼，可让未长成的小鱼、小鳖逃走而继续生长。如森林伐木取材应选择最适宜的季节和选择最适合砍伐的林木，并建议不能超量砍伐，适时种植树木。这是古代儒家一种出于生态直觉的伦理思想——时禁。人在自然界居于主导地位，但不宜在任何时候和环境中捕猎、伐树，在主观上节制了人类索取欲望，客观上让动物、植物休养生息。曾子说过：“树木以时伐焉，禽兽以时杀焉”。孔子说：“开蛰不杀当天道也，方长不折则恕也，恕当仁也”。人类对自然物的索取强调时令，强调长势。其中惜生和爱人思想，既体现了仁爱，也体现出人与物的平等思想。如《礼记·月令》中记载：“孟春之月，禁止伐木，勿覆巢，勿杀孩虫，胎夭飞鸟……毋变天之道，毋绝地之理，毋乱人之际。仲春之月，勿竭川泽，勿漉（Lu）陂池，勿焚山林”。因时制宜，禁止一切人为的有害于自然物生长的行为。《荀子·王制》篇记载：“草木荣华滋硕之时，时斧斤不入山林，不夭其生，不绝其长也；春耕、夏耘、秋收、冬藏，四者不失时，故五谷不绝，百姓有余食也”。不是斩尽杀绝，而是细水长流。现代生态学则解释了其中保持生物多样性和食物链的生存法则，维持自然生态系统的动态平衡，任何自然物不论是生命体还是非生命体都有其存在的价值，是自古而延续至今的自然观。

儒家主张的生态理念是以人类为中心的。人类具有主动意识和能力去制约万物，既有破坏性，又有维护性。儒家主张又是生态整体主义的：“天地以生物为中心，天包着地，别无所作为，只是生物而已。”（朱熹）“天生之，地养之，人成之。天生之孝悌，地养之衣食，人成之以礼乐。三者相为手足，合以成体，不可无也。”（董仲舒）人与生物浑然一体，仁为生生，与天合一。

自然界对于人类具有美学和精神价值，山水文化已成为儒学传承的脉络之一。明代是中国山水审美史的重要阶段，这一时代使唐代的艺术、审美文化得以传承和发扬，涌现了众多的文人旅行家，明末出现了资本主义萌芽，地理学、天文学、气象学、农艺学更趋成熟，游记文学和水墨艺术大量涌现，文人士大夫对自然山水感知精微、体察丰富，文字精准洗练，水墨飘逸传神，更重要的是在他们的文字中流露出环保意识，在整体生产力并不发达的那个时代，显示出他们对于自然山水的珍惜和危机意识。明代文学家袁宏道不仅其文出名，为后世所诵读，成为“公安派”代表人物，他的足迹遍及祖国大地。“……而且对于山水环境的钟爱更让后人敬重。他针对杭州灵隐寺飞来峰等诸名山遭受为题刻所毁容的灾难，他奋笔疾书，以告诫后人，……‘所幸五老峰，笔灾尚未至。珍重后来人，慎勿妄题字。山神已证明，后生毋轻易。好事倘不然，头骨随鞭碎。’情真意切，用心良苦。鞭笞一切将山水奇石毁容、将自然生态割裂的‘恶业’。当他得知豪门富贾在名胜之地拆庙毁塔造坟墓、掩埋枯骨的作为时，对此恶俗愤慨之情溢于言表：‘咦！自青鸟之说行，而天下之名山洞壑，青豆赤华之舍，几无完肤……甚乃有宝地无恙，珠林不改，而拽绀容，拆璇题，夷窣波，以藏枯骨者，吴越之间相习成风，始无论法道平沉，相教磨灭，而点涴烟云，攘据峰峦，将使岩栖谷饮之士何所归乎哉？可谓永叹！’（摘《珂雪斋集》：二人过药山大龙山记）他们的言行由对山水奇观的钟爱、迷恋到呵护、管理，提出了救助良方，也是为了后人，为了更多的人享受山水的意蕴。”（夏咸淳，2009 年）我国的碑石题刻成为历代文化传承的载体，在风景名胜区利用天然崖壁凿石刻字，用以纪功颂德、题名书事的文化现象从未间断，其中有大量的摩崖石刻具有很高的历史文献和艺术欣赏价值，构成中国传统经典文化脉络，如秦代的《琅琊刻石》，东汉《开通褒斜道刻石》，《石门颂》，《郑文公碑》，《泰山经石峪金刚经》，唐代元结撰文、颜真卿书石《大唐中兴颂》，成为东方文化的传世珍宝，这些集诗文、书法、刻石为一体的文化和艺术精品为自然山川又赋予了文化底蕴。旅行家徐霞客在游湖南祁阳浯溪时无不为这艺术瑰宝所震撼，他“……观赏峭壁上颜书《大唐中兴颂》及其侧天然石镜：‘浯溪由东而西入于湘，其流甚细，溪北山崖骈峙，西临湘江，而中崖最高，颜鲁公所书《中兴颂》高题崖壁，其侧则石镜嵌焉，石长二尺，阔尺五，一面光黑如漆，以水喷之，近而崖边亭石，远而隔山村树，历历具照彻其间，不知从何处来，从何时至此，岂亦元次山所遗，遂与颜书媲胜耶?’人间伟书与天然美石巧相配对，掩映于浯溪青崖碧水之间，景观尤胜。”（夏咸淳，2009 年）徐霞客之所以成为史上著名旅行家，并且写出洋洋洒洒的游记流传于后世，不仅有着敏锐的洞察力，还有悯人惜物的情怀，在热爱自然山水之中也在珍惜自然的一草一木，在痛心疾首地指责着那些破坏自然山水的人类行为。这种破坏性的行为随着时间在延续着，“……降至后世，铲石题字的风气愈烈，制作愈来愈滥，上自王公大人，下至一般文士，都想在名山刻石留名，又都挑选最醒目的精华地段，文笔题字既拙且丑，毫无价值可言。然而名山有限，胜景无多，人之奢望不减，题刻与日俱增。有些小块景区前后左右，上上下下到处都是刻镂痕迹，丹崖青壁几无完肤，而有价值的题刻却被淹没在所谓碑林之中，这真是山林的一大灾难……”（夏咸淳，2009 年）明代之中后期开始，传统的手工业已很发达，随着人口的增加，商贸交流扩大，资本主义生产交易方式推动了经济繁荣和生产力的发展，纺织、印染、采矿、冶炼、陶瓷、建材、造纸、酿造业发展规模加快，这些行业生产工艺较原始，而且都是重污染行业，对属于原生态的自然环境带来一定程度的污染，自然环境仍具有足够的降解自净能力，虽不至于产生生态灾难，但是局部的环境灾害也是可怕的，如在烧制砒霜的过程中，有害污染物带给人体、植物的可怕后果：“凡烧砒者，立着必于上风十余丈外，下风所近，草木皆死。烧砒之人，经两载即改徙，否则须发尽落。”（同上）徐霞客在崇祯九年（1636年）游江西时，“经铅山、余江、南城、宜黄诸县，见居民多以造粗纸为业，作坊临溪而建……”（同上）一路上发现了诸多山体、水体的污垢和残迹，不时有污水、臭气袭来，用时下的话来讲是发展经济忘了环保。在 400 多年前的明代，饱读儒家经书的诸多有识之士已经有了强烈的生态环境意识。

7.2.2.2 道教与佛教之生态智慧

以老子和庄子思想为主线的老庄哲学造就了中国传统文化中的道家风范和世界（宇宙观）。无论是饱读诗书、大隐于野的士子，还是劳作于田园市井的百姓，都在秉承着珍爱生命、不冒险、安守家园、亲近自然、崇尚自由、节制物欲这些处世哲学。道家修今世，佛家修来生，反映出中华民族不事侵略扩张、安守家园的生存智慧。庄子指出人与自然本来就是一个统一的整体："天地万物不可一日而相无也。"(《庄子·齐物论》)"天地与我并生，而万物与我同一。"(《庄子·大宗师》) 老子思想中的道则是一个包罗万象的生存法则，是天地万物生根繁衍的本源和事物运动变化的内在动力，这个法则化育并制约着自然万物。"道生一，一生二，二生三，三生万物。万物负阴而抱阳，冲气以为和"。(《老子 42 章》) 即要知其"道"，遵循"道"。"道者，万物之所由也，庶物失之者死，得之者生；为事，逆之者败，顺之者成。"(《庄子·渔父》) 人与自然（环境）有着千丝万缕的相互作用、依存关系，自然不是独立于人之外，而是所有生命组成的生命共同体，而人只是自然界的一个物种而已，每个人的生命直觉体验过程只是这个生命长河中的一滴水、一瞬间。对于一切生命的态度是："以道观之，物无贵贱。"(《庄子·秋水》) 甚至主张人与禽兽同居，真正融于万物当中，虽有偏颇，但阐述了万物平等和人格平等思想。宣扬一种包括人类在内的天道，而不仅仅是儒家所倡导的人道。"天地有大美而不言，四时有明法而不议，万物有成理而不说。圣人者，原天地之美而达万物之理。"(《庄子·知北游》) 四时季节更替，天地万物轮回，都有其内因和外因，万物按照这种自然规律展示出一种生命过程，就是一种（天生）完善形象和美感的传递。就人本身来说，能够生活在世上与万物共同享受生命，就是一种造化，一种理想的选择，就达到了目的，也就是享受生命本领的幸福。道家主张人生在世要努力去修身，不应刻意去求功利。个体的人在经历谋生、荣生、上升到乐生的境界过程中不要忘记一条：用感官去体验真实的生命，为生命存在的过程而去珍惜生命的每一天，不要太在意某一天或某件事所经受的磨难和波折，庄子哲学倡导在恬然寂寞中去享受生命的真实乐趣，而不是去追求昙花一现的荣誉和轰轰烈烈。"夫恬淡寂寞，虚无无为，此天地之平而道德之质也。故曰，圣人休休焉则平易矣，平易则恬淡矣。平易恬淡，则忧患不能入，邪气不能袭，故其德全而神不亏。故曰：圣人之生也天行，其死也物化。静而与阴同德，动而与阳同波，不为福先，不为祸始……去知与故，遁天之理，故无天灾、无物累、无人非、无鬼责。其生若浮，其死若休。不思虑、不预谋。光矣而不耀，信矣而不期。其寐不梦，其觉无忧，其神纯粹，其魂不罢。虚无恬淡，乃合天德。”（《庄子·刻意》）平安就是福，一种真真切切的生活感受足以让中国士子和百姓去神往了。这种恬淡宁静也让人控制住物欲，也弱化了人与人之间非理性的竞争，从文化层面使社会得以稳定。“我恒有‘三宝，’持而保之。一曰慈，二曰俭，三曰不敢为天下先。”（《老子》67章）清静、恬淡、无为，既是一种精神境界，也成为节制物欲、简化物质需求的生活内容，包含了对万物抱有一种善意、不苛刻、慎重、保重、珍重，表现出对周围环境的一种态度。节制物欲成为道家和儒家所共同倡导的生存理念。庄子还提倡真情，不主张人为的矫揉造作，自然，也就是真。“真者，精诚之至也。不精不诚，不能动人。强哭者虽悲不哀，强怒者虽严不威，强亲者遂笑不和。真悲无声而哀，真怒未发而威，真亲未笑而和。真在内者，神动于外，是所以贵真也。”（《庄子·渔父》）真，善，自然，自由，是人生的终极向往。老庄哲学对于宇宙大“道”的感悟，揭示出自然规律对于人的生物属性和社会属性的制约机制，是不以人的意志为转移的。总结出只有顺应自然而不是征服自然才是更为持续的生存方式。“久在樊笼里，复得返自然。结庐在人境，而无车马喧。问君何能尔？心远地自偏。采菊东篱下，悠然见南山。山气日夕佳，飞鸟相与还。此中有真意，欲辨已忘言。”（陶渊明：《饮酒》之五）魏晋时代的文人们将这种生活方式发挥到了极致，呈现出一种真实善良自在而为的人性，成为一种风骨为后人所敬仰。当真与善成为一种生存文化时，那么，人与人之间、人与自然之间的和谐共生则会水到渠成了，它会衍生为一种生命活力渗透在生命的细胞当中。

佛教整体论宇宙观的核心思想是“缘起论”。佛教认为宇宙万物都是互相联系、互相依存、互相作用的。佛教对于环境伦理的理论实践主要表现在：①依正不二，心静则佛土净；②同体大悲，戒杀放生、素食；③无缘大悲，保护无情器界；④惜物布施，生活简朴自然；⑤净业三福，庄严人间净土。佛教认为戒杀是消极止恶，放生是积极行善。无情器界指不具情识的山体、河流、树木、矿产资源，以区别于有情动物。佛教倡导清心寡欲，生活节俭，布衣素食，善待我以外的自然生态（器物），慈悲为怀，以善弘德，昭示天下。劝善戒恶，因果报应，积德修行来世。从一个角度阐释了福不要享尽、多留给子孙的可持续发展思想。佛教哲学作为一种完整的、无国界的宗教思想为很多国家和民族所信奉。西方近现代的生态整体主义之深层生态学理论也在一定程度上受到东方佛教哲学的影响。

7.3 人类社会可持续发展策略

7.3.1 可持续发展的由来与困境

人类从原始类人猿甚至更早的海洋生物，经历了漫长的时空过程进化，演变成为当今几乎可以掌控地球的高智商动物，原因是其生存智慧而展现出顽强的生命力。目前全球人口已经超过60亿！实属大自然创造的奇迹。生物化学知识告诉我们，生物机体要不断地向周围环境摄取能量和维持生命过程的物质，经过新陈代谢而吸收转化，使体内代表生命信息的DNA、RNA保持活性，同时排泄出高熵物质，持续着生命活力和繁殖能力。但随着机体向外界吸收有效能量的难度不断增加和机体内代谢吸收能力下降，即出现机体的衰老过程，直到能量物质在机体内的循环活动停止，预示着一个个体生命过程的终结，概括了生命现象生物化学的自然规律。生态学知识告诉我们，大地生态圈是一个由不同生物体有序排列（细胞、组织、生物个体、种群、生物群落和生态系）的生命共同体，它们与非生命体的土壤、空气、岩石和水组成了可持久延续的生态系统。同时也造就了维系各种生命互为依靠的生存环境，各种生物体占据不同空间的结构组成和不同种群之间的功能组成造就了一个鸟语花香、万紫千红的自然世界。它像一条生命长河亘古而来，又呼啸而去，展示出自然物绵延不断的生物属性。此外，还有呈几何级数增长的布满全球的交通工具和消耗资源和能源的工业企业。人类之所以能得天独厚，占据了生态链条的顶端，是它特有的意志和智慧而具备了其社会属性，积累了向自然索取能量和物质的能力，也同时具备了约束自己行为的思想和制度能力。因而成为自然界的管理者，而不是单纯的索取者，即除了满足自身生存（和享受）所需要的周围环境物质外，还有一种协调和服务于自然界的能力和责任。因为人类已了解的宇宙奥秘和掌握的科学技术使他们认识到这个生存环境的重要性，为了人种的延续和永远保持生命的活力，需要与其他生物体共生共存才能维系这个环境，维系这种自然生态系统的动态平衡，即各种资源（如海洋、森林、草场湿地等）的恢复和更新。因为近现代工业文明已经将上万年以来形成的自然生态和资源快要消耗殆尽了，人类正面临前所未有的生存困境。据文献记载，当今人类从环境中吸收“有效能量”比在100年前要困难1000多倍！自然资源的急剧减少直接带来自然界中有效能源减少，人口和能耗的急速上升使生活和生产废弃物远远超出了自然的承受能力，在自然界已不能全部吸纳和降解。人类的理性生存模式已使人类获得长足进步，远离了自然生存状态，使人类的个体生命周期延长。正因为人类处于生物链的顶端，但是在不知不觉中削弱和破坏着这条生命之链，忽略了基本的生态法则，一个个生态灾难接踵而来。

但是，人类毕竟是人类，他们利用自己的智慧和所掌握的技术，很快认识到这种影响生物延续的生存困境，全球的政治家、哲学家、社会学家、生态学家均做出了努力，从20世纪初叶开始对“林业可持续产量研究，”至今一直做着不同领域和地区的可持续发展全球性合作。1987年，在挪威前首相布伦特莱夫人领导下，经过数年工作，向联和国“世界环境与发展委员会”提交了名为《我们共同的未来》的报告，正式提出了“可持续发展”的定义与相关研究成果。报告评估了经济发展对环境的影响，人类与生存环境发展的互动关系。明确提出人类社会今后要走出一条资源环境保护与社会经济发展兼顾的可持续发展之路，保护和发展同等重要，这是人类理性思维的结果，是思想、科学、制度以致社会进步的产物。

可持续发展（理论）的基本定义是“（社会经济发展）既满足当代人的需求，又不对后代人满足其需要构成威胁的发展。”其核心体现出一种环境伦理思想。可持续发展是一对矛盾的统一体，人口增长和人类生存需要物质资源的支撑，但是求大于供造成自然资源短缺或者枯竭，已经严重破坏了自然生态链（平衡），大气、土壤和水体的污染已经严重制约着人类生活质量和生存方式，也在考验人类怎样处理好社会、人文和科学技术的关系。因此，可持续发展有更为广泛的含义：可持续发展是一种新的发展思想和战略，体现出人类的大智慧和社会的文明进步。目的是保证人类社会具有长时期持续性发展的（社会）综合能力，以确保环境生态安全、资源稳定增长和经济社会平稳发展，人的生存质量普遍提高并且保持在一定水平。

虽然不同国家具有不同的资源、人力和社会资本，有相差悬殊的人口负担和不同的社会和文化背景，这样对可持续发展有不同的理解和实践差异，但是可持续发展所涵盖的经济、社会、环境三个因素是共同追求的目标，而且三个因素相互联系、相互制约，可持续发展从哲学和科学的层面规范和协调了人与自然、人类社会与自然资源、经济发展与自然资源可持续利用的关系。为了维护社会稳定和发展，为了人口健康与延续，为了后代人的生存利益，明确主张社会的公平与正义。具体体现在维护每一个人的生存权利，控制人口规模和消费水平，抑制物欲和浪费，社会资源的再分配，资源的持续利用和循环利用，维持环境中的生物多样性和生态链，利用人类已经掌握的科学技术（包括发达国家对发展中国家的环保技术输出）减少对环境的废物排泄，利用人工和自然的净化环境技术，增强环境的恢复和生态功能。可持续发展包含的全球生态理论则强调发达国家和发展中国家对跨界资源的公平利用，对于跨界污染合理治理和生态环境的公平享用原则。经济越发达，污染形式越多，污染范围越广，发达国家应该承担更多的责任。人的生存权与发展权应放在首位，经济欠发达国家应该承担与其经济发展相应的环境责任，而不能与人均能耗高的发达国家承担同样的责任，主张平等和时空公平原则。自20世纪70年代国际能源危机以来，国际间各种有关环境的公约、议定书、共同开发再生资源的合作纷纷出台，基于全人类的可持续发展模式已逐步建立起来，我们看到了人类未来发展的曙光。

可持续发展就是一个没有终点的过程，也是一个与自然环境适应、友好的互动过程。在不同的人类历史发展阶段，会产生有差异的发展方式，但选择发展方式的目的是使一个个阶段化目标的实现。在每个阶段人类群体生机勃勃是主要目的，而且没有终点，人类面对自然的谦卑和克制生境的持久，就是一种生态文明。

7.3.2 可持续发展能力

1. 可持续发展理论的提出是基于“人类发展”和“发展的可持续性。”核心思想是一种生存伦理，包括人与自然环境伦理和社会全面发展的公平正义。主要是环境问题和发展不平衡带来的贫困问题。人是目的，主张对所有人的终极关怀，而不仅仅是获取财富，更不是将人作为获取财富的工具。人力资本的观点显然是违背人类发展目标的。人类普遍生存质量才是终极目的。

自然具有物质供给、提供生态环境、吸纳和降解废弃物的多重作用。可持续发展的社会则具有提供社会资本的制度能力和技术能力，连同环境资源则构成了可持续发展的综合能力。关于社会资本的定义是："一个国家的经济增长，可以定义为给居民提供的日益繁多的经济产品的能力的长期上升，这种不断增长的能力是建立在先进的技术以及所需要的制度和思想意识之相应的调整基础上的。"社会资本是人人可以利用的公共物品，是提高一个国家能够把握和管理其持续发展的能力。《21 世纪议程》中对可持续发展能力的阐述是："一个国家可持续发展能力在很大程度上取决于其在生态和地理条件下人民和体制的能力。能力建设包括一个国家在人力、科学、技术、组织、机构和资源方面的能力的培养和增强。能力建设的基本目标就是提高对政策和发展模式评价和选择的能力，这个能力提高的过程是建立在其国家和人民对环境限制与发展需求之间关系的正确认识基础上的。所有国家都有必要增强这个意义上的国家能力"。这种能力概括为科学技术能力、人力和体制资本与自然环境系统供给能力。周海林给出可持续发展能力的定义是："能力建设是指建立国家、地方、机构和个人在制度正确决策和以有效的方式实施这些正确决策的能力。"

由上述定义可以看出，可持续发展是一种总的指导思想，协调和解决发展和可持续的矛盾，成为人类社会和生存环境保持活力或持久生存模式的总的世界观和方法论。提出保持资源环境可持续性存在的方法，要维持一个恒定的自然资本，使生物资源和能源的可持续保存，从而保证经济的可持续性增长和可持续的延续发展。可持续发展的社会形态即是效率与社会发展的稳定、社会公平性的优化组合。企业创效益，政府买公平，这种能力体现在政府的科学决策和宏观调控机制，从制度层面上对环境资源的保障能力，国家之间的有关环境伦理、代际伦理、种际伦理的公约及其实施能力。它强调了国家法律、体制在实施可持续发展战略过程中的参与和贡献能力，集中体现了一个国家的软实力和硬实力，涉及多种人文和科学领域，就像自然生态系统的生命繁殖能力一样，贯穿于经济社会发展的各个领域和各个阶段，成为一项宏大的系统工程和全球战略。这种能力还体现在非政府部门的研究机构、学术团体和民间组织，它们对于能力建设的广泛参与性和国际间可持续发展信息的共享性，包括国际间和国际组织间学术与经验交流、信息发布，有助于增强全球和各国可持续发展能力建设。

2. 能力建设是一个国家综合“资本”的累积过程，包括社会资本、技术和人力资本、自然资本三部分。社会能力就是保障和促进人类社会综合发展的制度能力，是文明程度的体现。制度的变迁或称与时俱进，随时使经济社会发展过程中体现有效率的组织和明确的产权关系，形成一种规范的激励机制，在市场经济中降低交易成本、提高净收益，更侧重于市场的合作、协调和公平竞争，优化经济发展速度和模式。技术和人力资本则包括技术使用和获取能力、技术生成能力和综合技术能力。表现在生产、投资、创新三方面的技术实力。具体包括 4 项要素：生产设备水平、人员素质、信息获取能力和组织协调能力。人力资本则是对人力资源（劳动者）进行投资后而形成的技能和技术水平、创新发明能力的劳动力。“减物质化”的发展理念主要依托于技术和人力资本提高产品附加值和工作效率，“知识经济”意味着技术对于提高生产能力和发展能力的贡献。对于资源环境的利用和维护，技术能力则表现出它的中性，它可以高效率地获取和转化资源，也可以有力地帮助和维护资源环境的恢复和休养。如水体和空气污染的治理和控制技术，可生活和生产废弃物的循环利用技术，可支持植被、森林、湿地的恢复能力。劳动力质量的提升会提高劳动边际生产力，可以提升或重塑人的道德品质和精神素质，在提高个人（企业）收益的同时，兼顾环境和弱势群体的利益。慈善捐赠被称为社会资源的第三次转移支付，可以从另一个层面促进社会和谐、稳定发展。

技术、人力资本和环境资本只有在社会资本的有效协调和组合下，达到技术创新和自然资源的优化利用和配置，实现减少资源投入、提高生产效率和资本收益的目的，三者不可偏废。制度本身是由人来制定的，一种理性的自我生存和完善发展模式，人类之间的朴实伦理会支撑着制度变迁向着更科学、更持续的目标转化，最终是理性地提升人类普遍生存质量，这包括精神和物质层面，提高人的福利和解决环境问题的策略，可持续和发展理念在不断博弈和妥协中更新，而且能够与人类的最佳生存状态相伴随地持续下去。

参考文献

1. 卢风等. 应用伦理学概论. 北京：中国人民大学出版社，2008

2. 何怀宏. 生态伦理—精神资源与哲学基础. 保定：河北大学出版社，2002

3. 吴良镛. 人居环境科学导论. 北京：中国建筑工业出版社，2001

4. [美] 奥尔多·利奥波德. 侯文蕙译. 沙乡年鉴. 长春：吉林人民出版社，1997

5. 章海荣. 生态伦理与生态美学. 上海：复旦大学出版社，2002

6. 周海林. 可持续发展原理. 北京：商务印书馆，2004

7. 吴志强等. 可持续发展中国人居环境评价体系. 北京：科学技术出版社，2008

8. 王耘. 复杂的生态哲学. 北京：社会科学文献出版社，2008

9. 陈新夏. 可持续发展和人的发展. 北京：人民出版社，2009

10. 杨通进. 环境伦理：全球话语 中国视野. 重庆：重庆出版社，2007

11. 夏咸淳. 明代山水审美. 北京：人民出版社，2009

12. [美] 亨利. 梭罗著，张知遥译. 瓦尔登湖. 哈尔滨：哈尔滨出版社，2003

编后散记

还是在2009年秋季，在听本省一位学者作有关“三农”问题的学术讲座时，他讲述了一则趣闻，说乌鸦不是卵生，而是胎生，小乌鸦刚出生时在树上的巢里，靠它们的母亲飞出去捕虫衔在嘴里喂给在巢里刚出生的小乌鸦，可见乌鸦妈妈的辛苦。而小乌鸦长大后并没有离开妈妈而远走高飞，而是外出觅食，同样衔着小虫回来，喂给年老体衰不能出去捕食的妈妈，这种行为称为“反哺”，而将这种行为一代代地传承着，人类为乌鸦这种传宗接代的生活方式称之为“义乌”，据他本人考证（顾益康，2009年），也是当今这座闻名全球的县级市的来历。动物尚能如此，在中华民族的传统文化中也有着“滴水之恩，必当涌泉相报”的生活伦理。

人类社会之所以在历史长河中传承至当代，并且还要继续持续下去，必须具备全面的群体生存能力，但是，无需讳言的是现在全人类在享受现代化带来快乐的同时也正在面临生存的困境，随着物质生活水平的跨越式提高，我们很快适应了现代化的生活方式。极度的物质主义、拜金主义思潮的蔓延、盛行，所产生的环境资源问题、社会问题也给我们带来了警示，经济的高速增长能够与人类社会的可持续进步协同发展吗？社会的全面进步和人类的健康延续还有哪些因素的制约？有学者在介绍古巴比伦文明时曾扼腕叹息：盛极的巴比伦时期各种污秽的社会现象蜂拥而来，代表了一种颓废文化，成为人类文明进步的祸水，这种文明必须也势必要灭亡！（万俊人，2009年）当这位著名伦理学家肯定了当代公民的政治意识、健康意识、生态环境意识、尊重生命和人本主义思想这种建设性道德观上升的同时，也指出了社会上一些群体自我意识极度膨胀、亲情伦理丧失、以经济强势替代道德文化的现象屡见不鲜，他对这种社会现象表现出隐隐的担忧。早在先秦诸子百家那个思想活跃的时代，就有着“贫而乐道、富而好礼”的民风，“温、良、恭、俭、让、孝、悌”的家庭伦理展示出一种纯朴、和谐，在真与善的人性光辉普照下，巷陌间乐善好施、主动助人已成风气，追求德乐，而不是寻求感官刺激的欲乐。忧患意识、集体意识开始铸就了中华民族经久不衰的民族之魂，成为全球唯一没有中断的五千年中华文明得以延续的内在动力。

在 2009 年岁末，有机会欣赏了“全国重大历史题材美术作品巡回展”，一幅国画名为《公车上书》，展示出清代的士子们面对衰败的封建王朝而表达的一种忧患意识，该画的作者在创作感悟时这样写道：“公车上书的那群清末举子们，发出了世纪末的呐喊，将历史的车轮滚滚推动。他们可以欣慰的是，强国梦在今天变成了现实。但他们想不到的是，围绕他们后代的更大困惑是精神家园的丢失。”（孔维克，2009 年）共克时艰、共担国忧是中华传统文化的内涵，而且支撑着这个民族勇敢而坚强地走到了现代。对于国家强大和民间财富的积累是我们几代人的愿望，但是要处理好财富、公平和精神家园生长活力的关系，是在考验着当代人的财富观、生活观和发展观。一个人拥有了可观的社会资源，这是你付出的辛劳、智慧和这个社会给予的机会相遇的结果，而在同一片蓝天下因种种原因仍处于贫困的群体，他们中的大多数也曾为这个社会的财富积累做出过巨大无私的奉献。伸出慷慨之手拉他们一把，因为在另一个需要的时空也会有人来帮助你。这也是人类文明延续的压力所在。令人欣慰的是，在 2008 年和 2010 年我国发生的两次大地震时，患难见真情，人性的善意得到了充分的释放，从政府到民间，从耄耋老人到学前幼童，全民总动员，有钱的出钱，有力的出力，有物的捐物，形成一种巨大的合力应对天灾，凸显对于生命的尊重。我们这个民族，我们这些地球公民在灾难中成熟了，坚强了，拧成一股绳了。

生命不仅是自然现象，也是道德现象，是人类社会赋予生命的双重属性。珍惜生命，互相帮扶，共同撑起这片蓝天，在人生的旅途中到处看到帮助者和被帮助者的身影，使大家都在愉悦中创造生活、体验生命，每个人从出生到墓地都享受到社会大家庭的温暖和生命长河的润泽，在体面、尊严、友善、安乐中享受人生。

当人们为生命的短暂和人种的坚强而慨叹时，想想我们能做些什么呢？在这短暂的生命记忆当中总会遇到需要帮助和被帮助的时空，或有人送你一个真诚的微笑，或耐心地听你倾诉、分担你的悲伤，或高兴地与你分享，或无私地为你照亮一段雨夜回家的小路，或是离开工作岗位陪在你的病床前，或是已届高龄的您在街边散步穿越马路，遇到一位青年人搀扶你走过一段险路时，也为您走好今后的人生路程增添了信心和勇气，年事越高，对这种人间关爱愈加珍重，或许使您回忆起在青壮年时代曾热情帮助别人的愉快时光，深深体会到帮助者和被帮助者是一种心灵的沟通和人性的展露，是一种缘分使我们在这个时空相遇，我们每个人都在需要的时刻付出这一点一滴无私的帮助，都去关注这个天造地设、赖以生存的环境，生物多样性构成了“海阔凭鱼跃，天高任鸟飞”的富有活力的生存空间：海龟每年都要步履蹒跚地爬向岸边，将产下的卵深深地埋在沙里，确认不会遭到天敌的袭击后才游回大海，在生态极其脆弱的藏北高原，从不攻击其他动物的藏羚羊在奔跑迁徙中孕育着下一代，腊梅更是在隆冬季节才绽放出生命的蓓蕾，知了的鸣声预示着又一个收获的季节的到来……自然界的生命体都有其存在的价值，作为这个大地生命体组成部分的人类，要为组成这个环境的动物和植物留出一片生存的空间，尊重他们生存的权利和对环境作出的贡献，并且将这种鸟语花香、互为欣赏的生命过程持续下去，这不正是生命和生活的本意所在吗？

人生是福，在于共享生命；岁月如歌，更动听的是交响乐……

本书内容引用了现当代众多专家学者的学术成果，也可视为作者的一部读书心得，借此对这些大家表示深深的谢意和敬意，以自己的绵薄之力将人类的精神财富得以宣扬和推广也是一种高兴的事情。在本书写作期间去浙江图书馆查阅资料时，有关专家和工作人员都给予翔实的咨询和周到的服务，使本书的写作进度加快。我的家人也给予我各种形式的帮助，出版社的专家和各界学者对本书的创意和写作给予热情的鼓励和支持，这些众多的精神和物质援助激发着我的写作热情和定力，因此，我发自内心的再道一声，谢谢。

2010 年 8 月终稿于杭州